普通高等教育"十二五"规划教材

大学物理教程（上）

主　编　陈兰莉
副主编　王生钊　石明吉
　　　　罗鹏晖　郭新峰
（以姓氏笔画为序）

机械工业出版社

本套教材依据教育部高等学校物理基础课程教学指导分委员会制定的《理工科类大学物理课程教学基本要求》编写而成。本套教材涵盖了《基本要求》的核心内容，并增加了部分拓展内容。本套教材分为上、下两册，共17章，包括力学、热学、电磁学、振动和波、波动光学、狭义相对论和量子力学基础、核物理和粒子物理等内容。除个别章外，每章包含基本内容、本章逻辑主线、扩展思维、习题，并在书后给出参考答案。此外，为了拓展读者的知识面，本套教材还增加了部分选学内容，这部分内容均标以"＊"号。第1章及扩展思维部分，介绍了物理学在前沿科学和技术中的应用，选学内容和扩展思维都自成体系，教师可以选讲或指导学生阅读。

本套教材可作为理工科院校，尤其是应用型本科院校的大学物理教材，对物理专业学生也有一定的参考价值。

图书在版编目（CIP）数据

大学物理教程. 上/陈兰莉主编. —北京：机械
工业出版社，2015.1（2023.12 重印）
普通高等教育"十二五"规划教材
ISBN 978-7-111-48741-8

Ⅰ. ①大… Ⅱ. ①陈… Ⅲ. ①物理学-高等学校-教
材 Ⅳ. ①04

中国版本图书馆 CIP 数据核字（2014）第 302771 号

机械工业出版社（北京市百万庄大街 22 号 邮政编码 100037）
策划编辑：张金奎 责任编辑：张金奎 李 乐
版式设计：常天培 责任校对：张莉娟 任秀丽
责任印制：任维东
北京中兴印刷有限公司印刷
2023 年 12 月第 1 版·第 10 次印刷
184mm×260mm·18.75 印张·456 千字
标准书号：ISBN 978-7-111-48741-8
定价：39.50 元

前　言

"杠杆轻撬，一个世界从此转动；王冠潜底，一条定理浮出水面。苹果落地，人类飞向太空；蝴蝶振羽，风云为之色变。三棱镜中折射出七色彩虹；大漠荒原上升腾起蘑菇烟尘。"这就是美妙的物理学——对称而又简洁，有趣而又深刻。

1. 物理学的研究对象

物理学是探讨物质结构、运动基本规律和相互作用的科学。

物理学是一门实验科学，物理学实验是物理学理论正确与否的仲裁者。

随着科学的发展，从物理学中不断地分化出诸如粒子物理、原子核物理、原子分子物理、凝聚态物理、激光物理、电子物理、等离子体物理等名目繁多的分支，以及从物理学和其他学科的交叉中生长出来的，诸如天体物理、地球物理、化学物理、生物物理等众多交叉学科。

物理学是一切自然科学的基础，也是当代工程技术的支柱。

2. 物理学对科学技术的推动以及在学生全面素质培养中的作用

现代科学技术正以惊人的速度发展。而物理学中每一项科学的发现都成为新技术发明或生产方法改进的基础。首先，物理学定律是揭示物质运动规律的，使人们在技术上运用这些定律成为可能；第二，物理学中的许多预言和结论，为开发新技术指明了方向；第三，新技术的发明、改进和传统技术的根本改造，无论是原理或工艺，还是试验或应用，都直接与物理学有着密切的关系。可以毫不夸大地说，若没有物理基本定律与原理的指导，就不可能有现代生产技术的大发展。

在 18 世纪以蒸汽机为动力的生产时代，蒸汽机的不断提高改进，物理学中的热力学与机械力学是起着相当重要的作用的。从 19 世纪中期开始，电力技术在生产技术中日益发展起来，这是与物理学中电磁学理论的建立与应用分不开的。现代原子能的应用、激光器的制造、人造卫星的发射、电子计算机的发明以及生物工程的兴起等，都与物理学理论有着千丝万缕的密切联系。物理学本身是以实验为基础的科学，物理学实验既为物理学发展创造了条件，同时也为现代工农业生产技术的研究打下了物质基础。从 20 世纪初开始，超高压装置、超低温设备、油扩散真空泵的先后发明，为现代创造极端物质材料提供了条件。随着电力和电子技术的广泛应用，出现了各种精确计量的电动装置和电子仪器。自伦琴发现 X 光、汤姆逊发现电子以后，相继又有阿普顿质谱仪的发明以及同位素测定、红外线光谱、原子光谱等仪器的产生。20 世纪 30 年代发明的电子示波器、电子显微镜、20 世纪 40 年代发明的电子计算机等，不但使物理学家可直接观察到电子运动规律和物质结构等微观现象，而且也为生产技术开拓了一条技术研究及自动化控制的新途径。

20 世纪以来，以相对论与量子力学的创立为标志的现代物理学研究工作，从理论和实践两个方面，对人类认识和社会发展起到了难以估量的作用。物理学理论的发展，正在从三个层次上把人类对自然界的认识推进到前所未有的深度和广度。首先，在微观领域内：已经深入到基本粒子的亚核世界（10^{-15} cm），并建立起统一描述电磁，弱、强相互作用的标准模型，还引起了人们测量观、因果观的深刻变革。特别是量子力学的建立，为描述自然现象提供了一个全新的理论框架，并成为现代物理学乃至化学、生物学等学科的基础。其次，在宇观领域内：研究的探针已达到 1028cm 的空间标度和 1017s 的宇宙纪元；广义相对论的理论预言，在巨大的时空尺度上得到了证实，引起了人们时空观、宇宙观的深刻变革。再次，在宏观领域内：关于物质存在状态和运动形式的多样性、复杂性的探索，也取得了突破性的进展。

1999 年 3 月，第 23 届国际纯粹物理与应用物理联合会（IUPAP）在美国亚特兰大举行，与会代表通过了题为"物理学对社会的重要性"的决议，认为：①物理学是一项激动人心的智力探险活动，它鼓舞着年轻人，并扩展着我们关于大自然知识的疆界。②物理学发展着未来技术进步所需的基本知识，而技术进步将持续驱动世界经济发动机的运转。③物理学有助于技术的基本建设，它为科学进步和发明的利用提供所需训练有素的人才。④物理学在培养化学家、工程师、计算机科学家，以及其他物理科学和生物医学科学工作者的教育中，是一个重要的组成部分。⑤物理学扩展和提高我们对其他学科的理解，诸如地球科学、农业科学、化学、生物学、环境科学，以及天文学和宇宙学——这些学科对世界上所有民族都是至关重要的。⑥物理学提供发展应用于医学的新设备和新技术所需的基本知识，如计算机层析术（CT）、磁共振成像、正电子发射层析术、超声波成像和激光手术等，改善了我们的生活质量。物理学探索视野的广阔性，研究层次的广谱性和理论适用的广泛性，决定了在今后很长时期内，物理学仍将发挥其中心科学和基础科学的作用。

可以说，物理学的基本原理已渗透进物质世界的方方面面，物理学"判天地之美，析万物之理"。物理学习的过程从某种意义上来说也是培养学生实用技能的过程，学好物理就为大学生更好地学好其他科学知识打下坚实的基础，有助于培养大学生严密的逻辑思维能力，并在这一过程中逐渐形成一种科学态度和科学精神。物理思想的强弱、物理基础的厚薄、物理兴趣的浓淡都直接影响着大学生的适应性、创造力和发展潜力。因此，大学物理是大学生应当学好的最重要的基础课之一，也是大学期间一门不可替代的素质教育课。

3. 本书的编写思想

本书是为适应当前形势的发展和大学物理教学改革的要求而编写的。科学技术的飞速发展，使人们对现代人才的素质要求有了新的认识，未来发展的核心是科学技术的竞争，是人才的竞争，高校作为培养未来社会现代化建设需要的高素质人才的重要基地，起着重要的作用。大学生能否适应社会的发展，成为对社会有用的人才，取决于高校的教育教学质量。因此，转变教育思想、更新教育观念、深化教育改革、培养高素质人才是我国高校面临的重要任务。本书的编写，着眼于培养大学生全面的素质与创新能力，具体特点如下：

（1）注意物理与工程技术的联系。考虑到本书主要面对的是理工类各专业的学生，我们遵从了"从自然到物理、从物理到技术、从技术到生活"的原则，在各部分有意识地突出物理学原理对工程技术的引领作用，并专门设置"物理学的发展及其在高新技术中的应用"一章，用一定篇幅专门介绍物理与工程技术的紧密联系，从而使读者拓宽视野，加深其对物理学基本原理及物理学在工程技术领域重要作用的理解。本书从工程实际出发，避开技术细节，把实际问题抽象成物理模型，并用物理学原理进行分析，提出合理的解决方案，有利于提高读者分析和解决问题的能力，有利于提高各工程专业学生学习物理的兴趣。

（2）注意科学与哲学的统一。本书的编写，旨在在讲科学的同时，让学生从根本上把握物理学原理的实质，提炼出其中的物理本原，包括其哲学意义。力图避免过去一些传统物理教材从头到尾的公式化，对学生缺乏必要的启发与引导，致使学生最终"不识庐山真面目，只缘身在此山中。"爱因斯坦说："物理书都充满了复杂的数学公式。可是思想及理念，而非公式，才是每一物理理论的开端。"（爱因斯坦《物理学的进化》）苏东坡有诗云："横看成岭侧成峰，远近高低各不同。"相对论中关于"相对"二字的理解，解释狭义相对论中的相对性原理，总把相对性说成是两个参考系在描述物理规律时是等价的。这话虽然不错，可既然参考系指的是坐标系加观察者，因此相对论中相对性原理的本质，首先在于作为认识主体的人与客体之间的相对性。一切物理理论，包括相对论和量子力学，既是对自然规律的发现，也是人的发明。爱因斯坦认为：不要去讨论绝对空间、绝对时间和绝对运动，而应该讨论相对空间、相对时间和相对运动。爱因斯坦的相对论是试图寻找这个世界最本源的理论，他把参考系从惯性系推广到非惯性系，把相对性原理从狭义讲到广义，提出了广义相对论。相对论成功的经验实际上告诉我们，空间和时间的概念不是属于客体的，而是主体为了描述客体的运动而引入的。一个粒子的空间和时间坐标是主体赋予它的，因此它们只能是相对的，而且只有当运动有所变化时才能真正（在严格意义下）被认识到。空间、时间坐标尚且如此，更不用说动量和能量了。简言之，没有变化就没有信息。信息并非客观存在，而是主体施变于客体时才共同创造出来的。物理作为"物"之"理"，只能是相对的道理，而不是绝对真理。有时我们觉得，有些物理理论如量子力学的某种解释不很清楚，其实很大程度上是由于我们自己早已进入了"理论"，却还以为我们正在讨论着纯客观世界。本书试图在相关物理学原理的讲述中，做到科学与哲学的统一，让科学印证哲学，让哲学指导科学。

（3）妥善处理数学与物理的关系。物理与数学，的确有着千丝万缕的联系。但作为适用于工科学生的大学物理，数学公式过多就会难教、难学，甚至淹没了本质上的物理思想及理念。本书中对数学的分量和难度是注意控制的，但不回避。这是因为，重视数字和数学，正是西方哲学之所以能促进科学发展的精髓所在。没有数学就没有物理学。反过来，正因为物理学比其他任何自然科学都更成功地运用数学，学物理便成为学数学的捷径。我们在内容组织编排中注意做到循序渐进，把重点放在启发思考，引起同学兴趣上，对于繁杂的公式推导，不提出过高的要求，从而使部分数学基础稍差的同学能够克服讨厌或害怕数学的心理，转变为愿意学、能学会，进而喜欢学，这对他们将来的职业生涯会有深远的影响。

（4）融入开放性思想，培养学生大胆质疑、深入思考的创新精神。经过多年的教学与思考，我们体会到：封闭式教学只能培养出书呆了。书当然不可不读，但"尽信书不如无书"。因此，本书在写法上作了一个新的尝试，即以介绍自然现象和实验事实为主，而避免把已有的理论当作是天经地义，必要时介绍理论曲折的发展过程，同时介绍不同的看法，力求反映科学的严谨性和科学发展中固有的大胆怀疑精神，提倡发散式思维。这一尝试集中地表现在第7章（相对论）和第16章（量子物理学基础）中。把现有理论讲得天衣无缝，推导得环环相扣、无懈可击，未必就是教材的最高境界，必要时，我们展现了理论的发展过程，甚至描述了这期间走过的弯路，这样对学生的启迪作用或许会更大。

4. 本书的编写分工

本书由南阳理工学院的教师编写。陈兰莉教授担任主编，负责全书的设计、统稿和定稿。王生钊编写第2、3章；石明吉编写第1、4章；罗鹏晖编写第5、6章（思考题、习题除外）；李梦硕编写第8、9章；郭新峰编写第5、6章思考题、习题，以及第2到第9章的习题及部分思考题参考答案和附录部分；宋金璠、尹应鹏、于家辉等也参加了本书的编写工作。

　　编写适合教学改革需要的教材本身就是一种探索，加之编者水平所限，难免有不妥和疏漏之处，恳请读者批评指正。

　　　　　　　　　　　　　　　　　　　　　　　　　　　　　　　　　编　者

目 录

*第1章 物理学的发展及其在高新技术中的应用

物理学是一门基础科学，它研究的是物质运动的基本规律。物理学又分为力学、热学、电磁学、光学和原子物理学等多个分支。由于物理学研究的规律具有很大的基本性与普遍性，所以它的基本概念和基本定律是自然科学的很多领域和工程技术的基础。物理学作为严格的、定量的自然科学的带头学科，一直在科学技术的发展中发挥着极其重要的作用。它与数学、天文学、化学和生物学之间有密切的联系，它们之间相互作用，促进了物理学及其他学科的发展。

现代社会已经进入知识经济的时代，而知识经济是高新技术经济、高文化经济、高智力经济，是区别于以前的以传统工业为产业支柱、以稀缺自然资源为主要依托的新型经济。在知识经济时代里，高新技术的创新对一个国家乃至一个民族来说，是关系其兴衰成败的关键问题，是一个民族乃至一个国家的生命力。

长期以来，在自然科学领域中，物理学一直是一门起着主导作用的学科。近代物理学的几次突破性进展对人类社会生产力的发展起到了巨大的推动作用。"科学技术是第一生产力"，展望21世纪，物理学正孕育着令人振奋的进展，并必将引起新的产业革命。

本章主要介绍物理学的发展历史，以及物理学在生物医学、能源方面、信息电子技术、航天航空、农业工程、纳米材料与纳米技术等领域中的应用。

1.1 物理学发展简史

物理学的发展经历了漫长的历史时期，可大致划分为三个阶段：古代物理学时期、近代物理学时期和现代物理学时期，每个时期都有自己的成就及特点。

1.1.1 古代物理学时期

古代物理学时期大约是从远古至公元15世纪，是物理学的萌芽时期（见图1-1）。

物理学的发展是人类发展的必然结果，也是任何文明从低级走向高级的必经之路。人类自从具有意识与思维以来，便从未停止过对于外部世界的思考，即这个世界为什么这样存在，它的本质是什么，这大概是古代物理学启蒙的根本原因。因此，最初的物理学是融合在哲学之中的，人们所思考的，更多的是关于哲学方面的问题，而并非具体物质的定量研究。这一时期的物理学有如下特征：在研究方法上主要是表面的观察、直觉的猜测和形式逻辑的演绎；在知识水平上基本上是现象的描述、经验的肤浅的总结和思辨性的猜测；在内容上主要有物质本原的探索、天体的运动、静力学和光学等有关知识，其中静力学发展较为完善；在发展速度上比较缓慢。在长达近八个世纪的时间里，物理学没有什么大的进展。

古代物理学发展缓慢的另一个原因，是欧洲黑暗的教皇统治，教会控制着人们的行为，禁锢人们的思想，不允许极端思想的出现，从而威胁其统治权。因此，在欧洲最黑暗的教皇

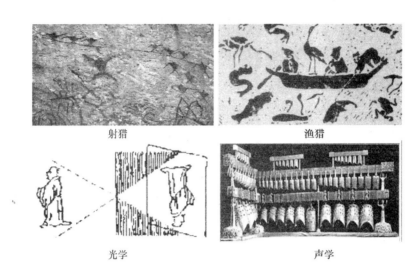

射猎

渔猎

光学

声学

图 1-1　物理学的萌芽时期

统治时期，物理学几乎处于停滞不前的状态。

　　直到文艺复兴时期，这种状态才得以改变。文艺复兴时期人文主义思想广泛传播，与当时的科学革命一起冲破了经院哲学的束缚，使唯物主义和辩证法思想重新活跃起来。文艺复兴导致科学逐渐从哲学中分裂出来，这一时期，力学、数学、天文学、化学得到了迅速发展。

1.1.2　近代物理学时期

　　近代物理学时期又称经典物理学时期，这一时期是从 16 世纪至 19 世纪，是经典物理学的诞生、发展和完善时期。

　　近代物理学是从天文学的突破开始的。早在公元前 4 世纪，古希腊哲学家亚里士多德就已提出了"地心说"，即认为地球位于宇宙的中心。公元 140 年，古希腊天文学家托勒密发表了他的 13 卷巨著《天文学大成》，在总结前人工作的基础上系统地确立了地心说。根据这一学说，地为球形，且居于宇宙中心，静止不动，其他天体都绕着地球转动。这一学说从表观上解释了日月星辰每天东升西落、周而复始的现象，又符合上帝创造人类、地球必然在宇宙中居有至高无上地位的宗教教义，因而流传时间长达 1300 余年。

　　公元 15 世纪，哥白尼经过多年关于天文学的研究，创立了科学的日心说，写出"自然科学的独立宣言"——《天体运行论》，对地心说发出了强有力的挑战。16 世纪初，开普勒通过从第谷处获得的大量精确的天文学数据进行分析，先后提出了行星运动三定律。开普勒的理论为牛顿经典力学的建立奠定了重要基础。从开普勒起，天文学真正成为一门精确科学，成为近代科学的开路先锋。

　　近代物理学之父伽利略，用自制的望远镜观测天文现象，使日心说的观念深入人心。他提出落体定律和惯性运动概念，并用理想实验和斜面实验驳斥了亚里士多德的"重物下落快"的错误观点，发现自由落体定律。他提出惯性原理，驳斥了亚里士多德外力是维持物体运动的说法，为惯性定律的建立奠定了基础。伽利略的发现以及他所用的科学推理方法是人类思想史上最伟大的成就之一，而且标志着物理学真正的开端。

16 世纪，牛顿总结前人的研究成果，系统地提出了力学三大运动定律，完成了经典力学的大一统。牛顿在 16 世纪后期创立万有引力定律，树立起了物理学发展史上一座伟大的里程碑。之后两个世纪，是电学的大发展时期，法拉第用实验的方法，完成了电与磁的相互转化，并创造性地提出了场的概念。19 世纪，麦克斯韦在法拉第研究的基础上，凭借其高超的数学功底，创立了电磁场方程组，在数学形式上完成了电与磁的完美统一，完成了电磁学的大一统。与此同时，热力学与光学也得到迅速发展，经典物理学逐渐趋于完善。

图 1-2 列出了近代物理学的部分代表人物。

伽利略

牛顿

法拉第

麦克斯韦

图 1-2　近代物理学的部分代表人物

1.1.3　现代物理学时期

现代物理学时期，即从 19 世纪末至今，是现代物理学诞生和取得革命性发展的时期。

19 世纪末，当力学、热力学、统计物理学和电动力学等取得一系列成就后，许多物理学家都认为物理学的大厦已经建成，后辈们只要做一些零碎的修补工作就行了。然而，两朵乌云的出现，打破了物理学平静而晴朗的天空。第一朵乌云是迈克尔逊-莫雷实验：在实验中没测到预期的"以太风"，即不存在一个绝对参考系，也就是说光速与光源运动无关，光速各向同性。第二朵乌云是黑体辐射实验：用经典理论无法解释实验结果。这两朵在平静天空出现的乌云最终导致了物理学的天翻地覆的变革。

20 世纪初，爱因斯坦大胆地抛弃了传统观念，创造性地提出了狭义相对论，永久性地解决了光速不变的难题。狭义相对论将物质、时间和空间紧密地联系在一起，揭示了三者之间的内在联系，提出了运动物质长度收缩、时间膨胀的观点，彻底颠覆了牛顿的绝对时空观，完成了人类历史上一次伟大的时空革命。十年之后，爱因斯坦提出等效原理和广义协变原理的假设，并在此基础上创立了广义相对论，揭示了万有引力的本质，即物质的存在导致时空弯曲。相对论的创立，为现代宇宙学的研究提供了强有力的武器。

物理学的第二朵乌云——黑体辐射难题，则是在普朗克、爱因斯坦、玻尔等一大批物理学家的努力下，最终导致了量子力学的诞生与兴起。普朗克引入了"能量子"的假设，标志着量子物理学的诞生，具有划时代的意义。爱因斯坦，对于新生"量子婴儿"，表现出热情支持的态度，并于 1905 年提出了"光量子"假设，把量子看成是辐射粒子，赋予量子的实在性，并成功地解释了光电效应实验，捍卫和发展了量子论。随后玻尔在普朗克和爱因斯坦"量子化"概念和卢瑟福的"原子核核式结构"模型的影响下提出了氢原子的玻尔模型。德布罗意把光的"波粒二象性"推广到了所有物质粒子，从而朝创造描写微观粒子运动的新的力学——量子力学迈进了革命性的一步。他认为辐射与粒子应是对称的、平等的，辐射有波粒二象性，粒子同样应有波粒二象性，即对微粒也赋予它们波动性。薛定谔则用波动方程完美解释了物质与波的内在联系，量子力学逐渐趋于完善。

相对论与量子力学的产生成为现代物理学发展的主要标志，其研究对象由高速运动的宏观物体到微观粒子，深入到宇宙深处和物质结构的内部，使人类对宏观世界的结构、运动规律和微观物质的运动规律的认识产生了重大的变革，其发展导致了整个物理学的革命性大变化，奠定了现代物理学的基础。随后的几十年即从1927年至今，是现代物理学的飞速发展阶段，这期间产生了量子场论、原子核物理学、粒子物理学、半导体物理学、现代宇宙学等分支学科，物理学日渐趋于成熟。

现代物理学的部分代表人物如图1-3所示。

普朗克　　　　　　　爱因斯坦

玻尔　　　　　　　　邓稼先

图1-3　现代物理学的部分代表人物

1.2　物理学在生物医学中的应用

物理学在生物学发展中的贡献体现在两个方面：一是为生命科学提供现代化的实验手段，如电子显微镜、X射线衍射、核磁共振、扫描隧道显微镜等；二是为生命科学提供理论概念和方法。从19世纪起，生物学家在生物遗传方面进行了大量的研究工作，提出了基因假设。在20世纪40年代，物理学家薛定谔对生命的基本问题颇感兴趣，提出了遗传密码存储于非周期晶体的观点。同样是20世纪40年代，英国剑桥大学的卡文迪什实验室开展了对肌红蛋白的X射线结构分析，经过长期的努力终于确定了DNA（脱氧核糖核酸）的晶体结构，揭示了遗传密码的本质，这是20世纪生物科学的最重大突破。分子生物学已经构成了生命科学的前沿领域，生物物理学显然也是大有可为的。

1.2.1　超声波

超声波是指振动频率大于20000Hz的声波，其每秒的振动次数（即频率）甚高，超出了人耳听觉的上限（20000Hz）。超声和可闻声本质上是一致的，它们的共同点都是一种机械振动，通常以纵波的方式在弹性介质内传播，是一种能量的传播形式，其不同点是超声波频率高，波长短，在一定距离内沿直线传播，具有良好的束射性和方向性。超声波在传播过程中一般要发生折射、反射以及多普勒效应等现象，超声波在介质中传播时，发生声能衰减。因此超声通过一些实质性器官，会发生形态及强度各异的反射。由于人体组织器官的生理、病理及解剖情况不同，对超声波的反射、折射和吸收衰减也各不相同。超声诊断就是根据这些反射信号的多少、强弱、分布规律来判断各种疾病的。超声在医学的各个领域都有应用，并取得飞速发展，从而产生了超声医学这一分支学科。

1.2.2　阻抗法血细胞分析技术

1. 红细胞检测原理

将等渗电解质溶液稀释的细胞悬液置入不导电的容器中，将小孔管（也称传感器）插进细胞悬液中。小孔管内充满电解质溶液，并有一个内电极，小孔管的外侧细胞悬液中有一个外电极。当接通电源后，位于小孔管两侧的电极产生稳定电流，稀释细胞悬液从小孔管外侧通过小孔管壁上宝石小孔（直径 $<100\mu m$，厚度约 $75\mu m$）向小孔管内部流动，使小孔感应区内电阻增高，引起瞬间电压变化形成脉冲信号，脉冲振幅越高，细胞体积越大，脉冲数量越多，细胞数量越多，由此得出血液中血细胞数量和体积值。

2. 白细胞分类计数原理

根据电阻抗法原理（见图1-4），经溶血剂处理的、脱水的、不同体积的白细胞通过小孔时，脉冲大小不同，将体积为 $35\sim450fL$ 的白细胞，分为 256 个通道。其中，淋巴细胞为单个核细胞、颗粒少、细胞小，位于 $35\sim90fL$ 的小细胞区；粒细胞（中性粒细胞）的核分多叶、颗粒多、胞体大，位于 $160fL$ 以上的大细胞区；单核细胞、嗜酸性粒细胞、嗜碱性粒细胞、原始细胞、幼稚细胞等，位于 $90\sim160fL$ 的单个核细胞区，又称为中间型细胞。仪器根据各亚群占总体的比

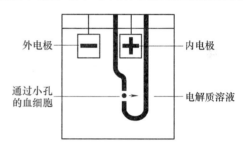

图1-4　电阻抗原理示意图

例，计算出各亚群细胞的百分率，并同时计算各亚群细胞的绝对值，显示白细胞体积分布直方图。

3. 血红蛋白测定原理

当稀释血液中加入溶血剂后，红细胞溶解并释放出血红蛋白，血红蛋白与溶血剂中的某些成分结合形成一种血红蛋白衍生物，在特定波长（$530\sim550nm$）下比色，吸光度变化与稀释液中 Hb 含量成正比，最终显示 Hb 浓度。不同类型血液分析仪，溶血剂配方不同，所形成血红蛋白衍生物不同，吸收光谱不同，如含氰化钾的溶血剂，与血红蛋白作用后形成氰化血红蛋白，其最大吸收峰接近 $540nm$。

自从 20 世纪 50 年代开始，分子生物学的思想和方法才被迅速地确认为新材料生长、发现和结晶方面的指导思想。由于大部分的生物反应都是发生在材料的界面和表面上，生物学家将表面科学引入生物学，对推动生物医学材料的发展起到了决定性的作用。生物医学材料和器件在解救人类生命方面的能力，以及巨大的商业价值强烈地刺激了许许多多的研究通道。低温等离子体技术在生长生物医学材料和制备生物医学器件方面具有独特的优点和潜力。

1.3　物理学在能源方面的应用——太阳电池

能源的问题是当今世界共同面临、重点关注的问题。化石燃料和工业革命的结合创造了人类历史上辉煌的文明时代，但同时也造成了资源的极大浪费和生态环境的恶化。随着地球

上能源数量和利用率的限制，人们不得不向太阳展开研究，希望能更大限度地利用太阳中的能量，来解决人类能源的问题。

我国的一次能源储量远远低于世界的平均水平，大约只有世界储量的10%。开发新能源和可再生清洁能源势在必行。在新能源中，太阳能最为引人注目。开发和利用太阳能已经成为世界各国可持续发展能源的战略决策，我国也制定了2000—2015年新能源和可再生能源发展规划，提出到2015年将太阳电池生产成本降低50%，从而为太阳光伏发电系统大规模应用创造良好的市场前景。近年来，世界光伏产量飞速发展，我国太阳电池的产量也有了巨大进展，如图1-5和图1-6所示。

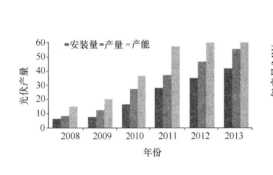

图1-5　1990—2005年世界光伏产量（MW_p）

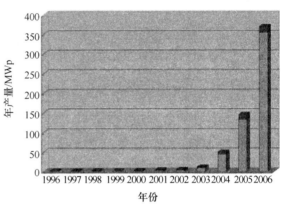

图1-6　中国太阳电池产量的进展

1.3.1 太阳的能量哪里来

太阳，光焰夺目，温暖着人间。从古到今，太阳都以它巨大的光和热哺育着地球，从不间断。地球上的一切能量几乎都是直接或间接来源于太阳。生物的生长，气候的变化，江河湖海的出现，煤和石油的形成，哪一样也离不开太阳。可以说，没有太阳，就没有地球，也就没有人类。

太阳发出的总能量大得惊人。我们可以打一个比方：如果从地球到太阳之间，架上一座3km宽、3km厚的冰桥，那么，太阳只要1s的功夫发出的能量，就可以把这个1.5×10^8km长的冰桥全部化成水，再过8s，就可以把它全部化成蒸汽。

太阳是怎么发出这么巨大的能量来的呢？为了搞清楚这个问题，人类花费了几百年的时间，一直到今天，也还在不断地进行着探索。日常生活告诉我们，一个物体要发出光和热，就要燃烧某种东西。人们最初也是这样去想象太阳的，认为太阳也是靠燃烧某种东西，发出了光和热。后来发现，即使用地球上最好的燃料去燃烧，也维持不了多长的时间。后来又想到可能是靠太阳本身不断地收缩来维持的。但是仔细一算，也维持不了多久。

一直到20世纪30年代以后，随着自然科学的不断发展，人们才逐渐揭开了太阳产能的秘密。太阳的确在燃烧着，太阳燃烧的物质不是别的，而是化学元素中最简单的元素——氢。不过，太阳上燃烧氢，不是通过和氧化合，而是另外一种方式，叫作热核反应。太阳上进行的热核反应，简单地说，是由四个氢原子核聚合成一个氦原子核。我们知道，原子是由原子核和围绕着原子核旋转的电子组成的，要想使原子核之间发生核反应，可不是一件容易的事情。首先必须把原子核周围的电子全都打掉，然后再使原子核同原子核激烈地碰撞。但是，由于原子核都是带正电，它们彼此之间是互相排斥的，距离越近，排斥力越强。因此，要想使原子核同原子核碰撞，就必须克服这种排斥力。为了克服这种排斥力，必须使原子核具有极高的速度。这就需要把温度提高，因为温度越高，原子核的运动速度才能越快。这样高的温度在地面上是不容易产生的，但是对于太阳来说，它的核心温度高达一千多万摄氏度，条件是足够了。太阳正是在这样的高温下进行着氢的热核反应。当四个氢原子核聚合成一个氦原子核的时候，我们会发现出现了质量的亏损，也就是一个氦原子核的质量要比四个氢原子核的质量少一些。那么，亏损的物质跑到哪里去了呢？原来，这些物质变成了光和热，也就是物质由普通的形式变成了光的形式，转化成了能量。质量和能量之间的转换关系，可以用伟大的科学家爱因斯坦的相对论来解释。那就是能量等于质量乘上光速的平方，由于光速的数值很大，因此，这种转换的效率是非常高的。

人们通过对原子和原子核的大量研究，终于利用热核反应的道理，制造出和太阳产生能量的方式一样的氢弹。不过，目前人们还做不到把氢弹的能量很好地控制起来使用。如果有朝一日能够实现可以控制的稳定的热核反应，那么大量的海水中的氢就可以作为取之不尽的燃料。那时候，地球上再也不用为能源问题发愁了。

到达地球大气上界的太阳辐射能量称为天文太阳辐射量。在地球位于日地平均距离处时，地球大气上界垂直于太阳光线的单位面积在单位时间内所受到的太阳辐射的全谱总能量，称为太阳常数。太阳常数的常用单位为 W/m^2。因观测方法和技术不同，得到的太阳常数值不同。世界气象组织（WMO）1981 年公布的太阳常数值是 $1368W/m^2$。太阳辐射是一种短波辐射。

到达地表的全球年辐射总量的分布基本上呈带状，只有在低纬度地区受到破坏。在赤道地区，由于多云，年辐射总量并不最高。在南北半球的副热带高压带，特别是在大陆荒漠地区，年辐射总量较大，最大值在非洲东北部。

1.3.2　太阳电池的定义

太阳电池（见图 1-7、图 1-8）是通过光电效应或者光化学效应直接把光能转化成电能的装置。目前以光电效应工作的薄膜式太阳电池为主流，而以光化学效应工作的湿式太阳电池则还处于萌芽阶段。

图 1-7　太阳电池

图 1-8　卫星的太阳电池板

1.3.3　太阳电池的原理

太阳电池是一种可以将能量转换的光电元件，其基本构造是运用 P 型与 N 型半导体接合而成的。半导体最基本的材料是"硅"，它是不导电的，但如果在半导体中掺入不同的杂质，就可以做成 P 型与 N 型半导体，再利用 P 型半导体有个空穴（P 型半导体少了一个带负电荷的电子，可视为多了一个正电荷），与 N 型半导体多了一个自由电子的电位差来产生电流，所以当太阳光照射时，光能将硅原子中的电子激发出来，而产生电子和空穴的对流，这些电子和空穴均会受到内建电位的影响，分别被 N 型及 P 型半导体吸引，而聚集在两端。此时外部如果用电极连接起来，就形成一个回路，这就是太阳电池发电的原理。

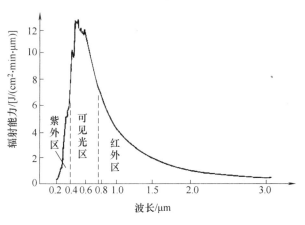

图 1-9　太阳辐射的波长范围

简单地说，太阳光电的发电原理，是利用太阳电池吸收 $0.4 \sim 1.1 \mu m$ 波长（针对硅晶）的太阳光（见图 1-9），将光能直接转变成电能输出的一种发电方式。由于太阳电池产生的电是直流电，因此若需提供电力给家电用品或各式电器则需加装直/交流转换器，换成交流电。

1.3.4　太阳电池的发展

以太阳能发展的历史来说，光照射到材料上所引起的"光起电力"行为，早在 19 世纪的时候就已经被发现了。1839 年，光生伏特效应第一次由法国物理学家 A. E. Becquerel 发现。1849 年，术语"光－伏"才出现在英语中。1883 年，第一块太阳电池由 Charles Fritts 制备成功。Charles 用锗半导体上覆上一层极薄的金层形成半导体金属结，器件只有 1% 的效率。到了 20 世纪 30 年代，照相机的曝光计广泛地使用光起电力行为原理。1946 年，Russell Ohl 申请了现代太阳电池的制造专利。到了 20 世纪 50 年代，随着半导体物性被逐渐了解，以及加工技术的进步，1954 年当美国的贝尔实验室在用半导体做实验时发现在硅中掺入一定量的杂质后对光更加敏感这一现象后，第一个太阳电池于当年诞生在贝尔实验室。太阳电池技术的时代终于到来。自 20 世纪 50 年代起，美国发射的人造卫星就已经利用太阳电池作为能量的来源。20 世纪 70 年代能源危机时，让世界各国察觉到能源开发的重要性。1973 年发生了石油危机，人们开始把太阳电池的应用转移到一般的民生用途上。在美国、日本和以色列等国家，已经大量使用太阳能装置，更朝商业化的目标前进。在这些国家中，美国于 1983 年在加州建立了世界上最大的太阳能电厂，它的发电量可以高达 16MW。南非、博茨瓦纳、纳米比亚和非洲南部的其他国家也设立专案，鼓励偏远的乡村地区安装低成本的太阳电池发电系统。而推行太阳能发电最积极的国家首推日本。1994 年，日本实施补助奖励办法，推广每户 3000W 的"市电并联型太阳光电能系统"。在第一年，政府补助 49% 的经费，以后的补助再逐年递减。"市电并联型太阳光电能系统"是在日照充足的时候，由太阳电池提供电能给自家的负载用，若有多余的电力则另行储存。当发电量不足或者不发电的时候，所需要的电力再由电力公司提供。到了 1996 年，日本有 2600 户装置太阳能发电系统，装设总容量已经有 8MW。一年后，已经有 9400 户装置，装设的总容量也达到了 32MW。随着环保意识的高涨和政府补助金的制度，预估日本住家用太阳电池的需求量也会急速增加。

在中国，太阳能发电产业亦得到政府的大力鼓励和资助。2009 年 3 月，财政部宣布拟对太阳能光电建筑等大型太阳能工程进行补贴。数据显示，2012 年我国太阳电池继续保持产量和性价比优势，国际竞争力愈益增强。产量持续增大，2013 年，我国太阳电池产能为 42GW，产量达到 25.1GW，位居全球首位。随着太阳电池行业的不断发展，业内竞争也在不断加剧，大型太阳电池企业间并购整合与资本运作日趋频繁，国内优秀的太阳能电池生产企业越来越重视对行业市场的研究，特别是对产业发展环境和产品购买者的深入研究。正因为如此，一大批国内优秀的太阳电池品牌迅速崛起，逐渐成为太阳电池行业中的翘楚！

1.3.5 太阳电池的应用现状

许多国家正在制订中长期太阳能开发计划，准备在 21 世纪大规模开发太阳能，美国能源部推出的是国家光伏计划，日本推出的是阳光计划。NREL 光伏计划是美国国家光伏计划的一项重要的内容，该计划在单晶硅和高级器件、薄膜光伏技术、PVMaT、光伏组件以及系统性能和工程、光伏应用和市场开发等 5 个领域开展研究工作。

美国还推出了"太阳能路灯计划"，旨在让美国一部分城市的路灯都改为由太阳能供电，根据计划，每盏路灯每年可节电 800 度。日本也正在实施太阳能"7 万套工程计划"，日本准备普及的太阳能住宅发电系统，主要是装设在住宅屋顶上的太阳电池发电设备，家庭用剩余的电量还可以卖给电力公司。一个标准家庭可安装一部发电 3000W 的系统。欧洲则将研究开发太阳电池列入著名的"尤里卡"高科技计划，推出了 10 万套工程计划。这些以普及应用光电池为主要内容的"太阳能工程"计划是推动太阳能光电池产业大发展的重要动力之一。

日本、韩国以及欧洲地区总共 8 个国家决定携手合作，在亚洲内陆及非洲沙漠地区建设世界上规模最大的太阳能发电站，其目标是将占全球陆地面积约 1/4 的沙漠地区的长时间日照资源有效地利用起来，为 30 万用户提供 100 万 kW 的电能。计划从 2001 年开始，花了 4 年时间完成。美国和日本在世界光伏市场上占有最大的市场份额。美国拥有世界上最大的光伏发电厂，其功率为 7MW，日本也建成了发电功率达 1MW 的光伏发电厂。全世界总共有 23 万座光伏发电设备，以色列、澳大利亚、新西兰居于领先地位。20 世纪 90 年代以来，全球太阳能电池行业以每年 15% 的增幅持续不断地发展。

1.3.6 太阳电池的发展前景

太阳电池的应用已从军事领域、航天领域进入工业、商业、农业、通信、家用电器以及公用设施等部门，尤其可以分散地在边远地区、高山、沙漠、海岛和农村使用，以节省造价很贵的输电线路。但是在现阶段，它的成本还很高，发出 1kW 电功率需要投资上万美元，因此大规模使用仍然受到经济上的限制。

市场上销售的光伏电池主要是以单晶硅为原料生产的。由于单晶硅电池生产能耗大，一些专家认为现有单晶硅电池生产能耗大于其生命周期内捕获的太阳能，是没有价值的。最乐观的估计是需要 10 年左右时间，使用单晶硅电池所获得的太阳能才能大于其生产所消耗的能量。而单晶硅是石英砂经还原、融化后拉单晶得到的。其生产过程能耗大，产生的有毒有害物质多，环境污染严重。单晶硅光伏电池生产技术虽然很成熟了，但仍在不断发展，其他各种光伏电池技术也在不断涌现。光伏电池的成本和光电转换效率离真正市场化还有很大差距，光伏电池市场主要靠各国政府财政补贴。欧洲市场光伏发电补贴高达每度电 1 元以上。今后，要使光伏电池大规模应用，必须不断改进光伏电池效率和生产成本，在这个过程中，生产技术和产品会不断更新换代，其更新换代周期很短（仅 3 ~ 5 年）。光伏电池生产企业投资大，回收周期长，由于技术更新快，国内企业如果不掌握技术，及时更新技术，就会很快被淘汰，很可能不能收回投资。但是，从长远来看，随着太阳电池制造技术的改进以及新的光—电转换装置的发明，各国对环境的保护和对再生清洁能源需求的加大，太阳电池仍将是利用太阳辐射能比较切实可行的方法，可为人类未来大规模地利用太阳能开辟广阔的前景。

1.4　物理学在信息电子技术中的应用

信息技术在现代工业中的地位日趋重要，计算技术、通信技术和控制技术已经从根本上改变了当代社会的面貌。

计算机技术是人类最杰出的科学成就，计算机的诞生是物理学理论发展的必然结果，计算机技术的高速发展又为物理学提供了强有力的支持，计算机技术与物理学相辅相成，相互促进。回顾计算机的发展史，我们发现每一个阶段都是以物理学的发展变革作为前提的，再看近代物理学的历史，计算机扮演着一个不可替代的角色。下面举计算机硬盘的例子来阐释物理学在计算机中的应用：硬盘是微机系统中最常用、最重要的存储设备之一，由一个或多个铝制或者玻璃制的碟片组成，这些碟片外覆盖有铁磁性材料，它是故障概率较高的设备之一，而来自硬盘本身的故障一般都很小，主要是人为因素或使用者未根据硬盘特点采取切实可行的维护措施所致。其中防震是最重要、最必需的。硬盘是十分精密的存储设备，工作时磁头在盘片表面的浮动高度只有几微米，不工作时磁头与盘片是接触的。硬盘在进行读写操作时，一旦发生较大的震动，就可能造成磁头与数据区相撞击，导致盘片数据区损坏或划盘，甚至丢失硬盘内的文件信息。因此在工作时或关机后，主轴电机尚未停机之前，严禁搬运计算机或移动硬盘，以免磁头与盘片产生撞击而擦伤盘片表面的磁层。在硬盘的安装、拆卸过程中更要加倍小心，严禁摇晃、磕碰。与此同时，一项非常重要的科研技术——硬盘减震就此诞生。各大电子产品的厂商均极大限度地开发此项技术并充分利用在自己的产品中。另外，还有一种新型产品——液态硬盘，其驱动器 SSD 是基于闪存技术的硬盘驱动器。液态轴承马达技术过去一直被应用于精密机械工业，其技术核心是用黏膜液油轴承，以油膜代替滚珠。普通硬盘主轴高速旋转时不可避免地产生噪声，并会因金属摩擦而产生磨损和发热问题。与其相比，液态轴承硬盘的优势是显而易见的：一是减噪降温，避免了滚珠与轴承金属面的直接摩擦，使硬盘噪声及其发热量被减至最低；二是减震，油膜可有效地吸收震动，使硬盘的抗震能力得到提高；三是减少磨损，提高硬盘的工作可靠性和使用寿命。

如果说第一次工业革命是动力或能量的革命，那么第二次工业革命就是信息或负熵的革命。人类迈向信息时代，面对着内容繁杂、数量庞大、形式多样的日趋增值的信息，迫切要求信息的处理、存储、传输等技术从原来依赖于"电"的行为，转向于"光"的行为，从而促进了"光子学"和"光电子学"的兴起。光电子技术最杰出的成果是在光通信、光全息、光计算等方面。光通信于 20 世纪 60 年代开始提出，70 年代得到迅速发展，它具有容量大、抗干扰强、保密性高、传输距离长的特点。光通信以激光为光源，以光导纤维为传输介质，比电通信容量大 10 亿倍。一根头发丝细的光纤可传输几万路电话和几千路电视，20 根光纤组成的光缆每天通话可达 7.62 万人次，光通信开辟了高效、廉价、轻便的通信新途径。以光盘为代表的信息存储技术具有存储量大、时间长、易操作、保密性好、低成本的优点，光盘存储量是一般磁存储量的 1000 倍。新一代的光计算机的研究与开发已成为国际高科技竞争的又一热点。21 世纪，人类将从工业时代进入信息时代。

激光是 20 世纪 60 年代初出现的一门新兴科学技术。1917 年爱因斯坦提出了受激辐射概念，指出受激辐射产生的光子具有频率、相、偏振态以及传播方向都相同的特点，而且受激辐射的光获得了光的放大。他又指出实现光放大的主要条件是使高能态的原子数大于低能态的原子数，形成粒子数的反转分布，从而为激光的诞生奠定了理论基础。20 世纪 50 年代在电气工程师和物理学家研究无线电微波波段问题时产生了量子电子学。1958 年，汤斯等人提出把量子放大技术用于毫米波、红外以及可见光波段的可能性，从而建立起激光的概念。1960 年，美国梅曼研制成世界上第一台激光器。经过 30 年的努力，激光器件已发展到相当高的水平：激光输出波长几乎覆盖了从 X 射线到毫米波段，脉冲输出功率达 1019W/cm^2，最短光脉冲达 6×10^{-15}s 等。激光成功地渗透到近代科学技术的各个领域。利用激光高亮度、单色性好、方向性好、相干性好的特点，在材料加工、精密测量、通信、医疗、全息照相、产品检测、同位素分离、激光武器、受控热核聚变等方面都获得了广泛的应用。

电子技术是在电子学的基础上发展起来的。1906 年，第一支三极电子管的出现是电子技术的开端。1948 年，物理学家发明了半导体晶体管，这是物理学家认识和掌握了半导体中电子运动规律并成功地加以利用的结果，这一发明开拓了电子技术的新时代。20 世纪 50 年代末出现了集成电路，而后集成电路向微型化方向发展。1967 年产生了大规模集成电路，1977 年超大规模集成电路诞生。从 1950 年至 1980 年的 30 年中，依靠物理知识的深化和工艺技术的进步，使晶体管的图形尺寸（线宽）缩小了 1000 倍。今天的超大规模集成电路芯片上，在一根头发丝粗细的横截面面积上，可以制备 40 个左右的晶体管。微电子技术的迅速发展使得信息处理能力和电子计算机容量不断增长。20 世纪 40 年代建成的第一台大型电子计算机，自重达 30t，耗电 200kW，占地面积 150m^2，运算速度为每秒几千次，而在今天一台笔记本电脑（便携式计算机）的性能完全可以超过它。面对超大规模电路中图形尺寸不断缩小的事实，人们已看到，半导体器件基础上的微电子技术已接近它的物理上和技术上的极限，这就要求物理学家从微结构物理的研究中，制造出新的能满足更高信息处理能力要求的器件，使微电子技术得到进一步发展。

1.5　物理学在航天航空中的应用

探索浩瀚的宇宙，是人类千百年来的美好梦想。我国在远古时就有嫦娥奔月的神话。公元前 1700 年，我国有"顺风飞车，日行万里"之说，人们还绘制了飞车腾云驾雾的想象图。

自从 1957 年 10 月 4 日世界上第一颗人造地球卫星上天以来，到 1990 年 12 月底，前苏联、美国、法国、中国、日本、印度、以色列和英国等国家以及欧洲航天局先后研制出约 80 种运载火箭，修建了 10 多个大型航天发射场，建立了完善的地球测控网，世界各国和地区先后发射成功 4127 个航天器，其中包括 3875 个各类卫星，141 个载人航天器，111 个空间探测器，几十个应用卫星系统投入运行。目前航天员在太空的持续飞行时间长达 438 天，有 12 名航天员踏上月球。空间探测器的探测活动大大更新了有关空间物理和空间天文方面的知识。到 20 世纪末，已有 5000 多个航天器上天。有一百多个国家和地区开展航天活动，利用航天技术成果，或制订了本国航天活动计划。航天活动成为国民经济和军事部门的重要组成部分。

航天技术是现代科学技术的结晶，它以基础科学和技术科学为基础，汇集了 20 世纪许多工程技术的新成就。力学、热力学、材料学、医学、电子技术、光电技术、自动控制、喷气推进、计算机、真空技术、低温技术、半导体技术、制造工艺学等对航天技术的发展起了重要作用。这些科学技术在航天应用中互相交叉和渗透，产生了一些新学科，使航天科学技术形成了完整的体系。航天技术不断提出的新要求，又促进了科学技术的进步。

1.5.1　航天技术涉及的问题

1. 卫星的发射过程中涉及的问题

人造地球卫星的发射速度不得低于 7.9km/s，此速度是卫星的最小发射速度或绕地球飞行的最大速度。轨道倾角是航天器绕地球运行的轨道平面与地球赤道平面之间的夹角，按轨道倾角大小可将卫星运行轨道分为四类：①顺行轨道：特征是轨道倾角小于 90°，在这种轨道上的卫星，绝大多数离地面较近，高度仅为数百公里，故又称为近地轨道。我国地处北半球，要把卫星送入这种轨道，运载火箭要朝东南方向发射，这样能充分利用地球自西向东旋转的部分速度，从而可以节约发射能量，我国的"神舟"号试验飞船都是采用这种轨道发射的。②逆行轨道：特征是轨道倾角大于 90°，欲将卫星送入这种轨道运行，运载火箭需要朝西南方向发射。不仅无法利用地球自转的部分速度，而且还要付出额外能量克服地球自转部分的速度。即逆着地球的旋转方向发射耗能较多，因此除了太阳同步轨道外，一般不采用这种轨道发射。③赤道轨道：特征是轨道倾角为 0°，卫星在赤道上空运行。这种轨道有无数条，但其中有一条相对地球静止的轨道，即地球同步卫星轨道。计算可知，当卫星在赤道上空 35786km（即约为 3.6×10^4 km）高处自西向东运行一周为 23h56min4s（约为 24h），即卫星相对地表静止。从地球上看，卫星犹如固定在赤道上空某一点随地球一起转动。在同步卫星轨道上均匀分布 3 颗通信卫星即可以进行全球通信（为什么？请同学们思考后做出解释）的科学设想早已实现。世界上主要的通信卫星都分布在这条轨道上。④极地轨道：特点是轨道倾角恰好等于 90°，它因卫星过南北两极而得名，在这种轨道上运行的卫星可以飞经地球上任何地区的上空（为什么？请同学们思考后做出解释）。

按照卫星的发射方式分为：①直线发射，即一次送达，由于整个过程均要克服地球引力做功，且卫星处于动力飞行状态，因此需要消耗大量的燃料。②变轨发射，是先把卫星送到地球的大椭圆同步转移轨道，当卫星到达远地点（航天器绕地球运行的椭圆轨道上距地心最近的一点叫作近地点，距地心最远的一点叫作远地点）时，发动机点火对卫星加速，当速度达到沿大圆作圆周运动所需的速度时，飞船就不再沿椭圆轨道运行，而是沿圆周运动，这样飞船就实现了变轨,从而将卫星送入预定轨道。同步卫星一般都采用变轨发射。

2. 卫星寿命涉及的问题

卫星在轨道上存留的时间,是从卫星进入预定的目标轨道到陨落为止的时间间隔。近地轨道卫星的轨道寿命主要取决于大气阻力。在大气阻力作用下,卫星的实际轨道是不断下降的螺旋线(不考虑卫星在轨运行时采取轨道保持措施)。当卫星下降到110~120km的近圆形轨道时,大气阻力将使卫星迅速进入稠密大气层而烧毁。一般来说,卫星轨道高度越高,大气阻力越小,寿命也就越长。超过1000km高度的卫星,轨道寿命可能达千年以上;高度在160km左右的卫星,轨道寿命只有几天甚至几圈。

3. 卫星回收过程中涉及的问题

回收是发射的逆过程,返回阶段对航天员和飞船的考验最大。在飞船距地表约100km时,返回舱开始再入大气层。由于返回舱对大气的高速摩擦和对周围空气的压缩,返回舱的速度急剧降低,这样它的大部分动能与势能变成了热能。虽有大部分热能以辐射和对流的方式散失掉,但仍能达到上千摄氏度的高温。为了防止有效载荷舱或乘员座舱烧毁,再入航天器备有再入防热系统。由于防热系统的重量会影响再入航天器的性能,因此可将不需要返回地面的仪器的就留在轨道上继续工作或遗弃,从而大大减轻航天器重量而降低技术难度。待要进入大气层时要适时启动航天器反推力火箭使其减速,并选择适当的角度进入大气层,快要接近地面时才张开降落伞使其垂直着陆或溅落安全着陆。进入大气层后在飞船离地80km到40km范围内,由于飞船摩擦生热,会在飞船表面和周围气体中产生一个温度高达上千摄氏度的高温区。高温区内的气体和飞船表面材料的分子被分解和电离,形成一个等离子区,像一个套鞘似的包裹着飞船,从而使飞船与外界的无线电通信衰减,甚至中断,出现"黑障"现象。

此外把返回舱做成底大头小是因为返回舱返回时将重新进入大气层,气流千变万化将使高速飞行的返回舱难以保持固定的姿态,不倒翁的形状不怕气流的扰动。

1.5.2 我国航天技术的发展

我国航天技术持续不断发展,为我国空间科学的发展以及空间探测奠定了坚实的基础。空间的物理学研究不仅将带动我国基础科学研究,而且将引领我国航天技术水平的进一步提高,有效促进空间科学与航天科技水平的协调发展。自20世纪90年代开始,我国利用"神舟"号飞船和返回式卫星,在空间材料和流体物理以及空间技术研究等领域开展了大量实验研究,取得了一批重要成果。根据我国空间科学中长期发展规划,将利用返回式卫星进行微重力科学实验,同时探讨进行引力理论验证的专星方案。空间的物理学研究涉及空间基础物理、微重力流体物体、微重力燃烧、空间材料科学和空间生物技术等学科领域。空间基础物理涉及当今物理学的许多前沿的重大基础问题,在科学上极为重要,这在我国还是薄弱领域。

可见,航天技术与物理及计算机软件技术结合最为紧密,和物理力学的关系更是显而易见,又由于其中牵扯大量实时数据处理,没有相应处理技术也是无法实现的。21世纪,随着现代科学技术的迅猛发展,人类的历史已经进入一个崭新的时代——信息时代。我们成长在这个时代,理应顺应时代发展,为人类文明做出一番自己的贡献。信息时代的鲜明时代特征是:支撑这个时代的如能源、交通、材料和信息等基础产业均将得到高度发展,并且能充分满足社会发展和人民生活的多方面需求。作为信息科学的基础，微电子技术和光电子技术同属于教育部本科专业目录中的一级学科"电子科学与技术"。微电子技术伴随着计算机技术、数字技术、移动通信技术、多媒体技术和网络技术的出现得到了迅猛的发展，从初期的小规模集成电路（SSI）发展到今日的巨大规模集成电路（GSI），成为使人类社会进入信息化时代的先导技术。

航天科技带给全世界人们的知识是丰富的，影响是深远的，把航天科技转化为可实施的工业生产力，转化为可以商用民用的技术，应该是人类共同努力的目标。

1.6 我国现代物理农业工程技术的应用

现代物理农业工程技术包含的内容很多，目前我国在声、光、电、磁和核技术应用方面都有实践，但应用量和应用面积较大的还是植物声波助长促生技术、种子磁化技术、电子杀虫技术等。

对植物施加特定频率的声波，可提高植物活细胞内电子流的运动速度，促进各种营养元素的吸收、传输和转化，增强植物的光合作用和吸收能力，促进早熟、提高产量和品质。

声波助长仪能在植物生长过程中，增强光合作用，增大植物的呼吸强度，加快茎、叶等营养器官的生化反应过程，促进生长，提高营养物质制造量，加快果实或营养体的形成过程，提高产量，如能使叶类蔬菜增产 30%，黄瓜、西红柿等果类蔬菜和樱桃、草莓等水果增产 25%，玉米等大田作物增产 20%。声波助长仪在增强植物光合作用的同时，也增加了酶的合成，从而促进了蛋白质、糖等有机物质的合成，达到提高植物品质的效果。实验证明，西红柿、草莓的甜度都有较大提高，含糖量增加 20% 以上。

声波助长仪帮助植物促进呼吸作用，加强能量转变的速度，促进物质吸收和运转能力，使植物表现出旺盛的生长速度，达到早熟的功效，如玉米可早熟 7 ~ 10 天。声波助长仪对植物发出的谐振波，能促进植物在生长进入旺盛期时，呼吸能力增高，从而保持细胞内较高的氧化水平，对病菌分泌的毒素有破坏作用。呼吸还能提供能量和中间产物，有利于植物形成某些隔离区（如木栓隔离层），阻止病斑扩大。

当敏感害虫遇到声波助长仪产生的谐振波时，会产生厌恶感或恐惧感，影响正常进食，使其难以生存，不能繁育或者主动离开，对驱逐蚜虫、红蜘蛛等顽固害虫有十分显著的效果。对种子进行磁化处理，可激发种子内部酶的活性，提高吸收水、肥的能力，提高种子的发芽率和作物的新陈代谢，增强抗病虫害能力，促进作物生长，提高产量，是一项很有价值的农业增产技术。

利用害虫的趋光性特点，可诱杀害虫，实现物理灭杀。

综合情况表明，采用现代物理农业工程技术，使用方便，安全可靠，无毒无污染，绿色环保，可生产绿色、无公害农产品，有效改善农产品品质；可促进作物生长发育，增强作物的抗病能力，减少病虫害的发生，促进作物早熟，提高产量，提升产品品质，并提前上市，增产效果显著，增加了农民的收入；可提升农产品安全生产水平，促进农业产业升级，提高农产品在国内外市场的竞争力，促进农业的发展；也是实现生态农业，促进农业可持续发展的重要生产模式之一。

1.7 纳米材料与纳米技术

1.7.1 纳米技术简介

纳米科学技术（Nano Scale Science and Technology）是在 20 世纪 80 年代末期诞生并正在崛起的一项以纳米材料为基础的多学科交叉的前沿学科领域。纳米材料通常是指尺寸大小在 $1\sim100$nm 之间的物质。当材料的尺寸降低到纳米尺度时，由于小尺寸效应、界面效应和量子效应等使它们呈现出常规材料所不具备的许多独特的光学、电学、磁学性能。纳米科技就是在纳米尺度内通过对物质反应、传输和转变的控制来创造新材料、开发器件及充分利用它们的特殊性能。

从迄今为止的研究来看，关于纳米技术分为三种概念：

第一种概念是 1986 年美国科学家德雷克斯勒博士在《创造的机器》一书中提出的分子纳米技术。根据这一概念，可以使组合分子的机器实用化，从而可以任意组合所有种类的分子，制造出任何种类的分子结构。这种概念的纳米技术还未取得重大进展。

第二种概念把纳米技术定位为微加工技术的极限，也就是通过纳米精度的"加工"来人工形成纳米大小的结构的技术。这种纳米级的加工技术，也使半导体微型化即将达到极限。现有技术即使发展下去，从理论上讲终将会达到限度，这是因为，如果把电路的线幅逐渐变小，将使构成电路的绝缘膜变得极薄，这样将破坏绝缘效果。此外，还有发热和晃动等问题。为了解决这些问题，研究人员正在研究新型的纳米技术。

第三种概念是从生物的角度出发而提出的，生物在细胞和生物膜内就存在纳米级的结构。

1981 年扫描隧道显微镜发明后，使人们观察纳米尺寸成为可能。纳米技术其实就是一种用单个原子、分子射程物质的技术。纳米技术的最终目标是直接以原子或分子来构造具有特定功能的产品。纳米颗粒的奇异特性有小尺寸效应、表面效应和量子效应。由多个原子组成的小粒子称为原子团簇，原子团簇有以下特性：①具有硕大的表面体积比而呈现出表面或界面效应；②原子团尺寸小于临界值时的"库仑"爆炸；③幻数效应；④原子团逸出功的振荡行为。因为这些特性使纳米技术的应用显得非常有意义。

纳米技术是一门交叉性很强的综合学科，研究的内容涉及现代科技的广阔领域。纳米科学与技术主要包括：纳米体系物理学、纳米化学、纳米材料学、纳米生物学、纳米电子学、纳米加工学、纳米力学等。纳米材料的制备和研究是整个纳米科技的基础。其中，纳米物理学和纳米化学是纳米技术的理论基础，而纳米电子学是纳米技术最重要的内容。

1.7.2 常见的纳米材料 ZnO

作为纳米材料之一的 ZnO 是一种在室温下具有带隙为 3.37eV、激子束缚能为 60meV 的直接能隙、宽带隙半导体材料，具有很好的化学和热稳定性。由于具有优良的光学和电学性能，ZnO 被广泛应用于表面声波过滤器、光子晶体、发光二极管、光电探测器、光敏二极管、光学调制波导、变阻器和气敏传感器等。此外，ZnO 纳米棒在室温下光致紫外激光的发现更是极大地推动了 ZnO 纳米棒制备和特性方面的研究。同时，由于环境污染的日趋严重，怎样消除污染物已经引起全人类的关注，纳米 ZnO 作为一种性能优异的光催化剂，应用于环境治理与保护是很有潜力的。

1.7.3　常见的纳米材料 TiO₂

随着现代科学技术的发展，能源日益枯竭、全球性环境污染和生态破坏日趋严重，使得人们对全新无污染的清洁生产给予了极大的关注，而占地球总能量 99% 以上的太阳能却是取之不尽，用之不竭，且又不污染环境，是人类将来所利用能源的最大源泉。在此情况下，光催化技术应运而生。光催化技术是一种新型、高效、节能的现代绿色环保技术，光催化技术是在催化剂的作用下，利用光辐射将污染物分解为无毒或毒性较低的物质的过程。在众多的光催化剂中，TiO_2 以其安全无毒、光催化性能优良、化学性能稳定、无副作用和使用寿命长等优点而被广泛使用。

▶▶▶ 扩展思维

梦幻神奇的纳米技术

纳米原是一个长度单位，$1\ nm = 10^{-9}\ m$，仅相当于 1 m 的 10 亿分之一。这在过去显然是一个根本不可"望"当然无法"及"的超微观尺寸。直到 1981 年扫描隧道显微镜（STM）发明后，人们才有了窥测操纵纳米物质的工具。1990 年，在 STM 操纵下，用 35 个原子"写"出了世界上最小的三个字母 I—B—M（见图 1-10）。2000 年 3 月，按照它所达到的尺度，被理所当然地命名为"纳米技术"，并预见它将成为 21 世纪前 20 年的主导技术，成为下一次工业革命的核心。

纳米材料是由纳米量级的微粒组成的，纳米固体包含纳米金属和金属化合物、纳米陶瓷、纳米非晶态材料等。液相平台的纳米材料（如纳米水等）都具有与通常物质不同的特性。纳米金属对光的吸收能力特别强，因此，纳米微粒均呈黑色，是隐形飞机的最好材料。纳米机器人可以直接进入人的血管，诊断病情，清除血管和心脏动脉的沉积物。纳米飞机中队、纳米

图 1-10　"I—B—M"

蚂蚁将会装备部队，成为作战的主力。纳米水也有奇特的性质，它能与汽油掺和；用纳米水处理过的纳米布，不吸水，不沾油，是海军服、领带及服装的新型材料；用纳米水粉刷墙壁、制作纳米眼镜等，线度大于 50nm 的灰尘、细菌也无立足之地。我们的牙齿之所以如此坚硬，正因为牙齿是天然纳米材料组成的；荷花叶是不沾水、不沾油的，原因就是因为叶上绒毛的线度约为 700 nm，这些都是天然的纳米材料。不仅如此，纳米技术的发展将引发一场认知的革命。我们知道，人类从旧石器时代开始就养成了一种想当然的思维模式，即"制造"总是自上而下的，从造飞机到刻录光盘的所有技术，都是以切削、分割、组装的方式来构建物体。这是人们习惯的，但并不是自然创造万物的唯一方式。1959 年，物理学家费曼就提出了一个惊人的想法："为什么我们不能从另一个方向出发，从单个的分子、原子开始进行组装来制造物品？"1986 年，专以展望未来为职业的科学"巫师"德雷克斯勒，把费曼的思想说得更清楚了，他说："为什么不制造成群的微型机器人，让它们在地毯和书本上爬行，把灰尘分解成原子，再将这些原子组装成餐巾、肥皂和电视机呢？"并说："这些微型机器人不仅是搬运原子的建筑工人，而且还具有绝妙的自我复制和自我修复的能力……

有朝一日，人们将用一个个原子培养、制造出从塑料到火箭发动机等一切东西，甚至也包括人类自己。"因此，他认为："纳米技术不是小尺寸技术的延伸，甚至根本不该被看作是技术，而是一场认知的革命。"而这场认知革命的精髓就是打破人类自有文明以来便遵循的"自上而下"的制造方式，反其道而行之。这里关键要做一个"纳米盒子"，实际上是一个物质复印机，把你想制造的任何东西的原子结构信息提供给纳米盒子，按动一下按钮，纳米盒子里的纳米机器人大军便会按物品的原样，制造出需要的产品。可见，到那个时候——看来不会很远很远，一些哲学界限将会被纳米技术所打破：① 物质和信息的界限，从纳米技术的尺度上看，只见原子，不见物质，各种物质的差异仅是原子信息的差异，没有本质的差别；② 生物与非生物的界限也将被打破，石头被认为是无生命的，给它几个纳米机器人，当它们把石头的所有原子都组装成纳米机器人后，石头便有了生命的迹象，在显微镜下，如同闹哄哄的蚁窝或蜂房一样；③ 意识和物质的界限是否会被打破也是一个有趣的问题，理论上，纳米技术可以复制人类自己，当然与克隆人不同，克隆技术只复制基因，而纳米技术则能够重现原体身上的每个细胞，当然也包括思想和意识了。

纳米技术带给人类文明的冲击可能还不止这些。从纳米的坐标看出，世界的本性便不再是物质的，而是一个由原子构成的信息库。我们可以用小尺度技术制造大尺度物质，甚至星球和宇宙，还有生活在其中的各种生命形式。看来这已经不是梦幻了。

第 2 章　质点运动学

质点是一个理想化的物理模型，就是把物体抽象成一个有质量但不存在体积与形状的点。在物体的大小和形状不起作用，或者所起的作用并不显著而可以忽略不计时，我们可近似地把该物体看作是一个具有质量，大小和形状可以忽略不计的理想物体，称为质点。

一般而言，可以把物体看作质点主要有以下几种情形：

1）物体上所有点的运动情况都相同，可以把它看作一个质点。例如，我们可以把作平动的物体看作质点。

2）物体的大小和形状对研究问题的影响很小，可以把它看作一个质点。

3）转动的物体，只要不研究其转动且符合第 2 条，也可看成质点。

例如，在我们讨论地球的公转时，由于地球的半径远远小于地球到太阳的距离，可以认为地球上各点的运动情况是相同的，这时可以把地球作为一个质点来处理，误差很小。但是如果我们讨论的是地球的自转，就不能把它当作质点来处理。质点模型的优点是能使复杂问题在一定的条件下得到简化，使我们能够忽略那些次要因素而专注于问题的主要方面。更重要的是：由于物体可以看作由质点构成的集合体，所以讨论质点的运动规律，是讨论复杂物体运动规律的基础。

质点运动学讨论质点运动的描述，这包括质点的位置、位移、速度和加速度等。物体的运动具有相对性，这首先表现在位置上。当我们谈到某物体的位置时，总是要相对于另一参考物体而言。例如，我们在学校里可以说："电话亭在第一教学楼正南面 50m 处。"此例中"第一教学楼"就是描述中的参考系。这个在运动的描述中被选用的参考物又称**参考系**，为了能对运动进行定量的描述，可以在参考系上建立一个**坐标系**，最常见的是笛卡儿直角坐标系（见 2.1 节），其他还有自然坐标系（见 2.2 节）、极坐标系（见 2.3 节）、球坐标系、柱坐标系等。

2.1　质点运动的描述

1. 位置和位移

（1）**位置矢量**　质点相对于参考系的位置，主要是距离和方向两个因素，很适于用矢量描述。采用笛卡儿坐标系，如图 2-1 所示，一质点位于 P 点，作矢量 $\boldsymbol{r} = \overrightarrow{OP}$，质点位置即可以用矢量 $\boldsymbol{r}$ 来描述。$\boldsymbol{r}$ 称为质点的**位置矢量**，简称**位矢**或**矢径**。位矢 $\boldsymbol{r}$ 的大小 $r = |\boldsymbol{r}|$ 为质点到原点 O 的距离，位矢 $\boldsymbol{r}$ 的方向即为质点相对于原点的方向，也即在 O 点观测质点的方向。

设 P 点在 x、y、z 坐标轴上的坐标（投影）分别为 x、y、z，则可以把 $\boldsymbol{r}$ 表示为

$$\boldsymbol{r} = x\boldsymbol{i} + y\boldsymbol{j} + z\boldsymbol{k} \tag{2-1}$$

其中 $\boldsymbol{i}$、$\boldsymbol{j}$、$\boldsymbol{k}$ 分别为沿三个坐标轴方向的单位矢量（大小为 1，单位为 1，仅表示方向）。习惯上把 x、y、z 称为位矢 $\boldsymbol{r}$ 的三个分量。分量是标量，只有大小和符号（指正、负号）。由

位矢的三个分量可以求出位矢的大小（模）以及方向余弦。位矢的大小为

$$r = |\boldsymbol{r}| = \sqrt{x^2 + y^2 + z^2} \tag{2-2}$$

位矢的方向可用位矢与三个坐标的夹角的余弦表示，称为位矢的方向余弦，即

$$\cos\alpha = \frac{x}{r}, \quad \cos\beta = \frac{y}{r}, \quad \cos\gamma = \frac{z}{r} \tag{2-3}$$

对于 xOy 平面内质点的运动，可以用位矢的斜率来表示方向。位矢的斜率为

$$\tan\alpha = \frac{y}{x} \tag{2-4}$$

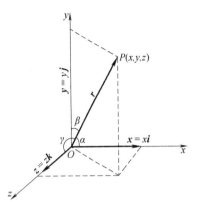

图 2-1　笛卡儿坐标系

（2）**运动方程**　当质点运动时，其位矢 $\boldsymbol{r}$ 随时间而变，也就是说位矢 $\boldsymbol{r}$ 是时间 t 的函数，这意味着位矢的分量 x、y、z 也是时间 t 的函数：

$$\boldsymbol{r} = \boldsymbol{r}(t) = x(t)\boldsymbol{i} + y(t)\boldsymbol{j} + z(t)\boldsymbol{k} \tag{2-5}$$

上式也可以用分量表示为

$$x = x(t), \quad y = y(t), \quad z = z(t) \tag{2-6}$$

在任何一个具体问题中，上式中的 x、y、z 都是具体的函数。例如，对 xOy 平面内的平抛物体运动，质点的位矢 $\boldsymbol{r} = v_0 t\boldsymbol{i} + \frac{1}{2}gt^2\boldsymbol{j}$，其分量为 $x = v_0 t$，$y = \frac{1}{2}gt^2$。式（2-5）表示质点位置随时间的变化规律，由它可以确定质点在任意时刻 t 的位矢 $\boldsymbol{r}$，故称为质点的**运动方程**，式（2-6）为**运动方程的分量形式**。质点运动方程包含了质点运动中的全部信息，是解决质点学问题的关键所在。

（3）**轨道方程**　轨道为质点运动时在空间形成的轨迹，其曲线方程称为**轨道方程**。运动方程的分量形式式（2-6）就是以时间 t 为参量的轨道方程，从式（2-6）中消去 t，即可得到一般的轨道方程。例如，对于前面谈到的平抛物体运动，由 $x = v_0 t$，$y = \frac{1}{2}gt^2$，中消去 t

即可得到 $y = \frac{gx^2}{2v_0^2}$，这是一个抛物线方程。

（4）**位移**　机械运动意味着物体的位置随着时间而变化，对于质点，我们用位移的概念来描述在一个运动过程中质点位置的变化。如图 2-2 所示，质点 t 时刻在 P_1 点，位矢为 $\boldsymbol{r}_1$，$t + \Delta t$ 时刻在 P_2 点，位矢为 $\boldsymbol{r}_2$，则定义该过程中质点的位移为矢量 $\overrightarrow{P_1 P_2} = \boldsymbol{r}_2 - \boldsymbol{r}_1 = \Delta\boldsymbol{r}$。记作：**位移矢量**

$$\Delta\boldsymbol{r} = \boldsymbol{r}_2 - \boldsymbol{r}_1 \tag{2-7}$$

按运动方程式（2-5）有

$$\Delta\boldsymbol{r} = \boldsymbol{r}_2 - \boldsymbol{r}_1 = (x_2 - x_1)\boldsymbol{i} + (y_2 - y_1)\boldsymbol{j} + (z_2 - z_1)\boldsymbol{k} = \Delta x\boldsymbol{i} + \Delta y\boldsymbol{j} + \Delta z\boldsymbol{k} \tag{2-8}$$

可见，位移矢量的三个分量为

$$\Delta x = x_2 - x_1, \quad \Delta y = y_2 - y_1, \quad \Delta z = z_2 - z_1 \tag{2-9}$$

若知道了位移矢量的三个分量 Δx、Δy 和 Δz，则位移的大小和方向余弦可以按照求位矢大小

和方向时所用的方法求出，即

$$|\Delta \boldsymbol{r}| = \sqrt{(\Delta x)^2 + (\Delta y)^2 + (\Delta z)^2}$$

$$\cos\alpha = \frac{\Delta x}{|\Delta \boldsymbol{r}|}, \qquad \cos\beta = \frac{\Delta y}{|\Delta \boldsymbol{r}|}, \qquad \cos\gamma = \frac{\Delta z}{|\Delta \boldsymbol{r}|}$$

与位移相仿的物理量是路程。**路程** s 定义为质点在运动过程中所经历的轨迹的长度。路程只有大小，没有符号，也没有方向，这一点容易和位移区别。而且在一般情况下，路程与位移的大小 $|\Delta \boldsymbol{r}|$ 也不相等。如图 2-2 所示，在 t 到 $t+\Delta t$ 过程中，质点路程 s 为 P_1 与 P_2 两点之间的弧长 P_1P_2，而位移的大小 $|\Delta \boldsymbol{r}|$ 为 P_1 与 P_2 之间直线的长度 P_1P_2。但是在 $\Delta t \to 0$ 时，路程等于位移的大小，即 $\mathrm{d}s = |\mathrm{d}\boldsymbol{r}|$。

运动过程中质点到原点 O 的距离 r 的变化用 $\Delta r = \Delta|\boldsymbol{r}|$ 表示，如图 2-2 所示。在一般情况下，它与位移的大小 $|\Delta \boldsymbol{r}|$ 也不相等，即 $\Delta r \neq |\Delta \boldsymbol{r}|$。例如，圆周运动，若以圆心为坐标原点，则质点到原点 O 的距离 r 是一个常量，即有 $\Delta r = 0$，但是质点位移的大小 $|\Delta \boldsymbol{r}|$ 则显然不为零。

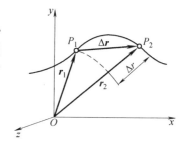

图 2-2　位移矢量

2. 速度

速度描述质点运动的快慢和运动的方向，用位移与时间的比值来表示。

（1）**平均速度**　质点在一个过程中的平均速度直接定义为过程中质点的位移与时间间隔的比值：

$$\bar{\boldsymbol{v}} = \frac{\Delta \boldsymbol{r}}{\Delta t} \tag{2-10}$$

显然，平均速度是一个矢量，它的方向也就是过程中质点位移的方向。把式（2-8）代入式（2-10）可以得到平均速度的三个分量为

$$\bar{v}_x = \frac{\Delta x}{\Delta t}, \qquad \bar{v}_y = \frac{\Delta y}{\Delta t}, \qquad \bar{v}_z = \frac{\Delta z}{\Delta t} \tag{2-11}$$

（2）**瞬时速度**　按照平均速度的定义可以理解，时间间隔 Δt 取得越短，则平均速度对质点运动的描述就越细致。我们把 $\Delta t \to 0$ 时的平均速度的极限定义为质点在时刻 t 的**瞬时速度**，简称为**速度**，则有

$$\boldsymbol{v} = \lim_{\Delta t \to 0} \frac{\Delta \boldsymbol{r}}{\Delta t} = \frac{\mathrm{d}\boldsymbol{r}}{\mathrm{d}t} \tag{2-12}$$

即速度为位矢对时间的变化率。速度通常被表述为质点在单位时间内的位移，但它并不定义于单位时间，而是定义于无穷小的时间间隔，故称为瞬时速度。速度是矢量，它的方向为 $\Delta t \to 0$ 时 $\Delta \boldsymbol{r}$ 的极限方向。

在图 2-3 中可以看出，当 $\Delta t \to 0$ 时 $\Delta \boldsymbol{r}$ 趋于轨道在 P 点的切线方向。所以我们说：速度的方向是沿着轨道的切线方向，且指向前进的一侧。质点的速度描述质点的运动状态，速度的大小表示质点运动的快慢，速度的方向表示质点的运动方向。

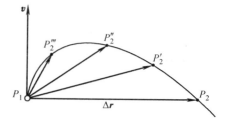

图 2-3　质点速度的方向沿着轨道的切向

把式 (2-5) 代入式 (2-12)，注意到 i、j、k 为常矢量，有

$$v = \frac{\mathrm{d}r}{\mathrm{d}t} = \frac{\mathrm{d}x}{\mathrm{d}t}i + \frac{\mathrm{d}y}{\mathrm{d}t}j + \frac{\mathrm{d}z}{\mathrm{d}t}k \qquad (2\text{-}13)$$

速度矢量与它的三个分量的关系定义为

$$v = v_x i + v_y j + v_z k \qquad (2\text{-}14)$$

对比可知速度矢量的三个分量为

$$v_x = \frac{\mathrm{d}x}{\mathrm{d}t}, \quad v_y = \frac{\mathrm{d}y}{\mathrm{d}t}, \quad v_z = \frac{\mathrm{d}z}{\mathrm{d}t} \qquad (2\text{-}15)$$

速度的大小和方向余弦可以由它的三个分量确定。

与速度相仿的物理量是速率，平均速率定义为路程与时间间隔的比值 $\bar{v} = \dfrac{\Delta s}{\Delta t}$。瞬时速率

简称速率，定义为路程对时间的变化率 $v = \dfrac{\mathrm{d}s}{\mathrm{d}t}$，由于在 $\Delta t \to 0$ 时 $\mathrm{d}s = |\mathrm{d}r|$，而 $\mathrm{d}t$ 永远是正

量，所以

$$v = \frac{\mathrm{d}s}{\mathrm{d}t} = \frac{|\mathrm{d}r|}{\mathrm{d}t} = \left|\frac{\mathrm{d}r}{\mathrm{d}t}\right| = |v|$$

即速率等于速度矢量的大小。

速度 v 的定义表示速度是位矢 r 对时间 t 的导数，那么反过来，位矢 r 就应该能用速度 v 对时间 t 的积分来表示。由式 (2-12) 可得

$$\mathrm{d}r = v\,\mathrm{d}t$$

此式表示，在 $\Delta t \to 0$ 时，质点的位移 $\mathrm{d}r$ 等于速度 v 与时间间隔 $\mathrm{d}t$ 的乘积。这很像匀速运动，因为在极短的时间内，速度确实可以看作是不变的。若初始条件为 $t = 0$ 时质点位矢为 r_0，又设在任意 t 时质点位矢为 r，把上式对运动过程积分，则有

$$\int_{r_0}^{r} \mathrm{d}r = \int_{0}^{t} v\,\mathrm{d}t$$

即

$$\Delta r = r - r_0 = \int_{0}^{t} v\,\mathrm{d}t \qquad (2\text{-}16)$$

式 (2-16) 为位移与速度的积分关系，称为位移公式。用这个公式可由速度 v 来求位移 Δr，进而通过初始位置 r_0 来求位矢 r。把式 (2-5) 和式 (2-14) 代入式 (2-16)，可得到位移公式的三个分量式

$$x = x_0 + \int_{0}^{t} v_x \mathrm{d}t, \quad y = y_0 + \int_{0}^{t} v_y \mathrm{d}t, \quad z = z_0 + \int_{0}^{t} v_z \mathrm{d}t \qquad (2\text{-}17)$$

3. 加速度

质点的加速度描述质点速度的大小和方向变化的快慢。由于速度是矢量，所以无论是质点的速度大小或是方向发生变化，都意味着质点有加速度。

（1）**平均加速度**　质点在一个运动过程中的平均加速度定义为运动过程中质点速度的增量 Δv 与时间间隔 Δt 的比值。如图 2-4 所示，设质点在 t 时刻速度为 v_1，在 $t + \Delta t$ 时刻速度为 v_2，速度增量 $\Delta v = v_2 - v_1$，则平均加速度为

$$\overline{\boldsymbol{a}} = \frac{\Delta \boldsymbol{v}}{\Delta t} \qquad (2\text{-}18)$$

（2）**瞬时加速度** 质点在 t 时刻的瞬时加速度简称为加速度，定义为 $\Delta t \to 0$ 时平均加速度的极限，即

$$\boldsymbol{a} = \lim_{\Delta t \to 0} \frac{\Delta \boldsymbol{v}}{\Delta t} = \frac{\mathrm{d}\boldsymbol{v}}{\mathrm{d}t} = \frac{\mathrm{d}^2 \boldsymbol{r}}{\mathrm{d}t^2} \qquad (2\text{-}19)$$

即加速度为速度对时间的变化率。很明显，加速度与速度的关系类似于速度与位矢的关系，学习中可以通过对比来加深理解。加速度矢量 $\boldsymbol{a}$ 的方向为 $\Delta t \to 0$ 时速度变化 $\Delta \boldsymbol{v}$ 的极限方向。在直线运动中，加速度的方向与速度方向相同或相反；相同时速率增加，如自由落体运动；相反时速率减小，如上抛运动。而在曲线运动中，加速度的方向与速度方向并不一致，如斜抛运动。

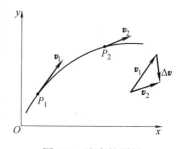

图 2-4　速度的增量

把式（2-14）代入式（2-19），可以得到加速度矢量的三个分量式

$$\begin{cases} a_x = \dfrac{\mathrm{d}v_x}{\mathrm{d}t} = \dfrac{\mathrm{d}^2 x}{\mathrm{d}t^2} \\[2mm] a_y = \dfrac{\mathrm{d}v_y}{\mathrm{d}t} = \dfrac{\mathrm{d}^2 y}{\mathrm{d}t^2} \\[2mm] a_z = \dfrac{\mathrm{d}v_z}{\mathrm{d}t} = \dfrac{\mathrm{d}^2 z}{\mathrm{d}t^2} \end{cases} \qquad (2\text{-}20)$$

由加速度的三个分量式可以确定加速度的大小和方向余弦。

由 $\boldsymbol{a} = \mathrm{d}\boldsymbol{v}/\mathrm{d}t$ 可得 $\mathrm{d}\boldsymbol{v} = \boldsymbol{a}\mathrm{d}t$，把此式对运动过程积分可得到速度与加速度的积分关系为

$$\Delta \boldsymbol{v} = \boldsymbol{v} - \boldsymbol{v}_0 = \int_0^t \boldsymbol{a}\mathrm{d}t \qquad (2\text{-}21)$$

式中，$\boldsymbol{v}_0$ 为初时时刻质点的速度，$\boldsymbol{v}$ 为 t 时刻质点的速度。此式称为**速度公式**，它的分量形式为

$$\begin{cases} v_x - v_{0x} = \displaystyle\int_0^t a_x \mathrm{d}t \\[2mm] v_y - v_{0y} = \displaystyle\int_0^t a_y \mathrm{d}t \\[2mm] v_z - v_{0z} = \displaystyle\int_0^t a_z \mathrm{d}t \end{cases} \qquad (2\text{-}22)$$

在一般情况下，质点的加速度可以随时间而改变。而在一些特定情况下，如忽略空气阻力的抛体运动，其加速度是一个恒量，此时质点的运动为匀加速运动。匀加速运动的速度公式和位移公式较为简单，统称为**匀加速运动公式**。速度公式为

$$\boldsymbol{v} - \boldsymbol{v}_0 = \int_0^t \boldsymbol{a}\mathrm{d}t = \boldsymbol{a}t$$

或

$$v = v_0 + at \tag{2-23}$$

位移公式为

$$r - r_0 = \int_0^t v \, \mathrm{d}t = \int_0^t (v_0 + at) \, \mathrm{d}t = v_0 t + \frac{1}{2} a t^2$$

或

$$r = r_0 + v_0 t + \frac{1}{2} a t^2 \tag{2-24}$$

　　在质点运动学中需要解决的问题大致可分为两类：一类是已知质点的运动方程 $r = r(t)$，求质点的速度 v 和加速度 a。这一类问题的处理方法主要是按速度和加速度的定义通过求导来解决，称为第一类运动学问题，如下面的例 2-1。第二类运动学问题是已知质点的加速度 $a = a(t)$，以及初始条件即 $t = 0$ 时的位矢 r_0 和速度 v_0，求质点的速度 v 和位矢 r。这一类问题主要通过速度公式和位移公式由积分来解决，如下面的例 2-3。

　　【例 2-1】　一质点在 xOy 平面内运动，运动方程为 $r = A\cos\omega t i + A\sin\omega t j$，其中 A、ω 为正常量，求质点的轨道方程，以及质点在任意时刻 t 的位矢、速度及加速度的大小和方向。

　　【解】　质点运动方程的分量形式为

$$x = A\cos\omega t, \quad y = A\sin\omega t$$

联立消去 t 可得到轨迹方程

$$x^2 + y^2 = A^2$$

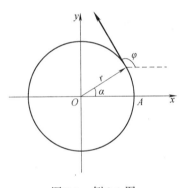

这是一个圆的方程，圆心在原点 O，半径为 A，如图 2-5 所示，可见质点在作圆周运动。

位矢大小为

$$r = \sqrt{x^2 + y^2} = A$$

位矢的方向可用位矢的斜率表示：

$$\tan\alpha = \frac{y}{x} = \tan\omega t \tag{a}$$

图 2-5　例 2-1 图

质点速度为

$$v = \frac{\mathrm{d}r}{\mathrm{d}t} = -\omega A\sin\omega t i + \omega A\cos\omega t j$$

速度的分量为

$$v_x = -\omega A\sin\omega t, \quad v_y = \omega A\cos\omega t$$

故速度的大小即速率为

$$v = \sqrt{v_x^2 + v_y^2} = \omega A$$

质点的速率为常量，即质点作匀速率圆周运动。质点速度的方向角的斜率为

$$\tan\varphi = \frac{v_y}{v_x} = -\cot\omega t \tag{b}$$

比较式（a）和式（b），可知位矢和速度的斜率的乘积为 -1，即速度 v 和位矢 r 垂直，速度沿圆周的切线方向。质点的加速度为

$$a = \frac{\mathrm{d}v}{\mathrm{d}t} = -\omega^2 A\cos\omega t i - \omega^2 A\cos\omega t j = -\omega^2 r$$

可见加速度方向与位矢相反，指向圆心。加速度的大小为

$$a = |-\omega^2 \boldsymbol{r}| = \omega^2 A$$

即加速度的大小也是一个常量。

下面的例 2-2 也属于第一类运动学问题，需要通过求导来解出结果。

【*例 2-2】 如图 2-6 所示，河岸上有人在 h 高处通过定滑轮以速度 $\boldsymbol{v}_0$ 收绳拉船靠岸。求船在距岸边为 x 处时的速度和加速度。

【解】 如图建立坐标，小船到岸边距离为 x，绳子长度为 l，则有

$$l^2 = h^2 + x^2 \qquad (a)$$

由式（a）可解得

$$x^2 = l^2 - h^2$$

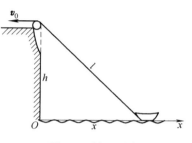

图 2-6 例 2-2 图

此式可看作小船的运动方程，其中 l 是 t 的函数。小船的速度大小为

$$v = \frac{\mathrm{d}x}{\mathrm{d}t} = \frac{\mathrm{d}x}{\mathrm{d}l} \cdot \frac{\mathrm{d}l}{\mathrm{d}t} = \frac{l}{x} \cdot (-v_0) = -\frac{\sqrt{x^2 + h^2}}{x} v_0$$

在上式的推导中用到了 $\dfrac{\mathrm{d}l}{\mathrm{d}t} = -v_0$，负号表示绳子的长度在缩短。

小船的加速度大小为

$$a = \frac{\mathrm{d}v}{\mathrm{d}t} = \frac{\mathrm{d}}{\mathrm{d}t}\left(-v_0 \frac{l}{x}\right) = -v_0 \cdot \frac{x^2 - l^2}{lx^2} \cdot v = -\frac{h^2 v_0^2}{x^3}$$

在上式的推导中用到了 $\dfrac{\mathrm{d}x}{\mathrm{d}t} = v$，即为小船的速度。

细心的读者可以发现，上面的计算过程还是比较烦琐的。如果把式（a）看作运动方程的隐式，用隐函数求导的方法求速度和加速度会简便一些。将式（a）两边同时对时间 t 求导可得

$$2l \frac{\mathrm{d}l}{\mathrm{d}t} = 2x \frac{\mathrm{d}x}{\mathrm{d}t}$$

注意到上式中 $\dfrac{\mathrm{d}l}{\mathrm{d}t} = -v_0$，$\dfrac{\mathrm{d}x}{\mathrm{d}t} = v$，故有

$$-lv_0 = xv \qquad (b)$$

解得

$$v = -\frac{lv_0}{x} = -\frac{\sqrt{x^2 + h^2}}{x} v_0$$

再将式（b）对时间求导得到

$$-\frac{\mathrm{d}l}{\mathrm{d}t} v_0 = \frac{\mathrm{d}x}{\mathrm{d}t} v + x \frac{\mathrm{d}v}{\mathrm{d}t}$$

其中 $\dfrac{\mathrm{d}v}{\mathrm{d}t} = a$ 为船的加速度，故有

$$v_0^2 = v^2 + xa$$

解得

$$a = \frac{v_0^2 - v^2}{x} = -\frac{h^2 v_0^2}{x^3}$$

【例 2-3】　如图 2-7 所示，一质点在 xOy 平面内斜上抛，忽略空气阻力，加速度大小为 $g = 9.81\,\text{m} \cdot \text{s}^{-2}$，方向向下，$t = 0$ 时刻质点位置在 $x_0 = 10.2\,\text{m}$，$y_0 = 12.4\,\text{m}$ 处，初速度大小为 $v_0 = 23.2\,\text{m} \cdot \text{s}^{-1}$，仰角为 $\alpha = 30°$。求质点在任意时刻 t 的速度和位矢的两个分量。

【解】　质点加速度的两个分量为

$$a_x = 0, \quad a_y = -g$$

初速度的分量为

$$v_{0x} = v_0 \cos\alpha = 20.1\,\text{m} \cdot \text{s}^{-1}, \quad v_{0y} = v_0 \sin\alpha = 11.6\,\text{m} \cdot \text{s}^{-1}$$

按速度公式有

$$v_x = v_{0x} + \int_0^t a_x \mathrm{d}t = v_{0x} = 20.1\,\text{m} \cdot \text{s}^{-1}$$

$$v_y = v_{0y} + \int_0^t a_y \mathrm{d}t = v_{0y} - gt = 11.6 - 9.81t$$

其中，t 的单位为 s、v_x、v_y 的单位为 $\text{m} \cdot \text{s}^{-1}$。按位移公式有

$$x = x_0 + \int_0^t v_x \mathrm{d}t = x_0 + v_x t = 10.2 + 20.1t$$

$$y = y_0 + \int_0^t v_y \mathrm{d}t = y_0 + \int_0^t (v_{0y} - gt)\mathrm{d}t = y_0 + v_{0y}t - \frac{1}{2}gt^2 = 12.4 + 11.6t - 4.91t^2$$

其中，t 的单位为 s，x、y 的单位为 m。此题也可以直接套用匀加速运动公式(2-23)和公式(2-24)的分量式得到结果。

下面的例 2-4 属于第二类运动学问题，需要通过积分来求解。

【例 2-4】　一质点沿 x 轴运动，其速度与位置的关系为 $v = -kx$，其中 k 为一正常量。若 $t = 0$ 时质点在 $x = x_0$ 处，求任意时刻 t 时质点的位置、速度和加速度。

【解】　按题意有 $v = -kx$，按速度的定义把上式改写为

$$\frac{\mathrm{d}x}{\mathrm{d}t} = -kx$$

这是一个简单的一阶微分方程，可以通过分离变量法求解，分离变量有

$$\frac{\mathrm{d}x}{x} = -k\mathrm{d}t$$

对方程积分，按题意 $t = 0$ 时质点位置在 $x = x_0$ 处，有

$$\int_{x_0}^x \frac{\mathrm{d}x}{x} = \int_0^t (-k)\mathrm{d}t$$

积分得

$$\ln \frac{x}{x_0} = -kt$$

解出质点位置为

$$x = x_0 e^{-kt}$$

质点速度为

$$v = \frac{\mathrm{d}x}{\mathrm{d}t} = -kx_0 e^{-kt}$$

质点加速度为

$$a = \frac{\mathrm{d}v}{\mathrm{d}t} = k^2 x_0 e^{-kt}$$

2.2　切向加速度和法向加速度　自然坐标系

笛卡儿坐标系是一种普遍使用的坐标系，它沿空间的三个方向 x、y、z 来分解运动。在有的问题中这样分析并不是最简捷的方法，可以考虑用其他的坐标系来描述运动。**自然坐标系**是一种较为常用的描述坐标，它采用轨道的切向和法向来分解运动。我们常说，匀速率圆周运动的加速度是向心（法向）加速度，这实际上就是自然数的坐标语言。自然坐标比较适于描述圆周运动，特别是圆周运动的加速度。

1. 圆周运动的切向加速度和法向加速度

如图 2-8a 所示，一质点沿一圆周运动，圆心在 O，圆半径为 R。为了阐述方便，我们仍在圆中设立了一个笛卡儿平面坐标来帮助分析。设质点 t 时刻在 P_1 点，位矢为 $\boldsymbol{r}$，速度为 $\boldsymbol{v}$；$t + \Delta t$ 时刻质点在 P_2 点，位矢为 $\boldsymbol{r} + \Delta \boldsymbol{r}$，速度为 $\boldsymbol{v} + \Delta \boldsymbol{v}$。其中 $\Delta \boldsymbol{r}$ 为过程中质点的位移，$\Delta \boldsymbol{v}$ 为速度的增量。

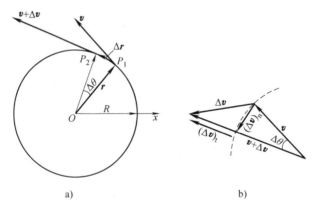

图 2-8　圆周运动中的速度增量

速度增量的矢量图可以用图 2-8b 表示，在图中，我们已经把 $\Delta \boldsymbol{v}$ 分解为两个分矢量：

$$\Delta \boldsymbol{v} = (\Delta \boldsymbol{v})_n + (\Delta \boldsymbol{v})_t$$

其中 $(\Delta \boldsymbol{v})_n$ 与初速度 $\boldsymbol{v}$ 在一个等腰三角形中，而 $(\Delta \boldsymbol{v})_t$ 则沿着末速度 $\boldsymbol{v} + \Delta \boldsymbol{v}$ 的方向。这两个分矢量的含义不同：$(\Delta \boldsymbol{v})_n$ 代表速度方向的改变，$(\Delta \boldsymbol{v})_t$ 代表速度大小的改变。把上式两边同时除以过程的时间间隔 Δt，并令 $\Delta t \to 0$ 有

$$\frac{\mathrm{d}\boldsymbol{v}}{\mathrm{d}t} = \frac{(\mathrm{d}\boldsymbol{v})_n}{\mathrm{d}t} + \frac{(\mathrm{d}\boldsymbol{v})_t}{\mathrm{d}t}$$

记作

$$a = a_n + a_t \tag{2-25}$$

式中，左边 $a = dv/dt$ 为质点在 t 时刻的加速度，右边第一项

$$a_n = \frac{(dv)_n}{dt} \tag{2-26}$$

称为法向加速度，第二项

$$a_t = \frac{(dv)_t}{dt} \tag{2-27}$$

称为切向加速度，它们的大小和方向将在下面分析。式（2-25）的含义是：质点的加速度为法向加速度和切向加速度的矢量和。

　　下面我们先分析法向加速度 a_n，这个分析与匀速率圆周运动中讨论向心加速度的过程完全相同。图 2-8a 中位矢 r 和位移 Δr 所在的等腰三角形与图 2-8b 中速度 v 和速度增量 $(\Delta v)_n$ 所在的等腰三角形相似，所以有

$$\frac{|(\Delta v)_n|}{|v|} = \frac{|\Delta r|}{|r|}$$

式中，$|v|$ 为质点在 P_1 处的速率即 v，$|r|$ 为位矢大小即圆半径 R，故可记作

$$\frac{|(\Delta v)_n|}{v} = \frac{|\Delta r|}{R}$$

将此式两边同除以 Δt 并令 $\Delta t \to 0$ 得到

$$\frac{1}{v}\left|\frac{(dv)_n}{dt}\right| = \frac{1}{R}\left|\frac{dr}{dt}\right|$$

按式（2-26），$\left|\dfrac{(dv)_n}{dt}\right|$ 为法向加速度的大小，记作 a_n，而 $\left|\dfrac{dr}{dt}\right|$ 为速度的大小即速率 v，因而上式简化为

$$\frac{a_n}{v} = \frac{v}{R}$$

于是我们得到质点法向加速度的大小为

$$a_n = \frac{v^2}{R}$$

　　法向加速度的方向按式（2-26）为 $(dv)_n$ 的方向，即 $\Delta t \to 0$ 时 $(\Delta v)_n$ 的极限方向，按图 2-8b 所示显然是与速度 v 垂直，是指向圆心的，故 a_n 称为向心加速度即法向加速度。

　　下面分析切向加速度 a_t。在图 2-8 中可以看到，Δv 的分量 $(\Delta v)_t$ 的大小等于速度的增加量，记作

$$|(\Delta v)_t| = \Delta v$$

把此式两边同除以 Δt 并令 $\Delta t \to 0$ 有

$$\left|\frac{(dv)_t}{dt}\right| = \frac{dv}{dt}$$

按式（2-27），$\left|\dfrac{(\mathrm{d}\boldsymbol{v})_t}{\mathrm{d}t}\right|$ 即为切向加速度的大小，记作 a_t，而 $\dfrac{\mathrm{d}v}{\mathrm{d}t}$ 为速率的变化率。于是我们

有结论：切向加速度的大小等于速率的变化率，即 $a_t=\dfrac{\mathrm{d}v}{\mathrm{d}t}$；切向加速度的方向按式（2-27）

应为 $(\mathrm{d}\boldsymbol{v})_t$ 的方向，即 $\Delta t\to0$ 时 $(\Delta\boldsymbol{v})_t$ 的极限方向，按图 2-8 所示就是速度 $\boldsymbol{v}$ 的方向，故称为切向加速度。

此处有一个说明，以上结论是按照图 2-8 所示的情况得出的，此时质点的速率是在增加。若质点的速率是在减少，则速度增量的分解应如图 2-9 所示。此时若令 $\Delta t\to0$，则 $(\Delta\boldsymbol{v})_t$ 的极限方向应与速度 $\boldsymbol{v}$ 的方向相反，即切向加速度将逆着速度 $\boldsymbol{v}$ 的方向。

综合以上两种情况，我们可以把切向加速度用一个带符号的

量值（标量）来表示，其值为 $a_t=\dfrac{\mathrm{d}v}{\mathrm{d}t}$。当质点速率增加时 $a_t>$

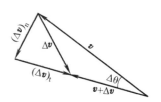

图 2-9 速率减小
时的速率增量

0，表示切向加速度 a_t 沿速度 $\boldsymbol{v}$ 的方向；当质点速率减小时 $a_t<0$，表示切向加速度 $\boldsymbol{a}_t$ 逆着速度 $\boldsymbol{v}$ 的方向。

把质点的加速度分解为切向加速度和法向加速度是自然坐标描述的主要特点，这样做的好处是两个分量的物理意义十分清晰：切向加速度描述质点速度大小变化的快慢，而法向加速度则描述质点速度方向变化的快慢。沿切向和法向来分解加速度仍属于正交分解，如图 2-10 所示，故质点加速度的大小为

$$a=\sqrt{a_t^2+a_n^2} \qquad (2\text{-}28)$$

质点加速度与速度的夹角 φ 满足

$$\tan\varphi=\frac{a_n}{a_t} \qquad (2\text{-}29)$$

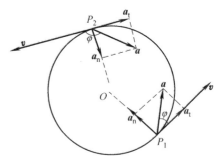

图 2-10 切向加速度
与法向加速度

其中，a_n 和 a_t 分别是切向加速度和法向加速度的大小。若质点的速率在增加，$a_t>0$，即切向加速度 $\boldsymbol{a}_t$ 沿速度 $\boldsymbol{v}$ 的方向，如图 2-10 中 P_1 点的情况，此时 $\tan\varphi>0$，φ 为锐角；若质点的速率在减小，$a_t<0$，即 $\boldsymbol{a}_t$ 与 $\boldsymbol{v}$ 反向，如图 2-10 中 P_2 点的情况，此时 $\tan\varphi<0$，φ 为钝角。但无论速率是增加或减小，从图 2-10 中可以看到，由于法向加速度 $\boldsymbol{a}_n$ 总是指向圆心，所以加速度总是指向轨道凹的一侧。

2. 一般曲线运动中的切向加速度和法向加速度 自然坐标系

一般曲线运动的轨迹不是一个圆周，但轨道上任何一点附近的一段极小的线元都可以看作是某个圆的一段圆弧，这个圆叫作轨道在该点的曲率圆，如图 2-11 所示。其圆心叫作曲率中心，半径叫作曲率半径，曲率半径的倒数叫作曲率。当质点运动到这一点时，其运动可以看作是在曲率圆上进行的，所以前述的对圆运动的讨论及结论，包括式（2-25）到式（2-29）此时仍能适用。不同的是在一般曲线运

图 2-11 轨道的曲率圆

动中法向加速度的大小为 $a_n = v^2/\rho$，其中 ρ 应是考察点的曲率半径，法向加速度的方向应是指向考察点的曲率中心。圆周运动是一种特殊的曲线运动，对圆周上的任一点，只有一个曲率圆即圆周自身，而一般曲线运动在轨迹的不同点有不同的曲率圆，如图 2-11 所示。

上面讨论的是自然坐标对质点加速度的描述，下面简要介绍一下自然坐标对质点位置及速度的描述方法。在自然坐标中，质点运动的轨道是已知的，如图2-12 所示。在轨道上取一参考点 O 作为原点，则质点在轨道上任一点 P 的位置可用 O 到 P 点的路程 s 来表示，因而质点路程随时间变化的方程为

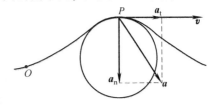

图 2-12　自然坐标系

$$s = s(t) \tag{2-30}$$

称作质点的运动方程。质点速度的大小用速率表示：

$$v = \frac{ds}{dt} \tag{2-31}$$

速度的方向为轨道的切线方向。质点的加速度用切向加速度和法向加速度来表示，这在前面已讨论过了，此处不再重复。

对于一个笛卡儿坐标系，在我们把质点的加速度分解为 a_x、a_y、a_z 三个分量时，x、y、z 的指向是完全确定的；而对于自然坐标系，当我们把加速度分解为 a_t 和 a_n 两个分量时，在轨道上不同的点，切向和法向的指向往往是各不相同的，这一点应该引起注意。在一个具体问题中究竟采用什么坐标系为好需要具体分析。

对斜抛运动，用笛卡儿坐标系方便一些，此时质点加速度 $a_x = 0$，$a_y = 0$，用自然坐标系麻烦一些，具体分析见例 2-6；对匀速率圆周运动，用自然坐标系方便一些，此时质点的切向加速度 $a_t = 0$，法向加速度 a_n 大小不变，而用笛卡儿坐标系则麻烦一些，见上一节的例 2-1。

【例 2-5】　一质点沿一半径为 R 的圆周运动，路程 $s = v_0 t + \frac{1}{2}bt^2$，其中 v_0 和 b 为正常量，求在任意时刻 t 质点的速率和加速度的大小。

【解】　质点的速率

$$v = \frac{ds}{dt} = v_0 + bt$$

质点的切向加速度大小为

$$a_t = \frac{dv}{dt} = b$$

质点的法向加速度大小为

$$a_n = \frac{v^2}{R} = \frac{(v_0 + bt)^2}{R}$$

质点加速度的大小为

$$a = \sqrt{a_t^2 + a_n^2} = \sqrt{b^2 + \frac{(v_0 + bt)^4}{R^2}}$$

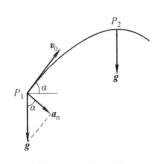

图 2-13　例 2-6 图

【例 2-6】 一质点作斜上抛运动，初速率为 v_0，仰角为 α，如图 2-13 所示。求质点轨道在起点 P_1 和顶点 P_2 的曲率半径。

【解】 质点的法向加速度

$$a_n = \frac{v^2}{R}$$

其中，R 即为本题要求的曲率半径。

对于 P_1 点，加速度 g 向下，法向加速度

$$a_n = g\cos\alpha$$

速率为 v_0，故有

$$g\cos\alpha = \frac{v_0^2}{\rho_1}$$

由此求得 P_1 点轨道的曲率半径为

$$\rho_1 = \frac{v_0^2}{g\cos\alpha}$$

对于 P_2 点，加速度 g 向下，$a_1 = g$，质点速率 $v = v_0\cos\alpha$，故有

$$g = \frac{v_0^2\cos^2\alpha}{\rho_2}$$

解得 P_2 点的曲率半径为

$$\rho_2 = \frac{v_0^2\cos^2\alpha}{g}$$

2.3　圆周运动的角量描述　平面极坐标系

平面极坐标系对圆周运动的描述可采用角量来描述。平面极坐标系的构成如图 2-14 所示，以平面上 O 点为原点（极点），Ox 轴为极轴，就建立起一个平面极坐标系。平面上任一点 P 的位置，可用 P 到 O 的距离（极径）r 和 r 与 x 轴的夹角（极角）θ 来表示。

平面极坐标系适于描述质点的圆周运动，以圆心为极点，再沿一半径方向设一极轴 Ox，则质点到 O 点的距离 r 即为圆半径 R，R 是一个常量，故质点位置仅用夹角 θ 即可确定。θ 称为质点的**角位置**，它实际上只代表质点相对于原点的方向，通常取逆时针转向的角位置为正值，θ 随时间 t 变化的关系式为

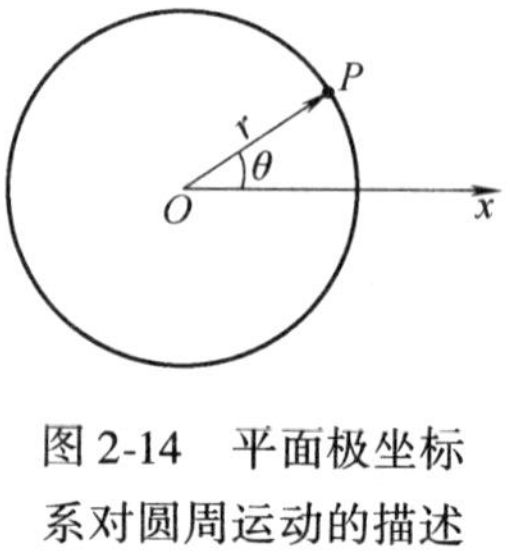

$$\theta = \theta(t) \tag{2-32}$$

称为角量运动方程，质点在从 t 到 $t + \Delta t$ 过程中角位置的变化叫作**角位移**，即

图 2-14　平面极坐标系对圆周运动的描述

$$\Delta\theta = \theta(t + \Delta t) - \theta \tag{2-33}$$

在此过程中角位移与时间间隔的比值称为平均角速度，则有

$$\overline{\omega} = \frac{\Delta\theta}{\Delta t}$$

$\Delta t \rightarrow 0$ 时平均角速度的极限定义为质点在 t 时刻的瞬时角速度, 简称为**角速度**, 则有

$$\omega = \lim_{\Delta t \to 0} \frac{\Delta \theta}{\Delta t} = \frac{\mathrm{d}\theta}{\mathrm{d}t} \qquad (2\text{-}34)$$

即角速度为角位置的时间变化率。角速度的单位是 $\mathrm{rad \cdot s^{-1}}$ 或 $\mathrm{s^{-1}}$。

质点在 t 到 $t + \Delta t$ 过程中角速度的增量 $\Delta \omega = \omega(t + \Delta t) - \omega(t)$ 与时间间隔 Δt 之比称为平均角加速度, 则有

$$\bar{\beta} = \frac{\Delta \omega}{\Delta t}$$

在 $\Delta t \rightarrow 0$ 时平均角加速度的极限定义为质点在 t 时刻的瞬时角加速度, 简称为**角加速度**, 则有

$$\beta = \lim_{\Delta t \to 0} \frac{\Delta \omega}{\Delta t} = \frac{\mathrm{d}\omega}{\mathrm{d}t} = \frac{\mathrm{d}^2\theta}{\mathrm{d}t^2} \qquad (2\text{-}35)$$

即角加速度为角速度对时间的变化率。角加速度的单位是 $\mathrm{rad \cdot s^{-2}}$ 或 $\mathrm{s^{-2}}$。

由 $\omega = \dfrac{\mathrm{d}\theta}{\mathrm{d}t}$ 可得 $\mathrm{d}\theta = \omega \mathrm{d}t$, 把此式对过程积分, 并设 $t = 0$ 时质点角位置在 θ_0, t 时刻角位置在 θ, 则有角位移公式

$$\theta - \theta_0 = \int_0^t \omega \mathrm{d}t \qquad (2\text{-}36)$$

用同样的方法可由 $\beta = \dfrac{\mathrm{d}\omega}{\mathrm{d}t}$ 得到角速度公式

$$\omega - \omega_0 = \int_0^t \beta \mathrm{d}t \qquad (2\text{-}37)$$

其中, ω_0 和 ω 分别为 $t = 0$ 时及 t 时刻的角速度。

角加速度为恒量的圆周运动称为匀角加速度运动, 其角速度公式为

$$\omega = \omega_0 + \beta t \qquad (2\text{-}38)$$

把式 (2-38) 代入式 (2-36) 可得到角位移公式:

$$\theta - \theta_0 = \omega_0 t + \frac{1}{2}\beta t^2 \qquad (2\text{-}39)$$

$$\theta = \theta_0 + \omega_0 t + \frac{1}{2}\beta t^2 \qquad (2\text{-}40)$$

式 (2-38)、式 (2-39) 或式 (2-40) 称为**匀角加速运动公式**。

当质点作圆周运动时, $R =$ 常数, 只有角位置是 t 的函数, 这样只需要一个坐标 (即角位置 θ) 就可描述指点的位置, 这和质点的直线运动颇有些类似。因此, 我们可以与匀变速直线运动的方法类似建立起描述匀角加速圆周运动的公式。即在匀角加速圆周运动中有

$$\left. \begin{array}{l} \omega = \omega_0 + \beta t \\[2mm] \theta = \theta_0 + \omega_0 t + \dfrac{1}{2}\beta t^2 \\[2mm] \omega^2 - \omega_0^2 = 2\beta(\theta - \theta_0) \end{array} \right\} \qquad (2\text{-}41)$$

同时,

$$\mathrm{d}s = R\mathrm{d}\theta \tag{2-42}$$

不难证明，在圆周运动中，线量和角量之间存在如下关系，即

$$
\left.
\begin{aligned}
v &= \frac{\mathrm{d}s}{\mathrm{d}t} = R\frac{\mathrm{d}\theta}{\mathrm{d}t} = R\omega \\
a_{\mathrm{t}} &= \frac{\mathrm{d}v}{\mathrm{d}t} = R\frac{\mathrm{d}\omega}{\mathrm{d}t} = R\beta \\
a_{\mathrm{n}} &= \frac{v^2}{R} = R\omega^2
\end{aligned}
\right\}
\tag{2-43}
$$

【例2-7】　一质点沿半径 $R = 1.61\mathrm{m}$ 的圆周运动，$t = 0$ 时质点位置 $\theta_0 = 0$，质点角速度 $\omega_0 = 3.14\mathrm{s}^{-1}$。若质点角加速度 $\beta = 1.24t$（t 以 s 为单位，β 以 s^{-2} 为单位），求 $t = 2.00\mathrm{s}$ 时质点的速率、切向加速度和法向加速度。

【解】　按角加速度公式，质点在 $t = 2\mathrm{s}$ 时的角速度为

$$\omega = \omega_0 + \int_0^t \beta \mathrm{d}t = 3.14 + \int_0^2 1.24t\mathrm{d}t = 5.62\mathrm{s}^{-1}$$

速率

$$v = R\omega = 9.05\mathrm{m}\cdot\mathrm{s}^{-1}$$

切向加速度

$$a_{\mathrm{t}} = R\beta = 4.00\mathrm{m}\cdot\mathrm{s}^{-2}$$

法向加速度

$$a_{\mathrm{n}} = R\omega^2 = 50.9\mathrm{m}\cdot\mathrm{s}^{-2}$$

【例2-8】　一质点从静止开始作匀角加速运动，角加速度为 β。请问：当质点的法向加速度等于切向加速度时质点的角速度多大？此时质点已运动了多长时间？转过了多大角度？

【解】　按题意要求有 $a_{\mathrm{n}} = a_{\mathrm{t}}$，即有

$$R\omega^2 = R\beta$$

可得质点角速度为

$$\omega = \sqrt{\beta}$$

按匀角加速度运动的速度公式

$$\omega = \omega_0 + \beta t = \beta t$$

可求出质点的运动时间

$$t = \frac{\omega}{\beta} = \frac{1}{\sqrt{\beta}}$$

再由匀角加速度的角速度位移公式，质点转过的角度为

$$\theta - \theta_0 = \omega_0 t + \frac{1}{2}\beta t^2 = \frac{1}{2}\beta t^2 = \frac{1}{2}\mathrm{rad}$$

2.4　相对运动

在几个不同的参考系中考察同一物体的运动时，其描述将是不相同的，这反映了运动的相对性。我们用笛卡儿坐标系来讨论这个问题，而且只讨论所用到的几个坐标系的 x、y、z

轴的指向始终相同的情况，如图 2-15 所示。

1. 相对位置和相对位移

运动的相对性首先表现在对质点位置的描述上。如图 2-15 所示，有两个坐标系 $Oxyz$ 和 $O'x'y'z'$，简称为 k 系和 k′系。若 t 时刻质点在 P 点，它相对于 k 系的位矢是 $\boldsymbol{r}_{Pk}$，相对于 k′系的位矢是 $\boldsymbol{r}_{Pk'}$，而 k′系相对于 k 系的位矢用 $\boldsymbol{r}_{k'k}$ 表示。在图 2-15 中可以看到，三个相对位矢有关系

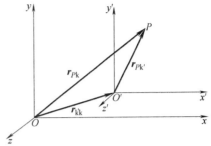

$$\boldsymbol{r}_{Pk} = \boldsymbol{r}_{Pk'} + \boldsymbol{r}_{k'k} \tag{2-44}$$

这表示同一质点对于 k 和 k′两个坐标系的位矢 $\boldsymbol{r}_{Pk}$ 和 $\boldsymbol{r}_{Pk'}$ 不相等，这就是运动相对性的表现。式（2-44）描述相对位置之间的关系，称为位置变换。把位矢与其分量的关系即式（2-1）$\boldsymbol{r} = x\boldsymbol{i} + y\boldsymbol{j} + z\boldsymbol{k}$ 代入式（2-44）可得到位置变换的分量表示

图 2-15 相对运动

$$\begin{cases} x_{Pk} = x_{Pk'} + x_{k'k} \\ y_{Pk} = y_{Pk'} + y_{k'k} \\ z_{Pk} = z_{Pk'} + z_{k'k} \end{cases}$$

此式称为坐标变换。显然，在 x、y、z 三个方向上，变换在形式上完全相同。在一个运动过程中，若质点 t 时刻的位置在 P_1 点，此时按式（2-44）有 $\boldsymbol{r}_{Pk}^{(1)} = \boldsymbol{r}_{Pk'}^{(1)} + \boldsymbol{r}_{k'k}^{(1)}$；在 $t + \Delta t$ 时刻质点位置在 P_2 点，有 $\boldsymbol{r}_{Pk}^{(2)} = \boldsymbol{r}_{Pk'}^{(2)} + \boldsymbol{r}_{k'k}^{(2)}$。

把这两个式子相减，再对照质点位移的定义，可得到相对位移之间的关系为

$$\Delta \boldsymbol{r}_{Pk} = \Delta \boldsymbol{r}_{Pk'} + \Delta \boldsymbol{r}_{k'k} \tag{2-45}$$

式中，$\Delta \boldsymbol{r}_{Pk}$、$\Delta \boldsymbol{r}_{Pk'}$、$\Delta \boldsymbol{r}_{k'k}$ 分别表示过程中质点对 k 系、对 k′系的位移以及 k′系对 k 系的位移，此式称为位移变换。把位移与其分量的关系即式（2-8）$\Delta \boldsymbol{r} = \Delta x\boldsymbol{i} + \Delta y\boldsymbol{j} + \Delta z\boldsymbol{k}$ 代入式（2-45）可以得到位移变换的分量表示，在 x 方向为 $\Delta x_{Pk} = \Delta x_{Pk'} + \Delta x_{k'k}$，在 y 和 z 两个方向的分量表示读者不难自己写出，在形式上与 x 方向的表示完全相同。

2. 相对速度和相对加速度

把式（2-44）对时间求导，可得到相对速度之间的关系即**速度变换**

$$\boldsymbol{v}_{Pk} = \boldsymbol{v}_{Pk'} + \boldsymbol{v}_{k'k} \tag{2-46}$$

把速度与其分量的关系即式（2-14）$\boldsymbol{v} = v_x\boldsymbol{i} + v_y\boldsymbol{j} + v_z\boldsymbol{k}$ 代入式（2-46）可得到速度变换的分量表示，在 x 方向为 $v_{Pkx} = v_{Pk'x} + v_{k'kx}$，在其他两个方向上的分量表示读者同理可以自己写出。

把式（2-46）再对时间 t 求导，可得**加速度变换**

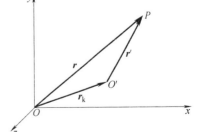

$$\boldsymbol{a}_{Pk} = \boldsymbol{a}_{Pk'} + \boldsymbol{a}_{k'k} \tag{2-47}$$

它在 x 方向的分量表示为 $a_{Pkx} = a_{Pk'x} + a_{k'kx}$，在 y、z 方向的分量表示读者同理可以自己写出。

为了使上述几个变换在形式上简洁一些，例如对于 $\boldsymbol{r}_{Pk} = \boldsymbol{r}_{Pk'} + \boldsymbol{r}_{k'k}$ ［式（2-46）］，如图 2-16 所示（图中 k′系的三个坐标轴没有作出但并不会引起混淆）。把质点对 k 系的位矢记作 $\boldsymbol{r}$，质点对 k′系的位矢记作 $\boldsymbol{r}'$，而 k′系对 k

图 2-16 相对运动中
位矢的简单表示

系的位矢记作 r_k，则式（2-44）可简单地记作

$$r = r' + r_k$$

相应地，式（2-46）和式（2-47）也简化为

$$v = v' + v_k$$

$$a = a' + a_k$$

请记住各项的含义，以免在应用时弄错。还要理解同一个问题的不同提法，例如 $r = r_{Pk}$ 是质点 P 相对于 k 系的位矢，也可称为 k 系测得的质点的位矢。

【例 2-9】 如图 2-17 所示，一物体在 $t = 0$ 时从 O 点以初速率 v_0、仰角 α 斜上抛，同时有一辆作匀速运动的汽车通过 O 点，车速为 u。求在车上测得的物体运动方程、速度和加速度。当车速 u 为多大时，车上的人会认为物体是在作上抛运动？

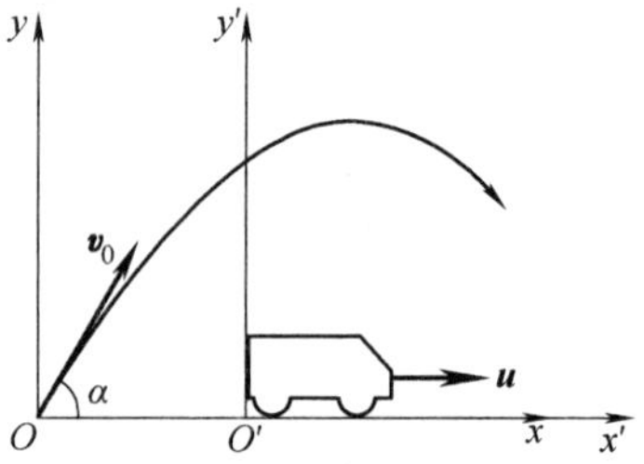

【解】 如图所示在地面设立坐标系 Oxy，在车上设立坐标系 $O'x'y'$。

物体相对于地面为斜上抛运动，故物体对地面参考系 Oxy 的位置为

$$x = v_0 \cos\alpha \cdot t \tag{a}$$

$$y = v_0 \sin\alpha \cdot t - \frac{1}{2}gt^2 \tag{b}$$

汽车相对于地面为匀速直线运动，故汽车对地面参考系的位置为

$$x_k = ut$$

$$y_k = 0$$

按相对运动的位置变换，物体对汽车参考系 $O'x'y'$ 的位置，也即汽车上测得的物体的运动方程为

$$x' = x - x_k = (v_0 \cos\alpha - u)t \tag{c}$$

$$y' = y - y_k = v_0 \sin\alpha \cdot t - \frac{1}{2}gt^2 \tag{d}$$

汽车上测得物体的速度为

$$v_x' = \frac{\mathrm{d}x'}{\mathrm{d}t} = v_0 \cos\alpha - u$$

$$v_y' = \frac{\mathrm{d}y'}{\mathrm{d}t} = v_0 \sin\alpha - gt$$

汽车上测得物体的加速度为

$$a_x' = \frac{\mathrm{d}v_x'}{\mathrm{d}t} = 0$$

$$a_y' = \frac{\mathrm{d}v_y'}{\mathrm{d}t} = -g$$

可见，汽车上测得物体的位置和速度与地面上测得的不相同，而加速度的测值却是相同的，都是重力加速度 g，方向向下。

图 2-17 例 2-9 图

若汽车上测得物体作上抛运动，则应该有

$$u = v_0\cos\alpha$$

此时

$$x' = 0$$

而由式（d）可知依然为

$$y' = v_0\sin\alpha \cdot t - \frac{1}{2}gt^2$$

【例 2-10】　一火车在雨中向东行驶，当火车停下来时，乘客发现雨的速度与竖直方向成 30°角且偏向车头，当火车以 $12\text{m} \cdot \text{s}^{-1}$ 行驶时，雨的速度与竖直方向成 60°角且偏向车尾，求雨对地的速度的大小。

【解】　按题意，雨对地的速度 $\boldsymbol{v}_{\text{RG}}$ 方向为向下偏东 30°，如图 2-18a 所示；车对地的速度 $\boldsymbol{v}_{\text{TG}}$ 方向向东，大小为 12m/s；雨对车的速度 $\boldsymbol{v}_{\text{RT}}$ 方向为向下偏西 60°。按相对运动的速度变换，它们之间的关系为

$$\boldsymbol{v}_{\text{RG}} = \boldsymbol{v}_{\text{RT}} + \boldsymbol{v}_{\text{TG}}$$

即这三个矢量应组成一个三角形，如图 2-18b 所示。这是一个直角三角形，且两个锐角分别为 30°和 60°，故雨对地的速度的大小为

$$v_{\text{RG}} = v_{\text{TG}} \cdot \sin 30° = \frac{v_{\text{TG}}}{2} = 6\text{m} \cdot \text{s}^{-1}$$

图 2-18　例 2-10 图

本章逻辑主线

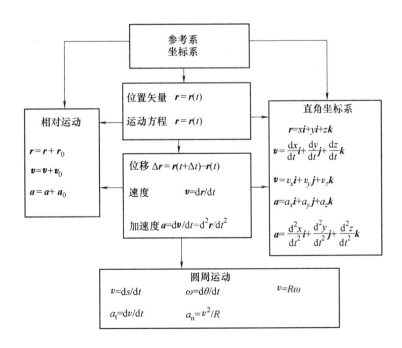

习 题

一、填空题

2.1 一辆作匀加速直线运动的汽车，在 6s 内通过相隔 60m 远的两点，已知汽车经过第二点时的速率为 15m·s^{-1}，则汽车通过第一点时的速率 $v_1 = $ ＿＿＿＿＿＿。

2.2 请判断（打 × 或 ✓）

一质点作圆周运动，下列式子中哪些是正确的？

（1）$| \Delta \boldsymbol{r} | = s$ ＿＿＿＿＿；　　　　　　（2）$| d\boldsymbol{r} | = ds$ ＿＿＿＿＿；

（3）$| \Delta \boldsymbol{r} | = \Delta r$ ＿＿＿＿＿；　　　　　　（4）$| d\boldsymbol{r} | = dr$ ＿＿＿＿＿。

2.3 一质点沿一半径为 R 的圆周运动，在时间 Δt 内运动了一周，在此过程中质点的平均速度的大小为＿＿＿＿＿，平均速率为＿＿＿＿＿。

2.4 一质点的加速度为 $\boldsymbol{a} = \boldsymbol{a}(t)$，则质点在 t_1 到 t_2 过程中的平均加速度为＿＿＿＿＿。

2.5 一质点沿 x 轴运动，速度与位置的关系为 $v = kx$，其中 k 为一正常量，则质点在任意 x 处的加速度为＿＿＿＿＿。

2.6 一质点沿 x 轴运动，加速度与速度的关系为 $a = -kv$，其中 k 为一正常量，若 $t = 0$ 时质点速度为 v_0，位置在 x_0，求任意时刻 t 时质点的位置、速度和加速度。

2.7 质点在运动过程中当满足下列条件时，质点是在作什么运动？

（1）$\left| \dfrac{d\boldsymbol{r}}{dt} \right| = 0$，＿＿＿＿＿；　　　　　　（2）$\dfrac{dr}{dt} = 0$，＿＿＿＿＿；

（3）$\left| \dfrac{d\boldsymbol{v}}{dt} \right| = 0$，＿＿＿＿＿；　　　　　　（4）$\dfrac{dv}{dt} = 0$，＿＿＿＿＿；

2.8 请判断下列说法是否正确？（打 × 或 ✓）

（1）a_x 是速度在 x 方向的分量对时间的变化率＿＿＿＿；

（2）a_t 是速度在切向的分量对时间的变化率＿＿＿＿；

（3）a_n 是速度在法向的分量对时间的变化率＿＿＿＿。

2.9 请判断质点在运动过程中，下列情况哪些是可能的？（打 × 或 ✓）

（1）$\boldsymbol{a}$ 变化但质点作直线运动＿＿＿＿；

（2）$\boldsymbol{a}$ 不变但质点作曲线运动＿＿＿＿；

（3）$\boldsymbol{a}$ 变化而 a_n 和 a_t 不变＿＿＿＿；

（4）$\boldsymbol{a}$ 不变而 a_n 和 a_t 变＿＿＿＿。

2.10 质点沿半径为 R 的圆周运动，运动学方程为 $\theta = 3 + 2t^2$（SI），则 t 时刻质点的法向加速度大小为 $a_n = $ ＿＿＿＿＿＿。

2.11 一质点作半径为 0.1m 的圆周运动，其角位置的运动学方程为 $\theta = \dfrac{\pi}{4} + \dfrac{1}{2}t^2$，则其切向加速度为 $a_t = $ ＿＿＿＿＿＿＿＿（SI）。

2.12 一质点沿 x 方向运动，其加速度随时间变化关系为 $a = 3 + 2t$（SI），如果初始时质点的速度 v_0 为 5m/s，则当 t 为 3s 时，质点的速度 $v = $ ＿＿＿＿＿＿。

2.13 一物体悬挂在弹簧上，在竖直方向上振动，其振动方程为 $y = A\sin\omega t$，其中 A、ω 均为常量，则物体的速度与时间的函数关系式为＿＿＿＿＿＿＿＿。

2.14　在 x 轴上作变加速直线运动的质点，已知其初速度为 v_0，初始位置为 x_0，加速度 $a = Ct^2$（其中 C 为常量），则其速度与时间的关系为 $v =$ _____。

2.15　一质点从静止出发沿半径 $R = 1\mathrm{m}$ 的圆周运动，其角加速度随时间 t 的变化规律是 $\beta = 12t^2 - 6t(\mathrm{SI})$，则质点的角速度 $\omega =$ _____。

2.16　以初速率 v_0、抛射角 θ_0 抛出一物体，则其抛物线轨道最高点处的曲率半径为

_____。

2.17　当一列火车以 $10\mathrm{m/s}$ 的速率向东行驶时，若相对于地面竖直下落的雨滴在列车的窗子上形成的雨迹偏离竖直方向 $30°$，则雨滴相对于地面的速率是_____。

二、选择题

2.18　一个质点在作匀速率圆周运动时，（　　）。

（A）切向加速度改变，法向加速度也改变；

（B）切向加速度不变，法向加速度改变；

（C）切向加速度不变，法向加速度也不变；

（D）切向加速度改变，法向加速度不变。

2.19　一质点在平面上运动，已知质点位置矢量的表示式为 $\boldsymbol{r} = at^2\boldsymbol{i} + bt^2\boldsymbol{j}$（其中 a、b 为常量），则该质点作（　　）。

（A）匀速直线运动；　　　　　（B）变速直线运动；

（C）抛物线运动；　　　　　　（D）一般曲线运动。

2.20　某质点作直线运动的运动学方程为 $x = 3t - 5t^3 + 6(\mathrm{SI})$，则该质点作（　　）。

（A）匀加速直线运动，加速度沿 x 轴正方向；

（B）匀加速直线运动，加速度沿 x 轴负方向；

（C）变加速直线运动，加速度沿 x 轴正方向；

（D）变加速直线运动，加速度沿 x 轴负方向。

2.21　以下五种运动形式中，$\boldsymbol{a}$ 保持不变的运动是（　　）。

（A）单摆的运动；　　　　　　（B）匀速率圆周运动；

（C）行星的椭圆轨道运动；　　（D）抛体运动。

2.22　质点沿半径为 R 的圆周作匀速率运动，每 T 时间转一圈。在 $2T$ 时间间隔中，其平均速度（位移/时间）大小与平均速率（路程/时间）大小分别为（　　）。

（A）$2R/T$，$2R/T$；　　　　　（B）0，$2R/T$；

（C）0，0；　　　　　　　　（D）$2R/T$，0。

2.23　在高台上分别沿 $45°$ 仰角方向和水平方向，以同样速率投出两颗小石子，忽略空气阻力，则它们落地时速度（　　）。

（A）大小不同，方向不同；　　（B）大小相同，方向不同；

（C）大小相同，方向相同；　　（D）大小不同，方向相同。

2.24　下列说法哪一条正确？（　　）

（A）加速度恒定不变时，物体运动方向也不变；

（B）平均速率等于平均速度的大小；

（C）不管加速度如何，平均速率表达式总可以写成 $\bar{v} = (v_1 + v_2)/2$（v_1、v_2 分别为初、末速率）；

（D）运动物体速率不变时，速度可以变化。

2.25　一质点沿 x 轴运动，其运动方程为 $x = 5t^2 - 3t^3$，其中 t 以 s 为单位。当 $t = 2$s 时，该质点正在（　　）。

（A）加速；　　　　（B）减速；　　　　（C）匀速；　　　　（D）静止。

2.26　某人骑自行车以速率 v 向西行驶，今有风以相同速率从北偏东 30°方向吹来，试问该人感到风从哪个方向吹来？（　　）

（A）北偏东 30°；　　　　　　　（B）南偏东 30°；

（C）北偏西 30°；　　　　　　　（D）西偏南 30°。

三、计算题

2.27　一质点在 x 轴上运动，运动方程为 $x = 10t - 5t^2$，（1）求 $t = 0$ 到 $t = 1$ 过程中质点的位移和路程；（2）求 $t = 1$ 到 $t = 3$ 过程中质点的位移和路程；（3）在 $t = 0$ 及 $t = 3$ 时刻质点的速率是在增加还是在减小？

2.28　一质点在 xOy 平面运动，运动方程为 $\boldsymbol{r} = 20t\boldsymbol{i} + 5t^2\boldsymbol{j}$，求任意时刻质点的速度和加速度。

2.29　一质点在 xOy 平面运动，运动方程为 $x = 20 + 4t^2$，$y = 10t + 2t^3$，求在 $t = 1$ 时质点加速度的大小和方向。

2.30　一质点在 xOy 平面运动，加速度 $\boldsymbol{a} = 6t\boldsymbol{j}$，若 $t = 0$ 时质点位置在 $\boldsymbol{r}_0 = 10\boldsymbol{j}$，速度为 $\boldsymbol{v}_0 = 4\boldsymbol{i}$，求质点的运动方程和轨迹方程。

2.31　如图 2-19 所示，高为 H 的路灯下有一高为 h 的人走向远方，若人走到 x_0 处时的速度为 v_0，求此时人头部影子 P 的运动速度。

2.32　如图 2-20 所示，一直杆靠墙因重力而下滑，到倾角 $\theta = 30°$时 A 端速度为 $\boldsymbol{v}_A$，方向向右，求此时 B 端的速度。

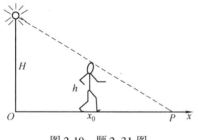

图 2-19　题 2.31 图

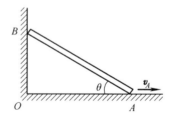

图 2-20　题 2.32 图

2.33　一质点绕半径 $R = 16$ 的圆周运动，路程 $s = 4t + t^2$（s 的单位为 m，t 的单位为 s），求任何时刻 t 时质点的速率、切向加速度和法向加速度。

2.34　一质点沿一曲线运动，其切向加速度 a_t 为定值，设 $t = 0$ 时质点速率为 v_0，路程为 s_0，试推证匀切向加速运动公式：

$$v = v_0 + a_t t$$

$$s = s_0 + v_0 t + \frac{1}{2} a_t t^2$$

2.35　一质点沿半径 $R = 9$ 的圆周运动，切向加速度 $a_t = 3t$（a_t 的单位 m·s^{-2}，t 的单位为 s），若 $t = 0$ 时质点速率 $v_0 = 2$，求 $t = 4$ 时质点的法向加速度。

2.36　一质点沿半径为 R 的圆周加速运动，$t=0$ 时的速率为 v_0，若质点的切向加速度和法向加速度的大小相等，问在什么时候质点速度达到 $2v_0$？

2.37　一质点作圆周运动，圆半径 $R=18$，若质点角位置 $\theta = \pi/4 + \pi t + \pi t^2/3$（其中 θ 的单位为 rad，t 的单位为 s），求质点在任意时刻的角速度、角加速度、切向加速度和法向加速度。

2.38　一质点圆周运动的轨迹半径 $R=1.24$，质点的角加速度 $\alpha = 2t$（α 的单位为 rad·s^{-2}，t 的单位为 s），若 $t=0$ 时质点角速度为 $\omega_0 = 0.32$，求 $t=1$ 时质点的角速度、切向加速度和法向加速度。

2.39　一质点沿半径为 R 的圆周运动，角速度 $\omega = kt^2$（ω 的单位为 rad·s^{-1}，t 的单位为 s），其中 k 为一正常量。设 $t=0$ 时质点角位置 $\theta = 0$，求任意时刻 t 时质点的角位置、角加速度、切向加速度和法向加速度。

2.40　一质点作圆周运动的角速度和角位置的关系为 $\omega = -k\theta$（ω 的单位为 rad·s^{-1}，θ 的单位为 s），其中 k 为一正常量，求任意时刻 t 质点的角加速度、角速度和角位置。

2.41　一轮船相对于岸以匀速率 v_0 向东行驶，船甲板上一辆玩具小汽车从 $t=0$ 开始相对于船由静止出发，向东偏北 30° 方向作匀加速运动，加速度大小为 a'。建立对地静止的 Oxy 坐标系和对船静止的 $O'x'y'$ 坐标系，x 和 x' 轴向东，y 和 y' 轴向北，且 $t=0$ 时 O 和 O' 均在汽车的出发点，求小汽车对两个坐标系的运动方程。

2.42　地面上的人观察到一重物从 $t=0$ 开始作自由落体运动，一火车以匀速率 v_0 向东行驶，求车上的乘客观察到的重物在 t 时刻的加速度和速度。

2.43　一列火车在雨中向东行驶，驾驶员发现，当车速为 5m·s^{-1} 时雨垂直下落，当车速为 10m·s^{-1} 时雨与竖直方向成 30° 角，求雨对地速度的大小和方向。

注：以上各题中，若非特别说明，均采用国际单位制（SI）。

第 3 章　质点动力学

本章我们重点讨论质点动力学的有关问题。质点动力学研究的是物体（抽象为质点模型）在力的作用下运动状态变化的规律。这个规律首先是由牛顿提出来的，即人们熟悉的牛顿运动定律。在该定律中，牛顿严格定义了力学中的一些重要物理量，如物体的惯性、力等，并且定量地给出了物体运动变化与物体受力之间的定量关系。与中学物理相比，大学物理中研究的质点动力学部分、物体的受力情况不再局限于恒力作用，我们要能够处理有关变力作用下的物体的运动分析。根据牛顿运动定律揭示的规律，已知物体的受力情况以及该物体在某一时刻的运动状态，则其后任一时刻该物体的运动状态都可以得出。原则上讲，在经典物理学涵盖的范围内，牛顿运动定律可以求解（质点）动力学的各种问题。由牛顿运动定律还可以推导得出动量定理、角动量定理和动能定理。本章还将讨论有关功和能量的关系，阐述力学系统的功能原理以及机械能守恒定律。

3.1　牛顿运动定律

1. 牛顿运动定律

牛顿运动定律是宏观物体在机械运动中所遵从的基本规律。它是牛顿经过长期的观察思考并继承了前人的研究成果于 1687 年在他的名著《自然哲学的数学原理》一书中提出来的。下面给出的牛顿运动定律的表述正是此书的中文释文。牛顿运动定律包括三条定律，通常简称为牛顿三定律，由于中学物理课程中对牛顿三定律有较为详细的讨论，这里仅就定律的表述以及对定律的理解应注意的问题作简要的阐述。

牛顿第一定律：每个物体继续保持其静止或沿一直线作匀速运动的状态，除非有力加于其上迫使它改变这种状态。

牛顿第一定律涉及两个重要的力学概念。第一个是惯性的概念，物体在不受外力作用时都具有保持静止或者匀速直线运动状态的性质，物体的这种保持其原有运动状态的性质称为物体的**惯性**。因此牛顿第一定律又称为**惯性定律**。另一个是力的概念。力是物体之间的相互作用。当有力施加在物体上时，物体将改变原来的静止或匀速直线运动的状态，因此"力"是使物体运动状态发生变化的原因。牛顿指出："力只存在于作用的过程中，当作用过去以后，它就不再留在物体之中，因为物体只需要它的惯性来保持它所得到的每一个新的状态。"

牛顿第二定律：运动的变化和所加的力成正比，并且发生在所加的力的直线方向上。牛顿第二定律中的"运动"应当理解为"运动的量"。牛顿指出，"运动的量是用它的速度和质量一起来量度的"。这个"运动的量"为物体的质量 m 与物体的运动速度 v 的乘积，称为物体的动量，用 p 表示，即

$$p = mv$$

定律中"运动的变化"则应当理解为"运动量的变化"，也就是动量的变化，在数学上表示

为动量对时间的一阶导数 $\dfrac{\mathrm{d}\boldsymbol{p}}{\mathrm{d}t}$，这样，牛顿第二定律在数学上就可以表述为

$$F = \frac{\mathrm{d}\boldsymbol{p}}{\mathrm{d}t} = \frac{\mathrm{d}(m\boldsymbol{v})}{\mathrm{d}t} \tag{3-1}$$

在经典力学适用的范围内，物体运动的速度都远远小于光在真空中的传播速度 c（$v <<$ c），属于低速运动。物体在低速运动的情况下，质量 m 基本上不随运动速度 $\boldsymbol{v}$ 发生变化，可以视为一个常量，此时牛顿第二定律可以表示为

$$F = m\frac{\mathrm{d}\boldsymbol{v}}{\mathrm{d}t}$$

由于 $\dfrac{\mathrm{d}\boldsymbol{v}}{\mathrm{d}t} = \boldsymbol{a}$，$\boldsymbol{v} = \dfrac{\mathrm{d}\boldsymbol{r}}{\mathrm{d}t}$，上式又可以表示为

$$F = m\frac{\mathrm{d}\boldsymbol{v}}{\mathrm{d}t} = m\frac{\mathrm{d}^2\boldsymbol{r}}{\mathrm{d}t^2} \tag{3-2}$$

或者

$$F = m\boldsymbol{a} \tag{3-3}$$

式（3-3）是人们熟悉的牛顿第二定律的表述，它表示外力作用在物体上将使物体具有加速度，从而使物体的运动状态发生变化。加速度发生在物体所受的力的方向上，其大小与力的大小成正比。加速度与物体的质量 m 成反比，m 定量地表示了物体的惯性，称为物体的惯性质量。式（3-2）是用微分形式表示的牛顿第二定律，也称为**运动微分方程**。式（3-2）和式（3-3）都称为牛顿力学的质点动力学方程。

必须要指明的是，式（3-2）和式（3-3）都是在物体作低速运动的情况下得到的，当物体运动速度很高以至于接近真空光速或者可以和真空光速相比拟（不能超过真空光速）的时候，物体的质量 m 将会明显地依赖于运动速率 v 的变化而发生变化，其函数关系为

$$m = \frac{m_0}{\sqrt{1 - \dfrac{v^2}{c^2}}}$$

式中，m 为物体静止不动时的质量，称为静质量。在这种情况下，式（3-1）仍然是成立的，但式中的 m 不能再作为常量提出，因而也不可能得到牛顿第二定律的式（3-2）或式（3-3）表述。此时动力学的基本方程将表现为爱因斯坦的相对论动力学基本方程。

牛顿第三定律：每一个作用总是有一个相等的反作用和它相反；或者说，两物体彼此之间的相互作用总是相等的，并且方向相反。

牛顿第三定律通常称为作用力与反作用力定律，可以表述为

$$F = -F'$$

它表明物体之间的作用是相互的。作用力与反作用力同时产生，同时消失；它们大小相等，方向相反，作用在同一条直线上；作用力与反作用力是性质相同的力。

2. 理解牛顿运动定律应注意的几个问题

牛顿运动定律是整个动力学的理论基础，牛顿第二定律是牛顿运动定律的核心，也是定量计算的基本方程。在学习和理解的过程中还应当注意以下一些问题。

（1）牛顿第二定律中的 F 可以是单个的力，也可以是合力。当力 F_i 单独作用在物体上时，它使物体具有的加速度为 a_i，$F_i = ma_i$。当物体受到两个以上（$i = 1$，2，$\cdots$，n）的力的作用时，实验表明，合力的作用效果与各分力作用效果的矢量和相等。以 F 表示合力，$\sum_{i=1}^{n} ma_i$ 表示各分力作用效果的矢量和，由

$$F = \sum_{i=1}^{n} ma_i$$

可以得出

$$F = \sum_{i=1}^{n} F_i \tag{3-4}$$

式中，F_i 是第 i 个分力，式（3-4）称为**力的叠加原理**。力的叠加原理是我们将要学习到的物理学中一系列的叠加原理的基础。在大多数情况下，物体同时受到多个力的作用，此时牛顿第二定律 $F = ma$ 中，F 表示合力，ma 表示合力作用的总效果。

（2）牛顿第二定律 $F = ma$ 或 $F = m\dfrac{\mathrm{d}v}{\mathrm{d}t} = m\dfrac{\mathrm{d}^2 r}{\mathrm{d}t^2}$ 都是矢量方程，它们表示物体具有的加速度的大小与所受的力的大小成正比，并且发生在力的方向上。如果所受的力的方向随时间发生变化，加速度的方向亦将同时发生变化。不过在应用牛顿第二定律求解具体问题时，一般应将矢量方程投影到各坐标轴上作分量式计算。如果采用笛卡儿直角坐标系，牛顿第二定律在 x、y、z 轴上的分量方程为

$$F_x = ma_x, \quad F_y = ma_y, \quad F_z = ma_z \tag{3-5}$$

或者

$$F_x = m\frac{\mathrm{d}v_x}{\mathrm{d}t} = m\frac{\mathrm{d}^2 x}{\mathrm{d}t^2}, \quad F_y = m\frac{\mathrm{d}v_y}{\mathrm{d}t} = m\frac{\mathrm{d}^2 y}{\mathrm{d}t^2}, \quad F_z = m\frac{\mathrm{d}v_z}{\mathrm{d}t} = m\frac{\mathrm{d}^2 z}{\mathrm{d}t^2}$$

如果讨论曲线运动时采用了自然坐标系，牛顿第二定律在法线方向和切线方向的分量方程为

$$F_n = ma_n, \quad F_t = ma_t \tag{3-6}$$

切线方向的分量方程还可以表示为

$$F_t = m\frac{\mathrm{d}v}{\mathrm{d}t} = m\frac{\mathrm{d}^2 s}{\mathrm{d}t^2}$$

（3）牛顿第二定律是瞬时关系式，$F(t) = ma(t)$。物体在 t 时刻具有的加速度与同一时刻所受力的大小成正比，方向相同，并且表现为时间 t 的函数。在某些情况下，物体所受的力为恒力，物体具有的加速度为匀加速度，如自由落体运动，这时力与加速度都不随时间 t 变化。但是更普遍的情况表现为物体所受的力为变力，力的大小方向都可能发生变化，相应物体的加速度也是变化的，物体的加速度与力在时间上应表现为一一对应的关系。

（4）牛顿运动定律使用的范围。

1）牛顿运动定律适用于质点。牛顿运动定律中的"物体"是指质点，$F = ma$ 或 $F = m\dfrac{\mathrm{d}v}{\mathrm{d}t} = m\dfrac{\mathrm{d}^2 r}{\mathrm{d}t^2}$ 均针对质点成立。如果一个物体的大小、形状在讨论问题时不能够忽略不计，可以将该物体处理为由许许多多质点构成的质点系统（简称为质点系）。质点系中的每一个质点的运动规律都应当遵从牛顿运动定律。

2）牛顿力学适用于宏观物体的低速运动情况。在牛顿于 1687 年提出著名的牛顿三定律时，人们对物质及其运动的认识还仅仅局限于宏观物体的低速运动。宏观物体通常是指物体的线度大于 10^{-10} m 数量级，例如人们肉眼可见的各种物体，以及肉眼不可见的相对较大的尘埃、微粒等。低速运动则是指物体的运动速度远远小于光在真空中的传播速度。牛顿力学在宏观物体低速运动的范围内描述物体的运动规律是极为成功的。但是到了 19 世纪末期，随着物理学在理论上和实验技术上的不断发展，人类观察领域的不断扩大，实验上相继观察到了微观领域和高速运动领域中的许多现象，如电子、放射性射线等。人们发现用牛顿力学解释这些现象是不成功的。直到 20 世纪初量子力学诞生，才对微观粒子的运动规律给予了正确的解释，而对于高速运动的物理图像，则必须用爱因斯坦的相对论进行讨论。

3）牛顿力学只适用于**惯性参考系**。在质点运动学一章中曾经指出，运动是绝对的，但是对运动的描述是相对的，因此描述物体的运动必须相对于特定的参考系。运动学中参考系的选择可以是任意的，但是，用牛顿运动定律讨论动力学问题的时候，参考系的选择必须满足牛顿运动定律所揭示的规律。也就是说，对一个参考系，如果观察者在该参考系中观测到物体不受力的作用，物体就应当处于静止或匀速直线运动的状态，即在该参考系中牛顿第一定律成立，这种满足牛顿第一定律（惯性定律）的参考系称为**惯性参考系**，简称为**惯性系**。牛顿运动定律只适用于惯性系。惯性系的确定原则上应当根据牛顿第一定律由实验结果判断。实验表明，以银河系的中心为坐标原点，固定于银河系的参考系是很好的惯性系。以太阳中心为坐标原点的太阳参考系也是一个较好的惯性系。一般讨论问题时常常采用坐标原点固定于地球中心的参考系（地心系）或固定于地球表面上的参考系（地面系），它们都只是精度不算很高的惯性系。根据相对运动一节中的有关知识可以知道，假设有一个参考系 k 是惯性系，在该惯性系中观察某物体不受力的作用而保持静止或匀速直线运动的状态，这时有另一参考系 k′相对于 k 系作匀速直线运动，在 k′系中的观察者观察到该物体仍然不受力的作用，也保持着静止或匀速直线运动状态，只不过运动速度 v 有所不同而已，即在 k′系中牛顿第一定律也成立，因此 k′系也是惯性系。这就得到有关惯性系的一个重要而实用的性质：凡是相对于某已知惯性系作匀速直线运动的参考系都是惯性系。当我们把地面参考系作为惯性系采用的时候，凡是相对于地面作匀速直线运动的参考系都可以视作惯性系。对于那些不能作为惯性系处理的参考系称为非惯性系，非惯性系中力学问题的处理将留待本章最后一节另行讨论。概括而言，牛顿力学适用的范围是质点、宏观物体、低速运动和惯性系。

3.2　物理量的单位和量纲

1. SI 单位

一个物理量的定量表述通常由两个部分组成，一是该物理量的数值，二是该物理量的单位。单位的选择直接影响着数值的确定。例如，一根米尺的长度，以"米"（m）为单位，长度为 1m；以"厘米"（cm）为单位，长度为 100cm；以"市尺"（我国历史上及现代民间常用的一种长度单位）为单位，则为 3 尺。在历史上，同一物理量的单位往往有若干种，就像上面所举的长度单位一样，它们分属于不同的单位制。有一些单位制在使用的过程中由于种种原因已经逐渐淘汰。目前国际上通用的单位制为**国际单位制**（**system of international units**），简称 SI。1984 年 2 月 27 日，国务院发布了《关于我国统一实行法定计量单位的命令》，根据国务院的命令，我国的法定计量单位是以国际单位制单位为基础，根据我国的情况，适当增加了一些其他单位构成的。以下对国际单位制作简要介绍。

国际单位制（SI）的构成为：

$$国际单位制（SI）\begin{cases} SI单位 \begin{cases} SI基本单位 \\ SI导出单位 \end{cases} \\ SI单位的倍数单位 \end{cases}$$

在国际单位制中，物理量的单位有两类：基本单位和导出单位。**基本单位**是从众多的物理量中选出少数几个量作为**基本量**。把基本量的单位确定为基本单位。物理学中 SI 基本单位只有 7 个，列在表 3.1 中。

表 3.1 SI 基本单位

量的名称	单位名称	单位符号	量的名称	单位名称	单位符号
长度	米	m	热力学温度	开 [尔文]	K
质量	千克（公斤）	kg	物质的量	摩 [尔]	mol
时间	秒	s	发光强度	坎 [德拉]	cd
电流	安 [培]	A			

注：圆括号中的名称，是它前面的名称的同义词；方括号中的字，在不致引起混淆、误解的情况下，可以省略。

由于各物理量之间存在着规律性的联系，当基本量确定之后，其他物理量就可以根据有关的物理定义、定律由基本量导出，称为**导出量**。导出量的单位则相应地由基本单位组合而成，称**导出单位**。例如，速度v，按照定义$v = \dfrac{\mathrm{d}r}{\mathrm{d}t}$它就是一个导出量，它的单位由基本单位"米"和"秒"组成，表示为 $m \cdot s^{-1}$，是一个导出单位。力学中大家熟悉的力、加速度、动量、能量、功等物理量均为导出量，它们的单位都是导出单位。

在物理量的表述中常常使用到**倍数单位**。人们会发现有时候反映一个物理现象所用的物理量的数值可能很大，也可能很小。例如，银河系的直径约为 $7.6 \times 10^{22} m$，而原子的半径仅约为 $1 \times 10^{-10} m$。这时候可以用基本单位的倍数或者分数作单位来表示物理量的大小，称为倍数单位。倍数单位是一种扩大或缩小的单位，它的名称由基本单位加上一个表示倍数或者分数的词头构成。SI 倍数单位的词头详见表 3.2。用倍数单位，原子半径的大小就可以表示为 $0.1nm$（纳米）。$1 \times 10^{3} m$ 表示为 $1km$（千米），$1 \times 10^{-6} s$ 表示为 $1\mu s$（微秒）。不过在实际使用中有些量的表述按照习惯和方便的原则可以不采用倍数单位，例如银河系的直径通常仍表示为 $7.6 \times 10^{22} m$，而很少表示为 $76Zm$（泽米）。

表 3.2 SI 词头

因数	词头名称		符 号
	英文	中文	
10^{24}	yotta	尧 [它]	Y
10^{21}	zetta	泽 [它]	Z
10^{18}	exa	艾 [可萨]	E
10^{15}	peta	拍 [它]	P
10^{12}	tera	太 [拉]	T
10^{9}	giga	吉 [咖]	G
10^{6}	mega	兆	M

（续）

因数	词头名称		符　号
	英文	中文	
10^3	kilo	千	k
10^2	hecto	百	h
10^1	deca	十	da
10^{-1}	deci	分	d
10^{-2}	centi	厘	c
10^{-3}	milli	毫	m
10^{-6}	micro	微	μ
10^{-9}	nano	纳［诺］	n
10^{-12}	pico	皮［可］	P
10^{-15}	femto	飞［母托］	f
10^{-18}	atto	阿［托］	a
10^{-21}	zepto	仄［普托］	z
10^{-24}	yocto	幺［科托］	y

2. 量纲

导出量和基本量之间相关的物理规律性，还可以定性地用**量纲**表示。在不考虑数字因数的情况下，将导出量的单位用基本量的单位进行组合，形成一种单位之间关系的表达式，称为一个物理量的量纲。

力学中，SI 基本量是长度、质量和时间，相应的基本单位为 m、kg 和 s，以 L、M、T 分别表示这三个物理量的量纲，则某一物理量 Q 的量纲一般表示为

$$\dim Q = L^{\alpha}M^{\beta}T^{\gamma}$$

式中，α、β、γ 称为量纲指数。例如，速度的单位为 $\mathrm{m \cdot s^{-1}}$，它的量纲即为 $\dim v = LT^{-1}$，量纲指数 $\alpha = 1$，$\beta = 0$，$\gamma = -1$；力的单位为 N（$\mathrm{m \cdot kg \cdot s^{-2}}$），它的量纲即为 $\dim F = LMT^{-2}$，量纲指数 $\alpha = 1$，$\beta = 1$，$\gamma = -2$。

量纲在物理学中是一个很重要而且很有用的概念，它能够定性地反映物理量之间内在的关联。量纲遵循一个基本的法则，那就是只有量纲相同的量才能够相加、相减和用等号相连接。根据这个法则，可以利用量纲分析法检验计算工作是否正确。例如，在计算匀加速直线运动时，有人拿不准公式 $v - v_0 = 2as$ 和 $v^2 - v_0^2 = 2as$ 哪一个正确。根据量纲分析可以知道，前一式等号左边两项的量纲均为 LT^{-1}，而等号右边的量纲为 L^2T^{-2}，等号两边量纲不同，因此该式一定是错误的。而后一式等号左边的两项均是速度的平方，量纲为 L^2T^{-2}，与等号右边的量纲相等，所以公式是正确的。量纲分析还可以在某些情况下为寻求未知的物理规律提供线索和有用的信息，并由此作出一些定性的判断。例如，当汽车车速在某一范围内时，汽车受到的空气阻力 F 只与车的截面积 S、空气密度 ρ 和车速 v 有关，可以预先假设 $F \propto S^a \rho^b v^c$，由力的量纲式 $\dim F = LMT^{-2}$，以及面积、密度、速度的量纲式 $\dim s = L^{-2}$，$\dim \rho = ML^{-3}$，$\dim v = LT^{-1}$，有

$$\dim F = LMT^{-2} = (L^2)^a (ML^{-3})^b (LT^{-1})^c$$

$$= L^{2a-3b+c}M^bT^{-c}$$

可得联立方程

$$\begin{cases} 2a-3b+c=1 \\ b=1 \\ -c=-2 \end{cases}$$

解出 $a=1$，$b=1$，$c=2$，于是有 $F \propto S^a \rho^b v^c$，由此可得出汽车所受的空气阻力与车的截面积 S、空气密度 ρ 成正比，同时与车速的平方成正比的定性结论。

3.3 自然力与常见力

3.3.1 基本自然力

两物体之间的相互作用称为**力**。自然界中力的具体表现形式多种多样、形形色色。人们按照力的表现形式不同，习惯地将其分别称为重力、正压力、弹力、摩擦力、电力、磁力、核力等。但是就其本质而言，所有的这些力都归属于四种基本的自然力，那就是万有引力、电磁力、强力和弱力。而在宏观领域内表现出的力都根源于万有引力和电磁力。下面分别作简单的介绍。

1. 万有引力

万有引力是存在于一切物体之间的相互吸引力，万有引力遵循的规律由牛顿总结为**万有引力定律：任何两个质点都相互吸引，引力的大小与它们的质量的乘积成正比，与它们的距离的平方成反比，力的方向沿着两质点的连线方向**。设有两个质量分别为 m_1、m_2 的质点，相对位置矢量 r，则两者之间的万有引力 F 的大小和方向由下式给出：

$$F = -G\frac{m_1 m_2}{r^2}e_r$$

式中，e_r 为 r 方向的单位矢量，负号表示 F 与 r 方向相反，表现为引力；G 为引力常量，$G = 6.67 \times 10^{-11} \text{m}^3 \cdot \text{kg}^{-1} \cdot \text{s}^{-2}$；$m_1$、$m_2$ 称为物体的引力质量，是物体具有产生引力和感受引力的属性的量度。引力质量与牛顿运动定律中反映物体惯性大小的惯性质量是物体两种不同的属性的体现，在认识上应加以区别。但是精确的实验表明，引力质量和惯性质量在数值上是相等的，因而一般教科书在作了简要说明之后不再加以区别。引力质量等于惯性质量这一重要结论是爱因斯坦广义相对论基本原理之——等效原理的实验事实。

不能视为质点的物体之间计算万有引力时，应将物体分割为一系列质量元，根据引力定律分别计算各质量元之间的万有引力，然后再求矢量和，以得到任意形状、任意质量分布的物体之间的万有引力。作为一个特例，在计算质量均匀分布的球形物体对其他物体的万有引力时，可将其视为质量全部集中在球心的一个质点。

万有引力是长程力，两物体不论远近，万有引力都存在。地面上物体之间的万有引力很小，两个质量均为 50kg 的人相距 1m 远时，相互间的万有引力仅为 1.67×10^{-7}N，对人的行为不产生什么影响。微观粒子之间的万有引力更是微乎其微，完全可以忽略不计，有关数量级的比较见表 3.3。表中力的强度是指两个质子的中心距离等于其直径时的相互作用力。在宇宙天体研究中，由于天体质量十分巨大，万有引力的作用将极其明显，甚至起决定性作用。

按照现代物理的理论，物体之间的引力作用是通过引力场传递的，质量为 m 的物体在空间形成引力场，不是物体的引力场在空间互相重叠产生作用。现代物理理论还预言，引力场是通过交换"引力子"来实现相互作用的。有关引力场的规律还在深入探寻之中。

表 3.3　四种基本自然力的特征

力的种类	相互作用的物体	力程	力的强度	媒介粒子
万有引力	全部粒子	∞	$10^{-34}\,N$	引力子
电磁力	带电粒子	∞	$10^2\,N$	光子
强力	夸克	$< 10^{-15}$	$10^4\,N$	胶子
弱力	大多数（基本粒子）	$< 10^{-17}$	$10^{-2}\,N$	中间玻色子

2. 电磁力

静止的点电荷之间存在电力，运动电荷之间除电力外还存在磁力。按照相对论的观点，运动电荷受到的磁力是其他运动电荷对其作用的电力的一部分，因此磁力源出于电力，故将电力与磁力合称为**电磁力**。

两个静止点电荷之间的电磁力遵从库仑定律，设点电荷的电荷量分别为 q_1、q_2，它们相对位置矢量为 r，其相互作用的电磁力 F 为

$$F = \frac{1}{4\pi\varepsilon_0} \frac{q_1 q_2}{r^2} e_r$$

式中，ε_0 为真空介电常量（也称真空电容率），是一个常量。库仑定律在数学形式上与万有引力定律有相似之处，与万有引力不同的是电磁力既可以表现为引力，也可以表现为斥力。电磁力的强度也比较大（见表 3.3），无论在宏观领域还是微观领域，都是极为重要的作用力，在原子及分子层次上，电磁力起主导作用，占支配地位。电磁力是长程力，通过电磁场传播，运动电荷在空间激发电磁场，电磁场对位于场中的其他电荷产生电磁相互作用。电磁相互作用是通过交换一种称为"光子"的媒介粒子来实现的，本书在下册里将较详细地讨论电磁场有关内容，在此不再赘述。

在人们的日常生活和生产实践中，最常见的力（除重力外）大多数都源于电磁力，如正压力、拉力、摩擦力、浮力、黏滞阻力等，此类力通过物体之间彼此接触形成，当构成物体的分子或原子彼此接近，哪怕是中性的分子或原子彼此接近时，由于它们都是由电荷构成的，仍然要或多或少对外显示电性而彼此相互作用，大量原子、分子之间电磁相互作用的宏观表现就形成了各色的接触力，电磁力是人们最熟悉、最经常感受到的力。

3. 强力

强力是作用于粒子（在早期的文献中称为"基本粒子"）之间的一种强相互作用力，它是物理学研究深入到原子核及粒子范围内才发现的一种基本作用力。原子核由带正电的质子和不带电的中子组成，质子和中子统称为核子。核子间的万有引力是很微弱的，约 $10^{-34}\,N$；质子之间的库仑力表现为排斥力，约为 $10^2\,N$，较之于万有引力大得多，但是绝大多数原子核相当稳定，且原子核体积很小，质量密度极大，说明核子之间一定存在着远比电磁力和万

有引力强大得多的一种作用力，它能将核子紧紧地束缚在一起形成原子核，这就是强力（在原子核问题讨论中，特称为核力）。由表 3.3 可以看到，相邻核子间的强力比电磁力大两个数量级。

强力是一种作用范围非常小的短程力，粒子间的距离为 $0.4 \times 10^{-15} \sim 10^{-15}$ m 时表现为引力，距离小于 0.4×10^{-15} m 时表现为斥力，距离大于 10^{-15} m 后迅速衰减，可以忽略不计。强力也是通过场传递的，粒子的场彼此交换称之为"胶子"的媒介粒子，实现强相互作用。由于强力的强度大而力程短，它是粒子间最重要的相互作用力。

4. 弱力

弱力也是各种粒子之间的一种相互作用，它支配着某些放射性现象，在 β 衰变过程中显示出重要性。弱力的作用力程比强力更短，仅为 10^{-17} m，强度也很弱。弱力是通过粒子的场彼此交换"中间玻色子"传递的。对强力和弱力我们不做重点讨论，对此有兴趣的同学可以参阅本书下册第 17 章的核物理和粒子物理部分以及其他的相关书籍。

3.3.2 技术中常见的力

1. 重力

重力是地球表面附近的物体受到的地球的吸引力。若近似地将地球视为一个半径 R、质量 m_E 的均匀分布的球体，质量为 m 的物体作质点处理，则当物体距离地球表面 h（$h << R$）高度时，所受地球的引力（重力）大小为

$$F = G \frac{m_E \cdot m}{(R + h)^2} \approx G \frac{m_E}{R^2} \cdot m = mg$$

式中，$g = G \dfrac{m_E}{R^2}$ 为重力加速度，数值上等于单位质量的物体受到的重力，故也可以称为重力场的场强。

2. 弹力

两个物体彼此相互接触产生了挤压或者拉伸，出现了形变，物体具有消除形变恢复原来形状的趋势而产生了弹力。弹力是一种接触力，以形变出现为前提。弹力的表现形式多种多样，以下三种最为常见。

（1）**正压力** **正压力**是两个物体彼此接触产生挤压而形成的。由于物体要消除因挤压产生的形变而恢复原来的形状，所以正压力必然表现为一种排斥力。正压力的方向沿着接触面的法线方向，即与接触面垂直，大小则视积压的程度而决定。很显然，两物体接触紧密，挤压及形变程度高，正压力就大；两物体接触轻微，挤压及形变程度低，正压力就小。两物体接触是否紧

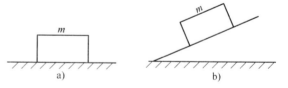

图 3-1　不同的力学环境中物体所受正压力的大小不一样

密，挤压及形变程度究竟有多高，将取决于物体所处的整个力学环境。图 3-1 中质量为 m 的物体分别置于水平地面及斜面上，其所受正压力的大小是不同的。这种力的大小取决于其他外部环境（物体所受的其他力），称之为约束力。在约束力的作用下，物体将约束在一定的

曲面或者曲线上运动。约束力可以由实验测量，或者根据力学方程解出。图 3-2a 所示为夹具中的球体受正压力的示意图，图 3-1b 所示为一杆斜靠墙角，杆上压一重物，杆所受正压力的示意图。

（2）拉力　此处说的**拉力**特指细杆或者细绳上的张力。拉力是杆或者绳上互相紧靠的质量元彼此拉扯而形成的。在柔绳上，拉力的方向沿着绳的切线方向，因此弯曲的柔绳可以起到改变力的方向的作用。拉力的大小要根据拉扯的程度而定，也是一种约束力。

对于一段有质量的杆或者绳，其上各点的拉力是否相等呢？图 3-3 所示为一段质量为 Δm 的绳，F_{T1} 为该绳上左端点的拉力，F_{T2} 为右端点的拉力。根据牛顿第二定律 $F_{T2} - F_{T1} = \Delta ma$，只要加速度 a 不等于零，就有 $F_{T1} \neq F_{T2}$。绳上拉力各点不同，这也是实际问题中真实的情况。在一般教科书的讨论中，对于一些简单的实际问题，为了将分析的重点集中到研究的物体上，常常在忽略次要因素的原则下忽略绳或者杆的质量，即令 $\Delta m = 0$，称为轻绳或者轻杆。此时由 $F_{T2} - F_{T1} = \Delta ma = 0$，可以得到 $F_{T1} = F_{T2}$ 的结果，也就是轻绳或者轻杆上拉力处处相等。这个结论显然是近似的，是运用理想模型的结果。

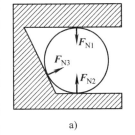
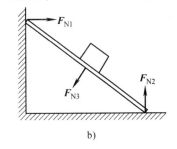

图 3-2　物体受正压力示意图

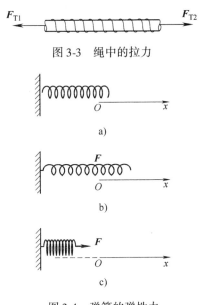

图 3-3　绳中的拉力

（3）弹簧的弹性力　弹簧在受到拉伸或压缩的时候产生**弹性力**，这种力总是力图使弹簧回复原来的形状，称为回复力。设弹簧被拉伸或被压缩 x，如图 3-4 所示，则在弹性限度内，弹性力由胡克定律给出：

$$F = -kx$$

式中，K 为弹簧的劲度系数，x 为弹簧相对于原长的形变量。它表明弹性力的大小与弹簧的形变成正比，而负号表示弹性力的方向始终与弹簧形变的方向相反，指向弹簧回复原长的方向。

图 3-4　弹簧的弹性力

a）弹簧保持原长　b）弹簧被拉伸 x

c）弹簧被压缩 x

3. 摩擦力

两个相互接触的物体具有相对运动或者相对运动的趋势时，沿它们接触面的表面将产生阻碍相对运动或相对运动趋势的阻力，称为**摩擦力**。摩擦力的起因及微观机理十分复杂，表现形式因相对运动的方式以及相对运动的物质不同而有所差别，有干摩擦与湿摩擦之分，还有静摩擦、滑动摩擦及滚动摩擦之分。有关理论研究认为，各种摩擦力都源自于接触面分子或原子之间的电磁相互作用。这里我们只简单讨论静摩擦与滑动摩擦。

（1）**静摩擦**　静摩擦是两个彼此接触的物体相对静止而又具有相对运动的趋势时出现的。**静摩擦力**出现在接触面的表面上，沿着表面的切线方向，与相对运动趋势的方向相反，阻碍相对运动的发生。静摩擦力的大小可以通过一个简单的例子来说明：在图 3-5 中，给予水平粗糙平面上的物体一个向右的水平力 **F**，物体并没有动，但是具有了向右运动的趋势，这时在物体与地面的接触面上将产生静摩擦力 **F$_s$**。由于物体相对于地面静止不动，静摩擦力的大小与水平外力大小相等。经验告诉我们，在外力 **F** 逐渐增大到某一量值之前，物体一直能保持对地静止，这说明在外力 **F** 增大的过程中，静摩擦力 **F$_s$** 也在增大，因此，静摩擦力是有一个变化范围的。当外力 **F** 增至某一量值时，物体开始相对地面滑动，这时静摩擦力也达到最大。实验表明，最大静摩擦力与两物体之间的正压力 **F$_N$** 的大小成正比，即

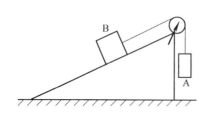

图 3-5　静摩擦力

$$F_{s,\text{max}} = \mu_s F_N$$

μ_s 为静摩擦因数，与接触物体的材料性质和表面情况有关。由以上分析可以知道，静摩擦力的规律应为

$$0 \leqslant F_s \leqslant F_{s,\text{max}}$$

在涉及静摩擦力的讨论中，最大静摩擦力往往作为相对运动启动的临界条件。

关于静摩擦力的方向还需要多说两句，由于静摩擦力的方向与相对运动的趋势相反，在具体问题中显然应该分析各种可能的情形。例如，在图 3-6 中，表面粗糙的斜面上通过一个轻滑轮和一根轻柔绳连接 A、B 两个物体，且相对于斜面静止。定性分析可以知道，若 A 物体的质量过大，B 物体就具有沿斜面上滑的趋势，此时 B 物体受到的静摩擦力沿斜面向下；若 A 物体的质量过小，B 物体就具有沿斜面下滑的趋势，此时 B 物体受到的静摩擦力沿斜面向上。因此，要保持 A、B 相对于斜面静止，A 物体的质量应在某一范围内。超出此范围，物体保持相对于斜面静止所需的摩擦力超过最大静摩擦力，物体就相对于斜面运动。

（2）**滑动摩擦**　当互动接触的物体之间有相对滑动时，接触面的表面出现的阻碍物体间相对运动的力，称为**滑动摩擦力**。滑动摩擦力的方向沿接触面的切线方向，并与相对运动方向相反。滑动摩擦力的大小与物体的材料性质、表面情况以及正压力等因素有关，一般还与物体的相对运动速率有关，与相对速率 v 的关系可以粗略地用图 3-7 表示。在相对速率不是太大或太小的时候，可以认为滑动摩擦力的大小与物体间正压力 **F$_N$** 的大小成正比：

$$F_k = \mu_k F_N$$

式中，μ_k 是滑动摩擦因数。一些典型材料的滑动摩擦因数 μ_k 和静摩擦因数 μ_s 不加区别地使用，为的是将注意力集中在摩擦力的分析上而不是摩擦因数上。

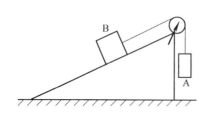

图 3-6　静摩擦力的方向分析

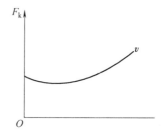

图 3-7　滑动摩擦力 F_k 的大小与相对速率 v 的关系

3.4　牛顿运动定律的应用

牛顿运动定律广泛地应用于科学研究和生产技术中，也大量地表现在人们的日常生活中。本节所指的应用主要涉及用牛顿运动定律解题，也就是对实际问题中抽象出的理想模型进行分析及计算。

根据牛顿第二定律式（3-3）

$$F = ma$$

或式（3-2）

$$F = m\frac{\mathrm{d}v}{\mathrm{d}t} = m\frac{\mathrm{d}^2 r}{\mathrm{d}t^2}$$

牛顿运动定律的应用大体上可以分为两类。一类是已知物体的运动状态，求物体所受的力，如已知物体的加速度、物体的速度或者运动方程，求解物体所受的力。这类问题可以是求合力，也可以是求其中的某一分力，或者是求与此相关的物理量，如摩擦因数、物体质量等。另一类是已知物体的受力情况，求物体的运动状态，如求物体的加速度、速度，进而求物体的运动方程。已知受力情况求解物体的加速度，直接应用式（3-3）就可以了；如果还要求解物体的速度或者运动方程，通常需要求解微分方程（3-2），数学上要用到微分方程求解和积分的相关知识。

不论哪一类应用，参照以下程序都是有益的。

1. 隔离物体，受力分析

首先选择研究对象。研究对象可能是一个也可能是若干个，分别将这些研究对象隔离出来，依次对其作受力分析，画出受力图。凡两个物体彼此有相对运动，或者需要讨论两个物体的相互作用时，都应该隔离这两个物体再作受力分析。不要简单地采用"整体法"。牛顿运动定律是紧紧围绕"力"而展开的，正确分析研究对象的受力情况是正确完成后续步骤的前提。

2. 对研究对象的运动状况作定性的分析

根据题目给出的条件，分析研究对象是作直线运动还是曲线运动？是否具有加速度？研究对象不止一个时，彼此之间是否具有相对运动？它们的加速度、速度以及位移有什么联系？将研究对象的运动建立起大致的图像，对定量计算是有帮助的。

3. 建立适当的坐标

恰当地设置坐标系可以使方程的数学表达式以及运算求解达到最大的简化。例如，斜面上的运动，既可以沿斜面和垂直于斜面建立直角坐标系，也可以沿水平方向和竖直方向建立直角坐标系。选择哪一种设置方法，应该根据研究对象的运动情况来确定。

坐标系建立后，应当在受力图上一并标出，使力和运动沿坐标方向的分解一目了然。

4. 列方程

一般情况下可以先列出牛顿第二定律的矢量形式的方程（3-2）或者方程（3-3），然后再沿着各坐标轴方向列出分量式方程（3-5）或者方程（3-6）。当然也可以直接列出分量式方程。方程的表述应当物理意义清楚，等式的左边为物体所受的合外力，等式的右边为力的作用效果，即质点的质量乘以加速度，表明质点的加速度与所受合外力的大小成正比而且方向相同。不要在一开始列方程时就将某一分力随意移项到等式的右边，使方程表达的物理意义不清晰（这一点在后续的学习中也要引起注意）。必要的时候还要根据题目给出的具体情况，列出若干个约束方程，如与摩擦力相关的方程，与相对运动相关的方程。如果需要求解微分形式的牛顿运动方程（3-2），还应该根据题意列出初始条件。

5. 求解方程，分析结果

求解方程的过程应当用文字符号进行运算并给出以文字符号表述的结果，检查无误之后再代入具体的数值。以文字符号表述的方程和结果可以使各物理量的关系清楚，所表述的规律一目了然，既便于定性分析和量纲分析，又可以避免数值的重复计算。

【例 3-1】 　质量为 m_1、倾角为 θ 的斜块可以在光滑水平面上运动。斜块上放一小木块，质量为 m_2。斜块与小木块之间有摩擦，摩擦因数为 μ。现有水平力 F 作用在斜块上，如图 3-8a 所示。欲使小木块与斜块具有相同的加速度一起运动，水平力 F 的大小应该满足什么条件？

【解】 　在本例中，虽然斜块与小木块之间没有相对运动，但小木块欲与斜块有相同的加速度，就必须要考虑斜块对小木块的静摩擦力作用，因此仍将小木块、斜块分别选作两个研究对象，隔离物体受力分析。

由题意分析，如果水平力 F 过小从而加速度 a 过小，小木块将有沿斜面下滑的趋势，此时斜块对小木块的静摩擦力沿斜面向上，如图 3-8b 所示；如果水平力 F 过大从而加速度 a 过大，小木块就有沿斜面上滑的趋势，此时小木块受到的静摩擦力沿斜面向下，如图 3-8c 所示。下面分别就两种情况列方程。

（1）小木块有沿斜面下滑的趋势。对照图 3-8b，小木块受力有重力 G_2、斜面对它的正压力 F_N、斜面对它的静摩擦力 F_s。按图示坐标，有

$$F_N \sin\theta - F_s \cos\theta = m_2 a \tag{a}$$

$$F_N \cos\theta + F_s \sin\theta - m_2 g = 0 \tag{b}$$

斜块受力有重力 G_1、水平力 F、水平面给予的支持力 F_R、小木块给予的正压力 F_N'（$F_N' = F_N$）以及静摩擦力 F_s'（$F_s' = F_s$）。斜块只沿水平方向运动，故只需列出 x 方向的方程就可以了。

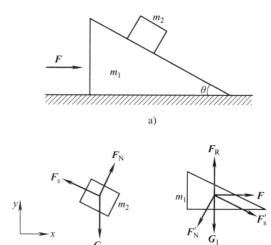

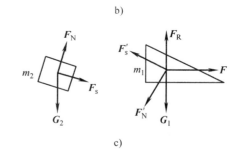

图 3-8　例 3-1 图

$$F + F_s \cos\theta - F_N \sin\theta = m_1 a \tag{c}$$

再考虑到 m_1、m_2 相对静止，摩擦力为静摩擦力，应有

$$F_s \leqslant \mu F_N \tag{d}$$

联立求解式（a）～式（d），可得

$$F \geqslant (m_1 + m_2)g \frac{\sin\theta - \mu\cos\theta}{\cos\theta + \mu\sin\theta} \tag{e}$$

（2）小木块 m_2 有沿斜面上滑的趋势。参照图 3-8c，对小木块除了静摩擦力 $\boldsymbol{F}_s$ 改为沿斜面向下外，其他力方向不变，因此应有

$$F_N\sin\theta + F_s\cos\theta = m_2 a \tag{f}$$

$$F_N\cos\theta - F_s\sin\theta - m_2 g = 0 \tag{g}$$

对斜块，静摩擦力改为沿斜面向上，在 x 方向上有

$$F - F_s\cos\theta - F_N\sin\theta = m_1 a \tag{h}$$

静摩擦力 F_s 仍然满足

$$F_s \leqslant \mu F_N \tag{i}$$

联立求解（f）～式（i），可得

$$F \leqslant (m_1 + m_2)g \frac{\sin\theta + \mu\cos\theta}{\cos\theta - \mu\sin\theta} \tag{j}$$

因此，水平力 F 的大小应该满足

$$(m_1 + m_2)g\frac{\sin\theta - \mu\cos\theta}{\cos\theta + \mu\sin\theta} \leqslant F \leqslant (m_1 + m_2)\frac{g\sin\theta + \mu\cos\theta}{\cos\theta - \mu\sin\theta}$$

【例 3-2】 图 3-9a 中的 A 为轻质定滑轮，B 为轻质动滑轮。质量分别为 $m_1 = 0.20\text{kg}$，$m_2 = 0.10\text{kg}$，$m_3 = 0.05\text{kg}$ 的三个物体悬挂于绳端。设绳与滑轮间的摩擦力忽略不计，求各物体的加速度及绳中的张力。

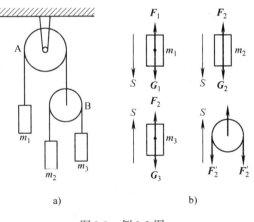

图 3-9 例 3-2 图

【解】 选定三个物体 m_1、m_2、m_3 与动滑轮 B 为研究对象。隔离物体受力分析如图 3-9b 所示，图中 $\boldsymbol{F}_1$、$\boldsymbol{F}_2$ 分别为两根绳上的拉力。对于滑轮问题，建立坐标最好"一顺"，即要么顺时针为正，要么逆时针为正。本例中选择逆时针为正，则对 m_1、m_2 以向下为正，对 m_3 和 B 应向上为正，其示意均标明在图 3-9b 中。

将牛顿第二定律分别应用于图 3-9b 中的四个物体，有

$$m_1 g - F_1 = m_1 a_1 \tag{a}$$

$$m_2 g - F_2 = m_2 a_2 \tag{b}$$

$$F_2 - m_3 g = m_3 a_3 \tag{c}$$

$$F_1 - 2F_2 = m_B a_B = 0 \tag{d}$$

其中，各物体的加速度均为对地面惯性系的加速度，由于四个方程中有五个未知量（a_1、a_2、a_3、F_1、F_2），不能满足求解的需要，所以还应该寻找其他的关系，考虑到 m_2 和 m_3 既相对于定滑轮 B 运动，又随 B 相对于地面（也可看作相对于定滑轮 A）运动，故应从相对运动入手列出有关的约束方程。设 m_2、m_3 相对于动滑轮 B 的加速度为 a'，根据相对运动的知识，有

$$a_2 = a' - a_1 \tag{e}$$

$$a_3 = a' + a_1 \tag{f}$$

联立求解以上六个方程，可得

$$a_1 = \frac{m_1 m_2 + m_1 m_3 - 4 m_2 m_3}{m_1 m_2 + m_1 m_3 + 4 m_2 m_3} g = 1.96 \mathrm{m \cdot s^{-2}}$$

$$a' = \frac{2 m_1 (m_2 - m_3)}{m_1 m_2 + m_1 m_3 + 4 m_2 m_3} g = 3.92 \mathrm{m \cdot s^{-2}}$$

$$a_2 = a' - a_1 = 1.96 \mathrm{m \cdot s^{-2}}$$

$$a_3 = a' + a_1 = 5.88 \mathrm{m \cdot s^{-2}}$$

$$F_1 = m_1 (g - a_1) = 1.57 \mathrm{N}$$

$$F_2 = \frac{F_1}{2} = 0.785 \mathrm{N}$$

【例 3-3】　在铅直平面内有一半径为 R 的圆形轨道，一质量为 m 的物体在轨道上滑行，如图 3-10a 所示。已知物体通过 A 点时的速率为 v，OA 与铅直方向的夹角为 θ，物体与轨道之间的摩擦因数为 μ，求物体经过 A 点时的加速度以及物体在 A 点时给予轨道的正压力。

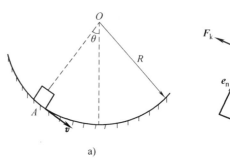

【解】　取物体 m 为研究对象，隔离物体受力分析如图 3-10b 所示。图中已标出物体重力 G、轨道对物体的正压力 F_N 和滑动摩擦力 F_k。因为物体作圆周运动，

图 3-10　例 3-3 图

建立自然坐标系如图所示。将牛顿第二定律 $F = ma$ 投影到切线和法线方向上：

$$mg\sin\theta - F_k = ma_t \tag{a}$$

$$F_N - mg\cos\theta = ma_n \tag{b}$$

再考虑到

$$a_n = \frac{v^2}{R} \tag{c}$$

$$F_k = \mu F_N \tag{d}$$

联立求解式（a）～式（d），可得

$$a_{\mathrm{t}} = g\sin\theta - \mu g\cos\theta - \mu \frac{v^2}{R}$$

$$a_{\mathrm{n}} = \frac{v^2}{R}$$

所以，物体在 A 点的加速度为

$$\boldsymbol{a} = \left(g\sin\theta - \mu g\cos\theta - \mu \frac{v^2}{R} \right) \boldsymbol{e}_{\mathrm{t}} + \frac{v^2}{R}\boldsymbol{e}_{\mathrm{n}}$$

其大小为

$$a = \sqrt{\left(g\sin\theta - \mu g\cos\theta - \mu \frac{v^2}{R} \right)^2 + \left(\frac{v^2}{R} \right)^2}$$

加速度 $\boldsymbol{a}$ 的方向以加速度 $\boldsymbol{a}$ 与切线方向的夹角 α 表示，即

$$\tan\alpha = \frac{a_{\mathrm{n}}}{a_{\mathrm{t}}} = \frac{\dfrac{v^2}{R}}{g\sin\theta - \mu g\cos\theta - \mu \dfrac{v^2}{R}}$$

轨道对物体的正压力为

$$F_{\mathrm{N}} = mg\cos\theta + m\frac{v^2}{R}$$

物体对轨道的正压力为

$$F_{\mathrm{N}}' = -F_{\mathrm{N}} = -mg\cos\theta - m\frac{v^2}{R}$$

【例 3-4】 一质量为 m 的物体从高空中某处由静止开始下落，下落过程中所受空气阻力与物体速率的一次方成正比，比例常数 $c > 0$。求：（1）物体落地前其速率随时间变化的函数关系。（2）物体的运动方程。

【解】 （1）选择该物体作研究对象，受力分析如图 3-11 所示。物体受重力 $\boldsymbol{G}$、空气阻力 $-c v$，负号表示阻力与速度方向相反。取 y 轴竖直向下，并以物体开始下落时为计时起点和坐标原点，牛顿第二定律方程为

$$mg - cv = ma$$

考虑到此题是在已知力的情况下求速率 v 与时间 t 的关系，因此应将 $a = \dfrac{\mathrm{d}v}{\mathrm{d}t}$ 代入上式，或者直接列出牛顿第二定律的微分形式 $F_y = m\dfrac{\mathrm{d}v_y}{\mathrm{d}t}$（一维情况下可省略下标），两种方式都可得到

$$mg - cv = m\frac{\mathrm{d}v}{\mathrm{d}t}$$

令 $k = \dfrac{c}{m}$，得

$$\frac{\mathrm{d}v}{\mathrm{d}t} = g - kv$$

这是一个关于速率 v 与时间 t 的一阶微分方程，需要用积分的方法求解。先分离变量，得

$$\frac{\mathrm{d}v}{g - kv} = \mathrm{d}t$$

考虑到积分时需要确定积分限，还应从题意中给出初始条件。根据计时起点和坐标原点的确定，初始条件为 $t = 0$ 时，$v_0 = 0$，$y_0 = 0$，现在对上式两边积分并将初始条件代入

$$\int_0^v \frac{\mathrm{d}v}{g - kv} = \int_0^t \mathrm{d}t$$

积分得

$$\ln \frac{g - kv}{g} = -kt$$

图 3-11　例 3-4 图

解出物体速率随时间变化的函数关系为

$$v = \frac{g}{k}(1 - \mathrm{e}^{-kt})$$

此结果表明，在下落的前期，物体的速率随时间 t 增大。由于空气阻力也同时增大，因此速率的增大将逐渐变缓，当经历了相当长的时间（$t \to \infty$）后可近似认为 $\mathrm{e}^{-kt} \to 0$，速率将趋于一极限值 $v_{\mathrm{m}} = \dfrac{g}{k}$，称为极限速率。此后物体将以极限速率匀速运动。例如，下雨时从高空中坠落的雨滴或者运动员跳伞就可以采用这一物理模型进行近似的讨论。

（2）根据（1）求出的结果及 $v = \dfrac{\mathrm{d}v}{\mathrm{d}t}$，有

$$\frac{\mathrm{d}v}{\mathrm{d}t} = \frac{g}{k}(1 - \mathrm{e}^{-kt})$$

分离变量并将初始条件代入作为积分限：

$$\int_0^y \mathrm{d}y = \frac{g}{k} \int_0^t (1 - \mathrm{e}^{-kt})\mathrm{d}t$$

积分可得物体的运动学方程

$$y = \frac{g}{k}t - \frac{g}{k^2}(1 - \mathrm{e}^{-kt}) = \frac{mg}{c}t - \frac{m^2 g}{c^2}(1 - \mathrm{e}^{-\frac{c}{m}t})$$

【* 例 3-5】　长为 l 的细线一端固定于天花板，另一端连接质量为 m 的小球，初始时细线与水平方向的夹角为 θ_0，小球静止，然后释放。不计空气阻力。求细线与水平方向成 θ 角时小球的速率 v，并表示为 $v(\theta)$ 的形式。

【解】　以小球为研究对象，受重力 G、拉力 F，如图 3-12 所示。由于小球在竖直面内作圆周运动，可选择自然坐标系并标示于图中。此题也是已知物体的受力情况求解运动状态

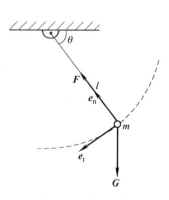

图 3-12　例 3-5 图

$v(\theta)$ ，可直接建立牛顿第二定律的微分形式方程。在切线方向上，

$$mg\cos\theta = ma_t = m\frac{\mathrm{d}v}{\mathrm{d}t}$$

化简为

$$g\cos\theta = \frac{\mathrm{d}v}{\mathrm{d}t}$$

为了将上式完全表示为 v 与 θ 的关系，再作变换：

$$g\cos\theta = \frac{\mathrm{d}v}{\mathrm{d}t} = \frac{\mathrm{d}v}{\mathrm{d}\theta}\frac{\mathrm{d}\theta}{\mathrm{d}t} = \omega\frac{\mathrm{d}v}{\mathrm{d}\theta} = \frac{v}{R}\frac{\mathrm{d}v}{\mathrm{d}\theta}$$

分离变量

$$gR\cos\theta\mathrm{d}\theta = v\mathrm{d}v$$

将上式积分并将初始条件 $\theta = \theta_0$ 时， $v_0 = 0$ 时代入，有

$$\int_{\theta_0}^{\theta} gR\cos\theta\mathrm{d}\theta = \int_0^v v\mathrm{d}v$$

解得

$$v = \sqrt{2gR(\sin\theta - \sin\theta_0)}$$

3.5　非惯性系中的力学问题

在 3.1 节中曾经明确指出，牛顿运动定律只在惯性参考系成立。这句话包含两层意思。第一，参考系有**惯性参考系**和**非惯性参考系**两类。在一般问题的处理中，可近似认为坐标原点固定在地球表面上的地面参考系是惯性参考系。根据相对运动的知识可知，凡是相对于地面作匀速直线运动的参考系都是惯性参考系，如作匀速直线运动的列车。凡是相对于地面作加速运动的参考系都不是惯性参考系，而是非惯性参考系，例如正在起动或制动的车辆、升降机、旋转着的转盘等。第二层意思则是指牛顿运动定律只是在惯性参考系中适用，而在非惯性参考系中不适用。这可以用一个简单的例子来说明。在图 3-13 中，水平地面上有一个质量为 m 的石块相对地面静止不动。以地面为参考系 k，地面上的

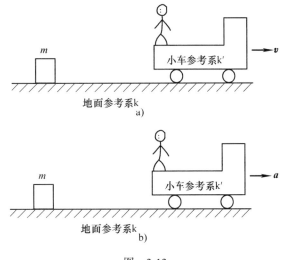

图　3-13
a) 小车参考系为惯性参考系　b) 小车参考系为非惯性参考系

观察者观测到石块水平方向上不受外力作用，因此没有加速度，符合牛顿运动定律。现在有

一辆运动着的小车，小车上的观察者观测到什么结果呢？①设小车相对于地面以匀速度v运动，此时小车也是一个惯性参考系，记作 k′，如图 3-13a 所示。小车上的观察者看不到小车的运动，他看到的是石块以（$-v$）向车尾方向匀速运动，这也符合牛顿运动定律，因为石块水平方向不受外力作用，应当保持静止或者匀速直线运动的状态。②设小车相对于地面以加速度a运动，这时候的小车参考系 k′ 变成了非惯性参考系，如图 3-13b 所示。小车上的观察者发现石块水平方向不受外力作用，却以加速度（$-a$）向车尾方向作加速度运动，这显然违背牛顿第二定律，所以，在非惯性系中牛顿运动定律不适用。

然而实际的情况是我们常常需要在非惯性参考系中分析和处理力学问题，并且希望形式简洁、物理图像十分清晰的牛顿第二定律也能在非惯性参考系中用于定量的计算。这个问题已经得到了解决。那就是引入一个假想的力，叫作惯性力，记作F^*，这个力的大小等于物体的质量m与非惯性参考系的加速度a的乘积，方向与非惯性参考系的加速度相反，即

$$F^* = -ma$$

引入这个惯性力，牛顿第二定律在非惯性参考系中形式上就可以应用了。例如，图 3-13b 中的小车非惯性参考系，若假设石块在水平方向上受到了一个惯性力$F^* = -ma$的作用，则石块以（$-a$）的加速度向车尾方向加速运动就顺理成章了。引入惯性力F^*后，在非惯性参考系 k′ 中的物体所受的真实的力（合外力）为F、惯性力为F^*，总的有效力F'为真实力F和惯性力F^*的矢量和。物体对非惯性参考系 k′ 的加速度以a'表示，那么

$$F' = F + F^* = ma'$$

牛顿第二定律在形式上仍然保持不变。

惯性力是假象力，或者叫作虚拟力。它与真实的力最大的区别在于它不是因物体之间相互作用而产生，它没有施力者，也不存在反作用力，牛顿第三定律对于惯性力并不适用。惯性力只是由于非惯性参考系相对惯性参考系加速度运动而体现在物体上的一种力，不过事实上的惯性力可以用测力器测量出来，因此它仍然是有效的力。

【例 3-6】 在小车上固定有一长度为L，倾角为θ的光滑斜面，如图 3-14a 所示。当小车以恒定的加速度a_0向右运行时，有一质量为m的物体从斜面的顶端由静止开始下滑，求物体滑至底部所需要的时间。

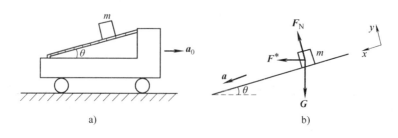

图 3-14 例 3-6 图

【解】 此题讨论物体m相对小车上的斜面的运动，可取小车为参考系。小车相对地面有加速运动，为非惯性参考系，在应用牛顿第二定律时，应该加上一个惯性力$F^* = -ma_0$，

沿水平方向向左，与小车的加速度的方向相反，大小为 $F^* = ma_0$。图 3-14b 所示是计入惯性力后的示力图，图中 a 为物体相对斜面（小车）的加速度，F_N 为斜面对物体的正压力，沿斜面向下为 x 轴正方向，由牛顿第二定律可得

$$mg\sin\theta + ma_0\cos\theta = ma$$

故物体对斜面的加速度

$$a = g\sin\theta + a_0\cos\theta$$

由匀加速直线运动的路程公式 $s = v_0 t + \dfrac{1}{2}at^2$，以及本题中 $v_0 = 0$ 条件，可得物体滑至斜面底部所需时间为

$$t = \sqrt{\frac{2s}{a}} = \sqrt{\frac{2L}{g\sin\theta + a_0\cos\theta}}$$

3.6　动量

　　力作用在物体上的同时，物体产生加速度，其速度将发生变化。牛顿第二定律 $F = ma$ $= m\dfrac{\mathrm{d}\boldsymbol{v}}{\mathrm{d}t}$ 反映了力与运动状态变化的这种关系，它是一个瞬时关系式，$\dfrac{\mathrm{d}\boldsymbol{v}}{\mathrm{d}t}$ 是在力的作用下该时刻速度的变化率。但是，现实的情况是力作用在物体上总要持续一段过程，力在这个过程中会形成累积效应。从时间上看，力的作用从 t_1 时刻持续到 t_2 时刻，力在这个过程中形成了对时间的累积；或者从空间上看，力的作用点从初态位置移动到末态位置完成了一段空间位移，力在这个过程中形成了对空间的累积。无论是从力的时间累积角度还是从力的空间积累角度分析，力的持续作用都将使物体的运动状态发生可观察的明显变化。在相当多的情况下，人们更关注的恰恰是在力的一段作用过程之后，物体运动状态的变化情况，而不一定是过程的中间细节。在本章中，我们要讨论的动量定理和角动量定理正是反映了力持续作用一段时间之后物体运动状态发生变化的规律。本章还要讨论动量守恒定律和角动量守恒定律，它们是自然界中一切物理过程都遵从的两条最基本的定律。

　　从力的空间累积角度讨论物体运动状态变化的规律将留待下一节"功和能"中进行讨论。

3.6.1　质点的动量定理

　　力作用在物体上并且持续了一段时间，物体的运动状态会发生怎样的变化呢？我们从动力学的基本方程——牛顿运动定律出发进行讨论。在 3.1 节中，牛顿第二定律是以

$$F = \frac{\mathrm{d}\boldsymbol{p}}{\mathrm{d}t} \tag{3-7}$$

形式提出的，F 是质点所受的合外力，$\boldsymbol{p} = m\boldsymbol{v}$ 是质点的动量。式（3-7）说明力的作用效果是使质点的动量发生变化，质点所受的合外力等于质点动量对时间的变化率。我们将这一关系称为**质点的动量定理**（微分形式）。

　　也可以将式（3-7）改写为

$$F\mathrm{d}t = \mathrm{d}\boldsymbol{p} \tag{3-8}$$

式中，$\boldsymbol{F}\mathrm{d}t$ 是力与作用时间 $\mathrm{d}t$ 的乘积，表示力在 $\mathrm{d}t$ 时间内的累积量，称为力**冲量**，以 $\mathrm{d}\boldsymbol{I}$ 表示，即 $\mathrm{d}\boldsymbol{I} = \boldsymbol{F}\mathrm{d}t$。$\mathrm{d}\boldsymbol{p}$ 则表示 $\mathrm{d}t$ 时间内质点动量的增量。式（3-8）是质点的动量定理（微分形式）的另一种表述，它指出：**质点在 $\mathrm{d}t$ 时间内受到的合外力的冲量等于质点在 $\mathrm{d}t$ 时间内动量的增量。**

当力持续了一段有限时间，从 t_1 时刻到 t_2 时刻，我们考虑力的累积作用效果时，应当对式（3-8）积分得

$$\int_{t_1}^{t_2} \boldsymbol{F}\mathrm{d}t = \int_{p_1}^{p_2} \mathrm{d}\boldsymbol{p} = \boldsymbol{p}_2 - \boldsymbol{p}_1 \qquad (3\text{-}9)$$

左侧的积分称为 $\boldsymbol{F}$ 在 t_1 到 t_2 这段时间内的冲量，用 $\boldsymbol{I}$ 表示，即

$$\boldsymbol{I} = \int_{t_1}^{t_2} \boldsymbol{F}\mathrm{d}t$$

这样式（3-9）又可以表示为

$$\boldsymbol{I} = \boldsymbol{p}_2 - \boldsymbol{p}_1 \qquad (3\text{-}10)$$

式中，$\boldsymbol{p}_2$ 为质点在 t_2 时刻的动量，$\boldsymbol{p}_1$ 为质点在 t_1 时刻的动量。式（3-9）及式（3-10）都是质点的动量定理（积分形式）的表述，说明**合外力在一段时间内的冲量等于质点在同一段时间内动量的增量。**

质点的动量定理反映了力的持续作用与物体机械运动状态变化之间的关系。常识告诉我们，物体作机械运动时，质量较大的物体运动状态变化较为困难一些，质量较小的物体运动状态变化相对要容易一些。例如，要使速度相同的火车和汽车都停下来，显然火车较之于汽车要困难得多。而在两个质量相同的物体之间比较，如两辆质量相同的汽车，要使高速行驶的汽车停下来就比使低速行驶的汽车停下来要困难。这说明人们在研究力的作用效果及物体机械运动状态变化的时候，应该同时考虑物体的质量和运动速度两个因素，为此引入了动量的概念，以其作为物体机械运动的量度。而质点的动量定理进一步指出，质点动量的变化取决于质点所受力的冲量。不论该力是大还是小，只要力的冲量相同，也就是力对时间的累积量相同，就可以引起质点动量相同的改变。只不过力较大时，作用时间需要得短一些，而力较小时，作用时间需要持续更长一些罢了。因此也可以这样理解，冲量是用动量变化来衡量的作用量。

质点的动量定理表达式（3-9）和表达式（3-10）都是矢量关系。力的冲量 $\boldsymbol{I} = \int_{t_1}^{t_2} \boldsymbol{F}\mathrm{d}t$ 是一个矢量。如果力 $\boldsymbol{F}$ 的方向不随时间变化，冲量的方向与力的方向一致。例如，重力的冲量就与重力的方向一致。如果力 $\boldsymbol{F}$ 的方向是变化的，冲量的方向就不能由某一个时刻力的方向来确定了。例如，质点作匀速率圆周运动的时候，合外力表现为向心力，其方向由质点所在处指向圆心，方向是不断变化的，在这种情况下，冲量的方向可以根据式（3-10）由质点动量的增量来确定。也就是说，不论力的方向怎样变化，冲量 $\boldsymbol{I}$ 的方向始终与动量增量 $\Delta\boldsymbol{p} = \boldsymbol{p}_2 - \boldsymbol{p}_1$ 的方向一致。我们还注意到式（3-10）中冲量 $\boldsymbol{I}$、质点的初动量 $\boldsymbol{p}_1$ 和末动量 $\boldsymbol{p}_2$ 在数学上表现为矢量的加减关系，在矢量关系上这三个矢量应当构成一个闭合的三角形，如图 3-15 所示，这种形象地用矢量图表示的动量定理在分析问题和解题中都会有很好的直观效果，读者不妨多试用一下。

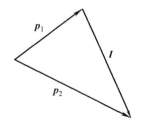

图 3-15　动量定理的
矢量示意图

　　如果有多个力作用在物体上，总冲量等于各分力冲量的矢量和，改变物体动量的是总冲量。

　　将式（3-9）、式（3-10）投影到坐标轴上就是质点动量定理的分量形式。例如，对 x、y、z 轴就有

$$I_x = \int_{t_1}^{t_2} F_x \mathrm{d}t = p_{x2} - p_{x1}$$

$$I_y = \int_{t_1}^{t_2} F_y \mathrm{d}t = p_{y2} - p_{y1}$$

$$I_z = \int_{t_1}^{t_2} F_z \mathrm{d}t = p_{z2} - p_{z1}$$

力在哪一个坐标轴方向上形成冲量，动量在该方向上的分量发生变化，动量分量的增量等于同方向上冲量的分量。

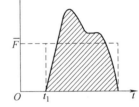

　　动量定理常常用于碰撞、冲击一类问题，在这类问题中，物体所受的力叫作**冲力**。冲力的量值往往很大，作用时间往往很短。图 3-16 中的实线显示了一个竖直下落的篮球撞击到坚硬的地面时受到的地面的冲力随时间变化的曲线，在极短的作用时间（约 0.02s）内，冲力急剧增长至峰值又迅速衰减为零。工程上在处理这一类实际问题的时候，很难测量真实的冲力变化情况，更多的是先用平均冲力去作估量。**平均冲力 $\overline{F}$** 定义为真实力在一个作用过程中的时间平均值。

图 3-16　冲力和平均冲力

$$\overline{F} = \frac{\int_{t_1}^{t_2} \boldsymbol{F} \mathrm{d}t}{t_2 - t_1}$$

　　注意到上式的分子正好是真实值的冲量 $I = \int_{t_1}^{t_2} \boldsymbol{F} \mathrm{d}t$，所以有

$$\overline{F} = \frac{I}{\Delta t}$$

即平均冲力等于单位时间内真实力的冲量。把上式变为

$$\overline{F} \Delta t = \boldsymbol{I} = \int_{t_1}^{t_2} \boldsymbol{F} \mathrm{d}t$$

式中的含义应该是：如果把平均冲力当作一个恒力，那么它在一个过程中的冲量应该和真实力的冲量相等，即其效果应当与真实力的效果一致。

　　按照质点动量定理，在一个过程中合外力对质点的冲量可以用质点动量的变化来量度，即 $\boldsymbol{I} = \boldsymbol{p}_2 - \boldsymbol{p}_1$。所以，合外力的平均冲力可以通过动量的改变来求得，即

$$\overline{F} = \frac{I}{\Delta t} = \frac{\Delta \boldsymbol{p}}{\Delta t} = \frac{\boldsymbol{p}_2 - \boldsymbol{p}_1}{t_2 - t_1}$$

只要测量出冲力作用前后动量的增量 $\Delta \boldsymbol{p} = \boldsymbol{p}_2 - \boldsymbol{p}_1$ 以及作用的时间 $\Delta t = t_2 - t_1$，平均冲力就可以很方便地计算出来。例如，篮球碰撞地面的问题，只要测量出篮球下落的高度和碰撞后反弹的高度，由相应的公式计算出篮球接触地面前后瞬间的动量，再已知碰撞过程的时间，就可以得出地面对篮球的平均冲力。

　　根据冲量的定义，在 $F\text{-}t$ 曲线图中，冲量就是冲力曲线与横轴之间的面积，因此平均冲力曲线下的矩形面积与真实冲力曲线下的面积（阴影部分）应当相同，图 3-16 显示了这种

关系。

在国际单位制中，动量的量纲与冲量的量纲相同，均为 MLT^{-1}，单位分别为 $kg \cdot m \cdot s^{-1}$ 和 $N \cdot s$。

【例 3-7】 质量 $m = 1.0kg$ 的小球以速率 $v_0 = 20.0m \cdot s^{-1}$ 沿水平方向抛出，求 1s 之后小球速度的大小和方向（不计空气阻力）。

【解】 此题可用动量定理求解。小球抛出时的初动量 $p_1 = mv_0 = 20kg \cdot m \cdot s^{-1}$，沿水平方向。1s 之内小球所受重力的冲量 $I = mg\Delta t = 9.8N \cdot s$，方向竖直向下。根据式（3-10）的矢量关系图可作图 3-17，则 1s 后动量 p_2 的大小为

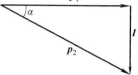

图 3-17 例 3-7 图

$$p_2 = \sqrt{p_1^2 + I^2} = \sqrt{(20)^2 + (9.8)^2}kg \cdot m \cdot s^{-1} = 22.3kg \cdot m \cdot s^{-1}$$

速度大小为

$$v = \frac{p_2}{m} = 22.3m \cdot s^{-1}$$

速度方向为

$$\alpha = \arctan\frac{I}{p_1} = \arctan\left(\frac{9.8}{20}\right) = 26.1°$$

【例 3-8】 如图 3-18 所示，质量 $m = 0.15kg$ 的小球以 $v_0 = 10m \cdot s^{-1}$ 的速度射向光滑地面，入射角 $\theta_1 = 30°$，然后沿 $\theta_2 = 60°$ 的反射角方向弹出。设 $\Delta t = 0.01s$（碰撞时间），计算小球对地面的平均冲力。

【解】 因为地面光滑，水平方向小球不受作用力，故地面对小球的冲量沿法线方向竖直向上。设地面对小球的平均冲力大小为 $\overline{F}$，碰后小球速度大小为 v，建立坐标如图所示，根据质点的动量定理有

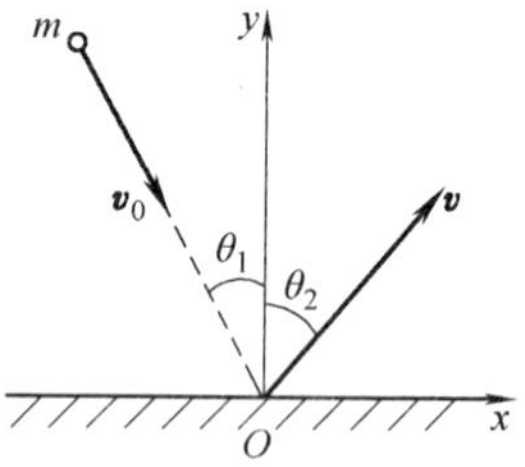

图 3-18 例 3-8 图

$$I_x = 0 = mv\sin\theta_2 - mv_0\sin\theta_1$$
$$I_y = (\overline{F} - mg)\Delta t = mv\cos\theta_2 + mv_0\cos\theta_1$$

由此得

$$v = v_0\frac{\sin\theta_1}{\sin\theta_2}$$

$$\overline{F} = \frac{mv_0\sin(\theta_1 + \theta_2)}{\Delta t\sin\theta_2} + mg$$

代入数据：

$$\overline{F} = \frac{0.15 \times 10}{0.01 \times \frac{\sqrt{3}}{2}}N + (0.15 \times 9.8)N = 175N$$

小球对地面的平均冲力就是 $\overline{F}$ 的反作用力。在本题中考虑了重力的作用，事实上重力 $mg = (0.15 \times 9.8)N = 1.47N$，不到 $\overline{F}$ 的 1%，因此完全可以忽略不计。

3.6.2 质点系的动量定理

由若干个质点组成的系统简称为**质点系**。质点系中各质点受到的系统外的物体对它们的

作用力称为**外力**，质点系中各质点彼此之间的相互作用力称为**内力**。下面讨论在外力和内力的共同作用下质点系的动量的变化规律。

对含有 n 个质点的质点系，我们可以先考虑系统中第 i 个质点。它受到的外力为 $\boldsymbol{F}_{外i}$，内力为 $\boldsymbol{F}_{内i}$，合力 $\boldsymbol{F}_i = \boldsymbol{F}_{外i} + \boldsymbol{F}_{内i}$。现在对第 i 个质点应用质点的动量定理表达式 (3-7)：

$$\boldsymbol{F}_i = \boldsymbol{F}_{外i} + \boldsymbol{F}_{内i} = \frac{\mathrm{d}\boldsymbol{p}_i}{\mathrm{d}t}$$

质点系中一共有 n 个质点（$i = 1, 2, \cdots, n$），我们可以分别列出这样的方程一共 n 个。为了讨论质点系整体的规律，将这样的 n 个方程求和：

$$\sum_i \boldsymbol{F}_{外i} + \sum_i \boldsymbol{F}_{内i} = \sum \frac{\mathrm{d}\boldsymbol{p}_i}{\mathrm{d}t} \tag{3-11}$$

上式左侧第一项是对质点系中各质点受到的外力求和，即为系统所受的合外力，$\boldsymbol{F}_{外} = \sum_i \boldsymbol{F}_{外i}$；左侧第二项是对质点系中各质点受到彼此之间的内力求和，由于内力总是以作用力和反作用力的形式成对出现，故该项求和的结果等于零。等式的右边可以改写为

$$\sum_i \frac{\mathrm{d}\boldsymbol{p}_i}{\mathrm{d}t} = \frac{\mathrm{d}}{\mathrm{d}t} \sum_i \boldsymbol{p}_i = \frac{\mathrm{d}\boldsymbol{p}}{\mathrm{d}t}$$

式中，$\boldsymbol{p} = \sum_i \boldsymbol{p}_i$ 是质点系所有质点动量之和，称为质点系的（总）动量。这样，式 (3-11) 最终可以表述为

$$\boldsymbol{F}_{外} = \frac{\mathrm{d}\boldsymbol{p}}{\mathrm{d}t} \tag{3-12}$$

即：**质点系所受的合外力等于质点系动量对时间的变化率**。这个规律称为**质点系的动量定理（微分形式）**。

动量定理的微分形式是合外力与动量变化率的瞬时关系，当讨论力持续作用一段时间后质点系动量变化的规律时，需要对式 (3-12) 积分，得

$$\int_{\Delta t} \boldsymbol{F}_{外} \, \mathrm{d}t = \int_{p_1}^{p_2} \mathrm{d}\boldsymbol{p} = \boldsymbol{p}_2 - \boldsymbol{p}_1 \tag{3-13}$$

式中，$\displaystyle\int_{\Delta t} \boldsymbol{F}_{外} \, \mathrm{d}t$ 称为 Δt 时间内质点系受到的合外力的冲量，用 $\boldsymbol{I}_{外}$ 表示；$\boldsymbol{p}_1$ 和 $\boldsymbol{p}_2$ 分别是质点系初态和末态时的动量。所以有

$$\boldsymbol{I}_{外} = \boldsymbol{p}_2 - \boldsymbol{p}_1 \tag{3-14}$$

这样，对质点系而言，在某段时间内，**质点系受到的合外力的冲量等于质点系（总）动量的增量**。

式 (3-13) 及式 (3-14) 都是质点系的动量定理（积分形式），它们与式 (3-12) 反映的规律是一致的，即质点系动量的变化只取决于系统所受的合外力，与内力的作用没有关系。合外力越大，系统动量的变化率就越大；合外力的冲量越大，系统动量的变化就越大。同时也需注意到，在质点系里，各质点受到的内力及内力的冲量并不等于零，内力的冲量将改变各质点的动量，这点由 (3-11) 式可以反映出来。但是，对内力及内力的冲量求矢量和一定等于零。因此内力并不改变质点系的总动量，只起着在系统内各质点之间彼此交换动量的作用。

【**例3-9**】　木板 B 静止置于水平台面上，小木块 A 放在 B 板的一端上，如图 3-19 所示。已知 $m_A = 0.25\text{kg}$，$m_B = 0.75\text{kg}$，小木块 A 与木板 B 之间的摩擦因数 $\mu_1 = 0.5$，木板 B 与台面间的摩擦因数 $\mu_2 = 0.1$。现在给小木块 A 一向右的水平初速度 $v_0 = 40\text{m} \cdot \text{s}^{-1}$，问经过多长时间 A、B 恰好具有相同的速度？（设 B 板足够长）

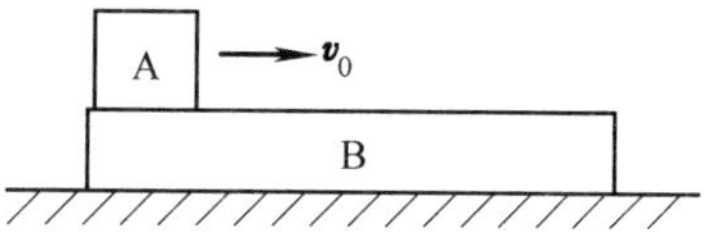

【**解**】　当小木块 A 以初速度 $\boldsymbol{v}_0$ 向右开始运动时，它将受到木板 B 的摩擦阻力的作用，木板 B 则在 A 给予的摩擦力及台面给予的摩擦力的共同作用下向右运动。如果将木板 B 与小木块 A 视为一个质点系，A、B 之间的摩擦

图 3-19　例 3-9 图

力就是内力，不改变系统的总动量，只有台面与木板 B 之间的摩擦力 F_k 才是系统所受的外力，改变系统的总动量。设经过 Δt 时间 A、B 具有相同的速度 v，则根据质点系的动量定理有

$$- F_k \Delta t = (m_A + m_B)v - m_A v_0$$

以及

$$F_k = \mu_2 (m_A + m_B)g$$

再对小木块 A 单独予以考虑，A 受到 B 给予的摩擦阻力 F_k'，应用质点的动量定理

$$- F_k' \Delta t = m_A v - m_A v_0$$

以及

$$F_k' = \mu_1 m_A g$$

解得

$$v = \left(\frac{m_A \mu_1}{m_A + m_B} - \mu_2 \right) \cdot \frac{v_0}{\mu_1 - \mu_2}, \quad \Delta t = \frac{v_0 - v}{\mu_1 g}$$

代入有关数据，最后得出

$$v = 2.5\text{m} \cdot \text{s}^{-1}, \quad \Delta t = 7.65\text{s}$$

3.6.3　动量守恒定律

1. 动量守恒定律

如果质点系所受的合外力为零（或合外力的冲量始终为零），质点系的动量将保持不变，即若

$$\boldsymbol{F}_{外} = \boldsymbol{0} \quad （或 \boldsymbol{I}_{外} = \boldsymbol{0}）$$

则

$$\boldsymbol{p} = \sum_i m_i \boldsymbol{v}_i = 恒矢量 \tag{3-15}$$

这个规律就是**动量守恒定律**。

在物理学中，常常涉及封闭系统，封闭系统是指与外界没有任何相互作用的系统。封闭系统受到的合外力必然为零，因此动量守恒定律又可以表述为：**封闭系统的动量保持不变**。

注意以下几点，有利于加深理解和正确运用动量守恒定律。

1）动量守恒是指质点系总动量不变，$\sum_i m_i \boldsymbol{v}_i = 恒矢量$。质点系中各质点的动量是可以变化的，质点通过内力的作用交换动量，一个质点获得多少动量，其他质点就失去多少动量，机械运动只在系统内转移。

2）$\boldsymbol{F}_{外} = \boldsymbol{0}$ 是一个很严格很难实现的条件，真实系统通常与外界或多或少地存在着某些作用。当质点系内部的作用力远远大于外力，或者外力不太大而作用时间很短促，以致形成的冲量很小的时候，外力对质点系动量的相对影响就比较小，此时可以忽略外力的效果，近似地应用动量守恒定律。例如，在空中爆炸的炸弹，各碎片间的作用力是内力，内力很强，相比之下，外力重力远远小于爆炸时的内力，因而重力可以忽略不计，炸弹系统动量守恒。爆炸后所有碎片动量的矢量和等于爆炸前炸弹的动量。在近似条件下应用动量守恒定律，极大地扩展了动量守恒定律解决实际问题的范围。

3）式（3-15）是动量守恒定律的矢量表述，投影到坐标轴上就得到它的分量形式，例如：

$$若\ F_x = 0，则 \sum_i m_i v_{ix} = 常量$$

$$若\ F_y = 0，则 \sum_i m_i v_{iy} = 常量$$

$$若\ F_z = 0，则 \sum_i m_i v_{iz} = 常量$$

合外力在哪一个坐标轴上的分量为零，质点系总动量在该方向上的分量就是一个守恒量。在很多问题中，由于受到很强的外力的作用，系统的动量并不守恒，但只要在某一个方向上没有外力作用，该方向上的动量分量就是一个常量，这个分量守恒所提供的方程，就成为求解该问题的一个必不可少的条件。在 3.6.1 节的例 3-8 中，射向地面的小球（可视为由一个质点构成的质点系），在与地面碰撞的过程中，水平方向不受外力作用，动量的水平分量就是一个守恒量；在空中爆炸的一颗手榴弹，其水平方向的动量也是一个守恒量。忽略了这些条件，就很难得出正确的结论。

2. 碰撞过程中的动量守恒现象

碰撞泛指强烈而短暂的相互作用过程，如撞击、锻压、爆炸、投掷、喷射等都可以视为广义的碰撞。若将碰撞中相互作用的物体看作一个系统，碰撞过程的表现是内力作用强，通常情况下满足 $F_内 \gg F_外$，且作用时间短暂，外力的冲量一般可以忽略不计，因此动量守恒是一般碰撞过程的共同特点。

在碰撞过程中常常发生物体的形变，并伴随着相应的能量转化，按照形变和能量转化的特征，碰撞大体可以分为三类。

（1）**弹性碰撞**　碰撞过程中物体之间的作用力是弹性力，碰撞完成之后物体的形变完全恢复，没有能量的损耗，也没有机械能向其他形式的能量转化，机械能守恒。又由于碰撞前后没有弹性势能的改变，机械能守恒在这里表现为系统的总动能不变。弹性碰撞是一种理想情况，有一类实际的物理过程如两个弹性较好的物体的相撞、理想气体分子的碰撞等可以近似按弹性碰撞处理。

（2）**非完全弹性碰撞**　大量的实际碰撞过程属于这一类。碰撞之后物体残留一部分形变不能完全恢复，同时伴随有部分机械能向其他形式的能量如热能的转化，机械能不守恒。铁锤敲击钉子就是典型的非完全弹性碰撞。

（3）**完全非弹性碰撞**　碰撞之后的物体的形变完全得不到恢复，并常常表现为诸个碰撞体合并在一起，以同一速度运动。例如，黏性的泥团溅落到车轮上与车轮一起运动，子弹射入木块并嵌入其中。完全非弹性碰撞过程中机械能不守恒。

碰撞在微观世界里也是极为常见的现象。分子、原子、粒子的碰撞是极频繁的。正负电子对的湮没、原子核的衰变等都是广义的碰撞过程。科研工作者还常常人为地制造一些碰撞过程。例如，用 X 射线或者高速运动的电子射入原子，观察原子的激发、电离等现象；用 γ 射线或者高能中子轰击原子核，诱发原子核的衰变或核反应等。研究微观粒子的碰撞是研究物质微观结构的重要手段之一。特别值得一提的是，在著名的康普顿散射实验（见量子物理有关内容）中，将 X 射线与电子的相互作用过程处理为碰撞过程，由实验直接证明了动量守恒定律在微观领域中也是成立的，从而将动量守恒定律推广到了物质世界的全部领域。

3. 动量守恒定律与牛顿运动定律

前面，我们从牛顿运动定律出发导出了动量定理，进而导出了动量守恒定律。事实上，动量守恒定律远比牛顿运动定律更广泛，更深刻，更能揭示物质世界的一般性规律。动量守恒定律适用的质点系范围，大到宇宙，小到微观粒子。当把质点系的范围扩展到整个宇宙时，可以得出宇宙中动量的总量是一个不变量的结论，这就使得动量守恒定律成为自然界普遍遵从的定律。而牛顿运动定律的常用形式 $F = ma$，只是在宏观物体作低速运动的情况下成立，超越这个范围就不再适用了。下面我们从动量守恒定律出发，导出牛顿第二定律和第三定律（牛顿第一定律就是伽利略的惯性定律），由此体会动量守恒定律深刻的含义。

设有质点 1 和质点 2 构成一个封闭系统，两个质点不受外界作用，只有彼此之间的相互作用。根据动量守恒定律，这个系统的总动量保持不变，$p_1 + p_2 =$ 恒矢量。但是两个质点可以通过彼此之间的相互作用交换动量，因此在任意一段时间 Δt 内，总有

$$\Delta p_1 = - \Delta p_2$$

即质点 1 获得的动量 $\Delta p_1 = p_1 - p_{10}$ 等于质点 2 失去的动量 $- \Delta p_2 = - (p_2 - p_{20})$。单位时间内两质点交换的动量为

$$\frac{\Delta p_1}{\Delta t} = - \frac{\Delta p_2}{\Delta t}$$

令 $\Delta t \rightarrow 0$，则有

$$\frac{\mathrm{d} p_1}{\mathrm{d} t} = - \frac{\mathrm{d} p_2}{\mathrm{d} t} \tag{3-16}$$

此式表明，在任意时刻孤立系统的两个质点的动量瞬时变化率大小相等，方向相反。

从另一个角度看，两个物体相互作用可以认为它们彼此施加了"力"，力使得物体的动量发生了变化。物体动量的瞬时变化率可以作为这种作用，也就是力的量度，因此定义质点 1 对质点 2 的作用力

$$F_{21} = \frac{\mathrm{d} p_2}{\mathrm{d} t} \tag{3-17a}$$

质点 2 对质点 1 的作用力

$$F_{12} = \frac{\mathrm{d} p_1}{\mathrm{d} t} \tag{3-17b}$$

根据式（3-16）很容易得到

$$F_{12} = - F_{21}$$

这就是关于作用力与反作用力的牛顿第三定律。由此可知，"作用力与反作用力力大小相等，方向相反"与"动量守恒"两种说法对于质点系是等价的。

如果考虑由一个质点构成的系统，该质点受到的所有力都是外力。将式（3-17a）或式（3-17b）应用于此质点，

$$F_{外} = \frac{\mathrm{d}p}{\mathrm{d}t}$$

再考虑 $p = mv$ ，以及物体低速运动时质量是一个常量，则

$$F_{外} = \frac{\mathrm{d}(mv)}{\mathrm{d}t} = m\frac{\mathrm{d}v}{\mathrm{d}t} = ma$$

正是牛顿第二定律的常见表述。

　　从历史上看，动量守恒定律是从实验研究得到的。迄今为止，尚未发现与动量守恒定律相悖的现象。19 世纪末，原子核的放射性衰变发现之后，人们在研究原子核的 β 衰变（原子核放射出一个电子，衰变成为原子序数增加 1 的新原子核）时，发现了动量（还有能量）"不守恒"的现象。为了弥补损失的动量（能量），泡利于 1931 年提出了中微子假说，认为原子核 β 衰变时除了发射一个电子外，还要同时发射一种未知的轻的中性粒子。1933 年，费米进一步研究了这一假说，并把这种中性粒子命名为中微子。1956 年，科恩和莱恩斯成功完成了寻找中微子的实验，证明了泡利假说，从而证实了动量守恒定律的普遍性。由此可见，作为反映自然界最普遍规律的动量守恒定律在人类认识自然的不断探索中起到重要的引导和启示作用。动量守恒定律和动量定理都只对惯性参考系成立。在非惯性参考系中则需要加上惯性力才能应用。

　　【*例 3-10】　质量为 m_1 的小球 A 以速度 v_0 沿 x 轴正方向运动，与另一质为 m_2 的静止小球 B 在水平面内碰撞，碰后 A 沿 y 轴正方向运动，B 的运动方向与 x 轴成 θ 角，如图 3-20 所示。

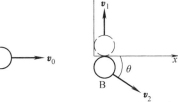

　　（1）求碰撞后 A 的速率 v_1 和 B 的速率 v_2；

　　（2）设碰撞的接触时间为 Δt，求 A 受到的平均冲力。

图 3-20　例 3-10 图

　　【解】　（1）以 A、B 两球构成系统，合外力为零，系统的动量守恒。建立坐标如图 3-20 所示，应用动量守恒定律的分量形式，有

　　x 方向：　　　　　　　　　　$m_2 v_2 \cos\theta = m_1 v_0$

　　y 方向：　　　　　　　　　　$m_1 v_1 - m_2 v_2 \sin\theta = 0$

联立上述两式，得

$$v_1 = v_0 \tan\theta$$

$$v_2 = \frac{m_1 v_0}{m_2 \cos\theta}$$

　　（2）以小球 A 为研究对象，由质点的动量定理，有

　　x 方向：　　　　　　$\overline{F}_x = \frac{m_1 v_{1x} - m_1 v_{0x}}{\Delta t} = -\frac{m_1 v_0}{\Delta t}$

　　y 方向：　　　　　　$\overline{F}_y = \frac{m_1 v_{1y} - m_1 v_{0y}}{\Delta t} = \frac{m_1 v_1}{\Delta t}$

所以 $\overline{F}$ 的大小为

$$\overline{F} = \sqrt{\overline{F}_x^2 + \overline{F}_y^2} = \sqrt{\left(-\frac{m_1 v_0}{\Delta t}\right)^2 + \left(\frac{m_1 v_1}{\Delta t}\right)^2} = \frac{m_1}{\Delta t}\sqrt{v_0^2 + v_1^2}$$

$\overline{F}$ 与 x 轴的夹角

$$\alpha = \arctan\frac{\overline{F}_y}{\overline{F}_x} = \arctan\left(-\frac{v_1}{v_0}\right)$$

【例 3-11】　如图 3-21 所示，一轻绳悬挂质量为 m_1 的砂袋静止下垂，质量为 m_2 的子弹以速率 v_0、倾斜角 θ 射入砂袋中不再出来，求子弹与砂袋一同开始运动时的速度。

【解】　在子弹射入砂带的过程中以子弹和砂带构成一系统，因竖直方向上受重力（可忽略）和绳的冲力（不可忽略）作用，所以动量的竖直分量不守恒。在水平方向上系统不受外力作用，动量的水平分量守恒。设碰后子弹与砂袋以共同速率 v 开始运动。

$$m_2 v_0 \sin\theta = (m_1 + m_2)v$$

得

$$v = \frac{m_2\sin\theta}{m_1 + m_2}v_0$$

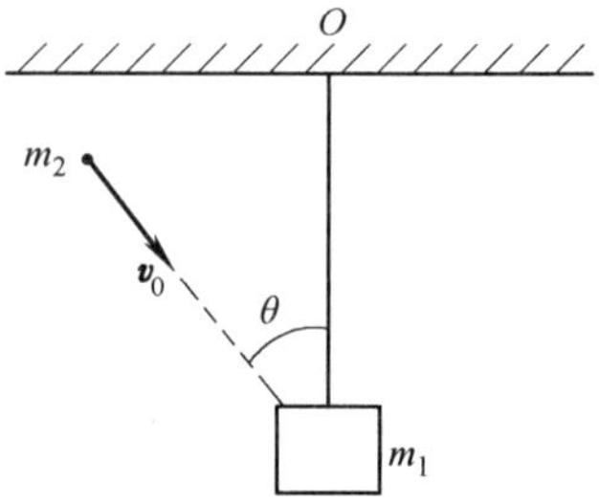

图 3-21　例 3-11 图

【*例 3-12】　小游船靠岸的时候速度已几乎减为零，坐在船上远离岸一端的一位游客站起来走向船近岸的一端准备上岸，设游人体重 $m_1 = 50\text{kg}$，小游船重 $m_2 = 100\text{kg}$，小游船长 $L = 5\text{m}$，问游人能否一步跨上？（不计水的阻力）

【解】　作示意图如图 3-22 所示，将游客与游船视作一个系统，该系统水平方向不受外力作用，动量守恒。设游客速度大小为 v_1，游船速度大小为 v_2，则有

$$m_1 v_1 + m_2 v_2 = 0$$

把上式对过程积分得

$$\int_{\Delta t} m_1 v_1 \mathrm{d}t + \int_{\Delta t} m_2 v_2 \mathrm{d}t = 0$$

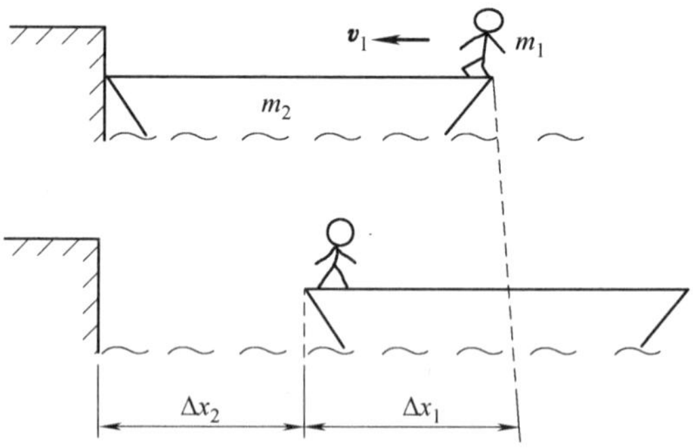

即

图 3-22　例 3-12 图

$$m_1\Delta x_1 + m_2\Delta x_2 = 0 \qquad (\text{a})$$

其中 $\Delta x_1 = \displaystyle\int_{\Delta t} v_1 \mathrm{d}t$，$\Delta x_2 = \displaystyle\int_{\Delta t} v_2 \mathrm{d}t$ 分别为游客和游船对岸的位移。按相对运动的位移关系，有

$$\Delta x_1 = \Delta x_{12} + \Delta x_2 \qquad (\text{b})$$

注意到游客对游船的位移等于游船的长度，即 $\Delta x_{12} = L$，故有

$$\Delta x_1 = L + \Delta x_2 \qquad (\text{c})$$

联立求解式（a）~式（c），可得游客对岸的位移

$$\Delta x_1 = \frac{m_2}{m_1 + m_2}L = \left(\frac{100}{50+100}\times 5\right)\text{m} = 3.33\text{m}$$

游船对岸的位移

$$\Delta x_2 = -\frac{m_1}{m_1 + m_2}L = -\left(\frac{50}{50+100}\times 5\right)\text{m} = -1.67\text{m}$$

负号表示游船在后退。游船对岸后退了 1.67m，可见游客要想一步跨上岸是很困难的，最好

用缆绳先将船固定住，游人再登陆上岸。

3.7　功与能

上一节讨论了力的时间累积及其效果，本章将讨论力的空间累积及其效果。力的空间累积称为力的功。在机械运动中，力做功产生的效果是使物体的机械能发生变化，功则作为能量变化的量度。本章中讨论的动能定理、势能定理、功能原理和机械能守恒定律正是反映了功与能之间的关系，而机械能守恒定律则是普遍的能量守恒定律在机械运动中的一个特例。

3.7.1　功

在力的持续作用过程中，如果力的作用点由初态位置移到了末态位置，就形成了力对空间的累积。物理学上用功这个物理量表示力的空间累积，记作 A。下面讨论功的计算。

1. 功、功的计算

（1）直线运动中恒力的功　设有一恒力 F 作用在质点上，在恒力 F 作用下质点沿着直线发生了一段位移 Δr，如图 3-23 所示。在质点的这段位移过程中，力 F 做的功定义为力在位移方向的分量（力的切向分量）与位移大小的乘积，即

$$A = F\cos\theta \cdot |\Delta r|$$

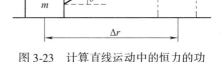

图 3-23　计算直线运动中的恒力的功

或者用矢量数量积（点积）的方式表述为

$$A = F \cdot \Delta r \tag{3-18}$$

功是标量，没有方向，但是有正负。当力与位移方向的夹角 $0 \leqslant \theta < \dfrac{\pi}{2}$ 时，$A > 0$，我们说力 F 对物体做了正功；当 $\dfrac{\pi}{2} < \theta \leqslant \pi$ 时，$A < 0$，力 F 对物体做的是负功，也常习惯说成是物体克服外力做功；若 $\theta = \dfrac{\pi}{2}$，$A = 0$，力 F 与位移 Δr 垂直，不做功，例如物体在水平方向移动时，重力就不做功。

（2）变力的功　在变力作用下，质点运动的轨迹通常为一曲线（直线运动只是曲线运动的特例）。在图 3-24 中，质点在变力 F 作用下沿图示的曲线路径 l 由 a 点移动到 b 点。在曲线路径上不同的点，力的大小、方向以及力与位移方向的夹角都可能不相同。为了计算功，可以设想质点自考察点 P 点经历了一无穷小的元位移 $\mathrm{d}r$，由于 $\mathrm{d}r \to \boldsymbol{0}$，

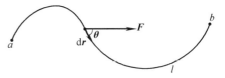

图 3-24　计算变力的功

因此在 $\mathrm{d}r$ 范围内，曲线可以作直线处理，且力 F 的变化极其微小，可以作恒力处理。这样，在元位移 $\mathrm{d}r$ 中，力做的功用 $\mathrm{d}A$ 表示，称为元功或微功。根据式（3-18）有

$$\mathrm{d}A = F \cdot \mathrm{d}r = F |\mathrm{d}r| \cos\theta \tag{3-19}$$

质点由初始位置 a 经路径 l 运动到 b，力 F 做的总功应当等于各元位移上的元功的总和，即对式（3-19）积分

$$A = \int \mathrm{d}A = \int_a^b \boldsymbol{F} \cdot \mathrm{d}\boldsymbol{r} \qquad (3\text{-}20)$$

此式在数学上称为力 $\boldsymbol{F}$ 沿路径 l 的线积分。

式（3-20）是功的计算公式，适用于各种情况下功的计算。不论是恒力还是变力，不论是引力、电磁力、核力，还是弹力、张力、摩擦力、理想气体对活塞的压力做功等，都可以用式（3-20）计算。

如果变力 $\boldsymbol{F}$ 呈现随位置变化的函数关系，就可以在力-位置图上用曲线表示出来。例如，质点沿 x 方向一维运动时，若力随位置 x 发生变化可表示为 $F = F(x)$，此时可以用 $F\text{-}x$ 曲线来表示这种函数关系，图 3-25 所示就是一种示意图。根据式（3-20），质点在力 $F(x)$ 的作用下由 x_1 运动到 x_2，力 F 的功应该为此段曲线与横轴包围的面积，即图中的阴影部分。这是功的几何图示。在此

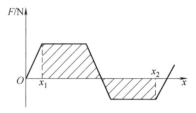

图 3-25 功的几何图示

面积为简单几何图形的时候，由面积计算功不失为一种简单有效的方法。功与质点的位移有关，因而功与参考系的选择有关。

2. 合力的功

多个力同时作用在质点上时，质点所受的合力由力的叠加原理给出：

$$\boldsymbol{F} = \sum_i \boldsymbol{F}_i \quad (i = 1,\, 2,\, \cdots,\, n)$$

式中，$\boldsymbol{F}_i$ 为作用在质点上的第 i 个分力。若质点在合力作用下由 a 点经路径 l 到达 b 点，合力的功为

$$A = \int_a^b \boldsymbol{F} \cdot \mathrm{d}\boldsymbol{r} = \int_a^b \sum_i \boldsymbol{F}_i \cdot \mathrm{d}\boldsymbol{r}$$

$$= \sum_i \int_a^b \boldsymbol{F}_i \cdot \mathrm{d}\boldsymbol{r} = \sum_i A_i$$

即合力的功等于各分力做的功的代数和。

3. 功率

力的功率定义为力在单位时间内做的功。设 $\mathrm{d}t$ 时间内力 $\boldsymbol{F}$ 做功 $\mathrm{d}A$，功率用 P 表示，其表达式为

$$P = \frac{\mathrm{d}A}{\mathrm{d}t}$$

功率用以表示力做功的快慢，也可以理解为力做功的速率。由于 $A = \boldsymbol{F} \cdot \mathrm{d}\boldsymbol{r}$ 以及 $\dfrac{\mathrm{d}\boldsymbol{r}}{\mathrm{d}t} = \boldsymbol{v}$，代入上式，功率又可以表示为

$$P = \boldsymbol{F} \cdot \frac{\mathrm{d}\boldsymbol{r}}{\mathrm{d}t} = \boldsymbol{F} \cdot \boldsymbol{v}$$

即功率为力与质点速度的数量积（点积）。

已知功率计算功，可以将功率对时间积分，即

$$A = \int_{t_1}^{t_2} P \mathrm{d}t$$

在国际单位制中，功的量纲为 ML^2T^{-2}，单位为 J（焦耳）；功率的量纲为 ML^2T^{-1}，单

位为 W（瓦）。

【*例3-13】 一绳长为 l、小球质量为 m 的单摆竖直悬挂，在水平力 $\boldsymbol{F}$ 的作用下，小球由静止极其缓慢地移动，直至绳与竖直方向的夹角为 θ，求力 $\boldsymbol{F}$ 做的功。

【解】 因小球极其缓慢地移动，可近似认为速度为零。所受力为水平力 $\boldsymbol{F}$、重力 $\boldsymbol{G}$ 和拉力 $\boldsymbol{F}_{\text{T}}$，其矢量和为零，即 $\boldsymbol{F} + \boldsymbol{G} + \boldsymbol{F}_{\text{T}}$ $=0$。图 3-26 所示为小球移动过程中绳与竖直方向成任意 α 角时的示力图，由于合力的切向分量 $F\cos\alpha - mg\sin\alpha = 0$，可得

$$F = mg\tan\alpha$$

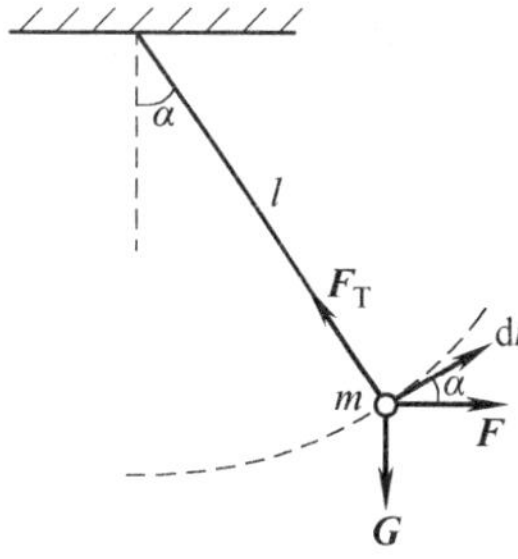

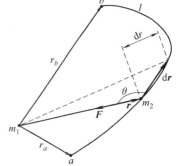

力 $\boldsymbol{F}$ 做功

图 3-26　例 3-13 图

$$A = \int \boldsymbol{F} \cdot \mathrm{d}\boldsymbol{r} = \int F \cdot |\mathrm{d}\boldsymbol{r}|\cos\alpha = \int_0^\theta mg\tan\alpha \cdot \cos\alpha \cdot l\mathrm{d}\alpha$$

$$= mgl\int_0^\theta \sin\alpha\mathrm{d}\alpha = mgl(1 - \cos\theta)$$

【例3-14】 一对质量分别为 m_1 和 m_2 的质点，彼此之间存在万有引力的作用。设 m_1 固定不动，m_2 在 m_1 的引力作用下由 a 点经某路径 l 运动到 b 点。已知 m_2 在 a 点和 b 点时距 m_1 分别为 r_a 和 r_b，求万有引力所做的功。

【解】 作图 3-27，取 m_1 为坐标原点，某时刻 m_2 对 m_1 的位矢为 $\boldsymbol{r}$，引力 $\boldsymbol{F}$ 与 $\boldsymbol{r}$ 方向相反。当 m_2 在引力作用下完成元位移 $\mathrm{d}\boldsymbol{r}$ 时，引力做的元功为

$$\mathrm{d}A = \boldsymbol{F} \cdot \mathrm{d}\boldsymbol{r} = G\frac{m_1 m_2}{r^2}|\mathrm{d}\boldsymbol{r}|\cos\theta$$

由图可见，$-|\mathrm{d}\boldsymbol{r}|\cos\theta = |\mathrm{d}\boldsymbol{r}|\cos(\pi - \theta) = \mathrm{d}r$，此处 $\mathrm{d}r$ 为位矢大小的增量，故上式可以写为

图 3-27　例 3-14 图

$$\mathrm{d}A = -G\frac{m_1 m_2}{r^2}\mathrm{d}r$$

这样，质点由 a 点运动到 b 点引力做的总功为

$$A = \int \mathrm{d}A = -\int_{r_a}^{r_b} G\frac{m_1 m_2}{r^2}\mathrm{d}r = -Gm_1 m_2\left(\frac{1}{r_a} - \frac{1}{r_b}\right)$$

我们注意到，万有引力所做的功只与两质点构成的引力系统的初态和末态的相对位置 r_a、r_b 有关，与做功的具体路径 l 是没有关系的。具有这种性质的力还有重力、弹簧的弹力等，我们把这一类力称为"保守力"。

4. 一对力的功

一对力特指两个物体之间的作用力和反作用力。如果将彼此作用的两个物体视为一个系统，作用力与反作用力就是系统的内力。一对力的功通常是指在一个过程中一对内力的总功，即代数和。

现在考虑系统内两个质点 m_1 和 m_2，某时刻它们相对于坐标原点的位矢分别为 $\boldsymbol{r}_1$ 和 $\boldsymbol{r}_2$，$\boldsymbol{F}_{12}$ 和 $\boldsymbol{F}_{21}$ 为它们之间的相互作用力，如图 3-28 所示。现在设质点 m_1 在 $\boldsymbol{F}_{12}$ 的作用下发生了

一段元位移 $d\boldsymbol{r}_1$，力 $\boldsymbol{F}_{12}$ 做的元功 $dA_1 = \boldsymbol{F}_{12} \cdot d\boldsymbol{r}_1$。质点 m_2 则在 $\boldsymbol{F}_{21}$ 的作用下发生了一段元位移 $d\boldsymbol{r}_2$，力 $\boldsymbol{F}_{21}$ 做的元功 $dA_2 = \boldsymbol{F}_{21} \cdot d\boldsymbol{r}_2$，这一对力做的元功之和

$$
\begin{aligned}
dA &= dA_1 + dA_2 = \boldsymbol{F}_{12} \cdot d\boldsymbol{r}_1 + \boldsymbol{F}_{21} \cdot d\boldsymbol{r}_2 \\
&= \boldsymbol{F}_{21} \cdot (d\boldsymbol{r}_2 - d\boldsymbol{r}_1) = \boldsymbol{F}_{21} \cdot d(\boldsymbol{r}_2 - \boldsymbol{r}_1) \\
&= \boldsymbol{F}_{21} \cdot d\boldsymbol{r}_{21}
\end{aligned}
\tag{3-21}
$$

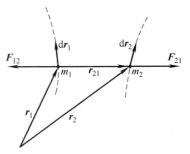

图 3-28　一对力的功

因为 $\boldsymbol{r}_{21} = \boldsymbol{r}_2 - \boldsymbol{r}_1$ 是质点 m_2 对质点 m_1 的相对位矢，$d\boldsymbol{r}_{21}$ 就是质点 m_2 对质点 m_1 的相对元位移。上式说明：一对力的元功，等于其中一个质点受的力与该质点对另一质点相对元位移的点积，（下标 1、2 是可以交换的）即一对力的元功取决于力和相对位移。

如果在一对力的作用下，系统中的两质点由初态时的相对位置 a 变化到末态时的相对位置 b，一对力做的总功就是式（3-21）的积分，积分沿相对位移的路径进行，即

$$
A = \int dA = \int_a^b \boldsymbol{F}_{21} \cdot d\boldsymbol{r}_{21}
\tag{3-22}
$$

式（3-22）表现了一对力做功的重要特点：**一对力做的总功，只由力和两质点的相对位移决定**。由于相对位移与参考系的选择没有关系，因此，**一对力做的总功与参考系的选择无关**。根据这一特点，计算一对力做功的时候，可以先假定其中的一个质点不动，另一个质点受力并沿着相对位移的路径运动，计算后一个质点相对移动时力做的功就行了。

常见的一对力的功有重力的功、弹簧弹力的功、万有引力的功、摩擦力的功等。万有引力的功在前面中已经讨论过，其计算过程充分利用了一对力做功的特点。重力的功和弹簧弹力的功将在以后的章节里进行讨论。

3.7.2　动能定理

作用在物体上的力做了功，物体的运动状态将发生变化。下面讨论二者之间的关系。

1. 质点的动能定理

质量为 m 的质点在合外力 $\boldsymbol{F}$ 作用下发生了一无穷小的元位移 $d\boldsymbol{r}$，力在此元位移过程中做的元功

$$
dA = \boldsymbol{F} \cdot d\boldsymbol{r} = F\cos\theta \, | \, d\boldsymbol{r} |
$$

$F\cos\theta = F_t$ 是力在位移方向也就是切线方向的分量，说明力做功是力的切向分量在做功（力的法向分量不做功）。根据 $F_t = ma_t = m\dfrac{dv}{dt}$，以及 $v = \dfrac{| d\boldsymbol{r} |}{dt}$，代入上式，则

$$
\begin{aligned}
dA &= \boldsymbol{F} \cdot d\boldsymbol{r} = F_t \, | \, d\boldsymbol{r} | = m\frac{| d\boldsymbol{r} |}{dt}dv \\
&= mvdv = d\left(\frac{1}{2}mv^2\right)
\end{aligned}
$$

$\dfrac{1}{2}mv^2$ 是与质点的质量 m 和运动状态量 v^2 相联系的物理量，定义为质点的**动能**，用 E_k 表示，即 $E_k = \dfrac{1}{2}mv^2$。这样，上式又可以表述为

$$dA = \boldsymbol{F} \cdot d\boldsymbol{r} = dE_k \tag{3-23}$$

式（3-23）表明：力对质点做功（元功），质点的动能就发生变化（微增量 dE_k）。合外力在元位移中对质点做的功等于质点动能的微增量，这就是质点的动能定理（微分形式）。

考虑在力的作用下质点从 a 点经路径 l 运动到 b 点，相应的动能从 a 点时的 $E_{ka} = \dfrac{1}{2}mv_a^2$ 变化到 b 点时的 $E_{kb} = \dfrac{1}{2}mv_b^2$，将式（3-23）积分，得

$$A = \int_a^b \boldsymbol{F} \cdot d\boldsymbol{r} = \int_{E_{ka}}^{E_{kb}} dE_k = E_{kb} - E_{ka} \tag{3-24}$$

式（3-24）为**质点动能定理**的积分形式：**合外力对质点做的功等于质点动能的增量**。由于实际问题的处理中通常对应的都是一段有限空间的移动和做功，因此多采用动能定理的积分形式进行计算。

动能是机械能的一种形式，是由于物体运动而具有的一种能量。动能的单位与功相同，但意义不一样，功是力的空间累积，与过程有关，是过程量；动能则取决于物体的运动状态，或者说是物体运动状态的一种表示，因此是状态量，也称为态函数。动能定理启示我们，**功是物体能量变化的一种量度**。这种认识对于在后续学习中理解各种形式的能量的转移和转换是十分重要的。

2. 质点系的动能定理

质点系的总动能为各质点动能之和，即 $E_k = \sum_i E_{ki} = \sum_i \dfrac{1}{2}m_i v_i^2$。在讨论力做功与系统动能变化的关系时，既要考虑外力的功，也要考虑内力的功。对系统中第 i 个质点，外力做的功 $A_{外i} = \int \boldsymbol{F}_{外i} \cdot d\boldsymbol{r}_i$，内力做的功 $A_{内i} = \int \boldsymbol{F}_{内i} \cdot d\boldsymbol{r}_i$，质点的动能从 E_{ki1} 变化到 E_{ki2}，应用质点的动能定理，有

$$A_{外i} + A_{内i} = E_{ki2} - E_{ki1}$$

再对系统中所有质点求和，可得

$$\sum_i A_{外i} + \sum_i A_{内i} = \sum_i E_{ki2} - \sum_i E_{ki1}$$

其中，$\sum_i A_{外i} = A_{外}$ 为所有外力对质点系做的功（外力的总功），$\sum_i A_{内i} = A_{内}$ 为质点系内各质点间的内力做的功（内力的总功），$\sum_i E_{ki2} = E_{k2}$、$\sum_i E_{ki1} = E_{k1}$ 分别为系统末态和初态的动能。这样上式又可表述为

$$A_{外} + A_{内} = E_{k2} - E_{k1} \tag{3-25}$$

这个结论称作**质点系统的动能定理**：**所有外力对质点系做的功与内力做功之和等于质点系动能的增量**。

质点系的动能定理指出，系统的动能既可以因为外力做功而改变，又可以因为内力做功而改变，这与质点系的动量定理不同。一对内力由于作用时间相同，其冲量之和必为零，因此内力不改变系统的总的动量。但是一对内力的功，根据 3.7.1 的讨论可知并不一定为零（取决于两质点的相对位移），因此内力的功要改变系统的总动能。例如，飞行中的炮弹发生爆炸，爆炸前后系统的动量是守恒的，但爆炸后各碎片的动能之和必定远远大于爆炸前炮

弹的动能，这就是爆炸时内力（炸药的爆破力）做功的原因。

【*例3-15】 如图3-29所示，一链条长为 l，质量为 m，放在光滑的水平桌面上，链条一端下垂，下垂段的长度为 a。假设链条在重力作用下由静止开始下滑，求链条全部离开桌面时的速度。

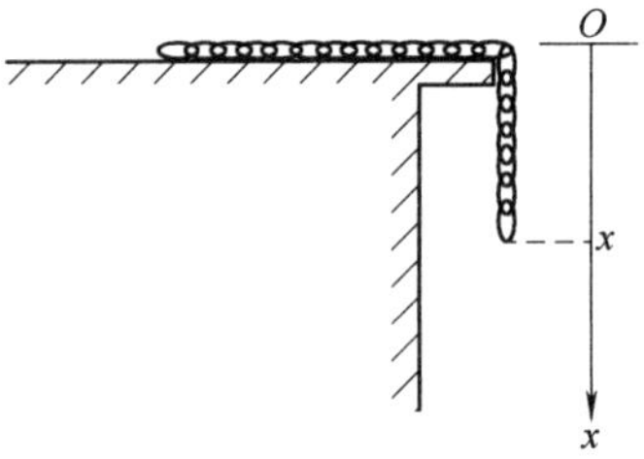

【解】 重力做功只体现在悬挂的一段链条，设某时刻悬挂着的一段链条长为 x，所受重力

$$W = x \cdot \rho \cdot g\boldsymbol{i} = \frac{m}{l}gx\boldsymbol{i}$$

经过位移元 $\mathrm{d}x$，重力的元功

$$\mathrm{d}A = W \cdot \mathrm{d}\boldsymbol{x} = \frac{m}{l}gx\mathrm{d}x$$

图 3-29 例 3-15 图

当悬挂的长度由 a 变为 l（链条全部离开桌面）时，重力的功

$$A = \int \mathrm{d}A = \int_a^l \frac{m}{l}gx\mathrm{d}x = \frac{m}{2l}g(l^2 - a^2)$$

根据动能定理，外力的功等于链条动能的增量。则有

$$A = \frac{mg}{2l}(l^2 - a^2) = \frac{1}{2}mv^2 - 0$$

得

$$v = \sqrt{\frac{g}{l}(l^2 - a^2)}$$

【例3-16】 质量为 m_B 的木板静止在光滑桌面上，质量为 m_A 的物体放在木板 B 的一端，现给物体 A 一初始速度 $\boldsymbol{v}_0$ 使其在 B 板上滑动，如图3-30a 所示。设 A、B 之间的摩擦因数为 μ，$m_A = m_B$，并设 A 滑到 B 的另一端时 A、B 恰好具有相同的速度，求 B 板的长度以及 B 板走过的距离。（A 可视为质点）

a)   b)

图 3-30 例 3-16 图

【解】 A 向右滑动时，B 给 A 一向左的摩擦力，A 给 B 一向右的摩擦力，摩擦力的大小为 $\mu m_A g$。将 A、B 视为一系统，摩擦力是内力，因此系统水平方向动量守恒。设 A 滑到 B 的右端时二者的共同速度为 v，如图3-30b 所示，由

$$m_A v_0 = (m_A + m_B)v$$

解得

$$v = \frac{v_0}{2}$$

再对 A、B 系统应用质点系动能定理，并注意到摩擦力的功是一对力的功，可设 B 不动，A 相对 B 移动的长度为 L，摩擦力的功应为 $-\mu m_A g L$，代入质点系动能定理有

$$-\mu m_A gL = \frac{1}{2}(m_A + m_B)v^2 - \frac{1}{2}m_A v_0^2$$

可得

$$L = \frac{v_0^2}{4\mu g}$$

为了计算 B 板走过的距离 Δx，再单独对 B 板应用质点的动能定理，此时 B 板受的摩擦力做正功 $\mu m_A g \cdot \Delta x$，且

$$\mu m_A g \cdot \Delta x = \frac{1}{2}m_B v^2 - 0$$

得

$$\Delta x = \frac{v_0^2}{8\mu g}$$

3.7.3 势能

1. 保守力和非保守力

形形色色的力做功具有不同的特点，我们按照力做功的性质将力分为保守力和非保守力。下面先看看什么叫作保守力，保守力做功有什么特点。

（1）**重力的功** 将地球与质点（物体）视为一个系统，重力是系统的一对内力，它所做的总功只与质点和地球的相对位移有关。设地球不动，质量为 m 的质点在重力作用下由 a 点（高度 ha）经路径 acb 到达 b 点（高度 hb），如图 3-31 所示。在元位移 $d\boldsymbol{r}$ 中，重力做的元功

$$dA = \boldsymbol{G} \cdot d\boldsymbol{r} = mg \cdot |d\boldsymbol{r}|\cos\theta = -mgdh$$

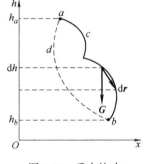

$-dh$ 是元位移 $d\boldsymbol{r}$ 在 h 方向的分量，这样从 a 点到达 b 点重力做的功

图 3-31 重力的功

$$A_{acb} = \int dA = -mg\int_{h_a}^{h_b}dh = mgh_a - mgh_b \tag{3-26}$$

从上式结果可以看到，重力做功只与重力系统（地球与质点）的始末相对位置 h_a、h_b 有关，与做功的具体路径没有关系（功的计算结果中没有路径的反映）。

如果质点经由另外一路径例如图中虚线所示的 adb 路径由 a 点到达 b 点，重力所做的功 $A_{adb} = \int\boldsymbol{G} \cdot d\boldsymbol{r} = \int mg|d\boldsymbol{r}|\cos\theta = -mg\int_{h_a}^{h_b}dh = mgh_a - mgh_b = A_{acb}$ 二者是相同的，而且还应有 $A_{adb} = -A_{bda}$。

可以再进一步讨论在重力作用下质点经由一闭合路径移动的情况。设质点从 a 点出发经 $acbda$ 又回到 a 点，由于 $A_{bda} = -A_{adb}$，所以在这一闭合路径中，重力的总功为

$$A = A_{acb} + A_{bda} = A_{acb} + (-A_{adb}) = 0$$

由于 $acbda$ 是一任意闭合路径，因此上式说明，在重力场中，**重力沿任一闭合路径的功等于零**。显然，这一结论是重力做功与路径无关的必然结果。

重力做功具有与路径无关、只与重力系统始末状态的相对位置有关的性质，或者说在重

力场中重力沿任一闭合路径的功等于零，我们把重力称为保守力。

（2）**弹力的功**　对于弹簧和振子构成的系统，弹力也是一对内力。设弹簧的一端固定，另一端的振子偏离平衡位置为 x 时，受弹力 $\boldsymbol{F} = -kx$，如图 3-32 所示。弹力在振子发生元位移 $\mathrm{d}\boldsymbol{x}$ 时做的元功

$$\mathrm{d}A = \boldsymbol{F} \cdot \mathrm{d}\boldsymbol{x} = -kx\mathrm{d}x$$

这样当振子从初态位置 x_a 运动到末态位置 x_b 的过程中，弹力的功

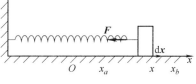

$$A = \int \mathrm{d}A = -\int_{x_a}^{x_b} kx\mathrm{d}x = \frac{1}{2}kx_a^2 - \frac{1}{2}kx_b^2 \quad (3\text{-}27)$$

图 3-32　弹力的功

与重力做功类似，弹力的功也是与做功路径无关的，不论振子由 x_a 点经历何种路径到达 x_b 点，弹力的功都一样。如果振子由 x_a 点出发经历任何闭合路径最后又回到 x_a 点，弹力的功一定等于零。因此弹力也是保守力。万有引力的功与重力的功、弹力的功具有相同的性质，万有引力也是保守力。

现在可以给出一个结论：在某一力学系统中，有一对内力，简单地记作 $\boldsymbol{F}$，如果力 $\boldsymbol{F}$ 只与系统始末状态的相对位置有关，而与做功路径无关，$\boldsymbol{F}$ 就是保守力。或者等效地说，保守力 $\boldsymbol{F}$ 沿任一闭合路径做功等于零，用数学公式可以表示为

$$\oint_L \boldsymbol{F}_{保守} \cdot \mathrm{d}\boldsymbol{l} = 0$$

在数学上叫作保守力的环流（环路积分）等于零。（将元位移 $\mathrm{d}\boldsymbol{r}$ 写为 $\mathrm{d}\boldsymbol{l}$ 是为了与数学上环路积分公式一致。）

如果力 $\boldsymbol{F}$ 做的功与做功路径有关，则称为**非保守力**。摩擦力就是典型的非保守力，将物体由 a 点移动到 b 点，经历不同的路程，摩擦力做功不一样。物体沿一闭合路径移动一周，摩擦力所做的功也不等于零。

2. 势能

动能定理启示我们，力做功将使物体（系统）的能量发生变化，功是物体（系统）在运动过程中能量变化的量度。那么，在保守力做功的时候，是什么形式的能量在发生变化呢？下面我们来分析保守力做功的一般特点，这将使我们认识到另一种形式的能量，即势能。我们将重力的功式（3-26）、弹力的功式（3-27）、万有引力的功（例 3-14）列在一起进行分析：

$$A_{重力} = \int_a^b \boldsymbol{G} \cdot \mathrm{d}\boldsymbol{r} = mgh_a - mgh_b$$

$$A_{弹力} = \int_a^b \boldsymbol{F}_{弹} \cdot \mathrm{d}\boldsymbol{x} = \frac{1}{2}kx_a^2 - \frac{1}{2}kx_b^2$$

$$A_{引力} = \int_a^b \boldsymbol{F}_{引} \cdot \mathrm{d}\boldsymbol{r} = -G\frac{m_1 m_2}{r_a} + G\frac{m_1 m_2}{r_b}$$

三式的左侧都是保守力的功，而右侧都是两项之差，每一项都与系统的相对位置有关。其中第一项与系统初态时的相对位置（h_a、x_a、r_a）相联系，第二项与系统末态时的相对位置（h_b、x_b、r_b）相联系，因此，保守力做的功改变的是与系统相对位置有关的一种能量。我们把这种与系统相对位置（一般称作位形）有关的能量定义为系统的**势能**或**势函数**，用 E_p

表示。这样，与初态位形相关的势能用 E_{pa} 表示，与末态位形相关的势能用 E_{pb} 表示，上面三式就可以归纳为

$$A_{ab} = \int_a^b \boldsymbol{F}_{保守} \cdot \mathrm{d}\boldsymbol{r} = E_{pa} - E_{pb} = -(E_{pb} - E_{pa}) \tag{3-28}$$

式（3-28）说明：在系统由位形 a 变化到位形 b 的过程中，**保守力做的功等于系统势能的减少（或势能增量的负值）**。式（3-28）是势能的定义式，其中负号表示保守力做正功时系统的势能将减少。

与动能定理相同，功在这里也是能量变化的量度，保守力的功是系统势能变化的量度。由于保守力的功实际上指的是系统的一对（或多对）内力做功，故势能应该是系统共有的能量，是一种相互作用能。势能不像动能那样可以属于某一个质点独有，一般情况下常说某物体具有多少势能，只是一种习惯上的简略说法。

非保守力没有相互的势能，势能的概念只与保守力联系在一起。

3. 势能的计算　势能曲线

势能是由系统的位形（相对位置）决定的能量，因此势能只能是一个相对值。要确定系统处于某一位形（通常简称为物体在空间某点）时的势能，需要选择一个参考位形（简称为参考点），叫作势能零点，可用 r_0 表示，势能零点的势能 $E_{p(r_0)} = 0$。现在利用势能定理式（3-28），令 b 为势能的零点，$r_0 = b$，$E_{pb} = 0$，a 为任意一点，位形为 r，则

$$E_p(r) = \int_r^{r_0} \boldsymbol{F}_{保守} \cdot \mathrm{d}\boldsymbol{r} = A_{rr_0} \tag{3-29}$$

式（3-29）是势能计算的普遍公式。根据这个公式，**空间某点（某位形）r 的势能等于保守力由该点（r）到势能零点（r_0）所做的功**。

我们可以根据式（3-29）得到常用的势能。

（1）**重力势能**　取 h_0 为势能零点，当质量为 m 的物体处于高度 h 时，重力势能

$$E_p(h) = \int_h^{h_0} \boldsymbol{G} \cdot \mathrm{d}\boldsymbol{r} = -\int_h^{h_0} mg\mathrm{d}h = mgh - mgh_0$$

为了使势能的表达式具有最简洁的形式，令 $h_0 = 0$，则

$$E_p(h) = mgh$$

这是大家熟悉的重力势能公式，它是选择 $h_0 = 0$ 为势能零点得到的。显然，若势能零点不选在 h 轴的原点从而 $h_0 \neq 0$，重力势能将在 mgh 后面增加一常数项 mgh_0。这说明空间某点的势能确实是一相对值，只有两点之间的势能差才是由保守力做功完全确定的。

势能既然是系统相对位置（位形）的函数，以相对位置为横轴，势能 E_p 为纵轴，可以作出势能曲线。图 3-33a 所示是重力势能曲线，它是一过原点的直线，直线斜率为 mg，势能零点为 $h_0 = 0$。

（2）**弹性势能**　取 x_0 为势能零点，当弹簧伸长（或压缩）x 时，弹性势能

$$E_p(x) = \int_x^{x_0} \boldsymbol{F}_{弹} \cdot \mathrm{d}\boldsymbol{x} = -\int_x^{x_0} kx\mathrm{d}x = \frac{1}{2}kx^2 - \frac{1}{2}k^2 x_0$$

若令 $x_0 = 0$，则

$$E_p(x) = \frac{1}{2}kx^2$$

弹性势能为 $\frac{1}{2}kx^2$ 是以弹簧的原长（$\boldsymbol{F}_{弹}=\boldsymbol{0}$）为势能零点的结果，这一点在应用时要予以注意。在这种规定下，弹性势能曲线如图 3-33b 所示，为一抛物线。

（3）**引力势能** 两质点构成的（万有）引力系统，其相对位置以 r 表示。以两质点相距 r_0（$r_0 \neq 0$）时为势能零点，引力势能

$$E_{\mathrm{p}}(r) = \int_r^{r_0} \boldsymbol{F}_{引} \cdot \mathrm{d}\boldsymbol{r} = -\int_r^{r_0} G\frac{m_1 m_2}{r^2}\mathrm{d}r = -G\frac{m_1 m_2}{r} + G\frac{m_1 m_2}{r_0}$$

为了使引力势能公式更为简洁，可令 $r_0 \to \infty$，即两质点相距无穷远时为零势能，则 $E_{\mathrm{p}(r)} = -G\frac{m_1 m_2}{r}$，引力势能是一负值，图 3-33c 所示是引力势能曲线，为第四象限双曲线的一支。由图可见，当 $r \to \infty$ 时，$E_{\mathrm{p}} = 0$，一般认为两质点相距较远时系统引力势能为零。但 $r \to 0$ 时，$E_{\mathrm{p}} \to \infty$，这会得到一个不合理的结果，因此 $r \neq 0$。这就是引力势能零点不可以选 $r_0 = 0$ 的原因。势能零点的选择一要合理，二要使势能的表达式简洁好用。

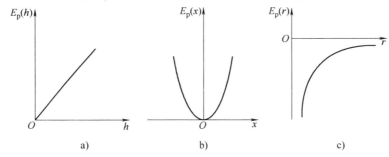

图 3-33 势能曲线
a）重力势能曲线 b）弹性势能曲线 c）引力势能曲线

一个复杂的系统可能包含有不止一个势能，例如一个竖直悬挂的弹簧振子就既有重力势能，又有弹性势能。这时可以把各种势能的总和定义为系统的势能，势能定理依然成立，即

$$A_{ab} = E_{\mathrm{p}a} - E_{\mathrm{p}b} = -(E_{\mathrm{p}b} - E_{\mathrm{p}a})$$

即在一个过程中系统内保守力的总功等于系统势能的减少量（或系统势能增量的负值）。

*4. 由势函数求保守力

按势能计算的式（3-29），势能（势函数）是保守力对空间的积分，那么反过来，保守力就应该是势能（势函数）对空间的导数。

设有一质点在保守力 $\boldsymbol{F}$ 作用下沿 $\boldsymbol{l}$ 方向发生了元位移 $\mathrm{d}\boldsymbol{l}$，如图 3-34 所示，元位移与力的方向夹角为 α，将势能定理式（3-28）用于元位移过程，则有

$$\mathrm{d}A = \boldsymbol{F} \cdot \mathrm{d}\boldsymbol{l} = F\cos\alpha \cdot \mathrm{d}l = F_l \cdot \mathrm{d}l = -\mathrm{d}E_{\mathrm{p}}$$

式中，F_l 是保守力 $\boldsymbol{F}$ 在 $\boldsymbol{l}$ 方向的分量，$\mathrm{d}E_{\mathrm{p}}$ 为势能的微增量。现在将 $\mathrm{d}l$ 移到等式右边，就可以得到

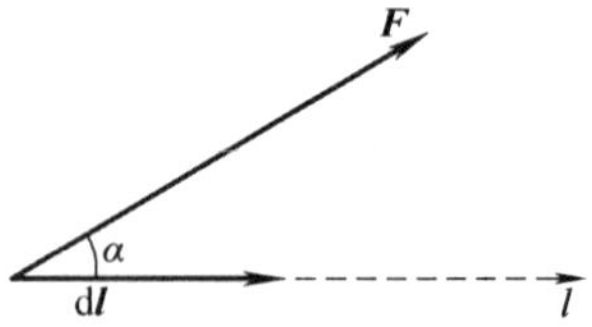

图 3-34

$$F_l = -\frac{\mathrm{d}E_{\mathrm{p}}}{\mathrm{d}l} \tag{3-30}$$

式中，$\frac{\mathrm{d}E_{\mathrm{p}}}{\mathrm{d}l}$ 为势能（势函数）对 l 方向的一阶导数，表示

$$E_p(r) = -G\frac{m_1 m_2}{r}$$

势能沿 l 方向的变化率，故式（3-30）意味着**保守力在某方向（称为参考方向）的分量等于势能在该方向的变化率的负值**。负号表示保守力的方向指向势能减少的方向。对于重力势能 $E_p(h) = mgh$，选取 h 为参考方向，$G = -\dfrac{\mathrm{d}E_p(h)}{\mathrm{d}h} = -mg$，负号表示重力沿 h 轴向下；弹性势能 $E_p(x) = \dfrac{1}{2}kx^2$，选取 x 轴为参考方向，弹力 $F(x) = -\dfrac{\mathrm{d}E_p(x)}{\mathrm{d}x} = -kx$，负号表示弹力与位移反方向；引力势能 $E_p(r) = -G\dfrac{m_1 m_2}{r}$，选取 r 为参考方向，引力 $F(r) = -\dfrac{\mathrm{d}E_p(r)}{\mathrm{d}r} = -G\dfrac{m_1 m_2}{r^2}$，负号表示引力与 r 方向相反。在势能曲线上，式(3-30)表明保守力等于曲线斜率的负值，读者可以对照势能曲线自行分析。

在一般情况下，势函数表现为空间位置的多元函数，如 $E_p(x, y, z)$。这时可令 l 分别等于 x、y、z，并将求导改为求偏导数，于是

$$F_x = -\frac{\partial E_p}{\partial x}, \qquad F_y = -\frac{\partial E_p}{\partial y}, \qquad F_z = -\frac{\partial E_p}{\partial z}$$

$$\boldsymbol{F} = F_x \boldsymbol{i} + F_y \boldsymbol{j} + F_z \boldsymbol{k} = \frac{\partial E_p}{\partial x}\boldsymbol{i} - \frac{\partial E_p}{\partial y}\boldsymbol{j} - \frac{\partial E_p}{\partial z}\boldsymbol{k}$$

$$= -\left(\frac{\partial}{\partial x}\boldsymbol{i} + \frac{\partial}{\partial y}\boldsymbol{j} + \frac{\partial}{\partial z}\boldsymbol{k}\right)E_p = -\nabla E_p$$

∇ 是一个运算符号，称作梯度算符，$\nabla = \dfrac{\partial}{\partial x}\boldsymbol{i} + \dfrac{\partial}{\partial y}\boldsymbol{j} + \dfrac{\partial}{\partial z}\boldsymbol{k}$，是一个矢量算符，表示空间变化率。因此，**保守力 $\boldsymbol{F}$ 等于其势函数梯度的负值**。

【*例 3-17】　原子间的相互作用力是保守力，存在作用势能，已知某双原子分子的原子间相互作用的势函数为

$$E_p(r) = \frac{\alpha}{r^{12}} - \frac{\beta}{r^6}$$

其中 α、β 为常量，r 为两原子间的距离，求原子间作用力的函数式及原子间相互作用力为零时的距离。

【解】　已知势函数求保守力可用式（3-30）

$$F(r) = -\frac{\mathrm{d}E_p(r)}{\mathrm{d}r} = 12\frac{\alpha}{r^{13}} - 6\frac{\beta}{r^7}$$

欲求两原子间相互作用力为零时的距离，可令 $F = 0$，则有

$$F(r_0) = 12\frac{\alpha}{r_0^{13}} - 6\frac{\beta}{r_0^7} = 0$$

故

$$r_0 = \sqrt[6]{\frac{2\alpha}{\beta}}$$

3.7.4 机械能守恒定律

1. 质点系功能原理

现在将质点的动能定理和势能定理结合起来，全面阐述涉及系统的功能关系。首先看质点系的动能定理：

$$A_{外} + A_{内} = E_{k2} - E_{k1}$$

式中，$A_{内}$ 为系统内各质点相互作用的内力做的功。在 3.7.3 节引入了保守力和势能的概念之后，可知内力分为保守力和非保守力，内力的功相应地分为保守力的功 $A_{内保}$ 和非保守力的功 $A_{内非保}$，即

$$A_{内} = A_{内保} + A_{内非保}$$

而保守力的功等于系统势能的减少，即

$$A_{内保} = E_{p1} - E_{p2}$$

综合上面三式，并考虑到动能和势能都是系统因机械运动而具有的能量，统称为机械能 $E = E_k + E_p$，所以

$$A_{外} + A_{内非保} = (E_{k2} + E_{p2}) - (E_{k1} + E_{p1}) = E_2 - E_1 \tag{3-31}$$

这个规律称为**质点系的功能原理：外力与非保守力做功之和等于质点系机械能的增量。**

前面我们讨论了质点系的动能定理（系统只含一个质点时就是质点的动能定理）、势能定理和功能原理，三个原（定）理从不同的角度反映了力的功与系统能量变化的关系。在具体应用时应根据不同的研究对象和力学环境选择使用。例如，在不区别保守力和非保守力做功的情况下应选用质点系的动能定理，此时不考虑势能。而一旦计入了势能，就只能采用质点系的功能原理，此时保守力的功已经被势能的变化代替，将不再在式中出现。如果是将单个质点作为研究对象，那么一切作用力都是外力，显然只能应用质点的动能定理了。

2. 机械能守恒定律

如果质点系只有保守内力做功，外力和非保守力不做功或者做功之和始终等于零，根据式（3-31），系统的机械能守恒，即若

$$A_{外} + A_{内非保} = 0$$

则

$$E_1 = E_2 = 常量$$

这就是著名的**机械能守恒定律**。它指出：**对于只有保守内力做功的系统，系统的机械能是一守恒量**。在机械能守恒的前提下，系统的动能和势能可以互相转化，系统各组成部分的能量可以互相转移，但它们的总和不会变化。

3. 能量守恒定律

一个与外界没有能量交换的系统称为孤立系统，孤立系统没有外力做功，$A_{外} = 0$。孤立系统内可以有非保守内力做功，根据式（3-31）

$$A_{内非保} = E_2 - E_1 = \Delta E$$

这时系统的机械能不守恒。例如，系统内某两个物体之间有摩擦力做功，一对摩擦力的功必定是负值，因此系统的机械能要减少。减少的机械能到哪里去了呢？人们注意到，当摩擦力做功时，有关物体的温度升高了，即通常所说的摩擦生热。根据热学的研究，温度是构成物质的分子原子无规则热运动剧烈程度的量度。温度越高，分子原子无规则热运动就越剧烈。物体（系统）具有的与大量分子原子无规则热运动相关的内能就越高。由此可见，在

摩擦力做功的过程中，机械运动转化为热运动，机械能转换成了热能。实验表明两种能量的转换是等值的。

事实上，由于物质运动形式的多样性，能量的形式也将是多种多样的，除机械能以外，还有热能、电磁能、原子能、化学能等。人类在长期的实践中认识到，一个系统（孤立系统）当其机械能减少或增加的时候，必有等量的其他形式的能量增加或减少，系统的机械能和其他形式的能量的总和保持不变。概括地说：**一个孤立系统经历任何变化过程时，系统所有能量的总和保持不变。能量既不能产生，也不能消灭，只能从一种形式转化为另一种形式，或者从一个物体转移到另一个物体。**这就是**能量守恒定律**。它是自然界具有最大普遍性的定律之一，机械能守恒定律仅仅是它的一个特例。

能量的概念是物理学中最重要的概念之一。在物质世界千姿百态的运动形式中，能量是能够跨越各种运动形式并作为物质运动一般性量度的物理量。能量守恒的实质正是表明各种物质运动可以相互转换，但是物质或运动本身既不能创造又不能消灭。20 世纪初狭义相对论诞生，爱因斯坦提出了著名的相对论质量-能量关系：$E = mc^2$，再一次阐明了孤立系统能量守恒的规律，并指出能量守恒的同时必有质量守恒。它不但将能量守恒定律与质量守恒定律统一起来，而且当我们将系统扩展到整个宇宙时，再一次体会到了能量守恒、物质不灭是自然界最基本的规律。

【例 3-18】　在图 3-35 中，劲度系数为 k 的轻弹簧下端固定，沿斜面放置，斜面倾角为 θ。质量为 m 的物体从与弹簧上端相距为 a 的位置以初速度 $\boldsymbol{v}_0$ 沿斜面下滑并使弹簧最多压缩 b。求物体与斜面之间的摩擦因数 μ。

【解】　将物体、弹簧、地球视为一个系统，重力和弹力是保守内力，正压力与物体位移垂直不做功，只有摩擦力 F_k 为非保守内力且做功。根据系统的功能原理，摩擦力做的功等于系统机械能的增量，并注意到弹簧最大压缩时物体的速度为零，即有

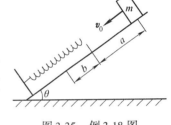

图 3-35　例 3-18 图

$$-F_k(a + b) = \frac{1}{2}kb^2 - \frac{1}{2}mv_0^2 - mg(a + b)\sin\theta$$

以及

$$F_k = \mu mg\cos\theta$$

可以解得

$$\mu = \frac{\frac{1}{2}mv_0^2 + mg(a + b)\sin\theta - \frac{1}{2}kb^2}{mg(a + b)\cos\theta}$$

【例 3-19】　两块质量各为 m_1 和 m_2 的木板，用劲度系数为 k 的轻弹簧连在一起，放置在地面上，如图 3-36 所示。问至少要用多大的力 F 压缩上面的木板，才能在该力撤去后因上面的木板升高而将下面的木板提起？

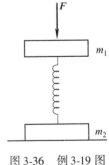

图 3-36　例 3-19 图

【解】　加外力 F 后，弹簧被压缩，m_1 在重力 $\boldsymbol{G}_1$、弹力 $\boldsymbol{F}_1$ 及压力 F 的共同作用下处于平衡状态，如图 3-37a 所示。一旦撤去 F，m_1 就会因弹力 $\boldsymbol{F}_1$ 大于重力 $\boldsymbol{G}_1$ 而向上运动。只要 F 足够大以至于弹力 $\boldsymbol{F}_1$ 也足够大，m_1 就会上升至弹簧由压缩转为拉伸状态，以致将 m_2 提离地面。

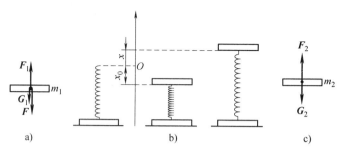

图 3-37　　例 3-19 受力分析及系统位形图

将 m_1、m_2、弹簧和地球视为一个系统，该系统在压力 F 撤离后，只有保守内力做功，系统机械能守恒。设压力 F 撤离时刻为初态，m_2 恰好提离地面时为末态，初态、末态时动能均为零。设弹簧原长时为坐标原点和势能零点，如图 3-37b 所示，则机械能守恒应该表示为

$$m_1 g x + \frac{1}{2} k x^2 = -m_1 g x_0 + \frac{1}{2} k x_0^2 \tag{a}$$

其中 x_0 为压力 F 作用时弹簧的压缩量；x 为 m_2 恰好能提离地面时弹簧的伸长量，由图 3-37a 可得

$$m_1 g + F - k x_0 = 0 \tag{b}$$

由图 3-37c 可知，此时要求

$$k x \geqslant m_2 g \tag{c}$$

联立求解方程（a）、（b）、（c），解得

$$F \geqslant (m_1 + m_2) g$$

故能使 m_2 提离地面的最小压力为

$$F_{\min} = (m_1 + m_2) g$$

【例 3-20】　轻弹簧下端固定在地面，上端连接一质量为 m 的木板，静止不动，如图 3-38 所示。一质量为 m_0 的弹性小球从距木板 h 高度处以水平速度 $\boldsymbol{v}_0$ 平抛，落在木板上与木板弹性碰撞，设木板没有左右摆动，求碰后弹簧对地面的最大作用力。

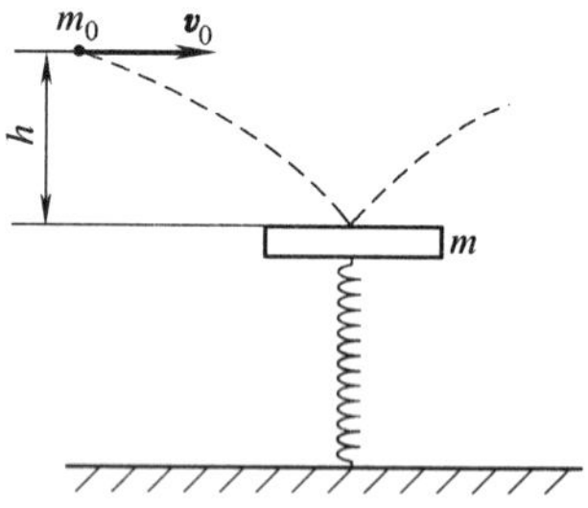

【解】　本题讨论的是一个复合过程。对于复合过程，可以分解为若干个分过程讨论。第一个分过程是 m_0 的平抛，当 m_0 到达木板时，其水平和竖直方向的速度分量分别为

$$v_x = v_0 \tag{a}$$

$$v_y = \sqrt{2gh} \tag{b}$$

图 3-38　　例 3-20 图

第二个分过程是小球与木板的弹性碰撞过程，将小球与木板视为一个系统，动量守恒。因碰后木板没有左右摆动，小球水平速度不变，故只需考虑竖直方向动量守恒即可。设碰后小球速度竖直分量为 v_y'，木板速度为 V，则有

$$m_0 v_y = m_0 v_y' + m V \tag{c}$$

弹性碰撞，系统动能不变，即

$$\frac{1}{2} m_0 (v_x^2 + v_y^2) = \frac{1}{2} m_0 (v_x^2 + v_y'^2) + \frac{1}{2} m v^2 \tag{d}$$

第三个分过程是碰后木板的振动过程，将木板、弹簧和地球视为一个系统，机械能守恒。取弹簧为原长时作为坐标原点和势能零点，并设木板静止时弹簧已有的压缩量为 x_1，碰后弹簧的最大压缩量为 x_2，如图 3-39 所示。由机械能守恒有

$$\frac{1}{2}mv^2 + \frac{1}{2}kx_1^2 - mgx_1 = \frac{1}{2}kx_2^2 - mgx_2 \qquad (e)$$

x_1 可由碰撞前弹簧木板平衡时的受力情况求出：

$$mg = kx_1 \qquad (f)$$

弹簧处于最大压缩时对地的作用力最大，即

$$F_{max} = kx_2 \qquad (g)$$

联立求解式（a）～式（g），得

图 3-39 例 3-20 系统位形图

$$F_{max} = mg + \frac{2m_0}{m_0 + m}\sqrt{2mgkh}$$

本章逻辑主线

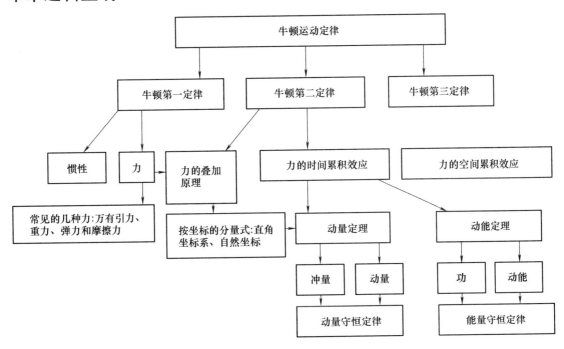

习 题

一、填空题

3.1 有两个弹簧，质量忽略不计，原长都是 10cm。第一个弹簧上端固定，下挂一个质量为 m 的物体后，长 11cm；而第二个弹簧上端固定，下挂一质量为 m 的物体后，长 13cm。现将两弹簧串联，上端固定，下面仍挂一质量为 m 的物体，则两弹簧的总长为

_____。

3.2　如图 3-40 所示，一根绳子系着一质量为 m 的小球，悬挂在天花板上，小球在水平面内作匀速圆周运动，有人在铅直方向求合力写出

$$F_T \cos\theta - mg = 0 \tag{1}$$

也有人在沿绳子拉力方向求合力写出

$$F_T - mg\cos\theta = 0 \tag{2}$$

显然两式互相矛盾，你认为哪式正确？答：＿＿＿＿＿＿。

3.3　一块水平木板上放一砝码，砝码的质量 $m = 0.2\text{kg}$，手扶木板保持水平，托着砝码使之在竖直平面内作半径 $R = 0.5\text{m}$ 的匀速率圆周运动，速率 $v = 1\text{m/s}$。当砝码与木板一起运动到图 3-41 所示位置时，砝码受到木板的支持力为＿＿＿＿＿＿。

图 3-40　题 3.2 图　　　　　　　　图 3-41　题 3.3 图

3.4　如图 3-42 所示，质量 $m = 40\text{kg}$ 的箱子放在卡车的车厢底板上，已知箱子与底板之间的静摩擦因数为 $\mu_s = 0.40$，滑动摩擦因数为 $\mu_k = 0.25$，试求当卡车以 $a = 6.56\text{m/s}^2$ 的加速度行驶时，作用在箱子上的摩擦力的大小 $F =$ ＿＿＿＿＿＿。

3.5　如图 3-43 所示，质量分别为 M 和 m 的物体用细绳连接，悬挂在定滑轮下，已知 $M > m$，不计滑轮质量及一切摩擦，则它们的加速度大小为＿＿＿＿＿＿。

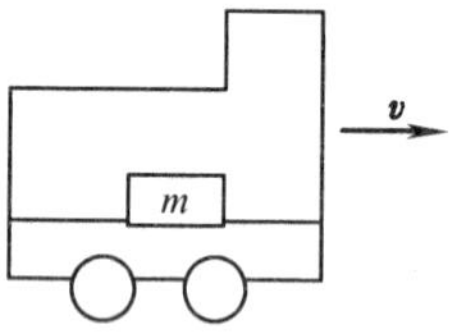

图 3-42　题 3.4 图 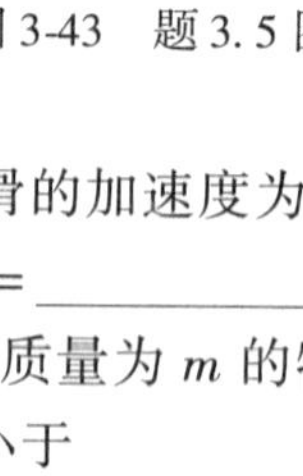　　　　　　　　图 3-43　题 3.5 图

3.6　如图 3-44 所示，质量为 2kg 的物体沿斜面下滑，下滑的加速度为 3.0m/s^2。若此时斜面体静止在桌面上不动，则斜面体与桌面间的静摩擦力 $F_s =$ ＿＿＿＿＿＿。

3.7　如图 3-45 所示，一水平圆盘，半径为 r，边缘放置一质量为 m 的物体 A，它与盘的静摩擦因数为 μ，圆盘绕中心轴 OO' 转动，问当其角速度 ω 小于或等于多少时，物体 A 不致飞出？

3.8　有一人造地球卫星，质量为 m，在地球表面上空 2 倍于地球半径 R 的高度沿圆轨道运行，用 m、R、引力常量 G 和地球的质量 M 表示时，卫星和地球系统的引力势能为＿＿＿＿＿＿。

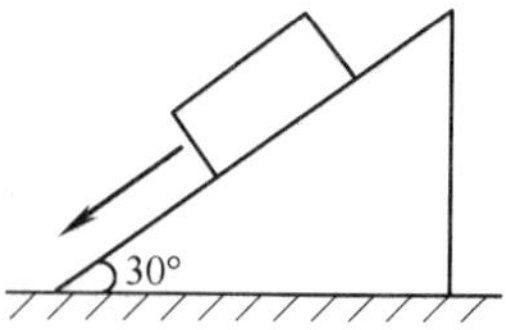

图 3-44　题 3.6 图

3.9　有一人造地球卫星，质量为 m，在地球表面上空 2 倍于

地球半径 R 的高度沿圆轨道运行，用 m、R、引力常量 G 和地球的质量 M 表示时，卫星的动能为＿＿＿＿＿＿。

3.10　一颗速率为 $700\mathrm{m \cdot s^{-1}}$ 的子弹，打穿一块木板后，速率降到 $500\mathrm{m \cdot s^{-1}}$。如果让它继续穿过厚度和阻力均与第一块完全相同的第二块木板，则子弹的速率将降到＿＿＿＿＿＿。（空气阻力忽略不计）

3.11　有一质量为 $m = 8\mathrm{kg}$ 的物体，在 0 到 10s 内，受到如图 3-46 所示的变力 F 的作用。物体由静止开始沿 x 轴正向运动，力的方向始终为 x 轴的正方向。则 5s 内变力 F 所做的功为＿＿＿＿＿＿。

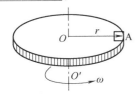

图 3-45　题 3.7 图

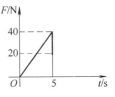

图 3-46　题 3.11 图

3.12　一长为 l，质量为 m 的均质链条，放在光滑的桌面上，若其长度的 1/5 悬挂于桌边下，将其慢慢拉回桌面，需做功＿＿＿＿＿＿。

3.13　一长为 l，质量均匀的链条，放在光滑的水平桌面上，若使其长度的很小一段悬于桌边下（长度近似为 0），然后由静止释放，任其滑动，则它全部离开桌面时的速率为＿＿＿＿＿＿。（重力加速度为 g）

二、选择题

3.14　在升降机天花板上拴有轻绳，其下端系一重物，当升降机以加速度 a_1 上升时，绳中的张力正好等于绳子所能承受的最大张力的一半，问升降机以多大加速度上升时，绳子刚好被拉断？（　　）。

（A）$2a_1$；　　　（B）$2(a_1 + g)$；　　　（C）$2a_1 + g$；　　　（D）$a_1 + g$。

3.15　升降机内地板上放有物体 A，其上再放另一物体 B，二者的质量分别为 M_A、M_B。当升降机以加速度 a 向下加速运动时（$a < g$），物体 A 对升降机地板的压力在数值上等于（　　）。

（A）$M_A g$；

（B）$(M_A + M_B)g$；

（C）$(M_A + M_B)(g + a)$；

（D）$(M_A + M_B)(g - a)$。

3.16　一轻绳跨过一个定滑轮，两端各系一质量分别为 m_1 和 m_2 的重物，且 $m_1 > m_2$。滑轮质量及轴上摩擦均不计，此时重物的加速度的大小为 a。今用一竖直向下的恒力 $F = m_1 g$ 代替质量为 m_1 的物体，可得质量为 m_2 的重物的加速度的大小为 a'，则（　　）。

（A）$a' = a$；　　（B）$a' > a$；　　（C）$a' < a$；　　（D）不能确定。

3.17　速度为 v 的子弹，打穿一块不动的木板后速度变为零，设木板对子弹的阻力是恒定的。那么，当子弹射入木板的深度等于其厚度的一半时，子弹的速度是（　　）。

（A）$\dfrac{1}{4}v$；　　（B）$\dfrac{1}{3}v$；　　（C）$\dfrac{1}{2}v$；　　（D）$\dfrac{1}{\sqrt{2}}v$。

3.18　一个作直线运动的物体，其速度 v 与时间 t 的关系曲线如图 3-47 所示。设时刻 t_1

至 t_2 间外力做功为 W_1，时刻 t_2 至 t_3 间外力做功为 W_2，时刻 t_3 至 t_4 间外力做功为 W_3，则（　　）。

（A）$W_1 > 0$，$W_2 < 0$，$W_3 < 0$；

（B）$W_1 > 0$，$W_2 < 0$，$W_3 > 0$；

（C）$W_1 = 0$，$W_2 < 0$，$W_3 > 0$；

（D）$W_1 = 0$，$W_2 < 0$，$W_3 < 0$。

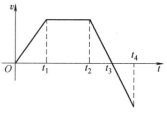

图 3-47　题 3.18 图

3.19　质点的动能定理：外力对质点所做的功，等于质点动能的增量，其中所描述的外力为（　　）。

（A）质点所受的任意一个外力；　　　　（B）质点所受的保守力；

（C）质点所受的非保守力；　　　　　　（D）质点所受的合外力。

3.20　一质点由原点从静止出发沿 x 轴运动，它在运动过程中受到指向原点的力作用，此力的大小正比于它与原点的距离，比例系数为 k。那么当质点离开原点为 x 时，它相对原点的势能值是（　　）。

（A）$-\dfrac{1}{2}kx^2$；　　（B）$\dfrac{1}{2}kx^2$；　　　　（C）$-kx^2$；　　　　（D）kx^2。

3.21　在经典力学中，关于动能、功、势能与参考系的关系，下列说法正确的是（　　）。

（A）动能和势能与参考系的选取有关；

（B）动能和功与参考系的选取有关；

（C）势能和功与参考系的选取有关；

（D）动能、势能和功均与参考系的选取无关。

三、计算题

3.22　如图 3-48 所示，倾角为 θ 的斜面体固定在水平面上，一根细绳跨过一无摩擦的定滑轮，细的一端与斜面上质量为 m_B 的物体 B 连接，另一端悬挂质量为 m_A 的物体 A。已知 B 与斜面间的静摩擦因数为 μ，问：要使物体 B 静止在斜面上不动，物体 A 的质量 m_A 应在什么范围内？

3.23　在图 3-49 中，一细绳跨过一定滑轮，绳的一边悬有一质量为 m_1 的物体，另一边穿在质量为 m_2 的小圆柱体的竖直细孔中，圆柱可沿绳子滑动。今看到绳子从圆柱细孔中加速上升，柱体相对于绳子以匀加速度 a 下滑。求 m_1、m_2 相对于地面的加速度、绳的张力以及柱体与绳子间的摩擦力（绳的质量、滑轮的质量以及滑轮的转动摩擦都不计）。在计算结果中，设 $a = 0$，则表示什么情况？设 $a = 2g$，又表示什么情况？

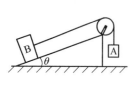

图 3-48　题 3.22 图

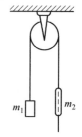

图 3-49　题 3.23 图

3. 24　在图 3-50 中，一个质量为 m_1 的物体拴在长为 L_1 的轻绳上，绳的另一端固定在一个水平光滑桌面的钉子上。另一质量为 m_2 的物体，用长为 L_2 的绳与 m_1 连接。二者均在桌面上作匀速圆周运动，假设 m_1、m_2 的角速度为 ω，求各段绳子上的张力。

3. 25　在一只半径为 R 的半球形碗内，有一粒质量为 m 的小钢球，当小球以角速度 ω 在水平面内沿碗内壁作匀速圆周运动时，它距碗底有多高？

3. 26　一个水平的木制圆盘绕其中心竖直轴匀速转动，如图 3-51 所示，在盘上中心 $r = 20\mathrm{cm}$ 处放一小铁块，如果铁块与木盘间的静摩擦因数为 $\mu = 0.4$。求圆盘转速增大到多少（以每分钟的转数表示）时，铁块开始在圆盘上移动。

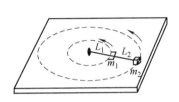

图 3-50　题 3.24 图

图 3-51　题 3.26 图

3. 27　直升机上的螺旋桨由两个对称的叶片组成，每一片的质量 $m = 136\mathrm{kg}$，长 $l = 3.66\mathrm{m}$。求当它的转速 $n = 320\mathrm{r} \cdot \mathrm{min}^{-1}$ 时，两个叶片根部的张力。（设叶片是均匀薄片）

3. 28　一质量为 $10\mathrm{kg}$ 的物体沿 x 轴无摩擦地运动，已知 $t = 0\mathrm{s}$ 时物体静止在坐标原点，求下列两种情况下物体的速度和加速度：

（1）在力 $F = 3 + 4x$（F 的单位为 N）作用下移动了 3m 距离；

（2）在力 $F = 3 + 4t$（F 的单位为 N）作用下运动了 3s 时间。

3. 29　一质量为 $10\mathrm{kg}$ 的质点在力 $F = 120t + 40$（F 以 N 为单位，t 以 s 为单位）作用下，沿 x 轴作直线运动。在 $t = 0$ 时，质点位于 $x = 5.0\mathrm{m}$ 处，其速度大小 $v_0 = 6.0\mathrm{m} \cdot \mathrm{s}^{-1}$。求质点在任意时刻的速度和位置。

3. 30　摩托快艇以速率 v_0 行驶，它受到的摩擦阻力与速度平方成正比，可表示为 $F = -kv^2$。设摩托快艇的质量为 m，当摩托快艇在发动机关闭后，求：

（1）任一时刻的速度；

（2）任一时刻的位移；

（3）速度与位移的关系。

3. 31　在如图 3-52 所示的车厢内，一根质量可略去不计的细杆，其一端固定在车厢的顶部，另一端系一小球。当车辆行驶的加速度的大小为 a 时，细杆偏离竖直线成 β 角，试求加速度的大小 a 与摆角 β 间的关系。

3. 32　一小球在弹簧的作用下作振动，如图 3-53 所示，弹力 $F = -kx$，而位移 $x = A\cos\omega t$，其中 k、A、ω 都是常量。求在 $t = 0$ 到 $t = \pi/(2\omega)$ 的时间间隔内弹力施于小球的冲量。

3. 33　用棒打击质量 $0.3\mathrm{kg}$、速率 $20\mathrm{m} \cdot \mathrm{s}^{-1}$ 水平飞来的球，球飞到竖直上方 10m 的高度，求棒给予球的冲量多大。设球与棒的接触时间为 0.02s，求球受到的平均冲力。

3. 34　水力采煤是利用高压水枪喷出的强力水柱冲击煤。设水柱直径为 $D = 30\mathrm{mm}$，水

速 $v=56\text{m}\cdot\text{s}^{-1}$，水柱垂直射到煤层表面上，冲击煤层后速度变为零。求水柱对煤层的平均冲力。

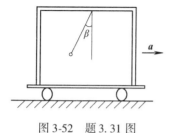

图 3-52　题 3.31 图

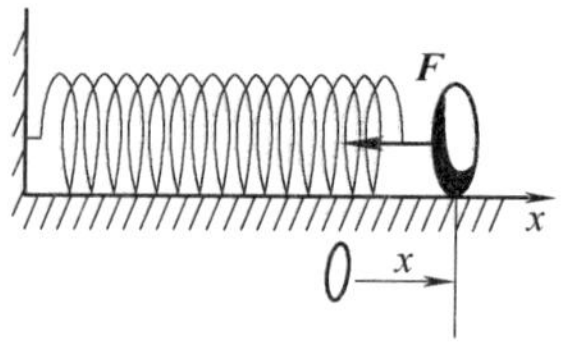

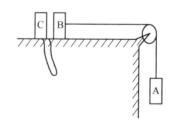

图 3-53　题 3.32 图

3.35　一颗子弹在枪筒里前进时所受的合力大小为 $F=400-\dfrac{4}{3}\times10^5 t$（$t$ 以 s 为单位，F 以 N 为单位），子弹出枪口时的速率为 $300\text{m}\cdot\text{s}^{-1}$，假设子弹离开枪口时合力刚好为零，求：

（1）子弹在枪筒中的时间；

（2）子弹在枪筒中受到的冲量；

（3）子弹的质量。

3.36　一质量为 $m=10\text{kg}$ 的木箱放在水平地面上，在水平拉力 F 作用下由静止开始作直线运动，F 随时间 t 变化的关系如图 3-54 所示。已知木箱与地面的滑动摩擦因数 $\mu=0.2$，求 $t=4\text{s}$ 和 7s 时的木箱速度。已知 $g=10\text{m}\cdot\text{s}^{-2}$。

3.37　三个物体 A、B、C 质量都是 m。B、C 用长 0.4m 的细绳连接，先靠在一起放在光滑水平桌面上；A、B 也用细绳连接，绳跨过桌边的轻质定滑轮，如图 3-55 所示。设绳长一定，绳质量和绳与定滑轮间摩擦力不计。问：

（1）A、B 开始运动后，经多长时间 C 才开始运动？

（2）C 开始运动的速度多大？（取 $g=10\text{m}\cdot\text{s}^{-2}$）

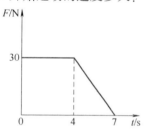

图 3-54　题 3.36 图

图 3-55　题 3.37 图

3.38　一人从 10m 深的井中提水，开始时桶中装有 10kg 的水，由于水桶漏水，每升高 1m 要漏出 0.2kg。忽略桶的质量，问此人要将水桶从井底匀速拉升到井口，需要做多少功？提示：用变力做功计算。

3.39　一质量为 1.0kg 的质点在力 F 作用下沿 x 轴运动，已知质点的运动学方程为 $x=3t-4t^2+t^3$（式中 x 以 m 为单位，t 以 s 为单位），问在 $0\sim4\text{s}$ 内，F 对质点做功多少？

3.40　在图 3-56 中，一质量为 m，长为 l 的柔绳放在水平桌面上，绳与桌面间的静摩擦因数和滑动摩擦因数分别为 μ_s 和 μ_k。

（1）问绳的下垂长度 l_0 至少要多大才能开始滑动？

（2）求：从下垂长度为 l_0 开始滑动后，绳全部离开桌面时的速度。

3.41　长 l 的绳一端固定，另一端系一质量为 m 的小球，如图 3-57 所示。今小球以水平速度 $v_0 = 5gl$ 从 A 点抛出，在竖直平面内作圆周运动。由于存在空气阻力，小球在 C 点（$\theta < 90°$）脱离圆轨道，求阻力所做的功。

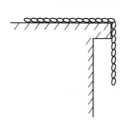

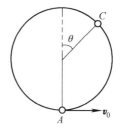

图 3-56　题 3.40 图　　　　　　　　　　　图 3-57　题 3.41 图

3.42　质量为 m_1 的人造地球卫星沿一圆形轨道运动，离开地面的高度等于地球半径的两倍（即 $2R$）。试以 m_1、R、引力常量 G、地球质量 m_2 表示出：

（1）卫星的动能；

（2）卫星在地球引力场中的引力势能；

（3）卫星的总机械能。

3.43　如图 3-58 所示，弹簧下面悬挂着质量分别为 m_1、m_2 的两个物体，开始时它们都处于静止状态。突然把 m_1 与 m_2 的连线剪断后，m_1 的最大速率是多少？设弹簧的劲度系数 $k = 8.9\text{N} \cdot \text{m}^{-1}$，$m_1 = 500\text{g}$，$m_2 = 300\text{g}$。

3.44　一轻弹簧的原长 l_0 等于光滑圆环的半径 R，当弹簧下端悬挂质量为 m 的小环时，伸长量也是 R。现将弹簧一端系于竖直放置的光滑圆环上端 A 点，另一端连接小环使其静止地套在圆环的 B 点，AB 长 $1.6R$，如图 3-59 所示。放手后任小环滑动，求小环滑到最低点 C 时，小环的加速度和它对圆环的正压力。

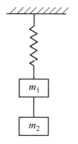

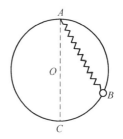

图 3-58　题 3.43 图　　　　　　　　　　　图 3-59　题 3.44 图

3.45　在实验室内观察到相距很远的一个质子（质量为 m_p）和一个氦核（质量为 $4m_p$）沿一直线相向运动，速率都是 v_0。求二者能达到的最近距离。提示：质子与氦核间有静电势能。

3.46　一质量 $m_1 = 2.0\text{g}$ 的子弹，以水平速度 $v_1 = 500\text{m} \cdot \text{s}^{-1}$ 飞行，射穿一个用轻绳悬挂的冲击摆，穿出后的子弹速度 $v_2 = 100\text{m} \cdot \text{s}^{-1}$，如图 3-60 所示。设摆锤质量 $m_2 = 1.0\text{kg}$，求

摆锤能够上升的最大高度。（取 $g = 10\text{m} \cdot \text{s}^{-2}$）。

3.47   一质量为 m_1 的小物体 A，从质量为 m_2 的 1/4 圆弧槽 B 的顶端静止下滑，如图 3-61 所示。设圆弧半径为 R，A 与 B 和 B 与水平地面的摩擦均不计，问当小物体离开圆弧槽时：

（1）A、B 的速度各是多少？

（2）A、B 在水平方向移动的距离各是多少？

（3）圆弧槽对物体的正压力做功多少？

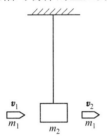

图 3-60　题 3.46 图

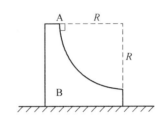

图 3-61　题 3.47 图

3.48   测子弹速度的一种方法是把子弹水平射入一个固定在弹簧上的木块中，由弹簧压缩的距离就可求出子弹的速度，如图 3-62 所示。已知子弹的质量 0.02kg，木块质量 8.98kg，弹簧的劲度系数为 $100\text{N} \cdot \text{m}^{-1}$，子弹射入木块后，弹簧被压缩 10.0cm，求子弹的速度。设木块与平面间的摩擦因数为 0.20。

3.49   如图 3-63 所示，一辆实验小车可在光滑水平桌面上自由运动，车的质量为 m_1，车上装有长度为 L 的细杆（质量不计），杆的一端可绕固定于车架上的光滑轴 O 在竖直面内摆动，杆的另一端固定一钢球，钢球质量为 m_2，把钢球托起使杆处于水平位置，这时车保持静止，然后放手，使球无初速地下摆。求当杆摆至竖直位置时，钢球及小车的运动速度。

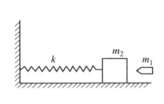

图 3-62　题 3.48 图

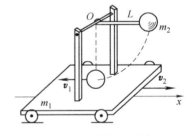

图 3-63　题 3.49 图

*第4章 流体动力学基础

对液体和气体来讲，它们没有固定的形状，而且各部分之间很容易发生相对运动。凡是具有流动性的物体，称为流体。液体和气体都是流体。流动性是流体区别于固体的主要特征。中学物理学中已经讲过一些流体静力学的内容，现在我们要进一步讨论流体动力学的基本规律。

4.1 描述流体运动的基本概念

4.1.1 流体的特性

流体具有四大特性，即：流动性、连续性、黏滞性和可压缩性。

流体没有固定的形状，其形状由容器的形状而定。在力的作用下，流体的一部分相对于另一部分极易发生相对运动，流体的这种性质称为**流动性**。虽然流体和其他物体一样是由分子组成的，分子之间有一定的距离，但在流体力学中由于主要研究流体质点的宏观运动，不考虑流体的微观结构，故而把流体看作连续介质。在静止或流动过程中流体质点间都是连续排列的，这就是宏观角度上流体的**连续性**。流体流动时，都或多或少地具有**黏滞性**（也称黏性）。黏滞性是当流体流动时，由存在于层与层之间阻碍相对运动的内摩擦力（也称黏滞力）所引起的。在管道中流动的流体，总是管轴处流速最大，越靠近管壁流速越小。这都是流体具有黏滞性的表现。但对于黏滞性不大的流体，或黏滞性对流体流动影响不大时，常可以不考虑流体的黏滞性，这种流体称作**非黏性流体**。相反，若黏滞性的作用比较明显时，则应把流体看作黏性流体。液体的黏滞性比气体大。

除了上述三大特性，流体还具有**可压缩性**。流体受力时除形状很容易改变外，体积也会发生变化，流体体积随压力的改变而变化的这种性质称为流体的可压缩性。众所周知，液体的体积随压力变化很小，所以一般认为液体是不可压缩的。气体很容易被压缩。但因为气体极易流动，较小的压强差就可以使它迅速流动，而这时气体的密度变化不大，几乎处处相等，所以在研究气体流动的许多问题时，也可以认为它是不可压缩的。（到底可压缩还是不可压缩，要视具体问题而定。）

4.1.2 理想流体的稳定流动

1. 理想流体模型

为了使问题简化，一般忽视流体的可压缩性和内摩擦力的作用，而把流体看成完全没有黏滞性和绝对不可压缩的，这样的流体称为**理想流体**。理想流体是一个理想化了的物理模型，虽然事实上不存在，但根据这一理想模型得出的结论，在一定条件下完全可以近似地说明实际流体的流动情况。例如，像水、酒精这样的液体，在非特殊情况下，可以当成理想流体来处理。

流体单位体积内的重量称为流体的重度，用 γ 表示。即

$$\gamma = \frac{G}{V} = \frac{mg}{V} = \rho g$$

式中，G 为体积 V 内流体的重量，g 为重力加速度。重度的单位为 N/m³。因具有不可压缩性，所以理想流体的密度和重度都是恒量。

2. 稳定流动、流线和流管

一般对运动着的流体而言，不但在同一时刻流经空间各点上的流体质点的流速不同，而且在不同时刻、流经空间确定点上的流体质点的流动速度的大小和方向也都在变化着。也就是说，速度是空间坐标与时间的函数，即

$$v = v(x，y，z，t)$$

如果在流体流过的区域内，各个质点上的流速都不随时间而变化，那么这种流动称为**稳定流动**或称**稳流**，这时流速只是空间坐标的函数，即

$$v = v(x，y，z)$$

流体在流动时，流体的每个质点在空间中都会有运动轨迹。在同一时刻，流体的各个质点的速度大小和方向并不一样。为了对每时刻流体空间各质点的流速分布情况有一个较清晰的认识，我们引入流线的概念。所谓**流线**是这样一组曲线，在每一瞬间，曲线上任何一点的切线方向和流经该点的流体速度方向一致。因为在每点上流体速度只有一个，所以流线是不能相交的，如图 4-1 所示。

图 4-1　流线

图 4-1 中 A 和 B 两处流体速度的大小和方向均不相同，但它们均不随时间变化，也就是流线的形状不改变，即为稳定流动。从流速分布看，A 处流线密，流速大；B 处流线稀疏，流速小。图 4-2 所示是流体流经不同形状障碍物时的流线分布。

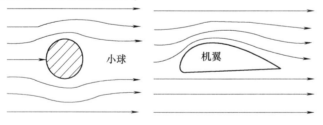

图 4-2　流体流经障碍物时的流线分布

流体流动时，在流体流过的空间任取一个横截面 S，通过它四周的许多流线所围成的管状区域，称为**流管**，如图 4-3 所示。在流体作稳定流动时，由于流线的性质，流管内部的流体不能穿过流管侧壁进行交换，同时，流管的粗细、形状也不随时间改变。稳定流动时，由于流线和流管在空间的位置及形状不随时间改变，若设想流管是无限细的，便成为一条流线，流管内的流体质点沿着该流线运动，所以只有在稳定流动时流线才和质点运动的轨迹相重合。

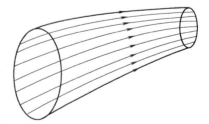

图 4-3　流管

3. 连续性方程

流体作稳定流动时，取细流管上的一段，它两端的横截面面积分别为 S_1 和 S_2，在这两个很小的横截面上的流速分别为 v_1 和 v_2，如图 4-4 所示。因为是稳定流动，这段流管内流体的质量不会增减，在很短的时间 Δt 内，流入 S_1 处流体的质量应该和从 S_2 处流出的流体质量相等。S_1 处流体流入的距离为 $v_1\Delta t$，流体在 S_1 处的密度为 ρ_1，故流入 S_1 处的流体质量为

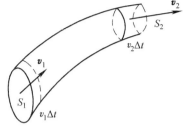

$$\Delta m_1 = \rho_1 v_1 \Delta t \cdot S_1$$

同理，S_2 处流体流出的距离为 $v_2\Delta t$，密度为 ρ_2，故流出 S_2 处的流体质量为

图 4-4　连续性方程的说明

$$\Delta m_2 = \rho_2 v_2 \Delta t \cdot S_2$$

又因为质量守恒，$\Delta m_1 = \Delta m_2$，即

$$\rho_1 v_1 S_1 = \rho_2 v_2 S_2 \tag{4-1}$$

这里 S_1、S_2 是任选的，所以上面的关系对于流管中任意两个与流管垂直的横截面都是正确的，这一关系还可写成

$$\rho v S = C \tag{4-2}$$

式（4-2）表明，在稳定流动时，同一流管内任何截面 S 处，流体的密度、流速和横截面面积的乘积都为一个恒量。这一关系称为稳定**流动的连续性原理**，式（4-2）称为**稳定流动的连续性方程**。式中，$\rho v S$ 即单位时间内通过该任意横截面 S 的流体质量，称为**质量流量**，用 Q_m 表示。因此，式（4-2）又称为**质量流量守恒定律**。

若是不可压缩的流体作稳定流动，因密度处处相同，则式（4-2）就变化为

$$S v = C \tag{4-3a}$$

式中，Sv 是单位时间内通过横截面 S 的流体体积，我们把它称为**体积流量**，用 Q_V 表示，其单位为 $m^3 \cdot s^{-1}$。这样一来，式（4-3a）还可写成

$$Q_V = C \tag{4-3b}$$

这表明不可压缩的流体作稳定流动时，通过同一流管中任意横截面的流体，其体积流量都为一个恒量，这称为**体积流量守恒定律**。

把式（4-2）两端同乘以重力加速度 g，则有

$$\gamma S v = C \tag{4-4a}$$

式中，γSv 是单位时间内通过横截面 S 的流体重量，称为**重量流量**，并以 Q_g 表示。则式（4-4a）又可写作

$$Q_g = C \tag{4-4b}$$

这表明在稳定流动时，通过同一流管中任意横截面的重量流量都等于同一恒量，这称为**重量流量守恒定律**。式（4-2）～式（4-4）均称为连续性方程。

【**例 4-1**】　在制药厂，当流量固定时，若要确定管道内径的大小，应如何选定流体流速？

【**解**】　对于形状一定的管道当中流动的、不可压缩的流体可以应用体积流量守恒定律来解决相应的问题，但流速应理解为管道横截面上的平均流速。在制药厂，首先应根据生产任务确定体积流量 Q_V，由式（4-3）可知 $Q_V = Sv$ 一定，所以流速与横截面面积的关系为

$$v = \frac{Q_V}{S}$$

若输送流体的管道直径为 d，则管道的横截面面积 $S = \frac{\pi}{4}d^2$，代入上式则有

$$v = \frac{Q_V}{\frac{\pi}{4}d^2}$$

或者

$$d = \sqrt{\frac{Q_V}{\frac{\pi}{4}v}}$$

上式表明，要想确定管径 d 的大小，必须先确定流速 v。选取流速大时管径小，但流体受到的阻力大，消耗了更多的能量。反之，流速小，管径要大，此时阻力虽然减小，但管道材料费用增加。所以要多方面权衡利弊。

一般来说，对于密度大的流体，流速应取小一些，如液体的流速应比气体的流速小得多。对于黏滞性小的液体，以及含有杂质的流体，其流速不宜选得太低。另外，对于一些特殊的流体，选择流速时还要考虑其他因素。一些流体在管道中的常用流速范围示于表 4.1。

表 4.1   一些流体在管道中的常用流速范围

流体的类别及情况	流速范围/(m/s)
自来水(3×10^5 Pa)	$1 \sim 1.5$
水及低黏度液体($1 \times 10^5 \sim 1 \times 10^6$ Pa)	$1.5 \sim 3.0$
高黏度液体	$0.5 \sim 1.0$
工业供水(8×10^5 Pa 以下)	$1.5 \sim 3.0$
锅炉供水(8×10^5 Pa 以下)	> 3.0
饱和蒸汽	$20 \sim 40$
过热蒸汽	$30 \sim 50$
蛇管、螺旋管内的冷却水	< 1.0
低压空气	$12 \sim 15$
高压空气	$15 \sim 25$
一般气体(常压)	$10 \sim 20$
鼓风机吸入管中的气体	$10 \sim 15$
鼓风机排出管中的气体	$15 \sim 20$
离心泵吸入管中的水—类低黏度液体	$1.5 \sim 2.0$
离心泵排出管中的水—类低黏度液体	$2.5 \sim 30$
往复泵吸入管中的水—类低黏度液体	$0.75 \sim 1.0$
往复泵排出管中的水—类低黏度液体	$1.0 \sim 2.0$
自流液体(冷凝水等)	0.5
真空操作下的气体	< 10

4.2 理想流体的伯努利方程及其应用

伯努利方程是流体力学中一个很重要的基本方程，用途非常广泛。它说明的是理想流体作稳定流动时，在一根细流管中或一条流线上，物理量压强 p、流速 v 和高度 h 之间的关系。伯努利方程是根据功能原理导出来的，所以说它是能量守恒定律在理想流体情况下的具体体现。

4.2.1 伯努利方程

如图 4-5a 所示，在细流管中任取一段流体 $S_1 S_2$，在截面 S_1 处流体的流速为 v_1，压强为 p_1，在截面 S_2 处流体的流速为 v_2，压强为 p_2。它们对某一参考平面，高度分别为 h_1 和 h_2。经过极短时间 Δt 后，这段流体流动到 $S_1' S_2'$ 位置。流体在空间 $S_1' S_2$ 之间这部分（图中斜线部分）没有任何变化。所以，整个这段流体的运动相当于图 4-5 中虚线部分所示的流体柱从 S_1 截面处移到 S_2 截面处。由于时间极短，S_1 和 S_1' 相距很近，它们的截面积几乎相同。同理 S_2 和 S_2' 的截面积也近似相等。

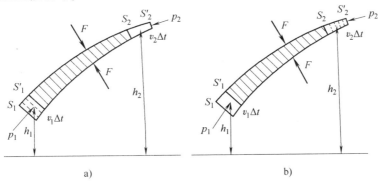

图 4-5 伯努利方程的推导

a）开始时 b）Δt 时间后

首先求压力所做的功。流管中整个这段流体，其两个端面要受到相邻流体的压力作用。在 S_1 处受到外压力为 F_1，它等于该处的压强 p_1 与横截面面积 S_1 的乘积，即 $F_1 = p_1 S_1$。在 S_1 处流柱的位移等于 $v_1 \Delta t$，此处力和位移方向相同，压力做正功，值为 $A_1 = p_1 S_1 v_1 \Delta t$。在 S_2 处受到外压力为 F_2，它的大小为 $F_2 = p_2 S_2$，在 S_2 处流柱的位移为 $v_2 \Delta t$，在 S_2 处位移的方向和力的方向相反，所以压力做负功，大小为 $A_2 = -p_2 S_2 v_2 \Delta t$。在流管外周，相邻流体对流管内流体的作用力 F 都垂直于流管表面，即力的方向与流体的位移方向垂直，因而做功为零。根据连续性方程，S_1 处和 S_2 处的体积流量 Q_V 相等，所以在同样的时间间隔内，体积

$$\Delta V = S_1 v_1 \Delta t = S_2 v_2 \Delta t$$

这样，作用于流管中这段流体上压力所做的总功 A 为

$$A = A_1 + A_2 = p_1 S_1 v_1 \Delta t - p_2 S_2 v_2 \Delta t = p_1 \Delta V - p_2 \Delta V$$

接下来求机械能的增量。设虚线所示那小段流体柱的质量为 Δm，则在 S_1 处机械能为 $\frac{1}{2} \Delta m v_1^2 + \Delta m g h_1$，在 S_2 处的机械能为 $\frac{1}{2} \Delta m v_2^2 + \Delta m g h_2$。

根据功能原理，压力对这段流体所做的功等于流体机械能的增量，所以有

$$p_1 \Delta V - p_2 \Delta V = \frac{1}{2} \Delta m v_2^2 + \Delta m g h_2 - \left(\frac{1}{2} \Delta m v_1^2 + \Delta m g h_1 \right)$$

移项则有

$$\frac{1}{2} \Delta m v_1^2 + \Delta m g h_1 + p_1 \Delta V = \frac{1}{2} \Delta m v_2^2 + \Delta m g h_2 + p_2 \Delta V$$

两边同除以这部分流体的体积 ΔV，并且考虑到流体密度 $\rho = \dfrac{\Delta m}{\Delta V}$ 是恒量。于是有

$$\frac{1}{2} \rho v_1^2 + \rho g h_1 + p_1 = \frac{1}{2} \rho v_2^2 + \rho g h_2 + p_2 \tag{4-5}$$

即

$$\frac{1}{2} \rho v^2 + \rho g h + p = 恒量$$

这就是**伯努利方程**。从式（4-5）可知：$\dfrac{1}{2} \rho v^2$ 是单位体积内的动能；$\rho g h$ 是单位体积的势能；压强 p 相当于单位体积的流体通过某一截面时压力所做的功，常把它称为**压强能**。于是式（4-5）表示理想流体作稳定流动时，在细流管的任何截面处，单位体积的流体的动能、势能和压强能的总和是一个恒量。

【**例 4-2**】　水管内 A 处水的压强为 $p_1 = 4.0 \times 10^5 \mathrm{Pa}$，流速为 $2.0 \mathrm{m \cdot s^{-1}}$，水从内径为 20mm 的管子 A 处流到 5.0m 高的高位水槽内，在槽入口处水管内径为 10mm，求流入槽时水的流速及压强各为多少。

【**解**】　由流体的连续性方程得流入时水的流速 v_2 为

$$v_2 = \frac{S_1}{S_2} v_1 = \left(\frac{d_1}{d_2} \right)^2 v_1 = \left(\frac{0.02}{0.01} \right)^2 \times 2.0 \mathrm{m \cdot s^{-1}} = 8.0 \mathrm{m \cdot s^{-1}}$$

即水流入槽内时，流速为 $8.0 \mathrm{m \cdot s^{-1}}$。

现已知水管 A 处的压强 $p_1 = 4.0 \times 10^5 \mathrm{Pa}$，高度 $h_1 = 0$，$h_2 = h = 5.0 \mathrm{m}$，水的密度 $\rho = 1.0 \times 10^3 \mathrm{kg \cdot m^{-3}}$。由式（4-5）知

$$\frac{1}{2} \rho v_1^2 + \rho g h_1 + p_1 = \frac{1}{2} \rho v_2^2 + \rho g h_2 + p_2$$

有 $p_2 = 3.2 \times 10^5 \mathrm{Pa}$。如果将槽入口处的阀门关闭，即水不流动，此时 $v_1 = v_2 = 0$，于是有

$$p_2 = p_1 - \rho g h_2 = 3.5 \times 10^5 \mathrm{Pa}$$

4.2.2　伯努利方程的应用

1. 小孔处的流速

如图 4-6 所示，液体在重力作用下自小孔口自由射出，设小孔中心离液面的高度为 h，由于小孔直径远小于高度 h，故可认为小孔中射出液体的流速是均匀的。由于随着液面的下降，小孔处的流速将会逐渐降低，故严格地说，容器内的液体并不是作稳定运动。但是，因为小孔的直径很小，在很短的时间内液面高度不会有明显变化，所以可以近似地看作稳定流动。

设在液体中取一个细流管，其上部截面在液面上的 1 点，下部截面在小孔处的 2 点，应用伯努利方程可得

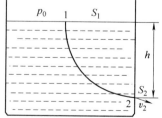

图 4-6　小孔流速问题

$$p_0 + \frac{1}{2}\rho v_1^2 + \rho gh = p_0 + \frac{1}{2}\rho v_2^2$$

式中，p_0 为大气压强，v_1、v_2 分别为液面和小孔处的水流速度。设液面处的横截面面积为 S_1，小孔处的横截面面积为 S_2。根据连续性方程可知

$$S_1 v_1 = S_2 v_2, \quad v_1 = \frac{S_2}{S_1} v_2$$

代入伯努利方程，则

$$\frac{v_2^2}{2}\left(\frac{S_2}{S_1}\right)^2 + gh = \frac{1}{2} v_2^2$$

所以

$$v_2 = \frac{\sqrt{2gh}}{\sqrt{1 - \left(\frac{S_2}{S_1}\right)^2}} \tag{4-6}$$

当容器截面积比小孔的截面积大得多的时候，近似有

$$v_2 = \sqrt{2gh} \tag{4-7}$$

上式说明，液体自小孔射出的速度与质点自由下落 h 高度所达到的速度相同。此时，从小孔射出液体的体积流量为

$$Q_V = S_2 \sqrt{2gh}$$

显然，上述得出的结论只是近似的结果。

2. 水平管与空吸作用

水平管是指流体流经的管道成水平放置或近于水平放置。当流体作稳定流动时，因管路的高度相同，即 $h_1 = h_2$，所以势能不改变。由伯努利方程，式（4-5）可简化为

$$\frac{1}{2}\rho v_1^2 + p_1 = \frac{1}{2}\rho v_2^2 + p_2$$

从上式可以看出，在流管中流速小的地方压强大，流速大的地方压强小。又由式（4-3a）$S_1 v_1 = S_2 v_2$，即

$$\frac{v_1}{v_2} = \frac{S_2}{S_1}$$

把它代入上述水平管情况的伯努利方程中去，则得

$$p_2 - p_1 = \frac{1}{2}\rho v_2^2 \left[\left(\frac{S_2}{S_1}\right)^2 - 1\right] \tag{4-8}$$

式（4-8）表示流体在流管中的压强和它流经的流管截面积的关系。**流体在流管中流动时，截面积大的地方流速小，而它的压强大；反之，截面积小的地方流速大，而它的压强小**。这个关系可用图 4-7 所示的液体的实验装置来证实。图中的三根支管是用来测量液体压强的。当没有这三根支管时，液体的压强由原来的流管管壁来承担，没法显示出来。安上支管后，如果该处液体的压强大于大气压，则液体上升，其高度为液体压强超过大气压强对应显示的高度

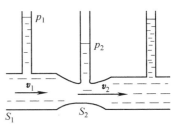

图 4-7　水平管中流速与
压强的关系

值。这样就可以观察到液体在该处的压强。从图 4-7 可以看到粗管处的压强大于细管处的压强。

如图 4-7 所示，当流体在 S_2 处的流速 v_2 进一步增大时，会使得 S_2 处的压强 p_2 比 p_1 小很多。如果 p_1 接近大气压强，细管 S_2 处的压强 p_2 将比大气压强小，即为负压，结果就是把它外边的其他流体吸引过来。喷雾器就是根据该原理设计的，如图 4-8 所示。我们把运动的流体在细管处的吸力作用称为**空吸作用**。

喷雾器应用空吸原理，使容器中的液体随着流速大的空气一起喷出去。实验室中使用的水流抽气机也是根据空吸作用而设计出来的，如图 4-9 所示。

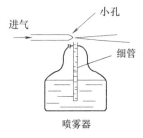

图 4-8　喷雾器的空吸作用

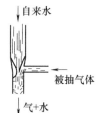

图 4-9　水流抽气机

3. 文丘里管流量计的工作原理

文丘里管流量计是测量流体流经管道时流量的仪器。它是由一段中间细、两头粗的管子所组成，水平地串接于待测流体的管路中，它和图 4-7 所示的结构一样。故应有下列关系式：

$$p_1 - p_2 = \frac{1}{2}\rho(v_2^2 - v_1^2) = \frac{1}{2}\rho v_1^2\left(\frac{v_2^2}{v_1^2} - 1\right)$$

把连续性方程 $\dfrac{v_1}{v_2} = \dfrac{S_2}{S_1}$ 代入上式，得到

$$v_1 = \sqrt{\frac{2(p_1 - p_2)S_2^2}{\rho(S_1^2 - S_2^2)}} = S_2\sqrt{\frac{2(p_1 - p_2)}{\rho(S_1^2 - S_2^2)}}$$

将其代入体积流量公式得

$$Q_V = S_1 v_1 = S_1 S_2 \sqrt{\frac{2(p_1 - p_2)}{\rho(S_1^2 - S_2^2)}} \qquad (4\text{-}9)$$

如果截面积 S_1 和 S_2 已知，只要测出压强差 $p_1 - p_2$ 来，就可测得流量的多少。

4. 皮托管原理

皮托管是一种常用的流速计，可用来测量液体或气体的流速。皮托管的形式很多，但原理都是一样。

图 4-10 所示为皮托管的原理图。其实验装置由连在一起的两个弯成直角的玻璃管组成。其中一个的开口 A 迎面对着流来的液体；另一个开口 B 在侧面，与流线平行。A、B 口均与待测液体相接触。将皮

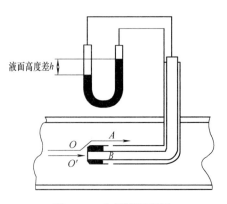

图 4-10　皮托管原理图

托管水平放入流动的液体中后，两竖直管内的液面即有高度差，它可反映流体流速的大小。设液体的密度为 ρ，两管液面高度差为 h，液体沿水平方向流动，视液体为理想流体。

选取通过 A、B 点的 O—A、O'—B 两条流线附近的细流管应用伯努利方程。在远离 A 点的 O 处的压强和流速分别为 p_O、v_O，接近 A 点时流体质点受阻，到 A 点时流速为零，A 点称为驻点（arrest point）。又因皮托管本身很细，可认为 $h_A = h_O = h_B = h_{O'}$，故

$$p_O + \frac{1}{2}\rho v_O^2 = p_A$$

对 O'—B 附近相应的细流管，因为点 O' 和点 O 非常接近，所以可近似认为 $v_{O'} = v_O$，$p_{O'} = p_O$，从而得

$$p_{O'} + \frac{1}{2}\rho v_{O'}^2 = p_O + \frac{1}{2}\rho v_O^2 = p_B + \frac{1}{2}\rho v_B^2$$

比较以上两个公式，得到

$$p_A = p_B + \frac{1}{2}\rho v_B^2$$

根据静止流体内的压强分布规律，得

$$p_A - p_B = \rho g h$$

代入上式即可得待测液体的流速

$$v = v_B = \sqrt{\frac{2(p_A - p_B)}{\rho}} = \sqrt{2gh} \tag{4-10}$$

4.3　黏滞流体的运动

现在以具有黏滞性但不可压缩流体的流动为例，来讨论实际流体的流动情况。

4.3.1　流体的黏滞性

自然界中，一般的流体都有黏滞性。做如图 4-11 所示的实验。在玻璃管上部装有着色甘油，下部装有无色甘油。当着色甘油向下流动时，经过一段时间之后，则见着色甘油缓缓流下，在两部分甘油交界处呈锥形界面，在管的轴线处甘油流速最大，距管的轴线越远，流速越小，**在管壁上着色甘油附着不动，流速为零**。由此可知，当流体流动时，流体可分为许多流层，各流层的速度不等，说明各流层之间有和流层成平行的切向阻力存在，这种阻力称为内摩擦力。流体具有内摩擦力的性质，称为黏滞性或黏性（viscosity）。

4.3.2　动力黏度

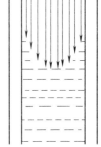

图 4-11　液体黏滞性的实验

从实验可知，当两流层实际流体作相对运动时，平行于两流层的切向阻力，即内摩擦力的大小除了和流体的性质有关外，还和两流层接触面的面积 S 成正比。

设层面与 y 轴垂直，两流层的高度分别为 y_1 和 y_2，相距为 $\Delta y = y_2 - y_1$，如图 4-12 所示。

两流层的速度差为 Δv，把 $\dfrac{\Delta v}{\Delta y}$ 称为两流层之间的平均速度梯度。更精确表述，应取 $\Delta y \rightarrow 0$ 时的极限，所得速度梯度为

$$\frac{\mathrm{d}v}{\mathrm{d}y} = \lim_{\Delta y \rightarrow 0} \frac{\Delta v}{\Delta y}$$

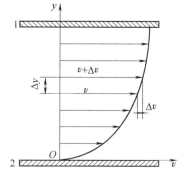

速度梯度（velocity gradient）是表示流速对空间变化率的物理量。内摩擦力 f 与速度梯度成正比。综合起来有如下关系：

$$f \propto \frac{\mathrm{d}v}{\mathrm{d}y} s$$

改写成等式，则为

图 4-12　牛顿黏性定律的说明

$$f = \eta \frac{\mathrm{d}v}{\mathrm{d}y} s \tag{4-11}$$

这个关系称为**牛顿黏性定律**（Newton's viscosity law）。比例系数 η 由流体的性质决定，称为**动力黏度**（dynamic viscosity），也常称为**黏性系数**（coefficient of viscosity），它是表示流体流动难易程度的物理量，η 越大越难流动。η 的单位是 Pa·s。1Pa·s 的意义是两流层相距 1m，速度 1m/s，沿流层 $1\mathrm{m}^2$ 面积上作用的内摩擦力为 1N 的流体所具有的动力黏度。

动力黏度还和流体的温度有关，一般来说，气体的动力黏度随温度的增大而增大，液体的动力黏度随温度的增加而减少。表 4.2 是几种流体在不同的温度下的动力黏度。

表 4.2　几种流体在不同的温度下的动力黏度

流体	温度/℃	$\eta/\mathrm{Pa \cdot s}$	流体	温度/℃	$\eta/\mathrm{Pa \cdot s}$
空气	0	1.708×10^{-5}	水	0	1.702×10^{-3}
	18	1.827×10^{-5}		20	1.000×10^{-3}
	40	1.904×10^{-5}		40	6.56×10^{-4}
	54	1.958×10^{-5}		60	4.69×10^{-4}
	74	2.102×10^{-5}		80	3.56×10^{-4}
				100	2.84×10^{-4}
水银	0	1.70×10^{-3}	甘油	2.8	4.220
	20	1.57×10^{-3}		8.1	2.518
	100	1.22×10^{-3}		14.3	1.387
无水乙醇	18	1.33×10^{-2}		20.3	0.830
				26.5	0.494
蓖麻油	17.5	1.2250	汽油	18	6.5×10^{-4}
	50	0.1227	煤油	18	2.80×10^{-3}

从表 4.2 可以看出，一般流体在一定温度下，它们的黏度为常量，即遵循牛顿黏性定律，这类流体称为**牛顿流体**。但还有另一类流体，如血液、一些悬浊液等，它们的黏度在一定温度下并不是常量，还与速度梯度有关，因此它们不遵循牛顿黏性定律，这类流体称为**非牛顿流体**。

工程技术上还使用**运动黏度**（kinetic viscosity）ν 这个概念。它是流体的动力黏度 η 和

同温度下该流体的密度 ρ 的比值。即

$$\nu = \frac{\eta}{\rho} \qquad (4\text{-}12)$$

运动黏度的单位是 $\mathrm{m}^2 \cdot \mathrm{s}^{-1}$。

4.3.3　实际流体的伯努利方程

伯努利方程（4-5）是依据理想流体情况导出的，把它应用于实际情况时，会出现许多与实际结果不符之处。例如，流体在均匀的水平管中流动，这时高度相同（$h_1 = h_2$），截面积也相等（$S_1 = S_2$），由伯努利方程可得 $p_1 = p_2$，即各处的压强应相等。但实际并非如此。
如图 4-13 所示，在水平管中装有竖直的细管作为压强计，从细管中流体上升的高度来测定各处的压强。实验表明，实际流体在水平管中流动时压强并不相等，而是沿着流体流动的方向，压强随流程的增加而逐渐降低。

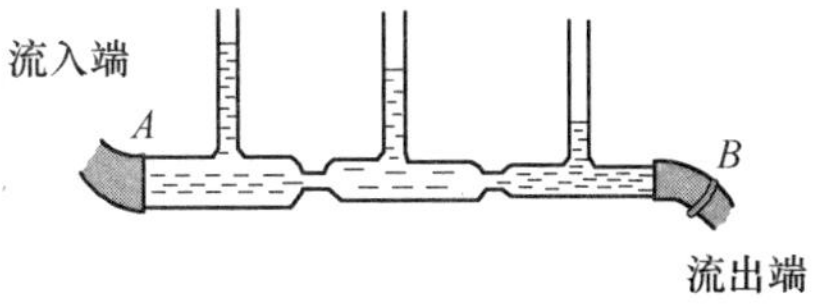

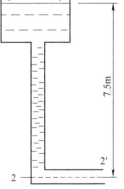

图 4-13　实际流体在水平管中流动

产生上述实验结果的原因在于，实际流体流动的过程中，流体内部层与层之间、流体与管壁之间有内摩擦力作用，流体必须克服阻力而做功，使流体的部分能量转换成热能。这样实际流体的伯努利方程应是式（4-5）加上一份因做功而损失的能量——压头损失（loss of head）Z_w。Z_w 表示单位重量的实际流体在流动过程中克服阻力所做的功。所以就有

$$\frac{p_1}{\gamma} + \frac{v_1^2}{2g} + h_1 = \frac{p_2}{\gamma} + \frac{v_2^2}{2g} + h_2 + Z_w \qquad (4\text{-}13)$$

这就是**实际流体的伯努利方程**。

在实际应用中，必须考虑需要多大的压强差和高度差才能克服流动过程中的阻力，而使流体保持一定的流速和压强。

【**例4-3**】　如图 4-14 所示，高位槽中的水经内径为 200mm 的管道流出，高位槽的水面 1—1′ 比排水管口 2—2′ 高出 7.5m，在维持水位不变的情况下，设因管道全部阻力造成的压头损失为 3.0m（水柱）。试求每小时由管口排出的水量是多少立方米。

【**解**】　由式（4-13）列出在 1—1′ 处和 2—2′ 处的伯努利方程：

$$\frac{p_1}{\gamma} + \frac{v_1^2}{2g} + h_1 = \frac{p_2}{\gamma} + \frac{v_2^2}{2g} + h_2 + Z_w$$

即

$$\frac{p_1 - p_2}{\gamma} + \frac{v_1^2 - v_2^2}{2g} + (h_1 - h_2) - Z_w = 0$$

现在以出口 2—2′ 处为基准面，则 $h_1 - h_2 = 7.5\mathrm{m}$。又因槽中水面的位置保持一定，所以应有 $v_1 = 0$，水在 1—1′ 处和出口处的压强皆为大气压强，故有 $\dfrac{p_1 - p_2}{\gamma} = 0$，且已知 $Z_w = 3.0\mathrm{m}$（水柱）。代入上式则得

图 4-14　水槽流量

$$v_2 = 3\sqrt{g} = 9.39\mathrm{m} \cdot \mathrm{s}^{-1}$$

设每小时排出水量为 Q，则有

$$Q = 3600 \times v_2 \times S = 3600\text{s} \times 9.39\text{m} \cdot \text{s}^{-1} \times \frac{\pi}{4}(0.200)^2\text{m}^2 = 1.06 \times 10^3\text{m}^3$$

【例 4-4】 如图 4-15 所示，有重度为 $\gamma = 1.0 \times 10^4\text{N} \cdot \text{m}^{-3}$ 的水，用泵从贮槽被打到 22m 的高处，泵进口管的内径为 100mm，流速为 $1.0\text{m} \cdot \text{s}^{-1}$，泵出口管的内径为 60mm，损失压头为 3.0m（水柱），试求泵出口处水的流速和所需要的外加功（以**外加压头**表示 $L_{外加功}$）。

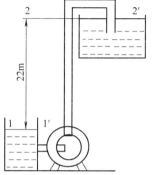

图 4-15   用泵将水打到高处

【解】 已知泵入口及出口处管的内径分别为 d_1 和 d_2，泵的出口处水的流速可由连续性方程求得

$$v_{出} = v_{入}\left(\frac{d_入}{d_出}\right) = \left[1 \times \left(\frac{0.1}{0.06}\right)^2\right]\text{m} \cdot \text{s}^{-1} = 2.78\text{m} \cdot \text{s}^{-1}$$

如图 4-15 所示，取水面 1—1′ 为基准面，即 $h_1 = 0$，用泵把水打到水面 2—2′，故 $h_2 = 22\text{m}$。水面 1—1′ 的位置不变，$v_1 = 0$，此处压强 p_1 为 1atm，在水面 2—2′ 处 p_2 也是 1atm。$v_2 = v_{出} = 2.78\text{m} \cdot \text{s}^{-1}$。代入式（4-13）得

$$\frac{p_1}{\gamma} + \frac{0^2}{2g} + 0 + L_{外加功} = \frac{p_2}{\gamma} + \frac{(2.78\text{m/s})^2}{2g} + 22\text{m} + 3.0\text{m}$$

取 $g = 9.8\text{m} \cdot \text{s}^{-1}$，解得

$$L_{外加功} = 25.39\text{m}（水柱）$$

由本题可知，泵的外加压头必然大于液体的垂直扬程。

4.3.4 片流 湍流 雷诺数

流体的流动形态除受内摩擦力作用的影响外，还受到其他因素的影响。为此，我们做雷诺（Reynolds）实验，其装置如图 4-16 所示。B 为贮水槽，在实验过程中贮水槽中的水位由溢流装置保持恒定。在水槽下面接一根水平的玻璃管。它的出口处装有阀门 V 来调节流量。玻璃管的进口处装有一根与墨水瓶相通的细管，以引入墨水流入玻璃管。打开阀门 V 使水流动。当水在玻璃管中流速不大时，可以看到墨水在管中成一条直线流动。当开大阀门 V 使水的流速增大到某一流速时，墨水与水混在一起，墨水在管中不再是直线流动。整个玻璃管内都充满水与墨水的混合物。

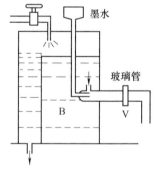

图 4-16   雷诺实验装置

上述实验说明，流体在做管道中流动可分为两种类型。当流体在管中流动时，若其质点始终沿着与管轴平行的方向作直线运动，质点轨迹之间互不混合，充满整个管的流体的流动就像许多层的同心圆筒一层一层地逐次向前推动，中间圆筒层流动快，远离中心层的流动慢，像这样的流动形态称为**层流**（laminar flow）。以前讨论的流体运动都是层流情况。

当流体的流速再大时，流体质点除向前运动外，它的流速大小和运动方向都随时变化，甚至互相碰撞并互相混合，通常还伴有旋涡和声音存在，这种流动称为**湍流**（turbulent flow）。

为了表示流体的流动形态，引入**雷诺数**（Reynolds number），用 Re 来表示。雷诺数和流体流速 v、动力黏度 η、密度 ρ 及管径 d 有关。即

$$Re = \frac{dv\rho}{\eta} = \frac{dv\gamma}{\eta g} \tag{4-14}$$

它是一个无量纲的数值。

对于流体在直圆管中流动，有如下规律：当 $Re < 2000$ 时，流体的流动形态是层流；当 $Re > 3000$ 时，流体的流动形态是湍流；当 Re 在 2000 和 3000 之间时，流体的流动形态为过渡流，流态是不稳定的，可能是层流，稍加扰动，就会变成湍流。

发生湍流时，由于各流层互相混合，使得流体在管内的大部分截面上速度几乎相同，因而它和管壁上流层形成很大的速度梯度，使内摩擦力增大。所以，在相等的压强差下作湍流的流量比作层流时的流量减少许多。

4.3.5　泊肃叶定律　斯托克斯定律

药品检验中，通常要测定液体的黏性系数，常用的方法有毛细管黏度计法和沉降法两种。下面通过对泊肃叶定律和斯托克斯定律的介绍，来说明这两个定律的原理。

1. 泊肃叶定律

设有长为 l、半径为 R 的一段水平细长管，液体在管中流动，若液体的动力黏度为 η，管两端的压强差为 $\Delta p = p_1 - p_2$，则流体的体积流量 Q_V 为

$$Q_V = \frac{\pi R^4 (p_1 - p_2)}{8\eta l} \tag{4-15}$$

这就是**泊肃叶定律**（Poiseuille's law）的数学表达式。

液体在粗细均匀、半径为 R 的细管中为层流流动如图 4-17 所示。在横截面上各点速度不同。紧靠管壁的流层由于附着在管壁上速度为零，而在管中心流速最大。现设距管中心 r 处的流速为 v。作用于长度为 l 的圆柱体流体上的压强，左端为 p_1，右端为 p_2，则使流体流动的压力差 Δf 为

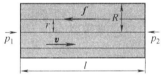

图 4-17　泊肃叶定律图示

$$\Delta f = \Delta p \pi r^2$$

圆柱体除两个底面外的表面积为 $2\pi r l$，作用于此圆柱体外表面的内摩擦力为 $f' = -\eta \cdot 2\pi r l \frac{dv}{dr}$。式中负号表示 v 值随 r 值的增加而减少。现流体作匀速运动，压力差与内摩擦力大小相等而方向相反，形成二力平衡，即 $\Delta f = f'$。经过整理后则有

$$\frac{dv}{dr} = \frac{\Delta p r^\ominus}{2\eta l}$$

即

$$dv = \frac{\Delta p}{2\eta l} r dr$$

　⊖　此处所求得的 v 只考虑数值上的大小，故省略负号。

已知 $r=R$ 时，$v=0$；$r=r$ 时，速度为 v。故积分求某处的速度 v 为

$$\int_0^v \mathrm{d}v = \frac{\Delta p}{2\eta l}\int_r^R r\mathrm{d}r$$

$$v = \frac{\Delta p}{4\eta l}(R^2 - r^2) \tag{4-16}$$

式（4-16）表明，管中心 $r=0$ 处，流速最大，$v_{max} = \frac{\Delta p}{4\eta l}R^2$；管壁 $r=R$ 处，速度为零。管中的液体流速与管两端的压强差成正比。

为了求出管中流体的流量，取一内径为 r、厚度为 $\mathrm{d}r$ 的管状液层。这一液层的截面积为 $2\pi r\mathrm{d}r$，流速为 v 时，它的流量

$$\mathrm{d}Q_V = v \cdot 2\pi r\mathrm{d}r$$

把式（4-16）代入上式有

$$\mathrm{d}Q_V = \frac{\pi\Delta p}{2\eta l}(R^2 - r^2)r\mathrm{d}r$$

于是整个管子的总流量为

$$Q_V = \frac{\pi\Delta p}{2\eta l}\int_0^R (R^2 - r^2)r\mathrm{d}r = \frac{\pi R^4 \Delta p}{8\eta l}$$

上式即为式（4-15），它表明**总流量与流体的动力黏度成反比，与管的长度成反比，与管两端的压强差成正比，与管的半径的四次方成正比**。这就是泊肃叶定律。

从式（4-15）可知，如果能测得除 η 外的所有物理量，就可以求出液体的 η 来。依此原理可做成测动力黏度的装置，常见的有奥氏黏度计（Ostwald viscometer）、乌氏黏度计（Ubbelohde viscometer）等毛细管黏度计。在实验室和生产中常采用比较法，参照标准液体（标准油、蒸馏水等）测定待测液体的黏度。

如果令 $R^* = \frac{8\eta l}{\pi R^4}$（$R^*$ 称为流阻），则式（4-15）可改写为

$$Q_V = \frac{\Delta p}{R^*} \tag{4-17}$$

式（4-17）表明总流量与管两端的压强差 $\Delta p = p_1 - p_2$ 成正比，而和管的流阻成反比。这一规律和电学中欧姆定律相似。同样，当 n 种不同流阻的管道串联时总流阻为各流阻之和，即

$$R^* = R_1^* + R_2^* + \cdots + R_n^*$$

当 n 种流阻不同的管道并联时，总流阻与各流阻的关系为

$$\frac{1}{R^*} = \frac{1}{R_1^*} + \frac{1}{R_2^*} + \cdots + \frac{1}{R_n^*}$$

由上述两式可知，管路串联时流阻增大，并联时流阻减小。

2. 斯托克斯定律

当物体在黏性流体中运动速度比较小时，由于物体的表面附着一层流体，此层与其相邻流层之间有摩擦力，故物体在运动过程中必须克服这一阻滞力。如果物体是半径为 r 的球，其速度为 v，流体的动力黏度为 η，则球所受的阻力为

$$f = 6\pi\eta r v \tag{4-18}$$

此关系式称为斯托克斯定律（Stokes' law）。

根据斯托克斯定律的原理定出的沉降法可以测动力黏度。

把密度为 ρ、半径为 R 的小球放于密度为 σ 的流体中，小球受到方向向下的重力为 $\frac{4}{3}\pi R^3 \rho g$，浮力为 $\frac{4}{3}\pi R^3 \sigma g$，当物体匀速下降时，浮力和摩擦力之和必须等于重力，即小球所受合力为零，有

$$\frac{4}{3}\pi R^3 \sigma g + 6\pi\eta R v = \frac{4}{3}\pi R^3 \rho g$$

整理后得

$$v = \frac{2}{9\eta}R^2(\rho - \sigma)g \tag{4-19}$$

式中，v 为物体的收尾速度或沉淀速度（terminal velocity）。显然沉淀速度与小球的大小、小球密度与液体密度的差值、液体的黏性系数等有关。如果式（4-19）中除了 η 外，其他物理量能够测出，就可以求出 η 来。

在含颗粒的流体中分离颗粒时，常使用离心分离器。由于惯性力可比颗粒所受重力大得多，因而可使沉淀速度增大很多。已知离心加速度为 $a = r\omega^2$，ω 为作圆周运动时的匀角速度，则用离心加速度代替重力加速度代入式（4-19）中，有

$$v = \frac{2}{9\eta}R^2(\rho - \sigma)r\omega^2$$

由上式可知转速越大，沉淀速度越快。药厂的旋风分离器分离颗粒即依照此原理。

在制造剂型为混悬液的药物时，为了提高混悬液的稳定性，即降低 v 值，常需增加介质的密度和减小颗粒半径，就是依照斯托克斯定律而来的。

>>> 扩展思维

锥板黏度计

液体的动力黏度（黏性系数）是描述液体理化特性的非常重要的参量。因为它直接影响到工艺流程，在制药过程中必须予以重视。尤其中药制剂中，黏度的测定、黏度的调节更显得十分必要，同时也更为复杂。黏度的测定有很多种方法，如毛细管法、沉降法、旋转套筒法等，并有与之相应的多种黏度计。其中，锥板黏度计在与医药相关的实验室中应用极为广泛，与其他种类的黏度计相比有着明显的优点。其主要优点有测量范围大、可测量牛顿流体和非牛顿流体、操作简单、易于清洗、样品液体用量少等。现对锥板黏度计的结构和测量原理的介绍如下：

锥板黏度计（cone-and-plate viscometer）的结构原理如图 4-18 所示。它是实验室中常用的一种液体黏度测量仪器。由图 4-18 可以看出，它由一个水平平板和一个顶角很大（约 178°）的圆锥体组成，圆锥体的顶点正好与

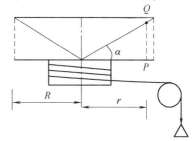

图 4-18　锥板黏度计的结构原理

平板接触，圆锥体的轴线与板面垂直。这样一来，圆锥素线与平板之间的夹角很小，仅为 1°左右。测定时，在圆锥体和平板之间充满待测液体（因间隙很小，所需液体不多）。如果把圆锥体固定，水平板上施加一力矩 M 使之绕垂直轴线转动（或使锥体转动而平板固定，这取决于仪器的型号），由于液体内摩擦力的存在，使得平板只是在开始作用的很短时间内有角加速度，之后将作匀角速度转动，设其匀角速度为 ω，我们现在来推导 M、ω 与待测液体黏度 η 之间的定量关系。

1. 待测液体为牛顿流体

设平板上与转轴距离为 r 的某点 P，在其临近取面积元 dS，即图 4-19 中有斜线部分。因 $d\theta$ 很小，故 dS 可视为一小长方形，其面积为 $rd\theta dr$，设它以线速度 $v(=r\omega)$ 运动，而图 4-18 所示锥体上与 P 点对应的 Q 点则处于静止状态。因此，P、Q 间的速度梯度为

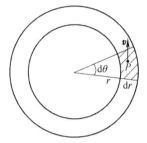

$$\frac{v}{l} = \frac{r\omega}{r\alpha} = \frac{\omega}{\alpha} \tag{4-20}$$

图 4-19　作用于平板上的力矩

式中，ω 和 α 均为常量。**这说明锥板黏度计中待测液体内部各处的速度梯度相同，与 r 无关**，这是锥板黏度计的重要特征。

设待测液体的动力黏度为 η，根据牛顿黏性定律，即式 (4-11)，作用于 dS 上的内摩擦力 df 应为

$$df = \eta \left(\frac{\omega}{\alpha} \right) r d\theta dr$$

因此，作用于 dS 上的阻力力矩应为

$$dM' = rdf = \eta \left(\frac{\omega}{\alpha} \right) r^2 d\theta dr$$

当平板达到匀角速度转动时，施加在平板上的外加总力矩应与总的阻力力矩大小相等，即

$$M = M' = \int_0^{2\pi} \int_0^R \eta \left(\frac{\omega}{\alpha} \right) r^2 d\theta dr$$

式中，R 为平板中与待测液体接触部分圆盘的半径。由上式积分后得

$$M = \frac{2\pi R^3}{3} \frac{\eta\omega}{\alpha}$$

或

$$\eta = \frac{3M\alpha}{2\pi R^3 \omega} \tag{4-21}$$

式 (4-21) 中，α 和 R 对一定型号的锥板黏度计来说是一定值，一般以仪器参数的形式给出。因此，只要测定了已知力矩 M 作用下的角速度 ω（或测定了已知角速度时的力矩 M），便可由式 (4-21) 算出动力黏度 η。在实验室中，通常在转动平板上固定一个半径一定的绕线转轮，线的一端再与某一确定质量的砝码相连，在重力的作用下，砝码开始下降，平板转盘也开始匀速转动，力矩 M 即为已知。只要测出匀速转动（砝码匀速下降）后，砝码下降的一段距离和相应的时间，就可通过砝码下降的速度以及绕线转轮的半径算出黏度计平板转盘转动的角速度 ω。

在同一锥板黏度计中，如果加入动力黏度分别为 η_1 和 η_2 的两种液体，并施加相同的力矩（用同一质量的砝码匀速下降来提供），分别测出其相应的角速度 ω_1 及 ω_2，则由式（4-21），可得

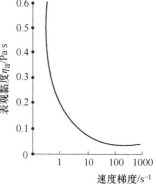

$$\eta_2 = \frac{\omega_2}{\omega_1}\eta_1 \qquad (4\text{-}22)$$

如果 η_1 已知，则可求出 η_2。

2. 待测液体为非牛顿流体

可以证明，在某一测量状态下，流体中各处的速度梯度仍然相同，并仍为 ω/α。因此，按式（4-21）和式（4-22），**可求出某一速度梯度下的黏度**（称为**表观黏度**，apparent viscosity）。改变速度梯度值，又可以求出另外的相应的表观黏度。最后可用曲线把表观黏度随速度梯度的变化情况表示出来。图 4-20 所示是血液的表观黏度 η_a 随速度梯度变化的实验曲线，它表明血液的表观黏度 η_a 随速度梯度的增大而降低。

图 4-20　η_a 随速度梯度变化的实线曲线

习　　题

4.1　两条相距较近、平行共进的船会相互靠拢而导致船体相撞。试解释其原因。

4.2　水从水龙头流出后，下落的过程中水流逐渐变细，这是为什么？

4.3　某人在购买白酒时将酒瓶倒置，观察瓶中小气泡上升的速度，以此来判断白酒品质的优劣。试问：这种做法有无科学道理？原因何在？

4.4　用水泵将流速为 $0.5\,\mathrm{m \cdot s^{-1}}$ 的水，从内径为 300mm 的管道打到内径为 60mm 的管道中去，求其流速为多少。

4.5　在水管的某处，水的流速为 $2.0\,\mathrm{m \cdot s^{-1}}$，压强比大气压强大 $10^4\mathrm{Pa}$。在水管的另一处，高度上升了 1.0m，水管截面积是前一处截面的两倍。求此处水的压强比大气压强大多少。

4.6　水平管道中流有重度为 $8.8 \times 10^3\,\mathrm{N \cdot m^{-3}}$ 的液体。在内径为 106mm 的 1 处，流速为 $1.0\,\mathrm{m \cdot s^{-1}}$，压强为 1.2atm。求在内径为 68mm 的 2 处液体流速和压强。

4.7　密度 $\rho = 1.5 \times 10^3\,\mathrm{kg \cdot m^{-3}}$ 的冷冻盐水在水平管道中流动，先流经内径为 $D_1 = 100\mathrm{mm}$ 的 1 点，再流经内径为 $D_2 = 50\mathrm{mm}$ 的 2 点。1、2 点各插入一根竖直的测压管。测得 1、2 点处的测压管中盐水柱高度差为 0.59m。求盐水在管道中的质量流量。

4.8　一个水槽中的水面高度为 H，在水面下深 h 处的槽壁上开一小孔，让水射出，问：

（1）水流在地面上的射程 s 为多少？

（2）H 为多大时射程最远？

（3）最远的射程 $s_{\max}$ 是多少？

4.9　设有流量为 $0.12\,\mathrm{m^3 \cdot s^{-1}}$ 的水流过如图 4-21 所示的管子。A 点的压强为 $2 \times 10^5\mathrm{Pa}$，A 点的截面积为 $100\mathrm{cm^2}$，B 点的截面积为 $60\mathrm{cm^2}$。假设水的黏度可以忽略不计，求 A、B 点的流速和 B 点的压强。

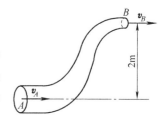

图 4-21　题 4.9 图

4.10　用一根跨过水坝、粗细均匀的虹吸管从水库里取

水，如图 4-22 所示。已知虹吸管的最高点 C 比水库水面高 2.5m，管口出水处 D 比水库水面低 4.5m，设水在虹吸管内作定常流动。

（1）若虹吸管的内半径为 1.5×10^{-2}m，求从虹吸管流出水的体积流量；

（2）求虹吸管内 B、C 点处的压强。（已知 $\sqrt{90} = 9.49$）

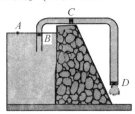

图 4-22 题 4.10 图

第 5 章　刚 体 力 学

前面我们在对自然界宏观物体的运动学和动力学规律进行描述时，为了方便，忽略了物体的形状和大小，把物体抽象地看作质点。实际情况是，物体都有一定的形状和大小，并且在外力的作用下，物体的形状和大小要发生变化，在很多情况下，物体的形状和大小是不能忽略的，如物体转动、物体受力发生形变时。具有形状和大小的实际物体的运动可以是平移、转动、形变等。本章要研究具有一定形状和大小的物体的运动学和动力学规律，这一研究角度也有现实的意义。在物理学的研究中，我们常把复杂的问题简单化，这里我们不研究物体本身形状和大小的变化。如果在外力作用下，物体的形变很小，可以忽略不计，这就是刚体。刚体概念的具体定义：在任何情况下形状和大小都保持不变的物体称为刚体。

刚体是一个理想化模型，从质点的角度看它是一个质点的集合体，各质点间的相对位置保持不变，任意两点间的距离在运动过程中始终保持不变。从物理本质上讲，刚体的动力学本质仍然是前面讲的牛顿质点动力学规律，前面有关质点系动力学的规律都适用。因为对刚体来说，组成刚体的各质点间的距离保持不变，是一种刚性质点系，所以其规律的表示还可比一般的质点系有所简化。我们与质点动力学的规律相比较讲述刚体的动力学特点。

5.1　刚体运动学

5.1.1　刚体运动的基本形式

对一个质点来讲，主要运动形式是位移。一个刚体的运动，最基本的运动形式只有转动和平动两种。刚体的任何复杂运动都可以分解成转动与平动的叠加。这里之所以把转动放在前面是因为平动是质点运动的一般形式，转动才是刚体最有特点的运动。

1. 转动

转动必须绕某个点（线）进行，根据这一特点分为定轴转动和定点转动。定轴转动是指各质点均作圆周运动，且其圆心都在一条固定不动的直线上，如门窗、砂轮等（见图 5-1）。如果转轴位置、方向在变化，则称为非定轴转动。定点转动是指整个刚体绕某点转动，如玩具陀螺的转动（见图 5-2）。

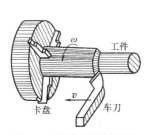

图 5-1　刚体的定轴转动

图 5-2　刚体的定点转动

2. 平动

除转动外，刚体的另一种运动为平动。平动就是连接刚体内任意两点的直线在各个时刻的位置都彼此平行，如活塞的往返等。刚体作平动时，刚体上任意一点的运动都相同，这一点与质点运动规律一致，可用质心或刚体上任何一点的运动来代表整体的运动，如图 5-3 所示。

一般刚体的运动可以看成是平动与转动的叠加。例如，自行车轮在水平面作无滑动的滚动时，除车轮中心沿直线向前移动外，轮上其他各点既向前移动又绕通过轮心且垂直轮面的轴转动（见图 5-4）。我们首先看看刚体绕定轴转动。

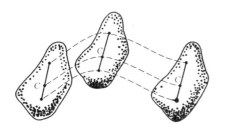

图 5-3　刚体的平动

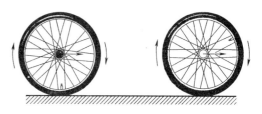

图 5-4　车轮的运动

5.1.2　刚体定轴转动的描述

1. 刚体的角坐标

描述质点运动时，我们根据方便可以取直角坐标系、极坐标系等。描述刚体绕定轴转动时，方便的做法通常取任一垂直于转轴的平面作为转动平面，如图 5-5 所示，取任一质点 A，A 在这一转动平面内绕 O 点作圆周运动，用矢径 r 与 Ox 轴间的夹角 θ 就能完全确定在空间的位置，θ 称为**角坐标**。为了统一，规定逆时针方向转动的 θ 为正，顺时针方向转动的 θ 为负。当然，如果反过来规定也可以，只要大家达成共识。与质点的位移概念类似，$\Delta\theta$ 描述刚体转过的角度，称为**角位移**。这样，刚体定轴转动可用函数 $\theta = \theta(t)$ 来描述，这就是刚体绕定轴转动的运动学方程。

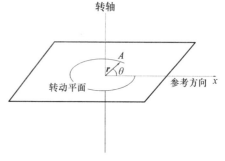

图 5-5　刚体转动的角坐标

2. 角速度矢量

对质点运动的变化进行描述时，我们采用线速度的概念，这里刚体的转动用角速度矢量 ω 描述。因为角速度是矢量，刚体的转动也是有方向的，不过转动只有顺时针和逆时针两种，对应角速度矢量 ω 的方向我们用右手螺旋法则确定：右手拇指伸直，其余四指弯曲，使弯曲的方向与刚体转动的方向一致，这时拇指所指的方向就是角速度 ω 的方向，如图 5-6 所示。于是，刚体定轴转动只有"正""反"两种转动方向。ω 的大小是 $\mathrm{d}\theta/\mathrm{d}t$。

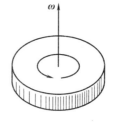

图 5-6　右手螺旋法则

3. 角加速度矢量

对质点运动速度的变化进行描述时，我们采用线加速度的概念。这里对刚体角速度变化的描述，我们引入角加速度，即

$$\beta = \lim_{\Delta t \to 0}\frac{\Delta \omega}{\Delta t} = \frac{\mathrm{d}\omega}{\mathrm{d}t} = \frac{\mathrm{d}^2\theta}{\mathrm{d}t^2} \tag{5-1}$$

式中，β 称为刚体定轴转动的角加速度。β 与 ω 的符号相同时，刚体作加速运动；反之，转速减小，作减速运动。

如图 5-7 所示，刚体上任意一点 A 的切向加速度与刚体的角加速度应满足

$$a_{\mathrm{t}} = \frac{\mathrm{d}v}{\mathrm{d}t} = r\frac{\mathrm{d}\omega}{\mathrm{d}t} = r\beta \tag{5-2}$$

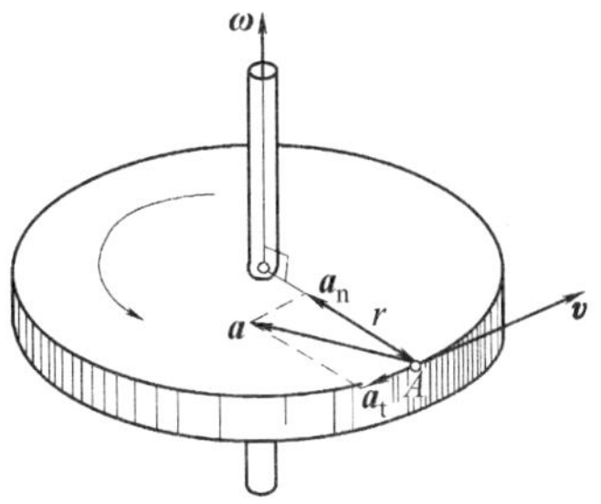

A 点的法向加速度

$$a_{\mathrm{n}} = \frac{v^2}{r} = \omega^2 r \tag{5-3}$$

图 5-7　刚体上任意一点 A 的加速度

在刚体作匀变速转动时，我们类比匀加速直线运动可推出相应公式：

$$\left. \begin{array}{l} \theta = \theta_0 + \omega_0 t + \dfrac{1}{2}\beta t^2 \\[2mm] \omega = \omega_0 + \beta t \\[2mm] \omega^2 = \omega_0^2 + 2\beta(\theta - \theta_0) \end{array} \right\} \tag{5-4}$$

式中，ω_0 和 θ_0 分别是 $t = 0$ 时刻刚体的角速度和角坐标。这组公式同质点的匀加速直线运动公式一一对应。我们将两者做一对比，可以看出规律相同，只是在描述刚体定轴转动的运动状态时，用角量描述比用线量描述更方便。

5.2　刚体定轴转动定理　转动惯量

上一节，我们讨论了刚体定轴转动的运动学问题，也就是怎么运动的问题。现在我们来讨论为什么会这样运动，也就是刚体定轴转动的动力学问题。

在研究质点动力学问题时，我们说引起质点运动情况变化的原因是力。而刚体转动情况变化的原因也一定是力的作用。因为刚体的定轴转动不仅与力有关，还与力的作用点有关，所以我们需要引入力矩的概念。

5.2.1　力矩

当我们用力推门时，门的转动就是一个刚体的运动。门转动的难易程度，不仅与外力的大小有关，而且与力的作用点的位置及作用力的方向有关。用同样大小的力推门，当作用点靠近门轴时，不容易把门推开；当作用点远离门轴时，就容易把门推开。可见，力的大小和作用点的位置都是影响物体转动的因素。

如图 5-8 所示，我们把作用在刚体上的外力 $\boldsymbol{F}$ 与力线到转轴的距离 d（力臂）的乘积定

义为这个外力对这个转轴的**力矩**。

我们把转轴到力 F 的作用点 P 的矢径记作 r，r 与 F 之间的夹角用 θ 表示，则力臂

$$d = r\sin\theta$$

力矩

$$M = Fd = Fr\sin\theta$$

力矩也可以用矢径 r 和 F 的叉乘表示为

$$M = r \times F \tag{5-5}$$

力矩也是有方向的矢量，我们同样用右手螺旋法则定义：把右手拇指伸直，其余四指弯曲，弯曲的方向是由径矢 r 通过小于 $180°$ 的角转向力 F 的方向，这时拇指所指的方向就是力矩 M 的方向。定轴转动时，我们规定：力矩 M 逆时针方向为正，力矩 M 顺时针方向为负。可以看出力矩的单位为 N·m（牛·米）。

但是，如果作用在刚体上的外力不在垂直于转轴的平面内，如图 5-9 所示，可将力 F 分解为两个分力，一个分力 $F_\perp$ 在转动平面内，另一个分力 $F_\parallel$ 垂直于转动平面。而只有分力 $F_\perp$ 能使刚体转动。则力矩写成

$$M = r \times F_\perp$$

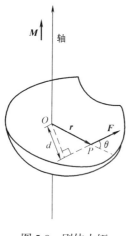

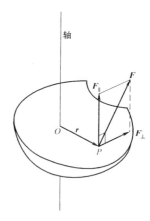

图 5-8　刚体力矩　　　　　　　图 5-9　外力不在垂直于转轴
　　　　　　　　　　　　　　　　　　的平面内时的力矩

如果 F 平行于转轴或经过转轴，这时力矩 $M = 0$，不会使刚体转动。如果几个外力同时作用在一个绕定轴转动的刚体上，且这几个外力都在与转轴相垂直的平面内，则它们的合外力矩等于这几个外力矩的代数和。对于非定轴转动，合力矩等于各分力矩的矢量和。而刚体内各质点之间的相互作用力对转轴的合内力矩等于零。

5.2.2　转动定律

质点在外力的作用下会获得加速度，这一关系为牛顿第二定律。刚体在外力矩的作用下，绕定轴转动的刚体的角速度也会发生变化，产生角加速度。研究表明：**刚体的角加速度 β 与合外力矩 M 成正比，与转动惯量成反比**，这称为**转动定律**。即

$$M = J\beta = J\frac{\mathrm{d}\omega}{\mathrm{d}t} \tag{5-6}$$

式中，J 为刚体的转动惯量。

转动定律是解决刚体作定轴转动时的动力学问题的重要定律。

刚体定轴转动定律表明，刚体定轴转动时运动状态的改变决定于施加于刚体上的合外力矩 M。如同质点所受合外力产生加速度一样，M 是产生 β 的原因。在合外力矩给定的情况下，转动惯量大的刚体所获得的角加速度小，即角速度改变得慢，也就是保持原有转动状态的惯性大；反之，转动惯量小的刚体所获得的角加速度大，即角速度改变得快，也就是保持原有转动状态的惯性小。转动惯量是描述刚体转动惯性大小的一个物理量，它反映了刚体转动状态改变的难易程度，这与质点运动中惯性质量的概念类似。如果力矩与力相对应，转动惯量与质量相对应，角加速度与加速度相对应，显然，转动定律与牛顿第二定律的形式相类似，其作用与牛顿第二定律在质点力学中的作用也是相同的。

5.2.3　转动惯量

前文指出：**转动惯量** J 代表转动的惯性的大小，其定义式为

$$J = \sum_i \Delta m_i r_i^2 \tag{5-7}$$

从式（5-7）可以看出，刚体对某一转轴的转动惯量等于每个质元的质量与这一质元到转轴的距离平方的乘积之总和（见图5-10）。

刚体的转动惯量决定于刚体各部分质量距转轴远近的分布情况，因此，决定转动惯量大小的有关因素为：一是刚体的质量，同样形状和大小的物体，质量越大，转动惯量就越大。二是刚体的质量分布，相同质量的物体，质量分布不同，转动惯量也不同，质量分布越靠外，转动惯量就越大。例如，一些机械上常在回转轴上装上飞轮，而且飞轮的质量绝大部分都集中在轮的边沿，以增大飞轮对转轴的转动惯量，使机械工作时运行平稳。三是转轴的位置，同一物体，绕不同的转轴转动，转动惯量不同，绕通过质心的转轴转动时，转动惯量最小。

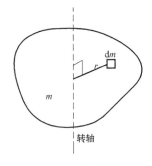

图 5-10　转动惯量

实际上，刚体的质量是连续分布的，则可把式（5-7）中的求和式改成积分形式，即

$$J = \int_m r^2 \, dm \tag{5-8}$$

式中，dm 是刚体中某一质元的质量。为了使问题简化，往往将刚体理想化，如一个长度比较长而半径很小的直棒，可以忽略其截面，将其视为一条直线，引入质量线密度 λ，则 $dm = \lambda dl$；对于厚度可以忽略的薄面，认为质量分布在没有厚度的面上，引入质量面密度 σ，则 $dm = \sigma dS$；质量若为体分布，则 $dm = \rho dV$。在 SI 中，转动惯量 J 的单位 $kg \cdot m^2$（千克·米²）。

下面举几个简单而又非常重要的例子，来说明转动惯量的计算方法。

【例 5-1】　如图 5-11 所示为质量为 m，长为 l 的均匀细棒 AB。就下面两种情况分别计算棒的转动惯量。

（1）对于通过棒的中心与棒垂直的轴；

（2）对于通过棒的一端与棒垂直的轴。

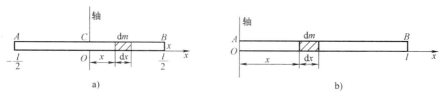

图 5-11 均匀细棒的转动惯量

【解】 （1）取坐标如图 5-11a 所示，在棒上距原点为 x 处取一质元，质元的质量

$$\mathrm{d}m = \lambda\,\mathrm{d}x = \frac{m}{l}\mathrm{d}x$$

棒的转动惯量为

$$J_C = \int_{-l/2}^{l/2} x^2\,\mathrm{d}m = \int_{-l/2}^{l/2} x^2\,\frac{m}{l}\mathrm{d}x = \frac{1}{12}ml^2$$

（2）如图 5-11b 所示，棒的转动惯量为

$$J_A = \int_0^l x^2\,\frac{m}{l}\mathrm{d}x = \frac{1}{3}ml^2$$

从上面的计算可以看出，转动惯量与转轴的位置有关，同一个物体对于不同的转轴转动惯量是不同的。

【例 5-2】 半径为 R、质量为 M 的圆环，绕垂直于圆环平面的质心轴转动，求其转动惯量。

【解】 如图 5-12 所示，在环上任取一质元，其质量 $\mathrm{d}m$，该质元到转轴的距离为 R，该质元对转轴的转动惯量为

$$\mathrm{d}J = R^2\,\mathrm{d}m$$

由于各质量元到轴的距离都相等，圆环对质心轴的转动惯量为

$$J = \int \mathrm{d}J = \int_0^M R^2\,\mathrm{d}m = R^2 \int_0^M \mathrm{d}m = MR^2$$

【例 5-3】 求质量为 m，半径为 R 的均匀薄圆盘绕其通过圆心且垂直于圆盘的轴的转动惯量。

【解】 圆盘可看成是由许多半径不同的同心圆环组成的。因此，取一半径为 r，宽度为 $\mathrm{d}r$ 的小圆环，如图 5-13 所示，其质量 $\mathrm{d}m = \sigma\mathrm{d}S$，其中 $\sigma = m/\pi R^2$ 是圆盘质量面密度，小圆环的面积 $\mathrm{d}S = 2\pi r\mathrm{d}r$，小圆环对转轴的转动惯量为

$$\mathrm{d}J = r^2\,\mathrm{d}m = \sigma \cdot 2\pi r^3\,\mathrm{d}r$$

整个圆盘对转轴的转动惯量为

$$J = \int \mathrm{d}J = 2\pi\sigma \int_0^R r^3\,\mathrm{d}r = \frac{\pi}{2}\sigma R^4 = \frac{\pi}{2}\,\frac{m}{\pi R^2}R^4 = \frac{1}{2}mR^2$$

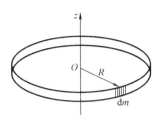

图 5-12 圆环的转动惯量

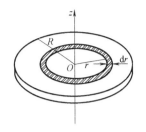

图 5-13 圆盘的转动惯量

从上面的例子可以看出，转动惯量与物体的质量分布情况有关。

以上例子中转轴大都是通过刚体质心的对称轴，若转轴不是通过质心，而是一个任意转轴，转动惯量将如何计算？下面介绍平行轴定理，它对于转动惯量的计算往往很有帮助。

平行轴定理可表述为，**刚体绕平行于质心轴的转动惯量 J_D，等于绕通过质心转轴的转动惯量 J_C 加上刚体质量与两轴间的距离平方的乘积**，即

$$J_D = J_C + md^2 \tag{5-9}$$

显然，刚体绕通过质心转轴的转动惯量最小。

对于例 5-1 中，质量为 m，长为 l 的均匀细棒 AB，对于通过棒的端点与棒垂直的转轴转动惯量。也可用平行轴定理求出，即

$$J_A = J_C + m\left(\frac{l}{2}\right)^2 = \frac{1}{12}ml^2 + \frac{m}{4}l^2 = \frac{1}{3}ml^2$$

表 5.1 给出了一些特殊形状刚体（如均质杆、圆柱、圆盘、圆环、球等）的转动惯量。

表 5.1 一些特殊形状刚体的转动惯量

	圆环 转轴通过中心 与环面垂直 $J = mr^2$		圆环 转轴沿直径 $J = \dfrac{mr^2}{2}$
	薄圆盘 转轴通过中心 与盘面垂直 $J = \dfrac{mr^2}{2}$		圆筒 转轴沿几何轴 $J = \dfrac{m}{2}(r_1^2 + r_2^2)$
	圆柱体 转轴沿几何轴线 $J = \dfrac{mr^2}{2}$		圆柱体 转轴通过中心与 几何轴垂直 $J = \dfrac{mr^2}{4} + \dfrac{ml^2}{12}$

（续）

细棒 转轴通过中心 与棒垂直 $J = \dfrac{ml^2}{12}$	细棒 转轴通过 端点与棒垂直 $J = \dfrac{ml^2}{3}$
球体 转轴沿直径 $J = \dfrac{2mr^2}{5}$	球壳 转轴沿直径 $J = \dfrac{2mr^2}{3}$

5.2.4　转动定律应用举例

应用转动定律求解定轴转动问题的一般步骤为：

1）区分系统中，哪些物体作平动，哪些物体作转动。

2）对作平动的物体进行受力分析，应用牛顿第二定律列方程；对作转动的物体进行受力矩分析，应用转动定律列方程。

3）建立平动与转动之间的联系。

【例5-4】　如图5-14所示，轻绳经过水平光滑桌面上的定滑轮C连接两物体A和B，A、B的质量分别为 m_A、m_B，滑轮视为圆盘，其质量为 m_C、半径为 R，AC水平并与轴垂直，绳与滑轮无相对滑动，不计轴处摩擦，求B的加速度及AC、BC间绳的张力大小。

【解】　物体A、B作平动，定滑轮作转动。受力与受力矩如图5-15所示。

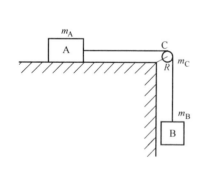

图5-14　例5-4图

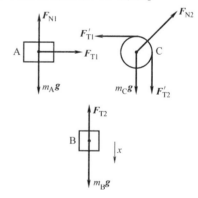

图5-15　例5-4受力分析图

取物体运动方向为正，由牛顿定律及转动定律有

$$F_{T1} = m_A a$$

$$m_B g - F_{T2} = m_B a$$

$$F'_{T2} R - F'_{T1} R = \frac{1}{2} m_C R^2 \beta$$

以及

$$F'_{T1} = F_{T1}, \quad F'_{T2} = F_{T2}, \quad a = R\beta$$

联立以上方程求解得

$$a = \frac{m_B g}{m_A + m_B + \frac{1}{2} m_C}$$

$$F_{T1} = \frac{m_A m_B g}{m_A + m_B + \frac{1}{2} m_C}$$

$$F_{T2} = \frac{\left(m_A + \frac{1}{2} m_C\right) m_B g}{m_A + m_B + \frac{1}{2} m_C}$$

讨论：不计 m_C 时，有

$$a = \frac{m_B g}{m_A + m_B}$$

$$F_{T1} = F_{T2} = \frac{m_A m_B g}{m_A + m_B}$$

此即为质点的情况。

【例 5-5】 如图 5-16 所示，一质量为 m 的物体悬于一条轻绳的一端，绳绕在一轮轴的轴上，轴水平且垂直于轮轴面，其半径为 r，整个装置架在光滑的固定轴承上。当物体从静止释放后，在时间 t 内下降了一段距离 s，试求整个滑轮的转动惯量（用 m、r、t 和 s 表示）。

【解】 对物体进行受力分析，如图 5-17 所示。

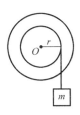

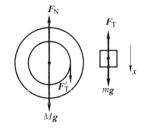

图 5-16　例 5-5 图　　　　　　　　　图 5-17　例 5-5 受力分析图

由牛顿第二定律及转动定律有

$$mg - F_T = ma$$

$$F'_T r = J\beta$$

及

$$F'_T = F_T, \quad a = r\beta, \quad s = \frac{1}{2} a t^2$$

解得

$$J = mr^2 \left(\frac{gt^2}{2s} - 1 \right)$$

5.3 力矩对时间和空间的累积效应

5.3.1 力矩对时间的累积效应 角动量守恒定理

在质点动力学中，我们曾从力对时间的累积效应出发，导出了动量定理，从而得到了动量守恒定律。对于刚体，上节已经讨论了在外力矩作用下刚体绕定轴转动的转动定律，本节我们将从力矩对时间的累积作用，得出对应的对刚体的描述——角动量定理和角动量守恒定律。

设一质点在平面 S 内，如图 5-18 所示。在某时刻，质点的动量为 p（或 mv），对某固定点 O 质点的位矢为 r，则质点对该点的角动量（或称质点对 O 点的动量矩）为质点相对于参考点的位置矢量与其动量的矢量积（叉乘），即

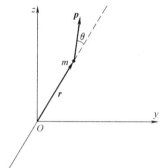

$$L = r \times mv \tag{5-10}$$

图 5-18 质点的角动量

角动量 L 的大小为 $rmv\sin\alpha$，方向是 $r \times v$ 方向。

国际单位制中角动量的单位是 $\text{kg} \cdot \text{m}^2 \cdot \text{s}^{-1}$。角动量 L 方向的规定同样用"右手螺旋法则"。

1. 质点的角动量定理

质量为 m 的质点，在力 F 的作用下运动，某一时刻 t，质点相对于固定点 O 的位矢为 r，速度为 v，根据牛顿第二定律有

$$F = \frac{dp}{dt} = \frac{d(mv)}{dt}$$

由质点的动量定理，两边同时叉乘 r 有

$$r \times F = r \times \frac{d(mv)}{dt}$$

经过数学推导可得

$$M = \frac{dL}{dt} \tag{5-11}$$

可以看出，**作用在质点上的力矩等于质点角动量对时间的变化率**。式（5-12）就是**质点角动量定理的微分形式**。式（5-11）还可写成

$$Mdt = dL \tag{5-12}$$

设有一转动惯量为 J 的刚体，在合外力矩 M 的作用下，从 t_1 到 t_2 的一段时间内，其角速度由 ω_1 变为 ω_2，可得

$$\int_{t_1}^{t_2} Mdt = \int_{t_1}^{t_2} dL = L_2 - L_1 = J\omega_2 - J\omega_1 \tag{5-13a}$$

式中，$\int_{t_1}^{t_2} Mdt$ 是外力矩与作用时间的乘积，称为**冲量矩**。

如果物体在转动过程中，其内部质点的位置相对转轴发生了变化，则物体的转动惯量也随时间变化，则上式应改为

$$\int_{t_1}^{t_2} M\mathrm{d}t = \int_{t_1}^{t_2} \mathrm{d}L = L_2 - L_1 = J_2\omega_2 - J_1\omega_1 \tag{5-13b}$$

式中，J_1 和 J_2 分别是刚体在 t_1 和 t_2 时刻的转动惯量。

式（5-13）表明：**当刚体绕定轴转动时，作用在物体上的冲量矩等于角动量的增量**，这一定理叫作**角动量定理**。

因此，质点的角动量定理也称为**冲量矩定理**。力矩对质点作用的累积效应，会导致质点对同一个固定点的角动量的增加。

2. 角动量守恒定律

刚体作为一个质点系，必然遵从质点系角动量定理和角动量守恒定律。当作用在刚体上的合力矩等于零时，由角动量定理可以导出刚体的角动量守恒定律。

若受到的合外力矩为零，则刚体对轴的角动量是一个恒量，即

$$若 M = 0，则 L = J\omega = 常量 \tag{5-14}$$

此即刚体的**角动量守恒定律**。

刚体定轴转动的角动量定理和角动量守恒定律对任意质点系均成立，无论是对定轴转动的刚体，或是对几个共轴刚体组成的系统，甚至是有形变的物体以及任意质点系。对于绕定轴转动的刚体，转动惯量为常数，角动量不变，就是角速度保持不变。对于绕定轴转动的可形变物体来说，转动惯量和角速度都在改变，但两者的乘积为常数。一个量变大时，另外一个量要减少。例如，滑冰运动员或芭蕾舞演员表演时，绕通过重心的轴高速旋转时，由于外力对于转轴的力矩几乎为

图 5-19　角动量守恒定律

零，可以认为他们对转轴的角动量守恒，他们可以通过收回或伸展手脚的动作来改变他们的旋转角速度，做出各种优美的动作，如图 5-19 所示。又如，体操运动员和跳水运动员做动作，在空中翻腾时将身体收紧，以减小转动惯量，增加旋转速度，完成多圈的旋转，快要着地或入水时，将身体打开，增大转动惯量，减小旋转速度，才能比较平稳落地或垂直入水。

理论和实践证明，与动量概念一样，角动量概念是物理学的基本概念之一，角动量守恒定律是自然界的普遍规律之一，它不仅适用于宏观物体的运动，而且对于牛顿第二定律不能适用的微观粒子的运动，角动量守恒定律也适用。

需要注意的是，由于角动量是对某一参考点或某一转轴来说的，所以角动量守恒也与参考点或转轴的选择有关，可能对某一点或某一转轴的角动量是守恒的，但对另外一点或转轴的角动量可能是不守恒的。

【例 5-6】　我国第一颗人造卫星绕地球沿椭圆轨道运动，地球中心为该椭圆的一个焦点，如图 5-20 所示。已知地球的平均半径 $R = 6378\mathrm{km}$，卫星近地点 A_1 的高度 $h_1 = 439\mathrm{km}$，远地点 A_2 的高度 $h_2 = 2389\mathrm{km}$。卫星经过近地点

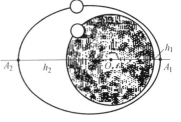

图 5-20　人造卫星轨道

时速率为 $v_1 = 8.10\text{km} \cdot \text{s}^{-1}$，求卫星通过远地点时的速率 v_2。

【解】 因为人造卫星所受的引力的作用线通过地球中心，所以卫星对地球中心的角动量守恒，即有

$$mv_1(R + h_1) = mv_2(R + h_2)$$

由此可得

$$v_2 = \frac{6378 + 439}{6378 + 2389}v_1 = 6.30\text{km} \cdot \text{s}^{-1}$$

5.3.2 力矩对空间的累积效应　刚体转动动能定理

1. 力矩对空间的累积效应——力矩做功

在质点动力学中，我们曾从力对空间的累积效应出发导出了动能定理，从而得到了能量守恒定律。对于刚体，当在外力矩的作用下绕定轴转动而产生角位移时，我们说力矩对刚体做了功，这体现了力矩的空间累积效应。

如图 5-21 所示，刚体在切向外力 $\boldsymbol{F}$ 的作用下，绕定轴转过了角位移 $\text{d}\theta$，根据功的定义，力 $\boldsymbol{F}$ 在这段位移内所做的功为

$$\text{d}A = \boldsymbol{F} \cdot \text{d}\boldsymbol{s} = Fr\text{d}\theta\cos\left(\frac{\pi}{2} - \varphi\right) = Fr\text{d}\theta\sin\varphi$$

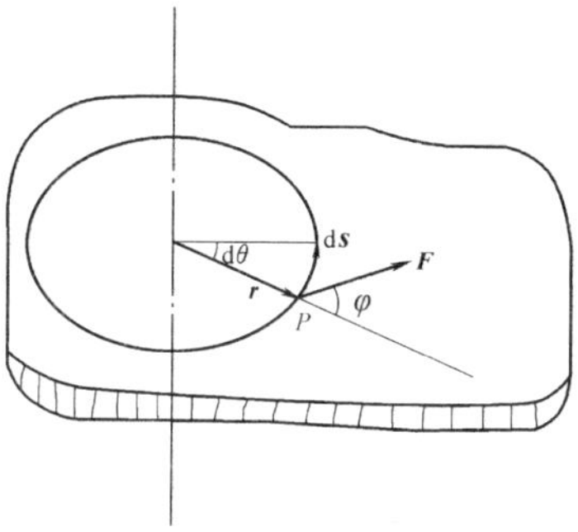

因为 $\boldsymbol{F}$ 对转轴的力矩为

$$M = Fr\sin\varphi$$

所以力矩所做的元功为

$$\text{d}A = M\text{d}\theta$$

也就是说，**力矩所做的元功 $\text{d}A$ 等于力矩 M 与角位移 $\text{d}\theta$ 的乘积**。

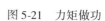

图 5-21　力矩做功

当力矩的大小和方向都不变时，如果刚体在此力矩作用下转过角度 θ，则力矩所做的功为

$$A = \int_0^\theta \text{d}A = \int_0^\theta M\text{d}\theta = M\int_0^\theta \text{d}\theta = M\theta$$

如果刚体所受的外力矩是变化的，则变力矩所做的功应表示为

$$A = \int M\text{d}\theta$$

在上式中，M 应理解为作用在刚体上的所有外力的合力矩，故上述两式表示的是合外力矩对刚体所做的功。

力矩做功的实质仍然是力做功。对于刚体转动的情况，用力矩的角位移来表示是方便的。

刚体可以看作是由许多质点组成的质点系，与质点动力学类似，刚体的动能为

$$E_k = \frac{1}{2}J\omega^2 \tag{5-15}$$

其中 $J = \sum_i \Delta m_i r_i^2$。

也就是说，**刚体绕定轴转动的转动动能等于刚体的转动惯量与角速度平方的乘积的一**

半。这跟质点的动能 $E_k = \dfrac{1}{2}mv^2$ 在形式上是完全相似的。

2. 动能定理

在合外力矩的作用下，刚体绕定轴转过角位移 $\mathrm{d}\theta$，根据数学推导容易得到

$$\mathrm{d}A = J\frac{\mathrm{d}\omega}{\mathrm{d}t}\mathrm{d}\theta = J\frac{\mathrm{d}\theta}{\mathrm{d}t}\mathrm{d}\omega = J\omega\mathrm{d}\omega$$

则

$$A = \frac{1}{2}J\omega_2^2 - \frac{1}{2}J\omega_1^2 = E_{k2} - E_{k1} \tag{5-16}$$

刚体定轴转动的动能定理：在刚体的一个转动过程中合外力矩的功，等于刚体转动动能的增量。

怎样理解刚体转动动能的增量只与合外力矩有关，而与内力矩无关呢？这是因为刚体的内力矩是成对出现的，并且作用点之间没有相对位移，所以每对内力矩的总功为零。故全部内力矩的总功当然应该为零。

3. 刚体的重力势能

刚体没有形变，所以没有内部的弹性势能。而在实际使用中我们常常会碰到刚体的重力势能问题，这里对此问题作一点说明。刚体的重力势能为组成刚体各个质元的重力势能之和。用重心的概念，刚体的重力势能应当等于刚体的全部质量集中在重心处的质点的重力势能。

被悬刚体处于静止，各质元均受重力，重力的总效果一定与悬线拉力相等，否则将使刚体转动。该线称为重力作用线，当改变悬挂方位时又可得到其他作用线。刚体处于不同方位时重力作用线共同通过的那一点叫作刚体的**重心**。在物理概念上，质心与重心不同，重心为重力合力作用线通过的那一点，而质心是在刚体运动中具有特殊地位的几何点，其运动服从质心运动定理。质心比重心更有普遍意义。当星际飞船脱离地球引力时，就谈不上重力和重心。质心与重心的重合也不是必然的，只有当物体的线度跟它们到地心的距离相比很小时，才能认为各部分所受重力互相平行，因此重心与质心重合。若物体很大，以至于不能认为物体各部分重力彼此平行，重心就不再与质心重合了。

在均匀的重力场中，刚体的重心与质心重合。对均质而对称的几何形体，质心就在几何中心。当把刚体和地球视作一系统时，则可考虑该系统的重力势能（或简称刚体的重力势能）等于各质元重力势能之和。

刚体的重力势能

$$E_p = mgh_C \tag{5-17}$$

可见，刚体的重力势能决定于刚体质量和其质心距离势能零点的高度，亦即，相当于总质量 m 集中在质心 C 的高度 h_C 上。

4. 刚体的机械能守恒定律

刚体作为质点系，必然遵从一般质点系的功能原理和一定条件下的机械能守恒定律。定律的应用与质点动力学完全类似，只需要考虑刚体的一些特殊情况，如力矩做功、转动动能等物理量的计算与单个质点的情况有所不同就行了。

在某些问题中，应用动能定理及机械能守恒定律或功能原理，常使问题解决得简便迅速。下面我们通过一些例子来介绍它的应用。

【例 5-7】 如图 5-22 所示，一细杆长度为 l，质量为 m，可绕其一端的水平轴 O 在铅垂面内自由转动。若将杆从水平位置释放，求杆运动到角位置 θ 处的角速度和细杆质心的速度。

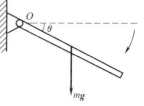

【解】 此题可先用转动定律求出杆的角加速度 β，然后将 β 对时间 t 积分求出角速度 ω。显然这种方法比较复杂一些。简单的方法是用动能定理或机械能守恒定律求解。

图 5-22　例 5-7 图

以杆为研究对象，它受到重力 mg 和转轴的作用力 F_N。由于转轴光滑，F_N 不做功，所以只有 mg 做功。当杆从水平位置落至题设的位置时，重力做功应等于其重力势能减少值，即

$$A = mg\,\frac{l}{2}\sin\theta$$

在此期间，杆的动能增量

$$E_k - E_{k0} = \frac{1}{2}J\omega^2 - 0$$

由机械能守恒定律有

$$\frac{1}{2}J\omega^2 = \frac{mg}{2}l\sin\theta$$

由于

$$J = \frac{1}{3}ml^2$$

所以，杆运动到角位置 θ 处的角速度为

$$\omega = \sqrt{\frac{3g}{l}\sin\theta}$$

此时质心的速度为

$$v_c = \frac{l}{2}\omega = \frac{1}{2}\sqrt{3gl\sin\theta}$$

最后我们应该指出，角动量守恒定律、动量守恒定律和能量守恒定律是自然界普遍适用的物理定律，它们虽然是从经典的牛顿力学原理出发，在不同的理想条件下（质点、刚体）推导出来的，但它们的适用范围却远远超出原有条件的限制，不仅适用于牛顿力学所研究的宏观、低速领域，也适用于微观高速领域（即量子力学和相对论）中，它们是自然界更普遍更基本的物理定律。

5.3.3　角动量守恒的应用

角动量守恒在分析一些定轴转动时是非常方便的，我们通过下面的例子介绍它的使用方法。

1. 不受外力矩作用时陀螺仪的回转运动

通常来说，刚体绕定点的运动一般是非常复杂的，在这里我们只讨论一种较简单的特殊情况，即陀螺仪的回转运动。陀螺仪可以安装在轮船、飞机或火箭上的导航装置上，也叫作回转仪，它是通过角动量守恒的原理来工作的。图 5-23 所

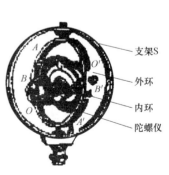

支架S
外环
内环
陀螺仪

图 5-23　回转仪

示就是一个回转仪，G 是一个边缘厚重的轴对称物体，可绕对称轴转动。转轴装在一个常平架上。常平架由支在框架 S 上的两个圆环组成，外环能绕由支点 A、A′ 所决定的轴自由转动，内环可绕与外环相连的支点 B、B′ 所决定的轴相对于外环自由转动，陀螺仪的轴装在内环上，它又可绕 OO′ 轴相对于内环自由转动。OO′、BB′、AA′ 三轴两两垂直，而且都通过陀螺仪的重心。这样，陀螺仪就不受重力矩作用，且能在空间任意取向。

上一节我们谈过，刚体不受外力矩时角动量 L 守恒，因而转动轴线的方向不变。特别是陀螺仪，由于当它高速旋转时角动量很大，即使受到在实际中不可避免的外力矩（如轴承处的摩擦），如果外力矩较小，则其角动量的改变相对于原有的角动量来说是很小的，可忽略不计。这时无论我们怎样去改变框架的方向，都不能使陀螺仪的转轴 OO′ 在空间的取向发生变化。陀螺仪的这一特性可用来作为导弹等飞行体的方向标准，在导弹上装有此种陀螺仪，即可利用它来随时纠正导弹飞行中可能发生的方向偏离，控制其航向。

2. 受到外力矩作用时陀螺仪的回转效应

高速旋转的刚体在受到外力矩作用时会产生回转效应，回转效应对我们来说并不陌生。小孩玩的陀螺就是绕自转轴转动惯量较大的轴对称物体，当它绕自转轴旋转的时候，在重力矩的作用下，它并不倒下来，而是其自转轴绕铅直方向进动，绕对称轴高速旋转的物体具有回转效应，这在我们玩陀螺玩具时就会看到。当陀螺在地上高速旋转时，它的对称轴会发生倾斜，但重力对支撑点的力矩并没有使它继续倾倒下去，出现的情况是陀螺一方面绕自己的对称轴自旋，一方面又绕竖直轴以较小的角速度"公转"，这种"公转"称为"旋进"（又叫作"进动"）。高速旋转体在外力矩作用下产生旋进的效应就称为回转效应，又称陀螺效应。

自行车行驶时，是靠车把的微小转动来调节平衡的。如果车子有向右倒的趋势，骑车人只需将车把向右方略微转动一下，即可使车子恢复平衡。反之亦然。有一种自行车的车锁装在龙头上，把龙头锁死，这时车就不可能沿直线行走。此外，骑车人想拐弯时，无须有意识地转动车把，只需将自己的重心侧倾，龙头可自然拐向一边。这都是回转效应的应用。

3. 岁差（进动）和章动

在外力的作用下，地球自转轴在空间中并不保持固定的方向，而是不断发生变化。地轴的长期运动称为岁差，而其周期运动则称为章动。岁差和章动引起天极和春分点在天球上的运动，对恒星的位置有所影响。

如图 5-24 所示，以地球为中心作任意半径的一假想大球面，称为"天球"。地球的赤道平面与天球相交的圆称为"天赤道"，地球绕日公转的轨道平面与天球相交的圆称为"黄道"，它是太阳在天球上的视轨迹。大家知道，赤道面与黄道面不相合，其间有 23°26′ 的交角。天赤道与黄道相交于两点，一年中太阳过这两点时分别为春分和秋分，在这两天全球各地昼夜等长。黄道上的春分点和秋分点统称"二分点"。太阳从春分点出发，沿黄道运行一周回到春分点时，

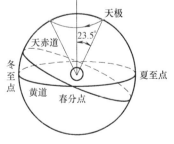

图 5-24　岁差

为一"回归年"。如果地轴（赤道面的法线）不改变方向，二分点不动，回归年与恒星年相等。古代的天文学家通过令人惊奇的细心观测，就已发现二分点由西向东缓慢漂移（也称为"进动"）。公元前 2 世纪古希腊天文学家喜帕恰斯是岁差现象的最早发现者。略后，我

国西汉末年的刘歆与后汉的贾逵也发现了二分点的进动，这种现象在我国称为"岁差"。公元 4 世纪，中国晋代天文学家虞喜根据对冬至日恒星的中天观测，首先确定了岁差的数值为每 50 年一度（相当于 72 角秒每年）。南朝梁代何承天、祖冲之对此加以证实。古代以恒星年为年，结果实际的季节逐年提早到来。虽然相差不多，但长年积累，实际季节已与历书上的季节有了很明显的差别。历史上祖冲之首先将岁差引进历法，他编写的《大明历》，采用了 391 年中有 144 个闰月的精密新置闰周期，这是我国历法史上一次重大的进步。

牛顿是第一个指出了地轴进动原因的人，其主要是由于太阳和月球对地球赤道隆起部分的吸引。因为地球并不是理想的球体，其赤道部分稍有隆起（潮汐在这里也起了一定的作用），从而受到太阳和月亮给它的外力矩。在日、月的引力作用下，地球自转轴的空间指向并不固定，呈现为绕一条通过地心并与黄道面垂直的轴线缓慢而连续地运动，大约 25800 年顺时针方向（从北半球看）旋转一周，描绘出一个圆锥面。此圆锥面的顶角等于黄赤交角（23°26′）。于是天极在天球上绕黄极描绘出一个小圆（圆锥顶角为 23.5°，见图 5-24），也使春分点沿黄道以与太阳周年视运动相反的方向每 25800 年旋转一周。这种由太阳和月球引起的地轴的长期进动（或称旋进）称为日月岁差。

地轴除进动外，还有章动。现在我们来看进动陀螺仪的章动。当陀螺仪运动时并非完全"不屈服"于重力的作用。如果我们先把一个快速旋转的陀螺仪两端都支撑起来，然后撤去一端（A 点）的支持，首先出现的现象是这一端确实下沉。然而，此后就立刻在水平面内进动了，与此同时下沉运动放慢，直到 A 点完全沿水平方向运动。但事情并不就此了结，紧接着出现的是进动放慢，A 点重新抬起，在理想的情况下可以达到它的初始高度。这样的过程周而复始地继续下去，端点 A 描绘出如图 5-25 所示的摆线轨迹。陀螺的这种运动叫作章动，拉丁语中是"点头"的意思。图 5-25 给出了一些不同初始条件下的章动。除非陀螺仪在启动时恰好符合稳定进动所需的条件，一般来说总的效果是陀螺的重心保持在低于起始点的水平上，由此释放出来的势能提供了进动和章动所需的动能。

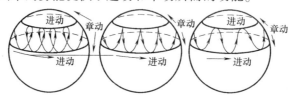

图 5-25　章动

地轴的章动，是英国天文学家布拉德雷在 1748 年分析了前 20 年恒星位置的观测资料后发现的。月球轨道面（白道面）位置的变化是引起章动的主要原因。白道的升交点沿黄道向西运动，约 18.6 年绕行一周，因而月球对地球的引力作用也有同一周期的变化。在天球上表现为天极（真天极）在绕黄极运动的同时，还围绕其平均位置（平天极）作周期 18.6 年（近似地说就是 19 年）的运动。因为我国古代历法中把 19 年称为一"章"，所以我们称之为"章动"。同样，太阳对地球的引力也具有周期性变化，并引起相应周期的章动。岁差和章动的共同影响使得真天极绕着黄极在天球上描绘出一条波状曲线。

除了太阳和月球的引力外，地球还受到太阳系内其他行星的吸引，从而引起黄道面位置的不断变化，这不仅使黄赤交角改变，还使春分点沿赤道产生一个微小的位移（其方向与日月岁差相反），春分点的这种位移称为行星岁差。

本章逻辑主线

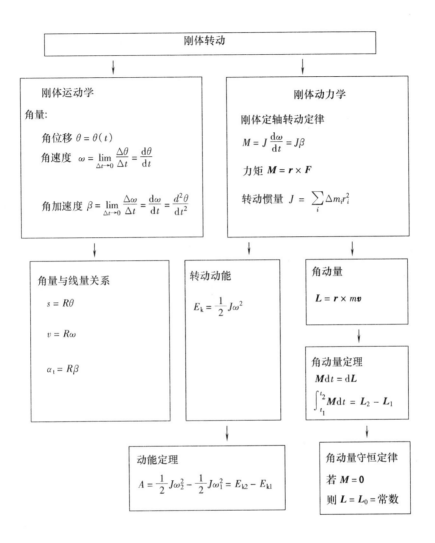

刚体转动

刚体运动学

角量:

角位移 $\theta = \theta(t)$

角速度 $\omega = \lim\limits_{\Delta t \to 0} \dfrac{\Delta \theta}{\Delta t} = \dfrac{d\theta}{dt}$

角加速度 $\beta = \lim\limits_{\Delta t \to 0} \dfrac{\Delta \omega}{\Delta t} = \dfrac{d\omega}{dt} = \dfrac{d^2\theta}{dt^2}$

刚体动力学

刚体定轴转动定律

$M = J\dfrac{d\omega}{dt} = J\beta$

力矩 $\boldsymbol{M} = \boldsymbol{r} \times \boldsymbol{F}$

转动惯量 $J = \sum\limits_i \Delta m_i r_i^2$

角量与线量关系

$s = R\theta$

$v = R\omega$

$\alpha_t = R\beta$

转动动能

$E_k = \dfrac{1}{2}J\omega^2$

角动量

$\boldsymbol{L} = \boldsymbol{r} \times m\boldsymbol{v}$

角动量定理

$\boldsymbol{M}dt = d\boldsymbol{L}$

$\displaystyle\int_{t_1}^{t_2}\boldsymbol{M}dt = \boldsymbol{L}_2 - \boldsymbol{L}_1$

动能定理

$A = \dfrac{1}{2}J\omega_2^2 - \dfrac{1}{2}J\omega_1^2 = E_{k2} - E_{k1}$

角动量守恒定律

若 $\boldsymbol{M} = 0$

则 $\boldsymbol{L} = \boldsymbol{L}_0 = $ 常数

>>> **扩展思维**

陀螺在航空航天等领域中的应用

可能每个人都还记得你小时候玩过的陀螺,当你用正确方法抽打它几下以后,它就会尖顶朝下竖起来,并绕其轴线旋转而不倾倒。正是根据这小小的陀螺,人们设计制造出了五花八门的精密陀螺仪,为各种飞行器(如飞机、导弹、人造卫星等)的飞行自动控制奠定了基础。由于陀螺仪在任何环境下都具有自主导航能力,自问世以来,就引起极大关注,一直被广泛地运用于航海、航空、航天、军事等领域。在科学技术突飞猛进的今天,与陀螺仪相关的技术仍然是人们关注的焦点之一。尽管陀螺仪的外表看起来与常见的陀螺不大一样,其大小也不尽相同(如用在飞行仪器上的陀螺仪最轻者只有几十克重,而一个稳定核潜艇的陀螺仪却重达 55t),但是基本原理却并无二致。现在,陀螺仪及其相关技术已经在我国国民经济的各个部门（包括军用和民用）得到广泛运用，甚至在矿产资源钻探和开采中也有它的踪迹，这一技术具有强大的生命力和广泛的应用前景。

陀螺仪对于现代飞行控制系统来说可谓举足轻重。它不仅对整个系统的工作起着决定性作用，而且它的精度高低、可靠性程度和使用寿命长短等指标，对飞行器的稳定性和精确性都有着至关重要的影响。

陀螺仪在高速旋转时，能够抗拒任何外力和干扰的影响，保持其自转轴相对于惯性空间方向上稳定不变。若飞行器的飞行姿态偏离预定正确方向，陀螺仪在转轴与飞行方向之间的夹角便发生变化，飞行器上的检测元件立刻就可测量出来，并同时发出控制信号，通过执行机构的作用使飞行器的状态恢复正常。因此，这种自动控制系统也叫作"姿态稳定系统"。

陀螺自转轴方向不变的原理除应用于导弹的制导和飞机姿态控制以外，在宇航技术中也同样得到广泛运用。例如，陀螺仪用在人造卫星上，可以保证人造卫星不受外界干扰而稳定运行在预定轨道上。不论人造卫星绕地球转到哪个位置或受其他什么外界干扰，卫星上的陀螺仪始终是指向空间某一预定方向。

1. 陀螺仪的发展简史

陀螺的原意为高速旋转的刚体，而现在一般将能够测量相对惯性空间的角速度和角位移的装置称为陀螺。陀螺是一种即使无外界参考信号也能探测出运载体本身姿态和状态变化的内部传感器，其功能是敏感运动体的角度、角速度和角加速度，利用陀螺的定轴性和进动性可测量运动体的姿态角（航向、俯仰、滚动），精确测量运动体的角运动，通过陀螺组成的惯性坐标系实现稳定惯性平台。也就是说，可以利用陀螺的特性建立一个相对于惯性空间的人工参考坐标系，通过精确的陀螺仪和加速度计测出运载器（包括火箭、导弹、潜艇、远程飞机、宇航飞行器等）的旋转运动和直线运动信号，经计算机综合计算，指令姿态控制系统和推进系统，实现运载器的完全自主导航。

陀螺仪的最早应用领域是航海事业。19世纪人们广泛利用陀螺仪标定航向，在漫长的航海史上写下了新的一页。自1910年首次应用船载指北陀螺仪以来，陀螺已有100多年的发展史。从20世纪40年代开始，陀螺仪便在导弹武器及航空航天事业上得到广泛应用，其稳定性和工作精度也随着科学技术的进步和工艺水平的提高而迅速提高。目前陀螺仪已有滚珠轴承、气浮、液浮、挠性、激光等类型。这就是陀螺仪发展所经历的4个阶段：第一阶段是滚珠轴承支承陀螺马达和框架的陀螺；第二阶段是20世纪40年代末到50年代初发展起来的液浮和气浮陀螺；第三阶段是20世纪60年代以后发展起来的干式动力挠性支承的转子陀螺；目前陀螺的发展已进入第四个阶段，即静电陀螺、激光陀螺、光纤陀螺和振动陀螺。

惯性制导技术第一次应用于第二次世界大战时德国的 V-2 火箭。现代导弹、宇航飞行器等多采用惯性制导的方法。1970年，我国人造地球卫星发射成功，其中也应用了惯性制导技术。20世纪90年代的海湾战争中，法国的 AS-30 激光制导空对地导弹命中率达95%；美国的"拉斯姆"中程空对地导弹则创造了"百公里穿杨"的纪录：为攻击一座水电站，一架 A-6 飞机在 116km 的距离上，发射了一枚"拉斯姆"导弹，而附近另一架 A-7 飞机发射的第二枚导弹，竟穿过第一枚导弹打开的墙洞击中目标。

2. 激光陀螺仪

早期的陀螺，包括滚珠轴承陀螺，还有后来发展起来的液浮陀螺、静电陀螺等，都离不开高速旋转的机械转子，由于高速转子容易产生质量不平衡，容易受到加速度的影响，而且需要一段预热时间转速才能达到稳定等问题，使用起来很不方便，因此研制没有高速转子的陀螺一直是人们极为关心的问题。1960 年激光器的问世，使制造无转子陀螺的愿望成为可能。到 20 世纪 80 年代，激光陀螺已成功地用于飞机和地面车辆的导航、舰炮稳定等，激光陀螺开始取代机械陀螺，并进行了用于导弹、运载火箭等更高精度的试验。现在激光陀螺已经成为一个市场潜力巨大的高新技术产业。激光陀螺仪利用光学中的 Sagnac 效应测量运载器的旋转运动。Sagnac 效应是 1913 年在研究转动的环形干涉仪时提出来的：在环形光路中，沿顺时针和逆时针方向传播的两光束，当环形光路相对于惯性空间不转动时，顺、逆时针的光程长度相同，当环形光路相对于惯性空间有一转动角速度 ω 时，顺、逆光程就有差异，其光程差 ΔL 正比于转动角速度 ω 值，测出 ΔL 值即可测出角速度 ω。由于激光陀螺仪是与运载器固连的，因而也就知道运载器的转动角速度。激光陀螺仪较为突出的优点是：①具有大动态范围和高速率性能；②精度高，激光陀螺仪的漂移率已达到 $0.001°/h$；③启动时间短，一般只需要千分之几秒（机电陀螺需 4min 才进入工作状态）；④寿命长，可达 $(2～5)×10^4h$（机电陀螺使用 600h 后就需进行检查）；⑤可靠性高。激光陀螺仪的缺点：①存在闭锁现象，即在低角速度区域里产生频率牵引，使拍频为零而不能检测旋转角速度；②价格昂贵，制作工艺复杂和材料昂贵；③体积较大，受灵敏度限制不能减小。国际上，美国 Honeywell 研制的激光陀螺水平最高，生产的陀螺主要用于波音 757 和 767 客机的惯导系统。Litton 公司研制的激光陀螺主要用于欧洲的大型远程和近程客机，远程、近程和短程导弹。在高性能的惯导领域中，激光陀螺具有较为明显的优势。

3. 光纤陀螺

光纤陀螺是激光陀螺的一种，其原理与环形激光陀螺相同，是检测角速度的传感器，且检测光源都是激光源，光纤陀螺采用的是 Sagnac 干涉原理，用光纤绕成环形光路并检测出随转动而产生的反向旋转的两路激光束之间的相位差，由此计算出旋转的角速度。不同的是，光纤陀螺是将 200～2000m 的纤绕成直径为 10～60cm 的圆形光纤环，从而加长了激光束的检测光路，使检测灵敏度和分辨率比激光陀螺提高了几个数量级，有效地克服了激光陀螺的闭锁现象。随着光纤通信技术和光纤传感技术的发展，光纤陀螺仪已经实现了惯性器件的突破性进展。惯性技术专家现已公认光纤陀螺仪（干涉型）是用于惯性制导和导航的关键技术。美国国防部在 20 世纪 90 年代初提出，光纤陀螺仪的精度 1996 年达到 $0.01°/h$；2001 年达到 $0.001°/h$；2006 年达到 $0.0001°/h$，有取代传统的机电式陀螺仪的趋势。

光纤陀螺的主要优点是：①无运动部件，仪器牢固稳定，耐冲击和抗加速度运动；②结构简单，零部件省，价格低廉；③启动时间短，原理上可瞬间启动；④检测灵敏度极高，可达 $10～7rad/s$；⑤可直接用数字输出并与计算机接口联网；⑥动态范围极宽，约为 2000b/s；⑦寿命长，信号稳定可靠；⑧易于采用集成光路技术；⑨克服了因激光陀螺闭锁带来的负效应；⑩与环形激光陀螺一起成为连接惯性系统的传感器。

由于上述特点，光纤陀螺颇受各国特别是陆海空三军的高度重视，在近几年进行了大量的研究和试验。更先进的设计是处于不同研制阶段的闭环光纤陀螺。随着光纤技术和集成光路技术的发展，光纤陀螺正朝高精度和小型化发展，包括用于战术导弹制导的中等级光纤陀螺，以及更坚固的性能符合各种军事环境的导航光纤陀螺。精密级光纤陀螺计划用于高性能航天和航海导航，这些场合对精度的要求非常严格。在小体积的战术和导航级应用领域里，低成本是很重要的，为此，采用了单模光纤的消偏型设计。目前，漂移率低达 0.001°/h 的新型高性能精密惯导光纤陀螺将步入实用化，广泛装备于导弹系统、飞机和舰艇的导航系统及军用卫星与地形跟踪匹配等系统中。美国从 1983 年到 1994 年的 10 年间，光纤陀螺仪用量由 0% 上升到 49%。可以看出，不仅全部飞机、舰艇、潜艇及导弹均将装备光纤陀螺用以导航和制导，而且卫星、宇宙飞船上也将会装备光纤陀螺仪用于与地形跟踪匹配和导向，火箭发射场上光纤陀螺仪用于火箭升空发射跟踪及测定等。在民用方面，光纤陀螺仪可用于飞机导航和石油勘察、钻井导向（确定下钻的位置），特别是在工业上的应用具有极大的潜力。美国道格拉斯公司研制出一种民用光纤陀螺仪，能承受很宽的湿度变化范围和强烈冲击，这是世界上第一台能用于钻井设备的光纤陀螺仪，可精确地测定重力和油井方向。光纤陀螺仪的应用前景光明，大有取代惯性陀螺仪之势。

4. 振动轮式 MEMS 陀螺

20 世纪 90 年代开始发展起来的微机械电子系统（MEMS），采用了当前最具发展潜力的纳米技术，加工出了新一代微型机电装置，它不仅在民用方面前景广阔，而且在导航系统这种尖端技术上也得到了应用，如硅微型陀螺和微型加速度计。MEMS 陀螺的发展已有十余年历史，目前常见的结构类型有框架式、音叉式和振动轮式几种。理论分析表明，振动轮式 MEMS 陀螺在现有的结构中，具有最高的灵敏度，且便于加工，因而是发展的重点。振动轮式 MEMS 陀螺的基本工作原理是：梳状驱动轮一方面通过一对挠性轴与外框架相连，另一方面通过 4 根支撑梁与中心支柱相连，在静电力矩驱动下，振动轮带动外框架绕其中心轴在 XY 平面内振动。当输入轴 X 有角速度输入时，振动轮在哥氏力矩作用下带动外框架绕其输出轴 Y 振动，于是与基片上检测电极间形成一对差分电容，将电容变化率转换成电信号，可以提取出输入角速度的大小和方向。

5. 静电陀螺仪

在宇宙航行中，对陀螺仪的精度要求很高，漂移误差约为 0.001°/h，或更高，静电陀螺仪是能满足这种要求的陀螺仪之一。静电陀螺仪是利用静电引力使金属球形转子悬浮起来，是自由转子陀螺。其基本结构是一只金属球形转子，加上两只碗形电极壳体，壳体外为陶瓷，内壁上固定 6 只金属电极，将球形转子放在对称密封壳体内而形成陀螺组件，给电极充电后，只要沿空间相互垂直的 3 个方向的静电引力的合力能与转子本身的重力和惯性力相平衡，转子就能浮起来。静电悬浮必须在超真空（$1.33 \times 10^{-5} \sim 10^{-7}$ Pa）环境下才有可能实现，否则会击穿放电，破坏静电支承力。超真空使气体阻力矩减小到最低限度，这样，启动后就能靠惯性长期运转下去，可以运转数月，甚至数年。静电陀螺仪的支承系统可以给出转子相对于壳体的位移信号，这就有可能使陀螺兼起 3 个方向加速度计的作用，灵敏度为 $10^{-3} \sim 10^{-7}$ g。这种多功能，只有静电陀螺仪才能实现。

6. 钻孔陀螺测斜装置

除了航空航天导航的主要用途之外，陀螺还用于钻孔弯曲测量，在煤炭、石油等行业获得了应用。在石油、煤炭行业的钻孔施工中，由于钻孔深度较大（有时达几百米甚至上千米），钻孔穿过的岩层介质变化复杂，钻孔施工时容易出现弯曲和漂移，有时钻孔的实际位置与设计位置相差很大，严重影响工程质量，是行业中一直不能很好解决的技术问题之一。人们将利用重力加速度计和陀螺制作的钻孔测斜仪装置运用于钻机上，在钻孔过程中，随时对钻孔方向、位置进行测量，如果与设计不符，立即进行校正，从而可以确保高质量的钻孔。钻孔陀螺测斜装置的应用，从根本上解决了钻孔弯曲、漂移这一技术问题。钻孔测斜装置，是由2个互成90°的石英重力加速度计和一个具有方位输出的3自由度陀螺方位仪组成。石英重力加速度计由敏感质量（石英摆片）、换能器、伺服放大器、力矩器4部分组成。当仪器倾斜或受到一个不平衡信号时，经伺服放大器输出一个与之对应的电流送到力矩器，产生一个电磁力矩，强迫摆片与换能器保持平衡位置。陀螺外框架的转轴带动一个360°测向器的滑臂，测向器固定在探头的外壳，当陀螺电动机启动后，其转子轴的方向保持不变，因此，测向器的滑臂也不动。当探头外壳相对于空间某一方位有转动时，测向器跟着转动，故测向器的输出电压就等效转动角度。X加速度计和Y加速度计的敏感轴都与探头中心线垂直，两者之间也互相垂直，当探头垂直于地面时，两个加速度计的输出电压U都是零。要知道钻孔某一点的倾斜角和方位角，只需测出这一点的两个重力加速度计的输出和测向器的输出减去初始值即可。

7. 结语

虽然陀螺的诞生至今已有100多年的历史，但近几十年陀螺及其相关技术才得到快速发展，特别在20世纪80年代以后更是突飞猛进。20世纪90年代以后，光纤陀螺技术发展迅速，是今后发展的主要方向。陀螺技术不但在军事、航空、航天领域发挥着巨大作用，而且在国民经济的其他领域中也获得应用，为国民经济的发展发挥着重要作用。

思 考 题

5.1 一质点作匀速率圆周运动，其质量为 m，线速度为 v，半径为 R。求它对圆心的角动量。它相对于圆周上某一点的角动量是否为常量？为什么？

5.2 质点作匀速直线运动，则该质点对直线外某一个确定的 O 点的角动量是否为常量？若质点作匀加速直线运动，则该质点对 O 点的角动量是否为常量？角动量的变化率是否为常量？

5.3 彗星绕太阳作椭圆轨道运动，太阳位于椭圆轨道的一个焦点上，问系统的角动量是否守恒？近日点与远日点的速度哪个大？

5.4 利用角动量守恒定律简要分析花样滑冰、跳水运动过程。

5.5 一质量为 m 的质点系在绳子的一端，绳的另一端穿过水平光滑桌面中央的小洞，起初下面用手拉着不动，质点在桌面上绕 O 作匀速圆周运动，然后，慢慢地向下拉绳子，使它在桌面上那一段缩短。质点绕 O 的角速度 ω 如何随半径 r 变化？

习 题

一、选择题

5.1 一绕定轴转动的刚体，某时刻的角速度为 ω，角加速度为 β，则其转动加快的依据是（ ）。

(A) $\beta > 0$；
(B) $\omega > 0, \beta > 0$；
(C) $\omega < 0, \beta > 0$；
(D) $\omega > 0, \beta < 0$。

5.2 用铅和铁两种金属制成两个均质圆盘，质量相等且具有相同的厚度，则它们对过盘心且垂直盘面的轴的转动惯量（ ）。

(A) 相等；
(B) 铅盘的大；
(C) 铁盘的大；
(D) 无法确定。

5.3 一轻绳绕在半径为 r 的重滑轮上，轮对轴的转动惯量为 J，一是以力 F 向下拉绳使轮转动；二是以重量等于 F 的重物挂在绳上使之转动，若两种情况使轮边缘获得的切向加速度分别为 a_1 和 a_2，则有（　　）。

（A）$a_1 = a_2$；　　　　　　　　　　（B）$a_1 > a_2$；

（C）$a_1 < a_2$；　　　　　　　　　　（D）无法确定。

5.4 已知银河系中一均匀球形天体，现在半径为 R，绕对称轴自转周期为 T，由于引力凝聚作用，其体积不断收缩，假设一万年后，其半径缩小为 r，则那时该天体的（　　）。

（A）自转周期增加，转动动能增加；　　（B）自转周期减小，转动动能减小；

（C）自转周期减小，转动动能增加；　　（D）自转周期增加，转动动能减少。

5.5 绳子通过高处一固定的、质量不能忽略的滑轮，两端趴着两只质量相等的猴子，开始时它们离地高度相同，若它们同时攀绳往上爬，且甲猴攀绳速度为乙猴的两倍，则（　　）。

（A）两猴同时爬到顶点；　　　　　　　（B）甲猴先到达顶点；

（C）乙猴先到达顶点；　　　　　　　　（D）无法确定。

二、填空题

5.6 旋转着的芭蕾舞演员要加快旋转时，总是将双手收回身边。对这一力学现象可根据_____定律来解释；这过程中，该演员的转动动能_____（增加、减小、不变）。

5.7 匀速直线运动的小球对直线外一点 O 的角动量_____（守恒、不守恒、为零）。

5.8 有一长直细棒，其左半部分质量为 m_1，长为 $L/2$，质量均匀分布；右半部分质量为 m_2，长为 $L/2$，质量也为均匀分布；在细棒正中间嵌有一质量为 m 的小球，则该系统对棒的左端点 O 的转动惯量为_____。

三、计算题

5.9 如图 5-26 所示，在不计质量的细杆组成的正三角形的顶角上，各固定一个质量为 m 的小球，三角形边长为 l。求：

（1）系统对过质心且与三角形平面垂直轴 C 的转动惯量；

（2）系统对过 A 点，且平行于轴 C 的转动惯量；

（3）若 A 处质点也固定在 B 处，（2）的结果如何？

5.10 如图 5-27 所示，两个圆柱形轮子内、外半径分别为 R_1 和 R_2，质量分别为 m_1' 和 m_2'。二者同轴固结在一起组成定滑轮，可绕一水平轴自由转动。今在两轮上各绕以细绳，细绳分别挂上质量为 m_1 和 m_2 的两个物体。求在重力作用下，定滑轮的角加速度。

5.11 如图 5-28 所示的装置，定滑轮的半径为 r，绕转轴的转动惯量为 J，滑轮两边分别悬挂质量为 m_1 和 m_2 的物体 A、B，A 置于倾角为 θ 的斜面上，它和斜面间的摩擦因数为 μ，若 B 向下作加速运动时，求：

（1）其下落的加速度大小；

（2）滑轮两边绳子的张力。（设绳的质量及伸长均不计，绳与滑轮间无滑动，滑轮轴光滑。）

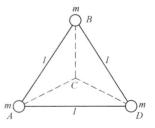

图 5-26　题 5.9 图

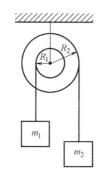

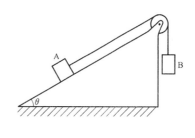

图 5-27　题 5.10 图　　　　　　　　　　　图 5-28　题 5.11 图

5.12　固定在一起的两个同轴均匀圆柱体可绕其光滑的水平对称轴 OO' 转动。设大小圆柱体的半径分别为 r 和 r'，质量分别为 m 和 m'。绕在两柱体上的细绳分别与物体 m_1 和 m_2 相连，m_1 和 m_2 则挂在圆柱体的两侧，如图 5-29 所示。设 $r = 0.20\text{m}$，$r' = 0.10\text{m}$，$m = 10\text{kg}$，$m' = 4\text{kg}$，$m_1 = m_2 = 2\text{kg}$，且开始时 m_1、m_2 离地均为 $h = 2\text{m}$。求：

（1）柱体转动时的角加速度；

（2）两侧细绳的张力。

5.13　如图 5-30 所示，一长为 L，质量为 m 的均匀细杆，可绕轴 O 自由转动。设桌面与细杆间的滑动摩擦因数为 μ，杆初始的转速为 ω_0，试求：

（1）摩擦力矩；

（2）从 ω_0 到停止转动共经历多少时间。

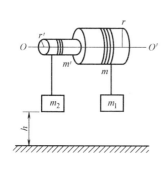

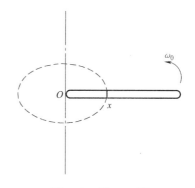

图 5-29　题 5.12 图　　　　　　　　　　　图 5-30　题 5.13 图

5.14　飞轮的质量 $m = 60\text{kg}$，半径 $R = 0.25\text{m}$，绕其水平中心轴 O 转动，转速为 $900\text{r} \cdot \text{min}^{-1}$。现利用一制动的闸杆，在闸杆的一端加一竖直方向的制动力 F，可使飞轮减速。已知闸杆的尺寸如图 5-31 所示，闸瓦与飞轮之间的摩擦因数 $\mu = 0.4$，飞轮的转动惯量可按均质圆盘计算。

（1）设 $F = 100\text{N}$，问可使飞轮在多长时间内停止转动？在这段时间里飞轮转了几转？

（2）如果在 2s 内飞轮转速减少一半，需加多大的力 F？

5.15　如图 5-32 所示，在一个固定轴上有两个飞轮，其中 A 轮是主动轮，转动惯量为 J_1，正以角速度 ω_1 旋转；B 轮是从动轮，转动惯量为 J_2，处于静止状态。若将从动轮与主动轮啮合后一起转动，它们的角速度有多大？

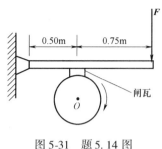

图 5-31　题 5.14 图

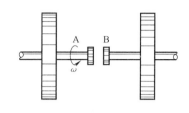

图 5-32　题 5.15 图

5.16　如图 5-33 所示，一均质细杆质量为 m、长为 l，可绕过一端 O 的水平轴自由转动，杆于水平位置由静止开始摆下。求：

（1）初始时刻的角加速度；

（2）杆转过 θ 角时的角速度。

5.17　如图 5-34 所示，一长为 l 的均匀直棒可绕过其一端且与棒垂直的水平光滑固定轴转动。抬起另一端使棒向上与水平面成 60°，然后无初速地将棒释放。已知棒对轴的转动惯量为 $\frac{1}{3}ml^2$，其中 m 为棒的质量，求：

（1）释放时棒的角加速度；

（2）棒转到水平位置时的角加速度。

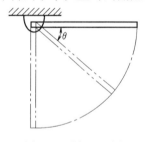

图 5-33　题 5.16 图

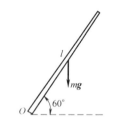

图 5-34　题 5.17 图

5.18　如图 5-35 所示，质量为 m，长为 l 的均匀直棒，可绕垂直于棒一端的水平轴 O 无摩擦地转动，它原来静止在平衡位置上。现有一质量为 m_0 的弹性小球飞来，正好在棒的下端与棒垂直地相撞，相撞后，使棒从平衡位置处摆动到最大角度 $\theta = 30°$ 处。

（1）设这碰撞为弹性碰撞，试计算小球初速 v_0 的值；

（2）相撞时小球受到多大的冲量？

5.19　一个质量为 m，半径为 R 并以角速度 ω 转动着的飞轮（可看作均质圆盘），在某一瞬时突然有一片质量为 m_0 的碎片从轮的边缘上飞出，如图 5-36 所示。假定碎片脱离飞轮时的瞬时速度方向正好竖直向上。

（1）问它能升高多少？

（2）求余下部分的角速度、角动量和转动动能。

5.20　一质量为 m、半径为 R 的自行车轮，假定质量均匀分布在轮缘上，可绕轴自由转动。另一质量为 m_0 的子弹以速度 v_0 射

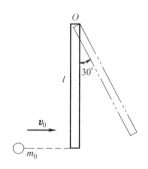

图 5-35　题 5.18 图

入轮缘，方向如图 5-37 所示。

（1）开始时轮是静止的，在质点打入后的角速度为何值？

（2）用 m、m_0 和 θ 表示系统（包括轮和质点）最后动能和初始动能之比。

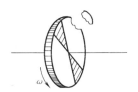

图 5-36　题 5.19 图

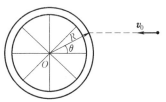

图 5-37　题 5.20 图

5.21　如图 5-38 所示，在光滑的水平面上有一轻质弹簧（其劲度系数为 k），它的一端固定，另一端系以质量为 m' 的滑块。最初滑块静止时，弹簧呈自然长度 l_0，今有一质量为 m 的子弹以速度 v_0 沿水平方向并垂直于弹簧轴线射向滑块且留在其中，滑块在水平面内滑动，当弹簧被拉伸至长度 l 时，求滑块速度的大小和方向。

5.22　如图 5-39 所示，已知转台上的人两臂伸直时，人、哑铃和转台组成的系统 $J_1 = 2\text{kg} \cdot \text{m}^2$，系统转速 $n_1 = 15\text{r} \cdot \text{min}^{-1}$。当人两臂收回时，系统 $J_2 = 0.80\text{kg} \cdot \text{m}^2$，求此时系统的转速 n_2 是多大？系统的机械能是否守恒？什么力做了功？做功多少？（设转台轴上的摩擦忽略不计）

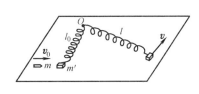

图 5-38　题 5.21 图

图 5-39　题 5.22 图

第6章 机械振动与机械波

6.1 简谐振动的特征

作为周期性运动的典型例子——简谐振动，是我们研究一切复杂振动的基础，任何一个复杂振动都可以分解为若干个简谐振动的合成。本节我们从简谐振动入手，以简谐振动的理想化模型弹簧振子为例，得出简谐振动的定义，并概括出简谐振动的特征。

6.1.1 弹簧振子

如图 6-1 所示，一质量可忽略、劲度系数为 k 的弹簧，一端固定，另一端系一质量为 m 的物体，放在光滑水平面上，这样的理想系统称为弹簧振子。

取 m 的平衡位置为坐标原点 O，在弹簧的弹性限度内，若将 m 向右移到 A 或向左压缩到 B，然后放开，此时，由于弹簧伸长或压缩而出现指向平衡位置的弹性力。在回复力（弹性力）作用下，物体向平衡位置运动，当通过坐标原点 O 时，作用在 m 上弹性力等于 0，但是由于惯性作用，m 将继续运动，使弹簧压缩或拉伸。此时，由于弹簧被压缩或拉伸，而再次出现了指向平衡位置的弹性力并将阻止物体向另一侧运动，使 m 速率减小，直至物体静止于 B 或 A（瞬时静止），之后物体在弹性力作用下改变方向，

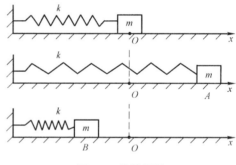

图 6-1 弹簧振子

向对侧运动。这样，在弹性力作用下，物体振动得以持续。这种振动（即物体在其平衡位置附近的往复运动）称为机械振动。

6.1.2 简谐振动运动方程

由上分析知，在弹簧振子的振动过程中，物体 m 受到弹簧给予的弹性力的大小和方向都在发生变化。在图 6-1 中，以物体的平衡位置为坐标原点 O，向右作为 x 轴的正方向，物体 m 的位移为 x 时，它所受到弹性力为（胡克定律）

$$F = -kx \tag{6-1}$$

式中，当 $x>0$（即位移沿 $+x$）时，F 沿 $-x$，即 $F<0$；当 $x<0$（即位移沿 $-x$）时，F 沿 $+x$，即 $F>0$。k 为弹簧的劲度系数，"$-$" 号表示力 F 与位移 x 反向。

物体受力与位移正比、反向时的振动称为**简谐振动**。由定义知，弹簧振子作简谐振动。

由牛顿第二定律知，m 的加速度为

$$a = \frac{F}{m} = -\frac{kx}{m} \qquad （m \text{ 为物体质量}）$$

而
$$a = \frac{\mathrm{d}^2 x}{\mathrm{d}t^2}$$

故
$$\frac{\mathrm{d}^2 x}{\mathrm{d}t^2} + \frac{k}{m} x = 0$$

由于 k、m 均大于 0，所以令

$$\frac{k}{m} = \omega^2$$

则得

$$\frac{\mathrm{d}^2 x}{\mathrm{d}t^2} + \omega^2 x = 0 \tag{6-2}$$

式（6-2）是简谐振动物体的微分方程，它是一个常系数的齐次二阶的线性微分方程，其解为

$$x = A\sin(\omega t + \varphi') \tag{6-3}$$

或

$$x = A\cos(\omega t + \varphi) \tag{6-4}$$

$$\left(\varphi = \varphi' - \frac{\pi}{2} \right)$$

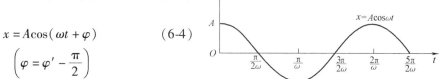

图 6-2　简谐振动的 x-t 曲线

简谐振动的 x-t 曲线如图 6-2 所示。

式（6-3）和式（6-4）是简谐振动的运动方程。因此，我们也可以说振动物体的位移是时间 t 的正弦或余弦函数的运动是简谐振动。本书中用余弦形式表示简谐振动方程。

在式（6-4）中，A 是物体的振幅；ω 称为角频率（圆频率）；φ 是 $t = 0$ 时的相位，称为初相位，我们会进一步讨论其意义。

6.1.3 简谐振子的振动速度和振动加速度

根据质点运动学关系，将式（6-4）对时间 t 求一阶导数得简谐振子的速度

$$v = \frac{\mathrm{d}x}{\mathrm{d}t} = -\omega A\sin(\omega t + \varphi) \tag{6-5}$$

式（6-4）对 t 求二阶导数或式（6-5）对时间 t 求一阶导数得简谐振子的加速度

$$a = \frac{\mathrm{d}^2 x}{\mathrm{d}t^2} = -\omega^2 A\cos(\omega t + \varphi) = -\omega^2 x \tag{6-6}$$

可见

$$v_{\max} = \omega A$$

$$a_{\max} = \omega^2 A$$

即谐振子速度的最大值为 ωA，加速度的最大值为 $\omega^2 A$。

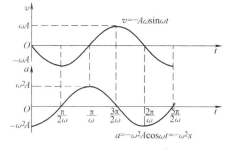

图 6-3　简谐振动的 v-t、a-t 曲线

简谐振动的 v-t、a-t 曲线如图 6-3 所示。

由以上分析我们可以得到 $F = -kx$，反映了谐振动的动力学特征；$a = -\omega^2 x$ 反映了简谐振动的运动学特征。通常我们称简谐振动的物体为谐振子。

6.1.4 简谐振动的能量

由式（6-4）和式（6-5），取平衡位置为势能零点，则任意时刻 t 弹簧振子的动能和势能分别为

$$E_k = \frac{1}{2}mv^2 = \frac{1}{2}m\omega^2 A^2 \sin^2(\omega t + \varphi) \tag{6-7}$$

$$E_p = \frac{1}{2}kx^2 = \frac{1}{2}kA^2 \cos^2(\omega t + \varphi) \tag{6-8}$$

弹簧振子在振动过程中动能和势能都在作周期性的变化，变化的周期为振动周期的一半，频率是振动频率的 2 倍。图 6-4 和图 6-5 给出了谐振子振动过程中的动能 E_k 和势能 E_p 随时间的变化曲线。

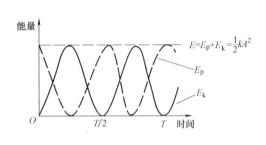

图 6-4　弹簧振子的能量和时间关系曲线　　　　图 6-5　简谐振动的势能曲线

弹簧振子振动的总的机械能为

$$E = E_k + E_p = \frac{1}{2}mA^2\omega^2 \sin^2(\omega t + \varphi) + \frac{1}{2}kA^2 \cos^2(\omega t + \varphi) = \frac{1}{2}m\omega^2 A^2 = \frac{1}{2}kA^2 \tag{6-9}$$

可见，弹簧振子在简谐振动过程中的机械能是守恒的。这是由于弹簧振子除受到弹性回复力的作用外，其他力的总体作用不改变物体的运动状态，而弹性回复力又是保守力。

从式（6-9）可以根据初始时刻的能量求出简谐振动的振幅

$$A = \sqrt{\frac{2E_0}{k}} \tag{6-10}$$

从式（6-9）还可以得到，简谐振动的机械能与振幅的平方成正比，与角频率的平方成正比。而且这一结论能够推广到任何简谐振动系统，也就是说任何作简谐振动的系统的机械能都与它的振幅的平方成正比，与角频率的平方成正比。振幅给出了简谐振动的范围，同时也反映了振动系统总能量的大小，或反映了振动的强度。

虽说简谐振动系统的机械能是守恒的，但是系统的动能和势能都在随时间作周期性变化，动能和势能在一个周期内的平均值为

$$\overline{E_k} = \frac{1}{T}\int_0^T E_k(t)\,dt = \frac{1}{T}\int_0^T \frac{1}{2}kA^2 \sin^2(\omega t + \varphi)\,dt = \frac{1}{4}kA^2 \tag{6-11}$$

$$\overline{E_p} = \frac{1}{T}\int_0^T \frac{1}{2}kx^2\,dt = \frac{1}{4}kA^2 \tag{6-12}$$

$$\overline{E}_{k} = \overline{E}_{p} = \frac{1}{4}kA^{2} = \frac{1}{2}\overline{E} \tag{6-13}$$

由此我们可以得到：虽然 E_k、E_p 均随时间变化，但总能量 $E = E_k + E_p$ 为常数。原因是系统只有保守力做功，机械能要守恒。E_k 与 E_p 互相转化：当 $x = 0$ 时，$E_p = 0$，$E_k = E_{k,max} = E$；在 $|x| = A$ 处，$E_k = 0$，$E_p = E_{p,max} = E$。而且动能和势能的平均值相等，都等于总机械能的一半。

【例 6-1】　一物体连在弹簧一端，在水平面上作简谐振动，振幅为 A。试求 $E_k = \frac{1}{2}E_p$ 时物体的位置。（以平衡位置为坐标原点）

【解】　设弹簧的劲度系数为 k，系统总能量为

$$E = E_k + E_p = \frac{1}{2}kA^{2}$$

在 $E_k = \frac{1}{2}E_p$ 时，有

$$E_k + E_p = \frac{3}{2}E_p = \frac{3}{2} \cdot \frac{1}{2}kx^{2} = \frac{3}{4}kx^{2}$$

则

$$\frac{3}{4}kx^{2} = \frac{1}{2}kA^{2}$$

解得

$$x = \pm\sqrt{\frac{2}{3}}A$$

【例 6-2】　如图 6-6 所示的系统，弹簧的劲度系数 $k = 25\mathrm{N} \cdot \mathrm{m}^{-1}$，物块 $m_1 = 0.6\mathrm{kg}$，物块 $m_2 = 0.4\mathrm{kg}$，m_1 与 m_2 间最大静摩擦因数为 $\mu = 0.5$，m_1 与地面间是光滑的。现将物块拉离平衡位置，然后任其自由振动，使 m_2 在振动中不致从 m_1 上滑落，问该系统所能具有的最大振动能量是多少？

【解】　系统的总能量为

$$E = \frac{1}{2}kA^{2}$$

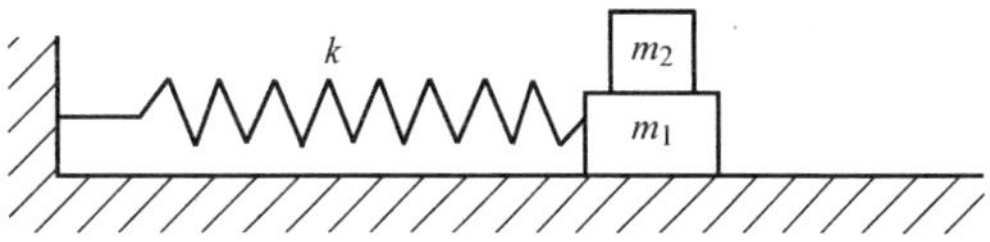

则

图 6-6　例 6-2 图

$$E_{k,max} = E = \frac{1}{2}kA^{2}$$

m_2 不致从 m_1 上滑落时，须有物块 m_2 运动中所需要的合外力小于等于 m_2 与 m_1 之间的最大静摩擦力，即

$$m_2 a \leqslant \mu m_2 g$$

极限情况

$$a_{max} = \mu g = A\omega^{2}$$

即

$$A = \frac{\mu g}{\omega^{2}} = \mu g\frac{(m_1 + m_2)}{k}$$

则

$$E_{k,max} = \frac{1}{2}k \cdot \left(\mu g\frac{m_1 + m_2}{k}\right)^{2} = \frac{1}{2}(m_1 + m_2)^{2}\frac{\mu^{2}g^{2}}{k}$$

$$= \left[\frac{1}{2}(0.6 + 0.4)^{2} \times \frac{0.5^{2} \times 9.8^{2}}{25}\right]\mathrm{J} = 0.48\mathrm{J}$$

6.2 简谐振动的特征量

上一节我们得出了简谐振动的运动方程 $x = A\cos(\omega t + \varphi)$，现在来说明式中各物理量的意义。

6.2.1 振幅

作简谐振动的物体离开平衡位置最大位移的绝对值称为振幅，记作 A。由式（6-10）可知 A 反映了振动的强弱。根据简谐振动的特征可知，振幅给出了物体的运动范围，并且由初始条件决定。

6.2.2 简谐振动的周期 T、频率 ν 和角频率（圆频率）ω

作简谐振动的物体，其振动状态发生周而复始的变化，为了从数学上描述这种状态的变化引入了角频率的定义。为此，我们首先定义周期和频率。

物体完成一次完全振动所需要的时间叫作振动的周期，用 T 表示。

在单位时间内物体所完成的完全振动的次数叫作频率，用 ν 表示。

由周期和频率的定义可知

$$\nu = \frac{1}{T} \quad \text{或} \quad T = \frac{1}{\nu} \tag{6-14}$$

根据周期 T 的定义和简谐振动的运动方程可得

$$x = A\cos(\omega t + \varphi) = A\cos\left[\omega(t + T) + \varphi\right] \tag{6-15}$$

根据余弦函数周期性知余弦函数周期为 2π，则

$$\omega T = 2\pi$$

得

$$\omega = \frac{2\pi}{T} = 2\pi\nu \tag{6-16}$$

可见，ω 表示在 2π s 内物体所作的完全振动次数，称为角频率（圆频率）。

由

$$\omega = \sqrt{\frac{k}{m}}$$

得

$$T = \frac{2\pi}{\omega} = 2\pi\sqrt{\frac{m}{k}} \tag{6-17}$$

则

$$\nu = \frac{\omega}{2\pi} = \frac{1}{2\pi}\sqrt{\frac{k}{m}} \tag{6-18}$$

对于给定的弹簧振子，m、k 都是一定的，所以 T、ν 和 ω 完全由弹簧振子本身的性质所决定，与其他因素无关。因此，这种周期和频率又称为固有周期、固有频率和固有角频率。在国际单位制中，T 的单位为 s（秒）、ν 的单位为 Hz（赫兹）、ω 的单位为 rad·s^{-1}（弧度/秒）。

简谐振动的运动方程也常写成下面的形式：

$$x = A\cos\left(\frac{2\pi}{T}t + \varphi\right) = A\cos(2\pi\nu t + \varphi) \tag{6-19}$$

6.2.3 简谐振动相位和相位差

在力学中，物体在某一时刻的运动状态由物体的位置坐标和速度来决定，而在简谐振动

中，当 A、ω 给定后，即物体的振动强度和振动快慢给定后，由式（6-4）和式（6-5）可知物体的位置和速度取决于 $(\omega t + \varphi)$，$(\omega t + \varphi)$ 称为相位（或周相、位相）。例如，当相位 $(\omega t + \varphi) = \dfrac{\pi}{2}$ 时，$x = 0$，$v = -\omega A$，即振动物体在该时刻在平衡位置并以 ωA 的速度向左运动；

当相位 $(\omega t + \varphi) = \dfrac{3\pi}{2}$ 时，$x = 0$，$v = \omega A$，这时物体也在平衡位置，但以 ωA 的速度向右运动。可见，在不同的时刻，振动的相位不同，物体的运动状态不同。物体在一次完全振动过程中，每一时刻运动状态的不同，就反映在相位的不同上。由此可见，相位是决定振动物体运动状态的物理量。

当 $t = 0$ 时，相位 $(\omega t + \varphi) = \varphi$，$\varphi$ 称为初相位，简称初相。初相的数值由初始条件决定。例如，若 $t = 0$ 时，$\varphi = 0$，由式（6-4）和式（6-5）可知，$x_0 = A$，$v_0 = 0$，表示物体位于正最大位移处时作为计时的起点；若 $t = 0$ 时，$\varphi = \pi$，则 $x_0 = -A$，$v_0 = 0$，表示物体位于负最大位移处时作为计时的起点。

假设有两个同频率的简谐振动：

$$x_1 = A_1 \cos(\omega t + \varphi_1)$$
$$x_2 = A_2 \cos(\omega t + \varphi_2)$$

它们的相位的差称为相位差，用 $\Delta\varphi$ 表示，即

$$\Delta\varphi = \left[(\omega t + \varphi_2) - (\omega t + \varphi_1) \right] = \varphi_2 - \varphi_1 \tag{6-20}$$

两个同频率简谐振动的相位差等于它们的初相差。比较两个简谐振动的相位差时要求两个简谐振动必须频率相同。如果两个简谐振动频率不相同，一般不讨论它们之间的相位关系。

相位差表示两个简谐振动的"步调"关系。当 $\Delta\varphi > 0$ 时，表示 x_2 振动超前 x_1 振动 $\Delta\varphi$；当 $\Delta\varphi < 0$ 时，表示 x_2 振动滞后 x_1 振动 $\Delta\varphi$；当 $\Delta\varphi = 2k\pi$（k 为整数）时，称两个简谐振动是同相的，即两个振动的"步调"是完全相同的，两个振动同时到达各自的正最大位置，同时通过平衡位置，又同时到达各自的负最大位置，如图 6-7a 所示；当 $\Delta\varphi = (2k+1)\pi$（$k$ 为整数）时，称两个振动是反相的，即两个振动的"步调"总是相反的，某时刻一个振动在正最大位置处，另一个则在负最大处，如图 6-7b 所示。根据相位差，由式（6-4）~式（6-6）可知，振动的速度比位移超前 $\pi/2$，加速度比速度超前 $\pi/2$，而加速度与位移是反相的。

相位和相位差是十分重要的概念，在波动、光学、近代物理、交流电路和电子技术等方面有非常广泛的应用。

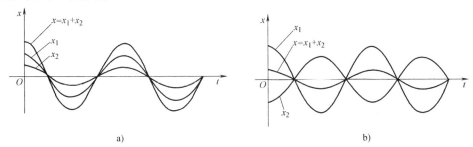

图 6-7　两个简谐振动的相位差

6.2.4　简谐振动振幅 A 和初相 φ 的确定

对于给定的简谐振动系统，角频率 ω 由简谐振动系统本身性质决定。简谐振动系统确

定，系统的角频率 ω 也是确定的。在振动的角频率确定的情况下，$t=0$ 时，根据式（6-4）和式（6-5）得

位移：
$$x_0 = A\cos\varphi$$

速度：
$$v_0 = -\omega A\sin\varphi$$

即

$$\left.\begin{array}{l} x_0 = A\cos\varphi \\ \left(-\dfrac{v_0}{\omega}\right) = A\sin\varphi \end{array}\right\}$$

由以上两式可得

$$\tan\varphi = -\frac{v_0}{\omega x_0}$$

则
$$A = \sqrt{x_0^2 + \frac{v_0^2}{\omega^2}} \tag{6-21}$$

$$\varphi = \arctan\frac{-v_0}{\omega x_0} \tag{6-22}$$

由式（6-22）给出的 φ 值一般有两个，如何从这两个值中选取一个正确值？可以根据 $x_0 = A\cos\varphi$ 和 $v_0 = -\omega A\sin\varphi$ 的正负关系来确定。例如，若 $x_0 > 0$，$v_0 < 0$，得 $\cos\varphi > 0$，$\sin\varphi > 0$，可以确定初相 φ 取第 I 象限内；若 $x_0 = 0$，而 $v_0 > 0$，即 $\cos\varphi = 0$，$\sin\varphi < 0$，可得 $\varphi = -\dfrac{\pi}{2}$。其他情况如下：

1）$x_0 > 0$，$v_0 < 0$，φ 在第 I 象限

2）$x_0 < 0$，$v_0 < 0$，φ 在第 II 象限

3）$x_0 < 0$，$v_0 > 0$，φ 在第 III 象限

4）$x_0 > 0$，$v_0 > 0$，φ 在第 IV 象限

5）$x_0 = A$，$v_0 = 0$，$\varphi = 0$；$x_0 = -A$，$v_0 = 0$，$\varphi = \pi$

$x_0 = 0$，$v_0 < 0$，$\varphi = \dfrac{\pi}{2}$；$x_0 = 0$，$v_0 < 0$，$\varphi = \dfrac{\pi}{2}$

6.2.5 简谐振动的旋转矢量表示法

在研究简谐振动时，常常采用旋转矢量法来描述简谐振动。这是一种振幅矢量旋转投影的几何方法，一方面它有助于理解振动中角频率、相位、相位差等概念的物理意义，另一方面可以简化简谐振动的数学处理。

如图 6-8 所示，从 Ox 轴的原点作一矢量 $\boldsymbol{A}$，使其长度等于简谐振动的振幅 A，让矢量 $\boldsymbol{A}$ 绕 O 点以角速度 ω 匀角速逆时针旋转，角速度 ω 等于简谐振动的角频率。设 $t=0$ 时，矢量的位置与 Ox 方向的夹角等于简谐振动的初相位 φ，那么，矢量 $\boldsymbol{A}$ 在任意时刻 t 与 Ox 方向的夹角为 $(\omega t + \varphi)$，则矢量 $\boldsymbol{A}$ 在 Ox 方向的投影为

$$x = A\cos(\omega t + \varphi) \tag{6-23}$$

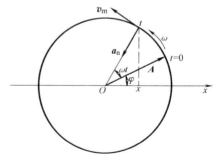

图 6-8　旋转矢量法

　　这正是简谐振动的振动方程。我们将矢量 **A** 称为旋转矢量。旋转矢量每转动一周，简谐振动完成一次完全振动。

　　从旋转矢量可以看出，简谐振动的相位（$\omega t + \varphi$）的几何意义，就是旋转矢量 **A** 在 t 时刻与 Ox 方向的夹角；初相 φ 的几何意义就是 $t = 0$ 时刻，旋转矢量 **A** 与 Ox 方向的夹角。

　　旋转矢量不仅可以表示简谐振动物体位置的变化，而且还可以描述简谐振动物体的速度和加速度。

　　旋转矢量 **A** 的末端的线速度为 ωA，它在 Ox 方向的投影为

$$v = -\omega A \sin(\omega t + \varphi) \tag{6-24}$$

这与简谐振动的速度表达式是完全相同的。

　　旋转矢量 **A** 的末端的向心加速度为 $\omega^2 A$，它在 Ox 方向的投影为

$$a = -\omega^2 A \cos(\omega t + \varphi) \tag{6-25}$$

这正是简谐振动的加速度表达式。

　　用旋转矢量法来确定振动的初相位或两个同频率简谐振动的相位差是非常有效的方法。

　　【例 6-3】　一物体沿 x 轴作简谐振动，振幅为 0.12m，周期为 2s。$t = 0$ 时，位移为 0.06m，且向 x 轴正向运动。

　　（1）求物体振动方程；

　　（2）设 t_1 时刻为物体第一次运动到 $x = -0.06$m 处，试求物体从 t_1 时刻运动到平衡位置所用最短时间。

　　【解】　（1）设物体谐振动方程为

$$x = A\cos(\omega t + \varphi)$$

由题意知

$$A = 0.12\text{m}$$

$$\omega = \frac{2\pi}{T} = \frac{2\pi}{2}\text{rad} \cdot \text{s}^{-1} = \pi \text{ rad} \cdot \text{s}^{-1}$$

由于

$$x_0 = A\cos\varphi,\ A = 0.12\text{m},\ x_0 = 0.06\text{m}$$

则

$$\cos\varphi = \frac{1}{2}$$

得

$$\varphi = \pm\frac{\pi}{3}$$

　　因为 $t = 0$，物体正向 x 轴正方向运动，速度大于零，即

$$v_0 = -\omega A \sin\varphi > 0$$

则

$$\sin\varphi < 0$$

故取

$$\varphi = -\frac{\pi}{3}$$

物体的振动方程为

$$x = 0.12\cos\left(\pi t - \frac{\pi}{3}\right)(\text{m})$$

　　（2）用旋转矢量法求时间间隔 Δt。由题意知，根据图 6-9 所示，M_1 为 t_1 时刻旋转矢量 **A** 末端位置，M_2 为 t_2 时刻旋转矢量 **A** 末端位置。从 t_1 到 t_2 时间内旋转矢量 **A** 转过的

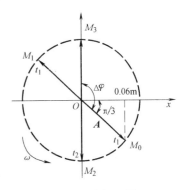

图 6-9　例 6-3 图

角度为

$$\Delta\varphi = \omega(t_2 - t_1) = \angle M_1OM_2 = \frac{\pi}{3} + \frac{\pi}{2} = \frac{5\pi}{6}$$

$$\Delta t = t_2 - t_1 = \frac{\frac{5}{6}\pi}{\omega} = \frac{5}{6}\text{s}$$

【例6-4】 图6-10所示为物体的简谐振动曲线，试写出其振动方程。

【解】 设简谐振动方程为

$$x = A\cos(\omega t + \varphi)$$

从图 6-10 中可以看出，振幅 $A = 4\text{cm}$，$t = 0$ 时 $x_0 = -2\text{cm}$，即

$$-2 = 4\cos\varphi$$

$$\cos\varphi = -\frac{1}{2}$$

有

$$\varphi = \pm\frac{2\pi}{3}$$

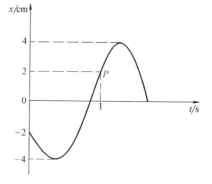

图 6-10 简谐振动曲线

从图 6-10 中可以看出 $t = 0$ 时，物体正向负方向运动，即

$$v_0 = -\omega A\sin\varphi < 0$$

则

$$\sin\varphi > 0$$

取

$$\varphi = \frac{2\pi}{3}$$

又由于 $t = 1\text{s}$ 时，位移 $x = 2\text{cm}$，即

$$2 = 4\cos\left(\omega \cdot 1 + \frac{2\pi}{3}\right)$$

或

$$\cos\left(\omega + \frac{2\pi}{3}\right) = \frac{1}{2}$$

则

$$\omega + \frac{2\pi}{3} = \frac{5\pi}{3}\text{或}\frac{7\pi}{3}$$

因为该时刻速度 $v = -\omega A\sin\left(\omega + \frac{2\pi}{3}\right) > 0$，即

$$\sin\left(\omega + \frac{2\pi}{3}\right) < 0$$

所以，取

$$\omega + \frac{2\pi}{3} = \frac{5\pi}{3}$$

即

$$\omega = \pi\text{rad} \cdot \text{s}^{-1}$$

简谐振动方程为

$$x = 4\cos\left(\pi t + \frac{2\pi}{3}\right)(\text{cm})$$

6.3　简谐振动的合成

当一个物体同时参与两个或多个简谐振动的情况会怎样呢？例如，在有弹簧支撑的车厢

中，人坐在车厢的弹簧垫子上，当车厢振动时，人便参与两个振动，一个为人对车厢的振动，另一个为车厢对地的振动；又如，两个声源发出的声波同时传播到空气中某点时，由于每一声波都在该点引起一个振动，所以该质点同时参与两个振动。在此，我们考虑一质点同时参与两个同频率的振动。根据运动叠加原理，物体在任意时刻的位置矢量等于物体单独参与每个分简谐振动的位置矢量和。下面利用振动的叠加原理，分别讨论几种典型简谐振动的合成。

6.3.1　两个同方向同频率的简谐振动的合成

设物体参与两个同频率同振动方向的简谐振动，在任意时刻两个简谐振动的位移分别为

$$x_1 = A_1 \cos(\omega t + \varphi_1)$$
$$x_2 = A_2 \cos(\omega t + \varphi_2)$$

所以任意时刻物体的位移为

$$x = x_1 + x_2$$

为了简便、直观地给出合振动的规律，现在用旋转矢量法来分析合振动的规律。如图 6-11 所示，作两个旋转矢量 A_1 和 A_2，两矢量都以角速度 ω 绕 O 点逆时针旋转，$t = 0$ 时，它们与 x 方向的夹角分别为 φ_1 和 φ_2。以矢量 A_1 和 A_2 为邻边作平行四边形，矢量 A 为其对角线，根据平行四边形法则，有 $A = A_1 + A_2$，矢量 A 与 x 方向的夹角为 φ。在矢量旋转过程中，由于 A_1 和 A_2 的长度不变，它们都以相同的角速度 ω 逆时针旋转，它们之间的夹角 $\varphi_2 - \varphi_1$ 保持不变，合矢量 A 的大小也就保持不变，并且与 A_1、A_2 一样以角速度 ω 绕 O 点转动。因此合矢量 A 在 x 轴

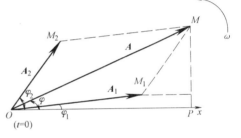

图 6-11　两个同方向同频率简谐振动的合成

上的投影 x 所代表的运动也是简谐振动。合矢量 A 在 x 轴上的投影 x 等于 A_1、A_2 在 x 轴上的投影 x_1 和 x_2 的和，即

$$x = x_1 + x_2 = A \cos(\omega t + \varphi)$$

显然，两个或几个简谐振动的合振动仍然为简谐振动。根据平行四边形法则，有

$$A = \sqrt{A_1^2 + A_2^2 + 2A_1 A_2 \cos(\varphi_2 - \varphi_1)} \tag{6-26}$$

合振动的初相位为

$$\tan\varphi = \frac{A_1 \sin\varphi_1 + A_2 \sin\varphi_2}{A_1 \cos\varphi_1 + A_2 \cos\varphi_2} = \frac{PM}{OP} \tag{6-27}$$

式（6-27）表明合振动的振幅不仅与两个分振动的振幅有关，而且与两个分振动的相位差也有关系。下面讨论两种特殊情况：

1）若 $\varphi_2 - \varphi_1 = 2k\pi$　（$k = 0, \pm 1, \pm 2, \cdots$），则

$$A = A_1 + A_2 \tag{6-28}$$

即当两个分振动的相位差为 π 的偶数倍时，合振幅为两分振幅的和，则振动相互加强，如图 6-12a 所示。这时合振动的初相位等于两个分振动的初相位（假设 $\varphi_2 - \varphi_1 = 0$）中的任一个。

2）若 $\varphi_2 - \varphi_1 = (2k+1)\pi$　（$k = 0, \pm 1, \pm 2, \cdots$），则

$$A = |A_1 - A_2| \tag{6-29}$$

即当两个分振动的相位差为 π 的奇数倍时，合振幅为两个分振动振幅差的绝对值，则振动

相互减弱。这时合振动的初相位等于两个分振动中振幅大的初相位，如图 6-12b 所示。

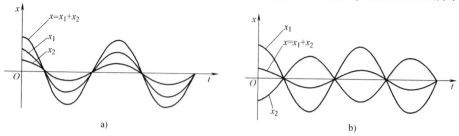

图 6-12　振动合成曲线

a）两振动同相　b）两振动反相

3）通常情况下，相位差 $\varphi_2 - \varphi_1$ 是任意值，合振幅介于 $A_1 + A_2$ 和 $|A_1 - A_2|$ 之间。

两个同方向同频率简谐振动的合成是研究波的干涉现象的基础知识，我们要给予必要的重视。

6.3.2　两个同方向不同频率简谐振动的合成　拍

设质点同时参与两个同方向，但频率分别为 ω_1 和 ω_2 的简谐振动。假设两个分振动具有相同的振幅和初相位，即

$$x_1 = A\cos(\omega_1 t + \varphi)$$
$$x_2 = A\cos(\omega_2 t + \varphi)$$

则合振动为

$$x = x_1 + x_2 = A\cos(\omega_1 t + \varphi) + A\cos(\omega_2 t + \varphi)$$
$$= 2A\cos\left(\frac{\omega_2 - \omega_1}{2}t\right)\cos\left(\frac{\omega_2 + \omega_1}{2}t + \varphi\right) \tag{6-30}$$

显然，合振动不再是简谐振动。可以认为合振动的振幅为 $\left|2A\cos\left(\dfrac{\omega_2 - \omega_1}{2}\right)t\right|$，合振动的振幅不再是恒量，随时间在变化。

下面讨论一种简单情况，当 ω_1 和 ω_2 都比较大，且 ω_1 和 ω_2 相差很小，即 $(\omega_1 + \omega_2) \gg |\omega_2 - \omega_1|$。在这种情况下，合振幅从 $2A$ 到 0 周期性地缓慢变化，这种现象称为**拍**。从图 6-13 可以看出，一个高频率振动的振幅受一个低频率振动的调制。

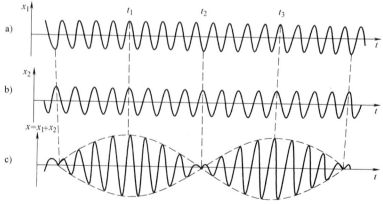

图 6-13　两个同方向不同频率简谐振动合成　拍

合振幅每变化一周称为一拍，单位时间内拍的次数称为拍频。拍频为

$$\nu' = \frac{\omega'}{2\pi} = \left| \frac{\omega_2}{2\pi} - \frac{\omega_1}{2\pi} \right| = |\ \nu_2 - \nu_1\ | \tag{6-31}$$

拍频等于两个分振动频率之差。

拍现象有很广泛的应用，如利用拍频来测定振动频率，校正乐器；在无线电技术中，利用拍现象来测量无线波的频率等。

*6.3.3　两个相互垂直的简谐振动的合成　李萨如图

1. 两个相互垂直的同频率简谐振动的合成

设质点同时参与两个相互垂直的同频率简谐振动

$$x = A\cos(\omega t + \varphi_1)$$
$$y = B\cos(\omega t + \varphi_2)$$

从以上两式中消去时间 t，得到合振动的轨迹方程为

$$\frac{x^2}{A^2} + \frac{y^2}{B^2} - \frac{2xy}{AB}\cos(\varphi_2 - \varphi_1) = \sin^2(\varphi_2 - \varphi_1) \tag{6-32}$$

这是一个椭圆轨迹方程，它的轨迹的具体形状取决于两个分振动的相位差。下面选择几种特殊情况进行简单讨论。

1）当 $\varphi_2 - \varphi_1 = 2k\pi$　（$k = 0$，±1，±2，$\cdots$）时，合成振动的轨迹方程为

$$y = \pm\frac{A}{B}x \tag{6-33}$$

合成振动的轨迹是一条通过坐标原点的直线。合振动沿此直线作简谐振动，振动的频率与分振动的频率相同。

2）当 $\varphi_2 - \varphi_1 = \pm\dfrac{\pi}{2}$时，合成振动的轨迹方程为

$$\frac{x^2}{A^2} + \frac{y^2}{B^2} = 1 \tag{6-34}$$

合成振动的轨迹为一正椭圆。当 $\varphi_2 - \varphi_1 = \dfrac{\pi}{2}$时，质点沿着轨迹顺时针运动；当 $\varphi_2 - \varphi_1 = -\dfrac{\pi}{2}$时，质点沿着轨迹逆时针运动；当 $\varphi_2 - \varphi_1 = \pm\dfrac{\pi}{2}$，且 $A = B$ 时，质点的运动轨迹为圆。

3）$\varphi_2 - \varphi_1$ 为任意值，合振动的轨迹不再是正椭圆，而是斜椭圆。当 $\varphi_2 - \varphi_1$ 取值从 0 到 2π 变化时，运动轨迹从直线到顺时针旋转椭圆，再到直线，然后到逆时针旋转椭圆，最后到直线。

当 $0 < \varphi_2 - \varphi_1 < \pi$ 时，椭圆按顺时针方向旋转，称为右旋椭圆运动；

当 $\pi < \varphi_2 - \varphi_1 < 2\pi$ 时，椭圆按逆时针方向旋转，称为左旋椭圆运动，如图 6-14 所示。

2. 两个相互垂直的不同频率简谐振动的合成

设两个频率不同、相互垂直的简谐振动方程为

$$x = A_1\cos(\omega_1 t + \varphi_1)$$
$$y = A_2\cos(\omega t + \varphi_2)$$

一般来说，合振动的轨迹与两个分振动的频率之比和它们的相位差都有关系，合成的图

形很复杂。当两个分振动的频率为简单整数比时，合成振动的轨迹是闭合曲线，运动呈周期性，这种图形称为李萨如图，如图 6-15 所示。

由于闭合的李萨如图中两个振动的频率是严格成整数比的，在示波器上能够精确地比较或测量振动的频率。

$\varphi_2-\varphi_1=0$
$\frac{\pi}{4}$
$\frac{\pi}{2}$
$\frac{3\pi}{4}$
π
$\frac{5\pi}{4}$
$\frac{3\pi}{2}$
$\frac{7\pi}{4}$

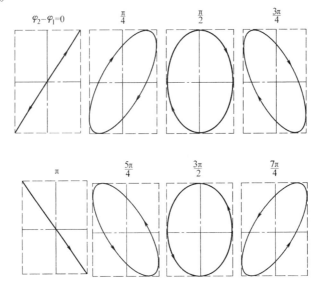

图 6-14　两个相互垂直的同频率简谐振动合成的几种情况

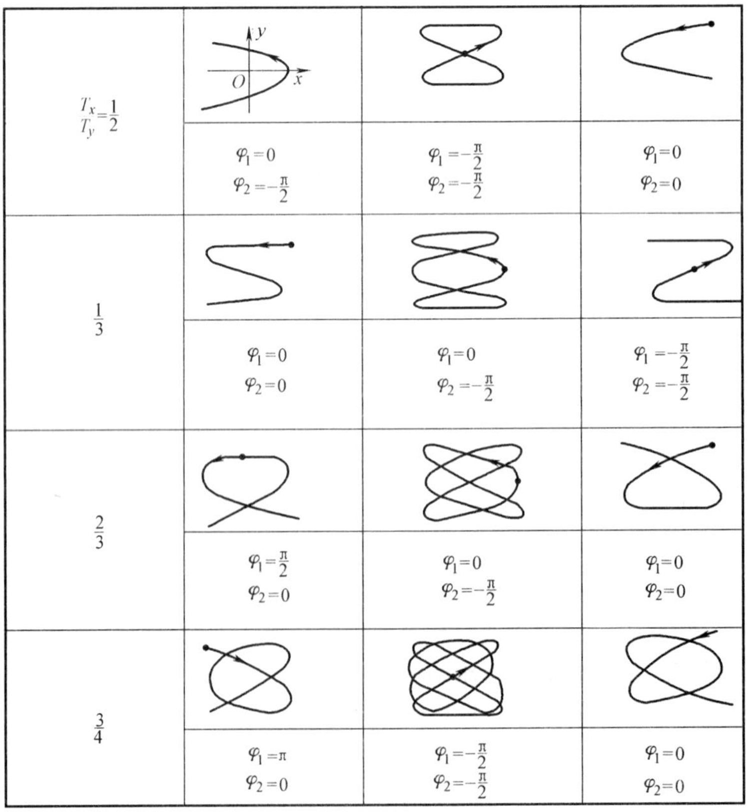

$\frac{T_x}{T_y}=\frac{1}{2}$
y
O
x
$\varphi_1=0$ $\varphi_2=-\frac{\pi}{2}$
$\varphi_1=-\frac{\pi}{2}$ $\varphi_2=-\frac{\pi}{2}$
$\varphi_1=0$ $\varphi_2=0$
$\frac{1}{3}$
$\varphi_1=0$ $\varphi_2=0$
$\varphi_1=0$ $\varphi_2=-\frac{\pi}{2}$
$\varphi_1=-\frac{\pi}{2}$ $\varphi_2=-\frac{\pi}{2}$
$\frac{2}{3}$
$\varphi_1=\frac{\pi}{2}$ $\varphi_2=0$
$\varphi_1=0$ $\varphi_2=-\frac{\pi}{2}$
$\varphi_1=0$ $\varphi_2=0$
$\frac{3}{4}$
$\varphi_1=\pi$ $\varphi_2=0$
$\varphi_1=-\frac{\pi}{2}$ $\varphi_2=-\frac{\pi}{2}$
$\varphi_1=0$ $\varphi_2=0$

图 6-15　李萨如图

【例 6-5】　如图 6-16 所示，有两个同方向同频率的谐振动，其合成振动的振幅为 0.2m，相位与第一振动的相位差为 $\dfrac{\pi}{6}$，若第一振动的振幅为 $\sqrt{3} \times 10^{-1}$ m，用振幅矢量法求第二振动的振幅及第一、第二两振动相位差。

【解】　（1）

$$A_2 = \sqrt{A_1^2 + A^2 - 2A_1 A \cos \frac{\pi}{6}} = \sqrt{(\sqrt{3} \times 10^{-1})^2 + 0.2^2 - 2 \times \sqrt{3} \times 10^{-1} \times 0.2 \cos \frac{\pi}{6}}\ \text{m}$$

$$= 0.1\text{m}$$

（2）因

$$A^2 = A_1^2 + A_2^2$$

所以

$$\varphi_2 - \varphi_1 = \frac{\pi}{2}$$

【例 6-6】　一质点同时参与三个同方向同频率的谐振动，它们的振动方程分别为 $x_1 = A\cos\omega t$，$x_2 = A\cos\left(\omega t + \dfrac{\pi}{3}\right)$，$x_3 = A\cos\left(\omega t + \dfrac{2}{3}\pi\right)$，试用振幅矢量方法求合振动方程。

【解】　如图 6-17 所示，$\varphi = \dfrac{\pi}{3}$（$\boldsymbol{A}_1$、$\boldsymbol{A}_2$、$\boldsymbol{A}_3$、$\boldsymbol{A}$ 构成一等腰梯形）

$$A_{合} = 2A_1 \cos\varphi + A_2 = 2A\cos\frac{\pi}{3} + A = 2A$$

$$x = 2A\cos\left(\omega t + \frac{\pi}{3}\right)$$

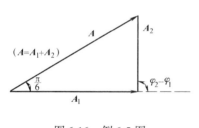

图 6-16　例 6-5 图

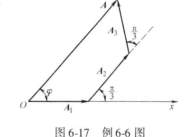

图 6-17　例 6-6 图

6.4　机械波的基本概念

在前几节讨论机械振动的基础上，下面我们将进一步研究振动的空间传播过程，即波动。波动是一种常见的物质运动形式，如空气中的声波、绳子上的波、水面的涟漪等，它们都是机械振动在媒质中的传播，这类波称为机械波。波动并不限于机械波，太阳的热辐射、各种波段的无线电波、光波等也是一种波动，这类波是交变的电场和磁场在空间的传播，称为电磁波。近代物理学的理论揭示，微观粒子乃至任何物质都具有波动性，这种波称为物质波。以上各种波动过程，它们产生的机制、物理本质不尽相同，但是它们却有着相同的波动规律，即都具有一定的传播速度，且都伴随着能量的传播，都能产生反射、折射、干涉和衍射等现象，并且抽象出了共同的数学表达式。本节我们从波动的基本概念入手来讨论波动的特征。

6.4.1　机械波的形成

音叉的振动引起周围空气的振动，此振动在空气中的传播即形成声波。将一块石子投入平静的水中，投石块处水的质元就会发生振动，这种振动以投石处为中心向水面四周传播即形成水面的涟漪。由此可见，要形成机械波必须具备两个条件：第一要有作机械振动的物体，即波源；第二要有连续的介质，作为振动传播的媒质。

6.4.2　机械波传播过程的特征

从质元的振动方向和波的传播方向的关系来划分机械波可分为横波与纵波两大类。质元的振动方向和波的传播方向相互垂直的波称为横波，如绳中传播的波，其外形特征是具有凸起的波峰和凹下的波谷。而质元的振动方向和波的传播方向一致的波称为纵波，如空气中传播的声波，纵波的外形特征是具有"稀疏"和"稠密"的区域。尽管这两种波具有不同的特点，但其波动传播过程的本质却是一致的。因此我们以横波为例，分析机械波传播过程的特征。

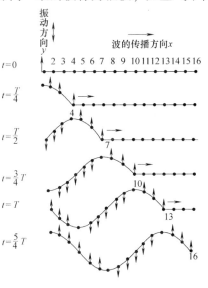

如图 6-18 所示，绳的一端固定，另一端握在手中并不停地上下抖动，使手拉的一端作垂直于绳索的振动，我们可以看到一个接一个的波形沿着绳索向固定端传播形成绳索上的横波。

我们以 1、2、3、4、…对质元进行编号。以质元 1 的平衡位置为坐标原点 O，向上为 y 轴的正向，质元依次排列的方向为 x 轴的正向。设在某一时刻 $t = 0$，质元 1 受扰动得到一向上的速度 v_m 而开始作振幅为 A 的简谐振动。由于质元间弹性力的作用，在 $t = 0$ 以后相继的几个特定时刻，绳中各质元的位置将有如图 6-18 所示的排列。

图 6-18　波动传播过程分析

$t_1 = 0$ 时刻，质元 1 的振动状态为：位置 $y_1 = 0$，速度 $v_1 = v_m$，相应的相位为 $(\omega t_1 + \varphi)$ $= \dfrac{3}{2}\pi$。

$t_2 = \dfrac{T}{4}$ 时刻，质元 1 的振动状态为：位置 $y_2 = A$，速度 $v_2 = 0$，相应的相位为 $(\omega t_2 + \varphi)$ $= 2\pi$。质元 1 在 $t_1 = 0$ 时刻的振动状态已传至质元 4，质元 4 的振动相位为 $\dfrac{3}{2}\pi$。

$t_3 = \dfrac{T}{2}$ 时刻，质元 1 的振动状态为：$y_3 = 0$，$v_3 = -v_m$，相应的相位为 $(\omega t_3 + \varphi) = 2\pi + \dfrac{\pi}{2}$。质元 1 在 $t_1 = 0$ 时刻的振动状态已传至质元 7，质元 7 的振动相位为 $\dfrac{3}{2}\pi$，质元 1 在 $t_2 = \dfrac{T}{4}$ 时刻的振动状态已传至质元 4，质元 4 的振动相位为 2π。

$t_4 = \dfrac{3T}{4}$ 时刻，质元 1 的振动状态为：$y_4 = -A$，$v_4 = 0$，相应的相位为 $(\omega t_4 + \varphi) = 2\pi + \pi$。质元 1 在 $t_1 = 0$ 时刻的振动状态已传至质元 10，质元 10 的振动相位为 $\dfrac{3}{2}\pi$，质元 1 在 $t_2 = \dfrac{T}{4}$ 时刻的振动状态已传至质元 7，质元 7 的振动相位为 2π，质元 1 在 $t_3 = \dfrac{T}{2}$ 时刻的振动

状态已传至质元 4, 质元 4 的振动相位为 $2\pi + \dfrac{\pi}{2}$。

当 $t_5 = T$ 时, 质元 1 完成一次全振动回到起始的振动状态, 而它所经历过的各个振动状态均传至相应的质元。如果振源持续振动, 振动过程便不断地在绳索上向前传播。

从以上绳波产生的分析我们可以看出: 第一, 在波沿绳子传播的过程中, 虽然波形由近及远地传播着, 而参与波动的质元并没有随之远离, 只是在自己的平衡位置附近上下振动, 传播出去的只是振动状态, 包括波形、振动相位、振幅、振动速度和能量等; 第二, 波的传播过程中各质元的振动频率都相同, 等于波源的频率; 第三, 波的传播过程中各质元的振动状态不相同, 即振动的相位不同, 与质元距波源的距离有关。

6.4.3　机械波的几何描述

波线、波面、波振面都是为了形象地描述波在空间的传播而引入的概念。从波源沿各传播方向所画的带箭头的线称为**波线**, 它表示了波的传播路径和方向。波在传播过程中, 所有振动相位相同的点连成的曲面称为**波面**。显然波在传播过程中有许多波面, 其中最前面的面称为**波振面**或**波前**。在各向同性的均匀介质中, 波线与波面相垂直。

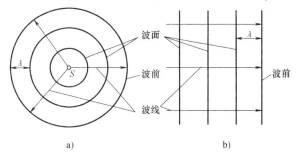

我们可以按照波振面的形状对波进行另一种分类。波振面为球面的波称为球面波。点波源在各向同性的均匀介质中所形成的波是球面波, 球面波的波线是相交于点波源的直线, 如图 6-19a 所示。波振面为平面的波称为平面波。

图 6-19　机械波的波线、波面和波前
a) 球面波　b) 平面波

平面波的波线是相互平行的直线, 如图 6-19b 所示。理想的平面波是不存在的, 在远离波源的地方, 球面波的部分波振面可近似看作平面波。此外, 利用反射和折射的办法, 也可以从球面波得到近似的平面波。

在二维空间中, 波面退化为线, 球面波的波面退化为一系列的同心圆, 平面波的波面退化为一系列直线。

6.4.4　机械波的特征量

波长、波的周期、波的频率和波速是描述波动的四个重要物理量。在同一波线上两个相邻的、相位差为 2π 的振动质元之间的距离 (即一个 "波" 的长度), 叫作**波长**, 用 λ 表示。显然, 横波上相邻两个波峰之间的距离, 或相邻两个波谷之间的距离, 都是一个波长; 纵波上相邻两个密部或相邻两个疏部对应点之间的距离, 也是一个波长。

波的**周期**是波前进一个波长的距离所需要的时间, 用 T 表示。周期的倒数叫作波的**频率**, 用 ν 表示, 即 $\nu = 1/T$, 频率等于单位时间内波动传播距离中完整波的数目。由于波源作一次完全振动波就前进一个波长的距离, 所以波的周期 (或频率) 等于波源的振动周期 (或频率)。

在波动过程中, 某一振动状态 (即振动相位) 在单位时间内所传播的距离叫作波速,

用 u 表示，故波速也称为相速。波速的大小取决于介质的性质，在不同的介质中，波速是不同的，例如，在标准状态下，声波在空气中传播的速度为 $331\mathrm{m} \cdot \mathrm{s}^{-1}$，而在氢气中传播的速度是 $1263\mathrm{m} \cdot \mathrm{s}^{-1}$。

在一个周期内，波前进一个波长的距离，故有

$$\lambda = uT \tag{6-35}$$

周期的倒数称为波的频率，用 ν 表示，则有

$$\nu = \frac{1}{T} \tag{6-36}$$

波的频率是在单位时间内波动推进的距离中所包含完整波长的数目，或在单位时间内通过波线上某点的完整波的数目。波速 u、波长 λ 和频率 ν 之间的关系为

$$u = \nu\lambda \tag{6-37}$$

以上各式具有普遍的意义，对各类波都适用。还要指出，波速与介质有关，而波的频率是波源振动的频率，与介质无关。同一频率的波，其波长将随介质的不同而不同。而且由于在一定的介质中波速是恒定的，所以一定介质中的波长完全由波的频率决定，频率越高，波长越短；频率越低，波长越长。

【例 6-7】 波线上相距 2.5cm 的两点间的相位差为 $\pi/6$，若波的周期为 2.0s，求波速和波长。

【解】 由波长的定义知，在波线上相距 λ 的两点的相位差为 2π，所以波长

$$\lambda = \left(\frac{2\pi}{\pi/6} \times 2.5 \times 10^{-2}\right)\mathrm{m} = 0.30\mathrm{m}$$

因为 $T = 2.0\mathrm{s}$，所以由 $\lambda = uT$ 得

$$u = \frac{\lambda}{T} = \frac{0.30}{2.0}\mathrm{m} \cdot \mathrm{s}^{-1} = 0.15\mathrm{m} \cdot \mathrm{s}^{-1}$$

6.5 平面简谐波

6.5.1 平面简谐波的表达式

通常而言，媒质中各个质元的振动情况是非常复杂的，由此所产生的波动也很复杂，本节只讨论一种最简单最基本的波，即在均匀、无吸收的媒质中，当波源作简谐振动时，波所经过的所有质元都按余弦（或正弦）规律振动，则在此媒质中所形成的波称为媒波。简谐波波振面为平面的波称为平面简谐波。而且可以证明，任何复杂的波都可以看成是由若干频率不同的简谐波叠加而成的。因此，讨论简谐波具有十分重要的意义。

下面我们来定量描述前进中的波动，即要用数学函数式描述媒质中各质元的位移是怎样随着时间而变化的，这样的函数式称为波动方程。

对于平面媒波而言，在所有的波线上，振动传播的情况都是相同的，因此可将平面简谐波简化为一维简谐波来进行研究。

设有一平面简谐波沿某一方向向前传播，任取一条波线，在这条波线上，任取一质元的平衡位置作为坐标原点 O，波线的方向为 x 轴正方向，质元向上振动的方向为 y 轴的正方

向，如图 6-20 所示。选择某一时刻作为起始时刻，O 点处（即 $x=0$ 处）质元的振动方程可表示为

$$y_0 = A\cos(\omega t + \varphi)$$

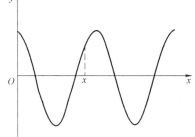

图 6-20　平面简谐波示意图

假定介质是均匀无限大、无吸收的，那么各点振动的振幅将保持不变。为了描述在 Ox 轴上任一质元在任一时刻的位移，我们在 Ox 轴正向上任取一平衡位置在 x 处的质元，显然，当简谐振动从 O 点传至该处时，该质元将以相同的振幅和频率重复 O 点的振动。因为振动从 O 点传播到该点需要的时间为 $t' = x/u$，这说明如果 O 点振动了 t 时间，x 处的点只振动了 $t - t' = (t - x/u)$ 的时间，即 x 处的点的振动相位落后 O 点 $\omega(x/u)$，则 x 处的点在时刻 t 的位移为

$$y = A\cos\left[\omega\left(t - \frac{x}{u}\right) + \varphi\right] \tag{6-38}$$

这就是沿 x 轴正方向传播的平面简谐波的波动方程。

如果平面简谐波是沿 x 轴负向传播的，与原点 O 处质元的振动方程 $y_0 = A\cos(\omega t + \varphi)$ 相比，则 x 轴上任一点 x 处质元的振动方程为

$$y = A\cos\left[\omega\left(t + \frac{x}{u}\right) + \varphi\right] \tag{6-39}$$

利用关系式 $\omega = \dfrac{2\pi}{T} = 2\pi\nu$ 和 $uT = \lambda$，可以将平面简谐波的波动方程改写成以下形式：

$$y = A\cos\left[2\pi\left(\frac{t}{T} - \frac{x}{\lambda}\right) + \varphi\right] \tag{6-40a}$$

$$y = A\cos\left[2\pi\left(\nu t - \frac{x}{\lambda}\right) + \varphi\right] \tag{6-40b}$$

$$y = A\cos\left(\omega t - 2\pi\frac{x}{\lambda} + \varphi\right) \tag{6-40c}$$

如果改变计时起点，使原点 O 处质元振动的初相位为零（$\varphi = 0$），则 x 处的振动规律为

$$y = A\cos\omega\left(t - \frac{x}{u}\right)$$

$$y = A\cos 2\pi\left(\frac{t}{T} - \frac{x}{\lambda}\right)$$

$$y = A\cos 2\pi\left(\nu t - \frac{x}{\lambda}\right)$$

$$y = A\cos\left(\omega t - 2\pi\frac{x}{\lambda}\right)$$

式（6-38）～式（6-40c）为平面简谐波波动方程的几种不同表示形式，都是标准式。纵波的平面简谐波波动方程具有相同的形式，这时质元的振动方向和波动的传播方向一致。需要注意的是，y 仍然表示质元的位移，x 依旧表示波动传播方向上某质元在平衡位置时的坐标。

【例 6-8】　已知波动方程 $y = 5\cos\pi(2.50t - 0.01x)\,\mathrm{cm}$，求波长、周期和波速。

【解】 方法一（比较系数法）

波动方程 $y = 5\cos\pi(2.50t - 0.01x)$ 可写成

$$y = 5\cos2\pi\left(\frac{2.50}{2}t - \frac{0.01}{2}x\right)$$

与标准波动方程 $y = A\cos2\pi\left(\dfrac{t}{T} - \dfrac{x}{\lambda}\right)$ 相比较，有

$$T = \frac{2}{2.5}s = 0.8s, \quad \lambda = \frac{2}{0.01}cm = 200cm, \quad u = \frac{\lambda}{T} = 250cm \cdot s^{-1}$$

方法二（由各物理量的定义解）

（1）波长是指同一时刻 t，波线上相位差为 2π 的两点间的距离，即

$$\pi(2.50t - 0.01x_1) - \pi(2.50t - 0.01x_2) = 2\pi$$

得

$$\lambda = x_2 - x_1 = 200cm$$

（2）周期为相位传播一个波长所需的时间（$T = t_2 - t_1$），即时刻 t_1 点 x_1 的相位在时刻 $t_2 = t_1 + T$ 传至点 x_2 处，则有

$$\pi(2.50t_1 - 0.01x_1) = \pi(2.50t_2 - 0.01x_2)$$

得

$$T = t_2 - t_1 = 0.8s$$

（3）波速为振动状态（相位）传播的速度，时刻 t_1 点 x_1 的相位在时刻 t_2 传至点 x_2 处，则

$$u = \frac{x_2 - x_1}{t_2 - t_1} = 250cm \cdot s^{-1}$$

【例6-9】 已知平面简谐波沿 x 轴的正方向传播，其波速为 $u = 340m \cdot s^{-1}$，$t = 0$ 时刻的波形如图6-21所示。

（1）求 a、b、c 各质点在该时刻的运动方向；

（2）写出平衡位置在原点 O 的质点的振动方程；

（3）写出波动方程。

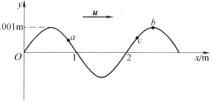

图6-21　例6-9图

【解】 （1）由波的性质知，相位落后的质点总是重复相位超前的相邻质点的运动状态，在 $t = 0$ 时刻，b 点处在最大正位移处，所以速度为零，下一时刻将向平衡位置运动。$t = 0$ 时刻，a 点沿 y 轴正方向运动，c 点沿 y 轴负方向运动。

（2）由图6-21可知，在 $t = 0$ 时刻，O 点过平衡位置向下运动，设 O 点的振动表达式为 $y = A\cos(\omega t + \varphi)$，于是有

$$A\cos\varphi = 0$$

$$-A\sin\varphi < 0$$

故

$$\varphi = \frac{\pi}{2}$$

又由图6-21可知

$$A = 0.001m, \quad \lambda = 2m$$

$$T = \frac{\lambda}{u} = \frac{2}{340}s = \frac{1}{170}s$$

$$\omega = \frac{2\pi}{T} = 340\pi \, \text{rad} \cdot \text{s}^{-1}$$

将以上各量代入振动表达式，得

$$y = 0.001\cos\left(340\pi t + \frac{\pi}{2}\right)(\text{m})$$

（3）以 O 点为参考点，得沿 x 轴正方向传播的波动方程为

$$y = A\cos\left[\omega\left(t - \frac{x}{u}\right) + \varphi\right]$$

$$= 0.001\cos\left[340\pi\left(t - \frac{x}{340}\right) + \frac{\pi}{2}\right]$$

*6.5.2 波动的微分方程

把式（6-38）分别对 t 和 x 求二阶偏导数，得

$$\frac{\partial^2 y}{\partial t^2} = -A\omega^2\cos\left[\omega\left(t - \frac{x}{u}\right) + \varphi\right]$$

$$\frac{\partial^2 y}{\partial x^2} = -A\frac{\omega^2}{u^2}\cos\left[\omega\left(t - \frac{x}{u}\right) + \varphi\right]$$

比较上列两式，即得

$$\frac{\partial^2 y}{\partial x^2} = \frac{1}{u^2}\frac{\partial^2 y}{\partial t^2} \tag{6-41}$$

如果从式（6-39）出发，所得的结果完全相同，仍是式（6-41）。任一平面波，如果不是简谐波，也可以认为是许多不同频率的平面余弦波的合成，在对 t 和 x 偏微分两次后，所得的结果将仍是式（6-41）。所以式（6-41）反映一切平面波的共同特征，称为平面波的波动微分方程。

可以证明，在三维空间中传播的一切波动过程，只要介质是无吸收的各向同性均匀介质，都适合下式：

$$\frac{\partial^2 \xi}{\partial x^2} + \frac{\partial^2 \xi}{\partial y^2} + \frac{\partial^2 \xi}{\partial z^2} = \frac{1}{u^2}\frac{\partial^2 \xi}{\partial t^2}$$

式中为了避免混淆，改用 ξ 代表振动位移。任何物质运动，只要它的运动规律符合上式，就可肯定它是以 u 为传播速度的波动过程。

研究球面波时，可将上式化为球坐标的形式，而且各个径向上的波的传播完全相同，即可得到球面波的波动方程为

$$\frac{\partial^2 (r\xi)}{\partial r^2} = \frac{1}{u^2}\frac{\partial^2 (r\xi)}{\partial t^2}$$

式中，仍以 ξ 代表振动位移，而 r 代表沿一半径方向上离点波源的距离。与式（6-41）相比，即可得到与式（6-38）相对应的球面余弦波波动表式如下：

$$\xi = \frac{a}{r}\cos\left[\omega\left(t - \frac{r}{u}\right) + \varphi\right]$$

上式告诉我们，球面波的振幅与距离 r 成反比，随着 r 的增加，振幅逐渐减小。式中常量 a 的数值等于 r 为单位长度处的振幅，a 不代表振幅，$\dfrac{a}{r}$ 才代表振幅。

6.6　波的能量与能流

6.6.1　波的能量

在波动过程中，波源的振动通过弹性介质由近到远地传播出去，凡是扰动传到的地方就有原来不动的质元振动起来，振动的各质元由于运动而具有动能，同时因介质产生形变还具有势能。所以，波动过程是一种能量传播过程，这是波动过程的一个重要特征。

波源能量随波动的传播，可以用平面简谐纵波的能量在弹性细长棒中的传播为例来说明。在弹性细长棒中任取一段微元，如图 6-22 所示，其体元 $\mathrm{d}V = S\mathrm{d}x$（$S$ 为弹性细长棒的截面积），质元 $\mathrm{d}m = \rho\mathrm{d}V = \rho S\mathrm{d}x$（$\rho$ 为棒的体密度）。当波传到该质元时，其振动动能为

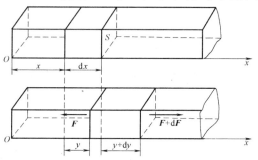

图 6-22　平面简谐纵波在弹性细长棒中的传播

$$\mathrm{d}W_{\mathrm{k}} = \frac{1}{2}(\mathrm{d}m)v^2$$

其中，v 为该质元的振动速度。设棒中传播的平面简谐波为

$$y = A\cos\omega\left(t - \frac{x}{u}\right)$$

则质元的振动速度为

$$v = \frac{\partial y}{\partial t} = -A\omega\sin\omega\left(t - \frac{x}{u}\right)$$

所以，质元的振动动能为

$$\mathrm{d}W_{\mathrm{k}} = \frac{1}{2}(\rho\mathrm{d}V)A^2\omega^2\sin^2\omega\left(t - \frac{x}{u}\right) \tag{6-42}$$

当波传到该质元时，该质元产生的应变为 $\dfrac{\partial y}{\partial x}$。根据胡克定律，该质元所产生的弹性力的大小为

$$F = YS\frac{\partial y}{\partial x} = k(\mathrm{d}y)$$

式中，Y 为棒的弹性模量，$k = \dfrac{YS}{\mathrm{d}x}$ 是把棒看作弹簧时的劲度系数。该质元因形变而具有的弹性势能为

$$\mathrm{d}W_{\mathrm{p}} = \frac{1}{2}k(\mathrm{d}y)^2 = \frac{1}{2}YS(\mathrm{d}x)\left(\frac{\partial y}{\partial x}\right)^2 = \frac{1}{2}Y(\mathrm{d}V)\left(\frac{\partial y}{\partial x}\right)^2 \tag{6-43}$$

因为 $u = \sqrt{\dfrac{Y}{\rho}}$，所以有 $Y = \rho u^2$。故式（6-43）可表示为

$$dW_p = \frac{1}{2}\rho(dV)u^2\left(\frac{\partial y}{\partial x}\right)^2 \tag{6-44}$$

又

$$\frac{\partial y}{\partial x} = A\frac{\omega}{u}\sin\omega\left(t - \frac{x}{u}\right)$$

所以式（6-44）可写为

$$dW_p = \frac{1}{2}(\rho dV)A^2\omega^2\sin^2\omega\left(t - \frac{x}{u}\right) \tag{6-45}$$

比较式（6-42）和式（6-45）可以看出，在平面简谐波中，每一质元的动能和弹性势能同步地随时间变化。而在简谐振动中，动能和势能有 $\pi/2$ 的相位差，这是振动动能和弹性势能的这种关系在波动中质元不同于孤立的振动系统的一个重要特点。

将式（6-42）和式（6-45）相加，可得质元的总机械能为

$$dW = (\rho dV)A^2\omega^2\sin^2\omega\left(t - \frac{x}{u}\right) \tag{6-46}$$

由式（6-46）可见，在平面简谐波传播过程中，介质中质元的总能量不是常量，而是随时间作周期性变化的变量。这说明，介质中所有参与波动的质元都在不断地从波源获得能量，又不断地把能量传播出去。

波传播过程中，介质中单位体积的波动能量称为**能量密度**，用 w 表示。由式（6-46）可得出在介质中 x 处在 t 时刻的能量密度为

$$w = \frac{dW}{dV} = \rho A^2\omega^2\sin^2\omega\left(t - \frac{x}{u}\right) \tag{6-47}$$

显然，介质中任一处的能量密度也是随时间作周期性变化的。其在一个周期内的平均值称为**平均能量密度**，用 $\bar{w}$ 表示。因为 $\sin^2\omega\left(t - \dfrac{x}{u}\right)$ 在一个周期内的平均值为 $\dfrac{1}{2}$，所以

$$\bar{w} = \frac{1}{2}\rho A^2\omega^2 \tag{6-48}$$

此式说明，平均能量密度与介质的密度、振幅的平方以及频率的平方成正比。这个公式虽然是从平面简谐纵波在弹性细棒中传播的特例导出的，但对于所有简谐波均适用。

6.6.2 能流和能流密度

如前面所述，波动过程是一种能量传播的过程。能量在空间的传播，形成了能流场。为了描述波动过程能量在空间传播的强弱和方向，引入能流和能流密度的概念。

单位时间内通过与波传播方向垂直的介质中某一截面的能量称为该截面的**能流**，用 P 表示。如图 6-23 所

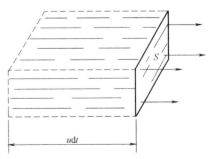

图 6-23　平面简谐波的能流

示，设在介质中取垂直于波速 u 的截面，其面积为 S，则在 dt 时间内通过该截面的能量应等于体积 $dV = Sudt$ 中的能量，于是有

$$P = \frac{wdV}{dt} = \frac{wSudt}{dt} = wuS$$

显然 P 和 w 一样，是随时间作周期性变化的，通常取其在一个周期内的平均值，称为平均能流，用 $\overline{P}$ 表示。于是有

$$\overline{P} = \overline{w}uS \tag{6-49}$$

式中，$\overline{w}$ 是平均能量密度。能流的单位为 W（瓦特）。波的能流也称为波的功率。

能流表示单位时间内垂直通过介质中某一截面的能量，它取决于截面面积的大小。因此，能流还不能确切反映出波动过程能量在空间传播的强弱，同时也不能反映波动过程能量在空间传播的方向。为此，引入能流密度的概念。**能流密度**为一矢量，其大小等于单位时间内通过与波传播方向垂直的单位面积的能量，其方向沿波传播方向，用 I 表示。于是有

$$I = wu$$

通常取其在一个周期内的平均值，称为**平均能流密度**，又称为**波的强度**，用 $\overline{I}$ 表示。于是有

$$\overline{I} = \overline{w}u = \frac{1}{2}\rho A^2 \omega^2 u \tag{6-50}$$

由此可知，平均能流密度与频率的平方及振幅的平方成正比，单位为 $W \cdot m^{-2}$（瓦·米$^{-2}$）。

平均能流密度公式对球面波也适用。设球面波为以波源 O 为球心画半径分别为 r_1 和 r_2 的两个球面，其面积分别为 $S_1 = 4\pi r_1^2$ 和 $S_2 = 4\pi r_2^2$，设单位时间内通过这两个球面单位面积的平均能量分别为 $|I_1|$ 和 $|I_2|$，如果不考虑介质吸收的能量，则在单位时间内通过这两个球面的平均能量相同，即

$$|I_1| = 4\pi r_1^2 = |I_2| = 4\pi r_2^2$$

将式（6-50）代入上式后，可得

$$\frac{A_1}{A_2} = \frac{r_2}{r_1}$$

即球面波的振幅与波源的距离成反比，故球面简谐波波函数可表示为

$$y = \frac{A'}{r}\cos\omega\left(t - \frac{r}{u}\right)$$

式中，A' 为一常量，可根据某一波面上的振幅和该球面的半径来确定。

【**例 6-10**】 钢轨中声速为 $5.1 \times 10^3 m \cdot s^{-1}$。今有一声波沿钢轨传播，在某处振幅为 $1 \times 10^{-9}m$、频率为 $1 \times 10^3 Hz$。钢的密度为 $7.9 \times 10^3 kg \cdot m^{-3}$，钢轨的截面积为 $15cm^2$。试求：

（1）该声波在该处的强度；

（2）该声波在该处通过钢轨输送的功率。

【**解**】 （1）根据波的强度公式，可求出声波在该处的强度为

$$|I| = \frac{1}{2}\rho A^2 \omega^2 u = \left[\frac{1}{2} \times 7.9 \times 10^3 \times (1 \times 10^{-9})^2 \times (2\pi \times 1 \times 10^3)^2 \times 5.1 \times 10^3\right]W \cdot m^{-2}$$

$$= 8 \times 10^{-4} W \cdot m^{-2}$$

（2）该声波在该处通过钢轨输送的功率为

$$\overline{P} = \overline{w}uS = \frac{1}{2}\rho A^2 \omega^2 uS = |I|S = (8 \times 10^{-4} \times 15 \times 10^{-4})W = 1.2 \times 10^{-6} W$$

6.7　波的衍射、反射和折射

6.7.1　惠更斯原理

前面讲过，波动的起源是波源的振动，波的传播是由于介质中质元之间的相互作用。介质中任一点的振动将引起邻近质元的振动，因而在波的传播过程中，介质中任何一点都可以看作新的波源。例如，水面上有一波传播（见图 6-24），在前进中遇到障碍物 AB，AB 上有一小孔，小孔的孔径 a 比波长 λ 小。这样，我们就可看到，穿过小孔的波是圆形的，与原来波的形状无关，这说明小孔可看作新波源。

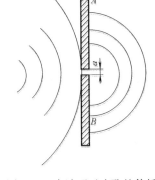

图 6-24　水波通过小孔的传播

惠更斯（C. Hygens）总结了这类现象，提出了关于波的传播规律：在波的传播过程中，波阵面（波前）上的每一点都可以看作是发射子波的波源，在其后的任一时刻，这些子波的包迹就成为新的波阵面，这就是**惠更斯原理**。设 S_1 为某一时刻 t 的波阵面，根据惠更斯原理，S_1 上的每一点发出的球面子波，经 Δt 时间后形成半径为 $u\Delta t$ 的球面，在波的前进方向上，这些子波的包迹 S_2 就成为 $t + \Delta t$ 时刻的新波阵面。惠更斯原理对任何波动过程都是适用的，不论是机械波还是电磁波，只要知道某一时刻的波阵面，就可根据这一原理用几何方法来决定任一时刻的波阵面，因而在很广泛的范围内解决了波的传播问题。图 6-25 所示是用惠更斯原理描绘出球面波和平面波的传播。根据惠更斯原理，还可以简捷地用作图的方法说明波在传播中发生的衍射、散射、反射和折射等现象。

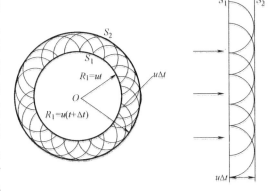

图 6-25　用惠更斯原理作的新的波阵面

应该指出，惠更斯原理并没有说明各个子波在传播中对某一点的振动究竟有多少贡献。我们将在波动光学中介绍菲涅耳对惠更斯原理所作的补充。

波在传播过程中遇到障碍物时，能够绕过障碍物的边缘继续传播的现象称为**波的衍射**。

用惠更斯原理能够定性说明衍射现象。如图 6-26 所示，当一平面波到达一宽度与波长接近的缝时，缝上的各点都可看作是发射子波的波源，作出这些子波的包络面，就得出新的波阵面。很显然，此时波振面已不再是平面，在靠近边缘处，波阵面弯曲，这说明了波能绕过缝而继续传播。

衍射现象是否显著，取决于缝的宽度与波长之比。若缝的宽度远大于波长，则波动经过缝后，衍射现象不明显；若缝的宽度小于

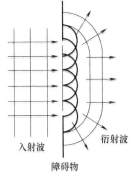

图 6-26　波的衍射

波长，则波动经过缝后，衍射现象就非常明显。

6.7.2 波的反射和折射

波动从一种介质传播到另一种介质时，在两种介质的分界面上，传播方向要发生变化，产生反射和折射现象。利用惠更斯原理可以导出反射定律和折射定律。

如图 6-27a 所示，在时刻 t，有一平面波 I 从介质 1 入射到介质 2 的分界面上，设两种介质都是均匀且各向同性的，界面垂直于图面。设平面波在介质 1、2 中的波速分别为 u_1 和 u_2，且 $u_2 < u_1$，令入射波的波振面为 AA_3（垂直于图面），此后 AA_3 上的 A_1、A_2 各点，将依次先后到达界面上的 B_1、B_2 各点。在时刻 $t + \Delta t$，点 A_3 到达 B_3 点，于是，在图 6-27b 中，我们可作出界面上各点的子波在此时刻的包络面。为了清楚起见，取 $AB_1 = B_1B_2 = B_2B_3$。由于波速 u_1 未变，所以在时刻 $t + \Delta t$，从 A、B_1、B_2 各点所发射的子波与图面的交线，分别是半径为 d、$2d/3$ 和 $d/3$ 的圆弧（$d = u_1\Delta t$）。显然，这些圆弧的包络面是通过 B_3 点的直线 B_3B。作波前的垂直线，即得反射线 L。

定义入射线与界面法线的夹角为入射角，用 i 表示，则由几何关系可知，AA_3 与界面的夹角也为 i。若定义反射线与界面法线的夹角为反射角，用 i' 表示，则由几何关系可知，B_3B 与界面的夹角也为 i'。现考察两个直角 $\triangle AA_3B_3$ 和 $\triangle ABB_3$，因为 $A_3B_3 = u_1\Delta t$，所以 $A_3B_3 = AB$，又因为两个三角形有公共边 AB_3，所以这两个三角形全等，故 B_3B 与界面的夹角 $i' = i$。若定义入射线与界面法线所确定的平面为入射面，则可得到如下结论：反射线在入射平面内，反射角等于入射角。这一结论称为**波的反射定律**。

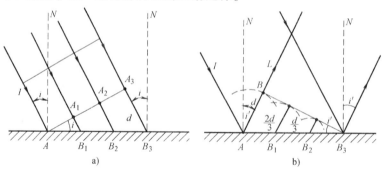

图 6-27 用惠更斯原理证明波的反射定律

a）时刻 t b）时间 $t + \Delta t$

利用惠更斯原理同样可以证明波的折射定律。与刚才讨论波的反射情况相类似，仍用作图法先求出折射波的波前，从而定出折射线的方向（见图 6-28）。需要注意的是波在不同介质中传播的速度是不同的，在同一时间 Δt 内，波在两种介质中通过的距离分别为 $A_3B_3 = u_1\Delta t$ 和 $AB = u_2\Delta t$，因此 $A_3B_3/AB = u_1/u_2$。

定义折射线与界面法线的夹角为折射角，用 r 表示，则由几何关系可知，BB_3 与界面的夹角也为 r。从图 6-28 中可以看出，折射线、入射线和界面的法线在同一平面内（图面）。考察 $\triangle AA_3B_3$ 和 $\triangle ABB_3$，可得

$$A_3B_3 = u_1\Delta t = AB_3\sin i$$

$$AB = u_2\Delta t = AB_3\sin r$$

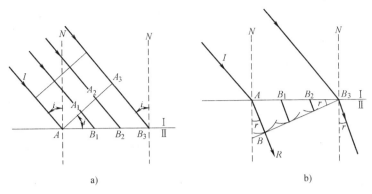

图 6-28　用惠更斯原理证明波的折射定律

a) 时刻 t　b) 时刻 $t + \Delta t$

因此有

$$\frac{\sin i}{\sin r} = \frac{u_1}{u_2} = n_{21}$$

比值 $n_{21} = u_1 / u_2$ 称为第二种媒质对第一种媒质的相对折射率，它对于给定的两种媒质来说是常数。因此，可以得出结论：折射线与入射线在同一平面内，入射角的正弦与折射角的正弦之比为常数。这一结论称为**波的折射定律**。

波的折射定律和反射定律给出了波在不同介质界面上传播方向之间的关系，反映了波传播的普遍性质。实际上，波在界面上反射和折射时，入射波与反射波在反射点还会有不同的相位。对机械波而言，介质的密度 ρ 和波速 u 的乘积称为波阻，波阻较大的介质称为波密介质，波阻较小的介质称为波疏介质。实验和理论都证明，当机械波从波疏介质垂直入射到两种介质的界面而发生反射时，反射波在入射点的相位与入射波在该点的相位有一个相位差 π 的变化，相当于半个波长的波程差，通常称为**半波损失**。当机械波从波密介质入射到两种介质的界面而发生反射时，反射波在入射点的相位与入射波在该点的相位相同，无半波损失。对于折射波，无论从哪种介质入射，折射波在入射点的相位都与入射波相同。

6.8　波的干涉和驻波

6.8.1　波的叠加

实验表明，当有几列波同时在空间同一介质中传播、相遇，每一列波都将独立地保持自己原有的特性（频率、波长、振动方向等），互不相干地独立向前传播，就像在各自的路程中，并没有遇到其他波一样，这称为波传播的独立性。在管弦乐队合奏或几个人同时讲话时，我们能够辨别出各种乐器或各个人的声音，这就是波的独立性的例子。通常天空中同时有许多无线电波在传播，我们能随意接收到某一电台的广播，这是电磁波传播的独立性的例子。由于这种独立传播，在相遇的区域内，任一点处质元的振动为各列波单独在该点引起的振动的合振动，即在任一时刻，该点处质元的振动位移是各个波在该点所引起的位移的矢量和。这一规律称为**波的叠加原理**。

波的叠加原理是大量实验事实的总结，它是波动所遵循的基本规律。弹性机械波、电磁波，乃至物质波皆服从这一规律。当两列波满足一定条件时，在两波交叠地区，由于波的叠加而出现一种特殊现象，此现象称为波的干涉。

6.8.2 波的干涉

一般来说，振幅、频率、相位等都不相同的几列波在某一点叠加时，情形是很复杂的。下面只讨论一种最简单而又最重要的情形，即两列频率相同、振动方向相同、相位相同或相位差恒定的简谐波的叠加。满足这些条件的两列波在空间任何一点相遇时，该点的两个分振动也有恒定相位差。但是对于空间不同的点，有着不同的恒定相位差。因而在空间某些点处，振动始终加强，而在另一些点处，振动始终减弱或完全抵消。这种现象称为**干涉现象**。能产生干涉现象的波称为相干波，相应的波源称为相干波源。

设有两个相干波源 S_1 和 S_2，它们在同一均匀介质中所发出的相干波在空间某点 P 相遇，两波在该点引起振动的表达式即振动方程分别为

$$y_1 = A_1 \cos\left(\omega t + \varphi_1 - \frac{2\pi r_1}{\lambda}\right)$$

$$y_2 = A_2 \cos\left(\omega t + \varphi_2 - \frac{2\pi r_2}{\lambda}\right)$$

式中，A_1 和 A_2 为两列波在 P 点引起振动的振幅；φ_1 和 φ_2 为两个波源的初相位，并且（$\varphi_2 - \varphi_1$）是恒定的；r_1 和 r_2 为 P 点到两个波源的距离。P 点的振动为两个同方向、同频率振动的合成，由式（6-26）知，其合振幅为

$$A = \sqrt{A_1^2 + A_2^2 + 2A_1 A_2 \cos\Delta\varphi}$$

式中，$\Delta\varphi$ 为两个分振动在 P 点的相位差，其值为

$$\Delta\varphi = \left(\omega t + \varphi_2 - \frac{2\pi r_2}{\lambda}\right) - \left(\omega t + \varphi_1 - \frac{2\pi r_1}{\lambda}\right)$$

即

$$\Delta\varphi = (\varphi_2 - \varphi_1) - 2\pi\frac{r_2 - r_1}{\lambda} \tag{6-51}$$

式中，（$\varphi_2 - \varphi_1$）为两振源之间的相位差；$r_2 - r_1$ 为两波源至 P 点的波程差，波程差记作 δ，$\delta = r_2 - r_1$，$\dfrac{2\pi\delta}{\lambda}$ 为波程差引起的相位差。

引用 6.3.1 中的结论，可得：若 $\Delta\varphi = \pm 2k\pi (k = 0,1,2,\cdots)$，则 P 点的合振幅 $A = A_1 + A_2$，振动得到加强；若 $\Delta\varphi = \pm(2k+1)\pi$ （$k = 0,1,2,\cdots$），则 P 点的合振幅 $A = |A_1 - A_2|$，振动减弱。

若两波源具有相同的初相位，即 $\varphi_2 = \varphi_1$，则式（6-51）演变为

$$\Delta\varphi = \frac{2\pi(r_2 - r_1)}{\lambda} \tag{6-52}$$

这是一个十分重要的公式，它把波程差与相位差直接联系起来，由此我们得到当两个相干波源具有相同的初相位时的振幅变化与波程差的关系：

若　$\delta = r_2 - r_1 = \pm k\lambda$　（$k = 0,1,2,\cdots$），　　　　则　$A = A_1 + A_2$ $\qquad$ (6-53a)

若　$\delta = r_2 - r_1 = \pm(2k+1)\lambda/2$　（$k = 0,1,2,\cdots$），　则　$A = |A_1 - A_2|$ $\qquad$ (6-53b)

由上面分析可知，两列相干波源为同相位时，在两列波的叠加的区域内，在波程差等于零或等于波长的整数倍的各点，振幅最大；在波程差等于半波长的奇数倍的各点，振幅最小。

由此可见，在两波交叠地区，两相干波所分别激发的分振动的相位差仅与各点的位置有关，因此各点的合振幅随位置而异，但确定点的合振幅不随时间变化。有些点的振幅始终最大，即 $A = A_1 + A_2$，有些点的振幅始终最小，即 $A = |A_1 - A_2|$，形成一种特殊的不随时间变化的稳定分布，这一现象就是波的干涉。干涉现象是波动遵从叠加原理的表现，是波动形式所独具的重要特征之一，因为只有波动的合成，才能产生干涉现象。干涉现象对于光学、声学等都非常重要，对于近代物理学的发展也有重大的作用。某种物质运动若能产生干涉现象便可证明其具有波动的本质。

6.8.3 驻波

当两列振幅相同的相干波，在同一直线上沿相反方向传播时，叠加后的波是一种波形不随时间传播的波，这种波称为**驻波**。驻波是干涉的一种特殊情况。

设有两列简谐波，分别沿 x 轴正方向和负方向传播，它们的表达式为

$$y_1 = A\cos\left(\omega t - \frac{2\pi x}{\lambda}\right)$$

$$y_2 = A\cos\left(\omega t + \frac{2\pi x}{\lambda}\right)$$

两列波相遇后合位移为

$$y = y_1 + y_2 = A\cos\left(\omega t - \frac{2\pi x}{\lambda}\right) + A\cos\left(\omega t + \frac{2\pi x}{\lambda}\right)$$

$$= 2A\cos\left(\frac{2\pi}{\lambda}x\right)\cos\omega t \tag{6-54}$$

此式即为驻波的表达式。式中，$\cos\omega t$ 表明各点在作简谐振动，$\left|2A\cos\left(\frac{2\pi}{\lambda}x\right)\right|$ 就是 x 处质元作简谐振动的振幅。它表明各点的振幅只与 x 有关，且随 x 作周期性变化，对于

$$x = \pm k\frac{\lambda}{2} \quad (k = 0, 1, 2, \cdots) \tag{6-55}$$

各点的振幅 $\left|2A\cos\frac{2\pi}{\lambda}x\right| = 2A$，即振幅最大，称为驻波的**波腹**；对于

$$x = \pm(2k+1)\frac{\lambda}{4} \quad (k = 0, 1, 2, \cdots) \tag{6-56}$$

的各点的振幅为零，即振幅最小，称为驻波的**波节**。由式（6-55）和式（6-56）可知，相邻的两波腹之间或两波节之间的距离均为半个波长。这一点为我们提供了一种测定波长的方法，只要测出两相邻波腹或波节之间的距离就可以确定原来两列**波形**的波长。

图 6-29 画出了驻波形成的物理过程，其中实线表示向右传播的波，虚线表示向左传播的波。图 6-29a 中各行依次表示 $t=0$，$T/8$，$T/4$，$3T/8$，$T/2$ 各时刻两波的波形曲线，图 6-29b 中画出了各点的合位移，其中箭头表示合振动的振动速度方向。

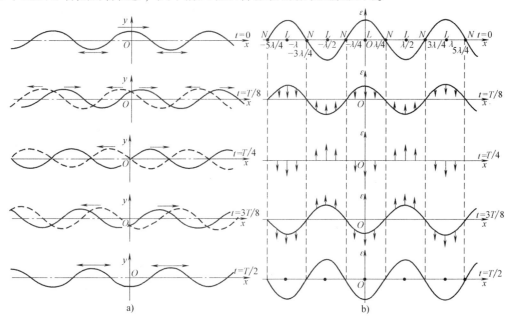

图 6-29 驻波的形成

a) 不同时刻两列波的波形曲线 b) 各点的合位移和振动速度的方向

驻波也可以用实验来演示。如图 6-30 所示，水平细绳 AP 一端挂一砝码，使绳中有一定的张力，调节刀口 B 的位置，当音叉振动时就会在细绳上出现驻波。这一驻波是由音叉在绳中激发的自左向右传播的波和在 B 点反射后出现的自右向左传播的反射波形成的。但由于视觉暂留的作用，我们只能看到驻波的轮廓。

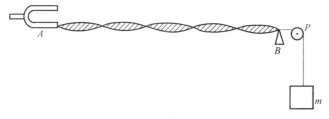

图 6-30 驻波实验

由驻波的表达式（6-54）可以看出，驻波中各点的相位与 $\cos\dfrac{2\pi}{\lambda}x$ 的正负有关，凡是使 $\cos\dfrac{2\pi}{\lambda}x$ 为正的各点的相位都是 ωt；凡是使 $\cos\dfrac{2\pi}{\lambda}x$ 为负的各点的相位都是 $\omega t+\pi$。在讨论驻波时，通常把相邻两个波节之间的各点称为一段，则由余弦函数的取值规律可以知道，$\cos\dfrac{2\pi}{\lambda}x$ 的值对于同一段内的各点有相同的符号，对于分别在相邻两段内的各点则符号相反。这表明，在驻波中，同一段上各点的振动同相，而相邻两段中的各点的振动反相。因此，驻波实际上就是分段振动现象。在驻波中，没有振动状态或相位的传播，也没有能量的传播，所以称这种特殊的干涉叠加而形成的振动状态为驻波。

【例 6-11】 在图 6-30 的实验中，细绳上波节间距为 $s = 5\,\mathrm{cm}$，若已知细绳上波速为 $u = 5\,\mathrm{m \cdot s^{-1}}$，求音叉振动的频率 ν。

【解】 由驻波性质知 $s = \dfrac{\lambda}{2}$，故细绳上的波长为 $\lambda = 2s$。

再由 $u = \lambda\nu$ 得

$$\nu = \frac{u}{\lambda} = \frac{u}{2s} = \frac{5}{2 \times 5 \times 10^{-2}}\,\mathrm{Hz} = 50\,\mathrm{Hz}$$

本章逻辑主线

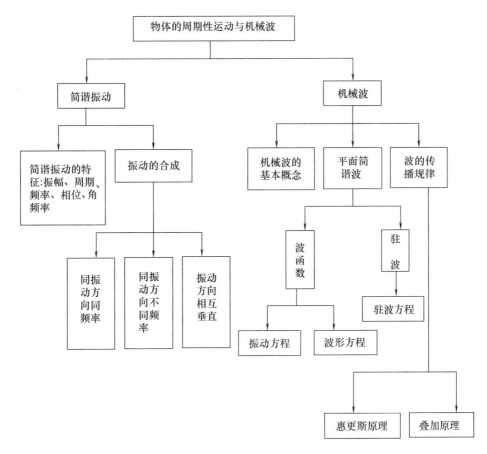

>>> 扩展思维

多普勒效应

1842 年的一天，奥地利物理学家多普勒带着自己的女儿在铁道边散步，一列火车鸣着汽笛迎他驶来，这时，他注意到汽笛音调很高，但当火车离他而去时汽笛的音调突然降低了，这对他当时思考的光的频率变化的问题很有启发，经过认真的研究，他得出了适用于一般波动的一条规律，称之为"多普勒效应"。1845 年，巴洛特在荷兰用机车拖了一节敞开的车厢，车上装了几只喇叭，对多普勒效应进行了实验验证。

从广义上说，多普勒效应指的是：波源或接收器或者两者都相对于介质运动时，接收器接收到的频率和波源的振动频率不同的现象，即接收器接收到的频率有赖于波源或接收器运动的现象。下面我们分三种情况来讨论声波的多普勒效应。为简单起见，假定波源和接收器在一直线上运动，波源相对于介质的运动速率用 u_S 表示，接收器相对于介质的运动速率用 u_R 表示，波速用 u 表示；波源的频率、接收器接收到的频率和波的频率分别用 ν_S、ν_R 和 ν 表示。这里波源的频率 ν_S 是波源在单位时间内振动的次数或发出的完整波的个数；接收器接收到的频率 ν_R 是指接收器在单位时间内接收到的振动次数或完整波的个数；波的频率 ν 是指介质质元在单位时间内振动的次数或在单位时间内通过介质中某点的完整波的个数。

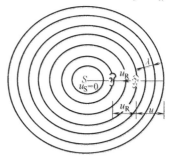

图 6-31　波源静止时的多普勒效应

1. 波源相对于介质不动，接收器以速度 u_R 运动

如图 6-31 所示，若接收器向着静止的波源运动，则因波源发出的波以速度 u 向着接收器传播，同时接收器以速度 u_R 向着静止的波源运动，所以多接收到一些完整的波。在单位时间内接收器接收到的完整波的数目等于分布在 $u + u_R$ 距离内完整波的数目，如图 6-31 所示。因此有

$$\nu_R = \frac{u + u_R}{\lambda} = \frac{u + u_R}{\dfrac{u}{\nu}} = \left(1 + \frac{u_R}{u}\right)\nu$$

式中，ν 是波的频率。由于波源在介质中静止，所以波的频率就等于波源的频率，因此有

$$\nu_R = \left(1 + \frac{u_R}{u}\right)\nu_S \tag{6-57}$$

这表明，当接收器向着静止波源运动时，接收到的频率为波源频率的 $\left(1 + \dfrac{u_R}{u}\right)$ 倍，即 ν_R 高于 ν_S。

当接收器离开波源运动时，通过类似的分析，不难求得接收器接收到的频率为

$$\nu_R = \left(1 - \frac{u_R}{u}\right)\nu_S \tag{6-58}$$

即此时接收到的频率低于波源的频率。

2. 相对于介质接收器不动，波源以速度 u_S 运动

如图 6-32 所示，当波源运动时，它所发出的相邻两个同相振动状态是在不同地点发出的，这两个地点相隔的距离为 $u_S T_S$，T_S 为波源的周期。如果是向着接收器运动的，这后一地点到前方最近的同相点之间的距离是现在介质中的波长，若波源静止时介质中的波长为 $\lambda_0(\lambda_0 = uT_S)$，则现在介质中的波长为

$$\lambda = \lambda_0 - u_S T_S = (u - u_S) T_S = \frac{u - u_S}{\nu_S}$$

此时的频率为

$$\nu = \frac{u}{\lambda} = \frac{u}{u - u_S}\nu_S$$

由于接收器静止，所以它接收到的频率就是此时波的频率，即

$$\nu_R = \frac{u}{u - u_S} \nu_S \tag{6-59}$$

这表明，当波源向着静止的接收器运动时，接收器接收到的频率高于波源的频率，因此听起来音调变"尖"。

当波源远离接收器运动时，通过类似的分析可求得接收器接收到的频率为

$$\nu_R = \frac{u}{u + u_S} \nu_S \tag{6-60}$$

此时接收器接收到的频率低于波源的频率，因此听起来音调变"钝"。

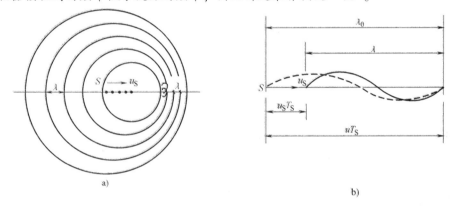

图 6-32 波源运动时的多普勒效应

需要说明的是，当 $u_S > u$ 时，式（6-59）将失去意义。因为此时波源本身将超过此前它发出的波的波前，所以在波源前方不可能有任何波动产生。这种情况如图 6-33 所示。

当波源经过 S_1 位置时发出的波在其后 τ 时刻的波阵面为半径等于 $u\tau$ 的球面，但此时刻波源已经前进了 $u_S\tau$ 的距离到达 S 位置。在整个 τ 时间内，波源发出的波到达的前沿形成了一个锥面，这个锥面称为马赫锥，其半顶角 α 由下式决定：

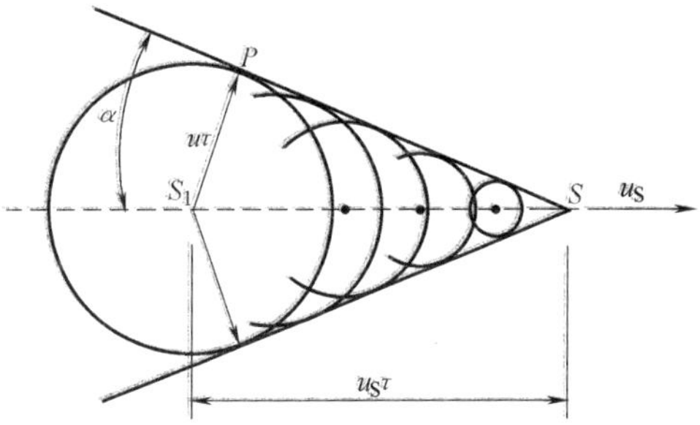

图 6-33 冲击波的产生

$$\sin\alpha = \frac{u}{u_S} \tag{6-61}$$

当飞机、炮弹在空气中超音速飞行时，都会激起这种圆锥形的波，称为冲击波。这种波没有周期性，而是一个以声速扩大着的压缩区域。冲击波面到达的地方，空气压强突然增大。过强的冲击波掠过物体时甚至会造成损害（如使窗玻璃碎裂等），这种现象称为声爆。

类似的现象在水波中也可看到。当船速超过水面上的水波波速时，在船后就激起了以船为顶端的 V 波，这种波称为舷波。

3. 波源和接收器均相对于介质运动

综合以上两种分析，可得当波源和接收器同时相对介质运动时，接收器接收到的频率为

$$\nu_R = \frac{u \pm u_R}{u - u_S} \nu_S \tag{6-62}$$

式（6-62）中，接收器向着波源运动时，u_R 前取正号，远离波源时取负号；波源向着接收器运动时，u_S 前取正号，远离接收器时取负号。

综上可知，不论是波源运动，还是接收器运动，或者是两者同时运动，只要两者相互接近，接收器接收到的频率就高于原来波源的频率；两者互相远离，接收器接收到的频率就低于原来波源的频率。

以上关于机械波多普勒效应的公式，都是在波源和接收器的运动发生在两者连线方向（即纵向）上推得的。如果运动方向不沿两者的连线，则因为机械波不存在横向多普勒效应，所以在上述公式中的波源和接收器的速度应为沿两者连线方向的速度分量。

光波也存在多普勒效应。与声波不同的是，光波的传播不需要介质，因此只是光源和接收器的相对速度 u 决定接收的频率。根据相对论的基本原理可以证明，当光源和接收器在同一直线上运动时，如果两者相互接近，则

$$\nu_R = \sqrt{\frac{c+u}{c-u}}\,\nu \tag{6-63}$$

如果两者相互远离，则

$$\nu_R = \sqrt{\frac{c-u}{c+u}}\,\nu \tag{6-64}$$

式中，c 为光在真空中的传播速度。由此可知，当光源远离接收器运动时，接收到的频率变小，因而波长变长，这种现象称为"红移"，即在可见光谱中移向红色一端。

多普勒效应现已在科学研究、空间技术、医疗诊断等方面得到广泛的应用。例如，公路上的"雷达测速装置"就是根据多普勒效应来测定车辆行驶的速度；声呐装置则根据多普勒效应来探测潜艇运行的方向和速度。测速仪发出一超声波被汽车或潜艇反射回来，产生一个多普勒频移，此频移与车或潜艇的速度有关，测出此频移就可知道汽车或潜艇的速度。在医学上利用多普勒效应可以测量血液的流速和心脏壁运动的速度，帮助医生诊断病情。更有趣的是一种粗看起来毫不相关的金库防盗装置也应用了多普勒效应的原理。在金库某处安置一超声波发生器，发射固定频率的超声波，经固定的墙壁反射到接收器，接收到相同频率的超声波仪器没有反应。当有人进入金库，从他身上反射的超声波发生多普勒频移，接收器立刻发出报警。

光的多普勒效应在天体物理学中有许多重要应用。例如，用这种效应可以判断发光天体是向着还是背离地球而运动，运动速率有多大。通过对多普勒效应所引起的天体光波波长偏移的测定，发现所有被测星系的光波波长都向长波方向偏移，这就是光谱线的多普勒红移，从而确定所有星系都在背离地球运动。这一结果成为宇宙演变的所谓"宇宙大爆炸"理论的基础。"宇宙大爆炸"理论认为，现在的宇宙是从大约 150 亿年以前发生的一次剧烈的爆发活动演变而来的，此爆发活动就称为"宇宙大爆炸"。"大爆炸"以其巨大的力量使宇宙中的物质彼此远离，它们之间的空间在不断增大，因而原来占据的空间在膨胀，也就是整个宇宙在膨胀，并且现在还在继续膨胀着。

思 考 题

6.1 什么是简谐振动？下列运动哪些是简谐振动？

（1）拍皮球时的运动；

（2）单摆小角度时的摆动；

（3）旋转矢量在横轴投影的运动；

（4）人在荡秋千时的运动；

（5）竖直悬挂的弹簧系一重物，将物体从静止位置向下拉一段距离（在弹性范围内），然后放手让其自由运动。

6.2 分析作简谐振动物体的位移、速度和加速度之间的相位关系。

6.3 对同一个弹簧振子，一是让其在光滑水平面上作一维简谐振动，另一是在竖直悬挂情况下作简谐振动，问两者的振动的频率是否相同？

6.4 两个简谐振动的频率相同，振动方向相同，若两个振动的相位关系为反相，则合振动的振幅为多少？合振动的初相位又为多少？若两者为同相关系又怎么样？

6.5 两个简谐振动的合振动是圆周运动，那么这两个简谐振动必须具备什么条件？

6.6 何为拍？形成拍的条件是什么？拍的振幅最大值是多少？拍的频率怎么确定？

6.7 什么是波动？波动和振动有什么区别和联系？机械波产生的条件是什么？简谐振动方程与平面简谐波方程有什么不同和联系？振动曲线和波动曲线又有什么不同？

6.8 波动方程 $y = A\cos\left[\omega\left(t - \dfrac{x}{u}\right) + \varphi_0\right]$ 中的 $\dfrac{x}{u}$ 表示什么？φ_0 表示什么？式中 $x = 0$ 的点是否一定是波源？$t = 0$ 表示什么时刻？该波向什么方向传播？如果改写为 $y = A\cos\left(\omega t - \dfrac{\omega x}{u} + \varphi_0\right)$，$\dfrac{\omega x}{u}$ 又是什么意思？如果 t 和 x 均增加，但相应的 $\left[\omega\left(t - \dfrac{x}{u}\right) + \varphi_0\right]$ 的值不变，由此能从波动方程说明什么？

6.9 当波从一种介质透入另一介质时，波长、频率、波速、振幅各量中，哪些量会改变？哪些量不会改变？

6.10 波在介质中传播时，为什么介质元的动能和势能具有相同的相位，而弹簧振子的动能和势能却没有这样的特点？

6.11 波源的振动周期与波的周期是否相同？波源的振动速度与波速是否相同？

6.12 两列简谐波叠加时，讨论下列各种情况：

（1）若两列波的振动方向相同，初相位也相同，但频率不同，能不能发生干涉？

（2）若两列波的频率相同，初相位也相同，但振动方向不同，能不能发生干涉？

（3）若两列波的频率相同，振动方向也相同，但振动方向不同，能不能发生干涉？

（4）若两列波的频率相同，振动方向相同，初相位也相同，但振幅不同，能不能发生干涉？

6.13 两个振幅相同的相干波在某处相长干涉，其能量是原来的几倍？是否能量守恒？合振幅为原来的几倍？

6.14 我国古代有一种称为"鱼洗"的铜盆，如图 6-34 所示，盆底雕刻着两条鱼。在盆中盛水，用手轻轻摩擦盆两边两环，就能在两条鱼的嘴上方激起很高的水柱。试从物理上解释这一现象。

6.15 驻波的波形随时间是如何变化的？它和行波有什么区别？若某一时刻波线上各点的位移都为零，此时波的能量是否为零？

图 6-34 鱼洗

习 题

一、填空题

6.1 已知一简谐振动曲线如图 6-35 所示，由图确定：

（1）在＿＿＿＿＿＿＿＿ s 时速度为零。

（2）在＿＿＿＿＿＿s时动能最大。

（3）在＿＿＿＿＿＿s时加速度取正的最大值。

6.2 一简谐振动用余弦函数表示，其振动曲线如图6-36所示，则此简谐振动的3个特征量为

$A =$＿＿＿＿＿＿＿；　$\omega =$＿＿＿＿＿＿＿；　$\varphi =$＿＿＿＿＿＿＿。

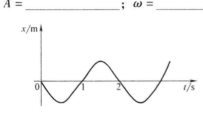

图6-35　习题6.1图

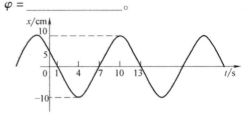

图6-36　习题6.2图

6.3 质量为$m = 1.27 \times 10^{-3}$kg的水平弹簧振子，运动方程为$x = 0.2\cos\left(2\pi t + \dfrac{\pi}{4}\right)$（m），则 $t = 0.25$s 时的位移为＿＿＿＿＿＿，速度为＿＿＿＿＿＿，加速度为＿＿＿＿＿＿，回复力为＿＿＿＿＿＿，振动动能为＿＿＿＿＿＿，振动势能为＿＿＿＿＿＿。

6.4 两个同方向同频率的简谐振动，其振动表达式分别为$x_1 = 6 \times 10^{-2}\cos\left(5t + \dfrac{\pi}{2}\right)$（SI），$x_2 = 2 \times 10^{-2}\sin(\pi - 5t)$（SI），它们的合振动的振幅为＿＿＿＿＿＿，初相位为＿＿＿＿＿＿。

6.5 一质点在O点附近作简谐振动，某时刻它离开O点向M点运动，2s后第一次到达M点，再经过2s第二次到达M点，则还要经过＿＿＿＿＿＿s，它才能第三次经过M点。如果质点从最大位移处开始运动，经过3s，第一次到达M点，再经过2s第二次到达M点，则振动频率为＿＿＿＿＿＿Hz。

6.6 一列横波沿水面传播，波速为v，相邻两个波峰的间距为a，水面上漂浮着一块很小的木块，它随此波而动，则木块沿此波的传播方向的速度为＿＿＿＿＿＿，木块运动的周期为＿＿＿＿＿＿。

6.7 两列波在一根很长的弦线上传播，其方程为$y_1 = 6.0 \times 10^{-2}\cos\pi\dfrac{x - 40t}{2}$（m）、$y_2 = 6.0 \times 10^{-2}\cos\pi\dfrac{x + 40t}{2}$（m），则合成波方程为＿＿＿＿＿＿，在$x = 0$至$x = 10$m内波节的位置是＿＿＿＿＿＿，波腹的位置是＿＿＿＿＿＿。

6.8 如果在固定端$x = 0$处反射波方程是$y_2 = A\cos 2\pi(vt - x/\lambda)$，设波在反射时无半波损失，那么入射波的方程是$y_1 =$＿＿＿＿＿＿，形成的驻波的表达式是$y =$＿＿＿＿＿＿。

二、选择题

6.9 下列说法正确的是（　　）。

（A）简谐振动的运动周期与初始条件无关；

（B）一个质点在返回平衡位置的力作用下，一定作简谐振动；

（C）已知一个谐振子在 $t=0$ 时刻处在平衡位置，则其振动周期为 $\pi/2$；

（D）因为简谐振动机械能守恒，所以机械能守恒的运动一定是简谐振动。

6.10　弹簧振子沿直线作简谐振动，当振子连续两次经过平衡位置时振子的（　　）。

（A）加速度相同，动能相同；　　　　　　（B）动量相同，动能相同；

（C）加速度相同，速度相同；　　　　　　（D）动量相同，速度相同。

6.11　两个完全相同的弹簧，挂着质量不同的两个物体，当它们以相同的振幅作简谐振动时，它们的总能量关系为（　　）。

（A）$E_1 = E_2$；　　　　　　　　　　　（B）$E_1 = 2E_2$；

（C）$E_1 = \dfrac{1}{2}E_2$；　　　　　　　　（D）$E_1 = 4E_2$。

6.12　一质点作简谐振动，振动方程为 $x = A\cos(\omega t + \varphi)$，当时间 $t = \dfrac{1}{2}T$（T 为周期）时，质点的速度为（　　）。

（A）$-A\omega\sin\varphi$；　　　（B）$A\omega\sin\varphi$；　　　（C）$-A\omega\cos\varphi$；　　　（D）$A\omega\cos\varphi$。

6.13　一谐振子作振幅为 A 的谐振动，当它的动能与势能相等时，它的相位和坐标分别为（　　）。

（A）$\pm\dfrac{\pi}{3}$ 和 $\pm\dfrac{2\pi}{3}$，$\pm\dfrac{1}{2}A$；　　　　　（B）$\pm\dfrac{\pi}{6}$ 和 $\pm\dfrac{5\pi}{6}$，$\pm\dfrac{\sqrt{3}}{2}A$；

（C）$\pm\dfrac{\pi}{4}$ 和 $\pm\dfrac{3\pi}{4}$，$\pm\dfrac{\sqrt{2}}{2}A$；　　　　　（D）$\pm\dfrac{\pi}{3}$ 和 $\pm\dfrac{2\pi}{3}$，$\pm\dfrac{\sqrt{3}}{2}A$。

6.14　一质点作简谐振动，其运动速度与时间的曲线如图 6-37 所示，若质点的振动规律用余弦函数作描述，则其初相位应为（　　）。

（A）$\pi/6$；　　　（B）$5\pi/6$；　　　（C）$-5\pi/6$；　　　（D）$-\pi/6$。

6.15　已知一简谐振动 $x_1 = 4\cos\left(10t + \dfrac{3\pi}{5}\right)$，另有一同方向的简谐振动 $x_2 = 6\cos(10t + \varphi)$，则合振幅最小时 φ 值为（　　）。

（A）$\pi/3$；　　　（B）$7\pi/5$；　　　（C）π；　　　（D）$8\pi/5$。

6.16　图 6-38 中所画的是两个简谐振动的振动曲线。若这两个简谐振动可叠加，则合成的余弦振动的初相位为（　　）。

（A）$\pi/2$；　　　（B）π；　　　（C）$3\pi/2$；　　　（D）0。

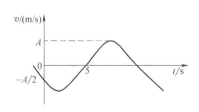

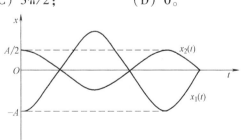

图 6-37　习题 6.14 图　　　　　　　　　　图 6-38　习题 6.16 图

6.17 一劲度系数为 k 的轻弹簧，下端挂一质量为 m 的物体，系统的振动周期为 T_1。若将弹簧截去一半的长度，下端挂一质量为 $m/2$ 的物体，则系统的振动周期 T_2 等于（   ）。

(A) $2T_1$；   (B) T_1；   (C) $T_1/2$；   (D) $T_1/4$。

6.18 如图 6-39 所示，有一平面简谐波沿 x 轴负方向传播，坐标原点 O 的振动方程为 $y = A\cos(\omega t + \varphi_0)$，则 B 点的振动方程为（   ）。

(A) $y = A\cos[\omega t - (x/u) + \varphi_0]$；

(B) $y = A\cos\omega[t + (x/u)]$；

(C) $y = A\cos\{\omega[t - (x/u)] + \varphi_0\}$；

(D) $y = A\cos\{\omega[t + (x/u)] + \varphi_0\}$。

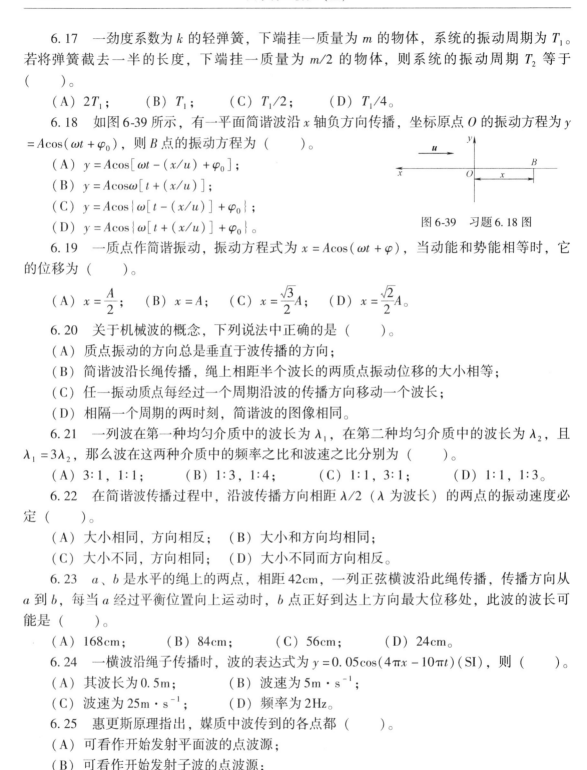

图 6-39 习题 6.18 图

6.19 一质点作简谐振动，振动方程式为 $x = A\cos(\omega t + \varphi)$，当动能和势能相等时，它的位移为（   ）。

(A) $x = \dfrac{A}{2}$；   (B) $x = A$；   (C) $x = \dfrac{\sqrt{3}}{2}A$；   (D) $x = \dfrac{\sqrt{2}}{2}A$。

6.20 关于机械波的概念，下列说法中正确的是（   ）。

(A) 质点振动的方向总是垂直于波传播的方向；

(B) 简谐波沿长绳传播，绳上相距半个波长的两质点振动位移的大小相等；

(C) 任一振动质点每经过一个周期沿波的传播方向移动一个波长；

(D) 相隔一个周期的两时刻，简谐波的图像相同。

6.21 一列波在第一种均匀介质中的波长为 λ_1，在第二种均匀介质中的波长为 λ_2，且 $\lambda_1 = 3\lambda_2$，那么波在这两种介质中的频率之比和波速之比分别为（   ）。

(A) 3:1，1:1；   (B) 1:3，1:4；   (C) 1:1，3:1；   (D) 1:1，1:3。

6.22 在简谐波传播过程中，沿波传播方向相距 $\lambda/2$（λ 为波长）的两点的振动速度必定（   ）。

(A) 大小相同，方向相反；   (B) 大小和方向均相同；

(C) 大小不同，方向相同；   (D) 大小不同而方向相反。

6.23 a、b 是水平的绳上的两点，相距 42cm，一列正弦横波沿此绳传播，传播方向从 a 到 b，每当 a 经过平衡位置向上运动时，b 点正好到达上方向最大位移处，此波的波长可能是（   ）。

(A) 168cm；   (B) 84cm；   (C) 56cm；   (D) 24cm。

6.24 一横波沿绳子传播时，波的表达式为 $y = 0.05\cos(4\pi x - 10\pi t)$（SI），则（   ）。

(A) 其波长为 0.5m；   (B) 波速为 5m·s^{-1}；

(C) 波速为 25m·s^{-1}；   (D) 频率为 2Hz。

6.25 惠更斯原理指出，媒质中波传到的各点都（   ）。

(A) 可看作开始发射平面波的点波源；

(B) 可看作开始发射子波的点波源；

(C) 一定作简谐振动；

(D) 可看作是向同一点发射子波的点波源。

6.26 平面简谐波的波动方程为 $y = A\cos(\omega t + 2\pi x/\lambda)$（SI），已知 $x = 2.5\lambda$，则坐标原

点 O 的振动相位较该点的振动相位（　　）。

（A）超前 5π；　　　（B）落后 5π；　　　（C）超前 2.5π；　　　（D）落后 2.5π。

三、计算题

6.27　设简谐振动方程为 $x = 0.02\cos\left(100\pi t + \dfrac{\pi}{3}\right)$（SI），求：

（1）振幅、频率、角频率、周期和初相位；

（2）$t = 1s$ 时的位移、速度和加速度。

6.28　有一弹簧振子，振幅为 4cm，周期为 5s，将振子经过平衡位置且向正方向运动为时间起点，求：

（1）简谐振动方程。

（2）从初始位置开始到二分之一最大位移处所需最短时间。

6.29　图 6-40 所示为两个简谐振动的 x-t 曲线，试分别写出其简谐振动方程。

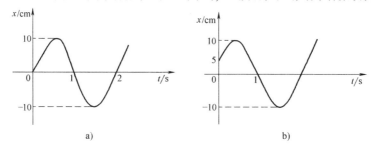

图 6-40　习题 6.29 图

6.30　有一轻弹簧，下面悬挂质量为 1.0g 的物体时，伸长为 4.9cm。用这个弹簧和一个质量为 8.0g 的小球构成弹簧振子，将小球由平衡位置向下拉开 1.0cm 后，给予向上的初速度 $v_0 = 5.0\text{cm} \cdot \text{s}^{-1}$，求振动周期和振动表达式。

6.31　质量为 $10 \times 10^{-3}\text{kg}$ 的小球与轻弹簧组成的系统，按 $x = 0.1\cos\left(8\pi t + \dfrac{2\pi}{3}\right)$（SI）的规律作简谐振动，求：

（1）振动的周期、振幅和初相位及速度与加速度的最大值；

（2）最大的回复力、振动能量、平均动能和平均势能，在哪些位置上动能与势能相等？

（3）$t_2 = 5s$ 与 $t_1 = 1s$ 两个时刻的相位差。

6.32　一弹簧振子沿水平方向运动，振幅为 10cm，当弹簧振子离开平衡位置的距离为 6cm 时，速度为 $24\text{cm} \cdot \text{s}^{-1}$。求：

（1）振动的周期；

（2）速度为 $\pm 12\text{cm} \cdot \text{s}^{-1}$ 时的位移。

6.33　一水平振动的弹簧振子，振幅 $A = 3.0 \times 10^{-2}\text{m}$，周期 $T = 0.5s$，当 $t = 0$ 时，

（1）物体经过 $x = 1 \times 10^{-2}\text{m}$ 处，且向负方向运动；

（2）物体经过 $x = -1 \times 10^{-2}\text{m}$ 处，且向正方向运动。

分别写出两种情况下的振动方程。

6.34　一个沿 x 轴作简谐振动的弹簧振子，振幅为 A，周期为 T，其振动方程用余弦函

数表示。如果 $t=0$ 时质点的状态分别是：

（1）$x_0 = -A$；

（2）过平衡位置向正向运动；

（3）过 $x = \dfrac{A}{2}$ 处向负向运动；

（4）过 $x = -\dfrac{A}{\sqrt{2}}$ 处向正向运动。

试求出相应的初相位，并写出振动方程。

6.35　物体的质量为 0.25kg，在弹性力作用下作简谐振动，弹簧的劲度系数 $k = 25 \mathrm{N} \cdot \mathrm{m}^{-1}$。如果物体开始振动时的动能为 0.02J，势能为 0.06J，求：

（1）物体的振幅；

（2）动能与势能相等时的位移；

（3）经过平衡位置时的速度。

6.36　试用最简单的方法求出下列两组谐振动合成后所得合振动的振幅和合振动方程：

（1）$\begin{cases} x_1 = 5\cos\left(3t + \dfrac{\pi}{3}\right)(\mathrm{cm}) \\ x_2 = 5\cos\left(3t + \dfrac{7\pi}{3}\right)(\mathrm{cm}) \end{cases}$
　　　　（2）$\begin{cases} x_1 = 5\cos\left(3t + \dfrac{\pi}{3}\right)(\mathrm{cm}) \\ x_2 = 5\cos\left(3t + \dfrac{4\pi}{3}\right)(\mathrm{cm}) \end{cases}$

6.37　两质点沿 x 轴作同方向、同频率、同振幅 A 的简谐振动，其振动的周期均为 5s。当 $t=0$ 时，质点 1 在 $\dfrac{\sqrt{2}}{2}A$ 处，且向 x 轴负向运动。而质点 2 在 $-A$ 处，求：

（1）两个简谐振动的初相位差；

（2）两个质点第一次经过平衡位置的时刻。

6.38　一给定的弹簧在 60N 的拉力下伸长了 30cm，质量为 4kg 的物体悬挂在弹簧的下端并使之静止，再将物体向下拉 10cm，然后释放。问：

（1）物体振动的周期是多少？

（2）当物体在平衡位置上方 5cm 处，并向上运动时，物体的加速度多大？方向如何？这时弹簧的拉力是多少？

（3）物体从平衡位置到上方 5cm 处所需要的最短时间是多少？

（4）如果在振动物体上再放一小物体，此小物体是停在上面，还是离开它？

（5）如果是振动物体的振幅增大一倍，放在振动物体上的小物体在什么地方与振动物体开始分离？

6.39　设某一时刻的横波波形曲线如图 6-41 所示，水平箭头表示该波的传播方向，试分别用矢量标明图中 A、B、C、D、E、F、G、H、I 等质点在该时刻的运动方向，并画出经过 $T/4$ 后的波形曲线。

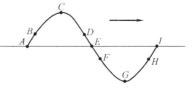

图 6-41　习题 6.39 图

6.40　太平洋上有一次形成的洋波波速为 740km·h^{-1}，波长为 300km。这种洋波的频率是多少？横渡太平洋 800km 的距离需要多长时间？

6.41　沿绳子传播的平面简谐波的波动方程为 $y = 0.05\cos(10\pi t - 4\pi x)$，式中 x、y 以 m

计，t 以 s 计。求：

（1）波的波速、频率和波长；

（2）绳子上各质点振动时的最大速度和最大加速度；

（3）求 $x = 0.2\text{m}$ 处质点在 $t = 1\text{s}$ 时的相位，它是原点在哪一时刻的相位？这一相位所代表的运动状态在 $t = 1.25\text{s}$ 时刻到达哪一点？

6.42　一波源作简谐振动，周期为 $\dfrac{1}{100}\text{s}$，以其经平衡位置向 y 轴正方向运动时作为计时起点。设此振动以 $400\text{m} \cdot \text{s}^{-1}$ 的速度沿直线传播，求：

（1）该波动沿某波线的方程；

（2）距波源为 16m 处和 20m 处质点的振动方程和初相位；

（3）距波源为 15m 处和 16m 处的两质点的相位差。

6.43　已知平面简谐波的波动方程为 $y = A\cos\pi(4t + 2x)$（SI）。

（1）写出 $t = 4.2\text{s}$ 时各波峰位置的坐标式，并求此时离原点最近一个波峰的位置，该波峰何时通过原点？

（2）画出 $t = 4.2\text{s}$ 时的波形曲线。

6.44　一列机械波沿 x 轴正向传播，$t = 0$ 时的波形如图 6-42 所示，已知波速为 $10\text{m} \cdot \text{s}^{-1}$，波长为 2m，求：

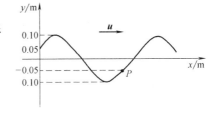

图 6-42　习题 6.44 图

（1）波动方程；

（2）P 点的振动方程及振动曲线；

（3）P 点的坐标；

（4）P 点回到平衡位置所需的最短时间。

6.45　有一波在介质中传播，其波速 $v = 10^3\text{m} \cdot \text{s}^{-1}$，振幅 $A = 1.0 \times 10^{-4}\text{m}$，频率 $\nu = 10^3\text{Hz}$。若介质的密度为 $800\text{kg} \cdot \text{m}^{-3}$，求：

（1）该波的能流密度；

（2）1min 内垂直通过一面积 $S = 4.0 \times 10^{-4}\text{m}^2$ 的总能量。

6.46　频率为 300Hz，波速为 $330\text{m} \cdot \text{s}^{-1}$ 的平面简谐波在直径为 16.0cm 的管道中传播，能流密度为 $10.0 \times 10^{-3}\text{J} \cdot \text{s}^{-1} \cdot \text{m}^{-2}$。求：

（1）平均能量密度；

（2）最大能量密度；

（3）两相邻同相位波面之间的总能量。

6.47　如图 6-43 所示，两振动方向相同的平面简谐波分别位于 A、B 点。设它们的相位相同，频率均为 $\nu = 30\text{Hz}$，波速 $u = 0.50\text{m} \cdot \text{s}^{-1}$。求点 P 处两列波的相位差。

6.48　如图 6-44 所示，B、C 为两个振动方向相同的平面简谐波的波源，其振动表达式分别为 $y_1 = 0.02\cos 2\pi t$ 和 $y_2 = 0.02\cos(2\pi t + \pi)$（SI）。若两列波在 P 点相遇，$BP = 0.40\text{m}$，$CP = 0.50\text{m}$，波速为 $0.20\text{m} \cdot \text{s}^{-1}$，求：

（1）两列波在 P 点的相位差；

（2）P 点合振动的振幅。

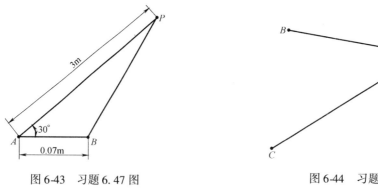

图 6-43　习题 6.47 图　　　　　　　图 6-44　习题 6.48 图

6.49　两列波在一根很长的细绳上传播，它们的方程分别为 $y_1 = 0.06\cos\pi(x - 4t)$ 和 $y_2 = 0.06\cos\pi(x + 4t)$（SI）。

（1）证明这细绳是作驻波式振动，并求波节点和波腹点的位置；

（2）波腹处的振幅多大？在 $x = 1.2\text{m}$ 处，振幅多大？

6.50　一弦上的驻波方程为 $y = 0.03\cos1.6\pi x\cos550\pi t$（SI）。

（1）若将此驻波看成是由传播方向相反、振幅及波速均相同的两列相干波叠加而成的，求它们的振幅及波速；

（2）求相邻波节之间的距离；

（3）求 $t = 3.0\times10^{-3}\text{s}$ 时位于 $x = 0.625\text{m}$ 处质点的振动速度。

6.51　在实验室中做驻波实验时，将一根长 3m 的弦线一端系于电动音叉的一臂上，该音叉在垂直弦线长度的方向上以 60Hz 的频率作振动，弦线的质量为 $60\times10^{-3}\text{kg}$。如果要使该弦线产生有 4 个波腹的振动，必须对这根弦线施加多大的张力？

第7章 相 对 论

相对论是一门关于时间、空间、物质及其运动相互联系的物理学理论，它是 20 世纪物理学最伟大的成就之一，它和量子理论一起构成了近代物理学的两大支柱。它不仅带来了人类时空观念上的深刻变革，同时也对物理学、天文学乃至哲学思想都产生了深远影响。

相对论主要包括狭义相对论和广义相对论两个部分。狭义相对论只适用于惯性参考系，推广到一般参考系和包括引力场在内的理论则称为广义相对论。狭义相对论在高速运动领域发展了牛顿力学理论，其最重要的功绩在于它仅仅是从两个基本原理，即相对性原理和光速不变原理出发，便令人信服地推演出了时空结构具有随运动而发生改变的性质。因此，从这种意义上说，狭义相对论彻底改变了人们旧有的绝对时空观念。不仅如此，狭义相对论还改变了人们对有关质量与能量的看法，能量和质量是可以相互转化的。据此，相对论便极其自然地将质量守恒和能量守恒两个定律融合成为一个统一的质能守恒定律。

在由狭义相对论所得出的有效结论基础上，广义相对论又进一步对时空性质与物质存在的关系作出了更为细致和深入的分析。结果表明，一切自然的定律不仅在惯性系中成立，而且在非惯性系中也依然有效。为此，广义相对论具体分析了引力问题，它突出了引力质量和惯性质量的等效地位，并着力强调了几何学对描写客观世界的作用。其结果，广义相对论便最终建立起如何确立有关引力场结构的新定律，这些新定律经受住了实践的考验。广义相对论的建立还为人们研究宇宙演化问题提供出一套完善动力学理论框架。当然，也正是在这个框架之上，才有了现代宇宙学的大爆炸宇宙模型理论。

本章的重点在于介绍和讨论有关狭义相对论的基本问题。具体地说就是，首先从基本的实验事实出发，引入相对论的两个基本运动学原理，即相对性原理和光速不变原理，并由此推导出洛伦兹时空坐标变换公式；其次，讨论相对论的时空概念并重点介绍相对论效应及其实践检验；最后，对广义相对论作了简要介绍。

7.1 相对论诞生的背景——经典物理学的危机

相对论问题的提出主要发端于 19 世纪末期科学实验新发现同经典物理理论的激烈冲突，它是科学技术发展到一定阶段的必然产物，是电磁理论合乎逻辑的继续和发展，是物理学各有关分支又一次综合的结果。

7.1.1 伽利略变换普适性研究

1. 牛顿力学中的伽利略变换和绝对时空观

在牛顿力学体系中，速度是相对的，有赖于参考系间的选择，不同的参考系就有不同的相对运动速度 u，速度合成规律 $v' = v - u$，称为速度的伽利略变换。与之相关的时间也是相同的，时间的特性与参考系的选取无关，对于运动事件的发生而言，时间与时间间隔具有绝对意义。这里所谓的"绝对"意义是指，不管运动状态如何，一切时钟都是同步的，而一切物理过程的时间间隔在一切惯性参考系中也都是相同的，如果两个物理事件是同时发生的，那么，对所有其他处于不同运动状态的观察者来说，这两个事件也必然是同时发生的。这也是我们一直以来的时间观。与时间间隔的定义相对应，空间长度定义也是相同的，是一种绝对参量。总之，在牛顿力学中，伽利略变换是以时间间隔和尺度的绝对性为依据的，而突出强调这种绝对性便构成了牛顿力学的时空观。

2. 光行差实验说明光速是有限性的

然而，自然界有一种物质速度的合成不符合伽利略速度变换，这就是光速。我们知道：人们之所以能够看见物体，其原因在于由物体发出的或反射的光线能够传入人们的眼睛；尽管光的传播速度很大，但总归是有限的。下面我们借助光行差现象来加以说明。

这里所谓光行差是指，同一星体的观测方位随观察者运动状态的变化而发生变化的现象。其中，因地球公转运动而产生的光行差称为周年光行差，因地球自转运动而产生的光行差称为周日光行差。

为了能够更好地说明光行差现象产生的原因，我们不妨借鉴一下一些日常生活中的经验。雨中，无风的情况下站立，我们只需将伞柄竖直地举起便可以有效地遮挡身体。然而一旦要快速行走，我们就必须将雨伞适当地前倾，因为雨滴下落速度与人体行进速度的合成会使我们感到一种从前上方倾斜而下的降雨。

同样的道理，对于随地球一起高速运动的观测者而言，在观测星体时也必须适当地调节望远镜的镜筒，原因是以有限速度传播的光也必然要体现出与地球运动的合成。由于地球绕太阳公转的周期为一年，其间地球运动的速度方向在不断发生变化，因而由恒星发出的光线的表观方向也必将经历一种周期为一年的变化，即产生所谓的光行差现象（见图 7-1）。天文观测证实这两种周期变化的存在，并由此较为准确地推定了光的传播速度。

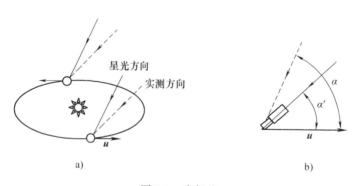

图 7-1 光行差

我们把 $k = u/c$ 叫作光行差常数。根据地球绕太阳的公转速度 $u = 2.977 \times 10^4 \mathrm{m/s}$，光速 $c = 2.99774 \times 10^8 \mathrm{m/s}$，得到光行差常数 k 的取值是

$$k = \frac{2.977 \times 10^4}{2.99774 \times 10^8} = 9.93 \times 10^{-5}$$

只有在光的传播速度可以认为是无限大的前提条件下，k 的取值才有可能趋近于零，光行差现象才不至于出现。但实际上，光行差已经被天文观测证实，这就说明光的传播速度肯定是有限的。

3. 伽利略变换是否适用于光的传播问题

若将伽利略的速度合成律用于光的传播问题，会怎么样呢？

下面以运动员投球为例来讨论。假定运动员在 $t = 0$ 时刻把球投出，此时，我们容易想象出的一个合理结论应该是，处于终点的计时观测者将首先看到运动员投球，然后才看到球被投出手。可是，如果要是相信光能够满足伽利略的速度合成律，则将会导致因果关系颠倒的荒唐事情发生，如图 7-2 所示。

为了具体分析由伽利略速度合成所引起的混乱，我们设运动员投出球的对地速度为 u，忽略空气阻力。运动员准备投球的信号从其所在的地点传到观测者的位置需要的时间为

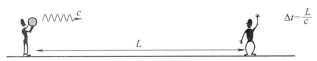

$$\Delta t = \frac{L}{c}$$

同时，由于相信光的传播满足伽利略速度合成律，因而由球刚一

图 7-2　伽利略速度合成律在光传播中的失效

出手时所发出的光的速度将变成 $c + u$。运动员球出手的信号从其所在的地点传到观测者的位置需要的时间为

$$\Delta t' = \frac{L}{c + u}$$

此时，比较上述两式后可以发现

$$\Delta t = \frac{L}{c} > \Delta t' = \frac{L}{c + u} \tag{7-1}$$

该式表明，"准备投球信号"到达观测者时间晚于"球出手信号"，或者说是：右方观测者先看到运动员的球出手，后看到运动员准备投球。这就是说，在光的传播领域，运用伽利略速度合成律导致了物理事件时序倒置的荒唐结论。而这种荒唐现象从来也不曾被人目睹，可见真正能够导致荒唐因素的是否是伽利略式的速度合成律？

不仅如此，在实际的天文观测中，人们同样印证了伽利略变换所存在的问题。通过对双星运动的观测，人们发现光速与光源运动无关，光在真空中速度是不变的。在观察双星绕其公共质心运动时，若假定光满足速度合成律，即光的传播依赖于光源速度的话，那么，由其中向着地球运动的一颗星发出的光将比另一颗星的星光传播得较快，由此导致的后果是使人们观察到一幅遭受歪曲的双星运动轨道图像。然而，实际上人们并没有观察到这种歪曲现象的发生，这表明两颗星发出的光的传播速度是一样的。

4. 光速不变与伽利略变换的矛盾

19 世纪后半叶，光速的精确测定已经为光速的不变性提供了实验依据。与此同时，电磁理论也为光速的不变性提供了理论依据。1865 年，麦克斯韦在《电磁场的动力学理论》一文中，就从波动方程得出了电磁波的传播速度。并且证明，电磁波的传播速度只取决于传播介质的性质。

1890 年，赫兹把麦克斯韦电磁场方程改造得更为简洁。他明确指出，电磁波的波速

（即光速）c，与波源的运动速度无关。可见，从电磁理论出发，光速的不变性是很自然的结论。然而这个结论却显然与力学中的伽利略变换抵触。

既然电磁现象与伽利略变换相矛盾，电磁场方程组不服从伽利略变换，这就要求通过建立惯性系之间新的变换关系式和新的相对性原理来解决这一基本矛盾。

7.1.2　相对论的实验基础——迈克耳孙-莫雷实验

在牛顿力学的矛盾没有弄清之前，人们对自然现象的认识始终都带有机械论的局限性。既然声波只有在空气或其他气体、液体、固体中才能传播，那么对于当时业已建立的电磁统一理论而言，人们自然认为：作为本质上是一种电磁波的光波，其传播也必然需要某种充满全部空间的特殊介质。考虑到宇宙深处的星光能够穿越千百万光年之遥的稀薄空间，并最终安全抵达地球的基本事实，物理学家们在为光的传播构想出"以太"介质的同时，还进一步总结了这种介质所应该具有的特殊属性。例如，由于光是横波，因而以太必然是一种充满全部宇宙空间的固体，同时还要拥有极大的强度和极小的密度。不仅如此，以太还必须渗透到一切物质之中，并且与物质之间不能产生任何摩擦作用。当然，能够同时具备这些特征的物质的确会让人感到不可思议，然而如果没有以太，光的传播问题就无法得到合理解释。以太，无疑是人类物理学史上最"伟大"的设想。为此，物理学家们投入了极大的热情，去寻找以太存在的证据。

既然设想以太是充满全空间的，于是人们相信，只要借助光的传播性质便可以确定出一种特殊的、相对于以太静止的参考系，即所谓的绝对参考系。以太只在牛顿绝对时空中静止不动，即在特殊参考系中静止。在以太中静止的物体为绝对静止，相对以太运动的物体为绝对运动。引入"以太"后人们认为麦氏方程只对与"以太"固连的绝对参考系成立，那么可以通过实验来确定一个惯性系相对以太的绝对速度。一般认为地球不是绝对参考系。可以假定以太与太阳固连，这样应当在地球上做实验来确定地球本身相对以太的绝对速度，即地球相对太阳的速度。为此，人们设计了许多精确的实验，其中最著名、最有意义的实验是迈克耳孙——莫雷实验。

迈克耳孙干涉仪是一种分振幅方法产生双光束实现干涉的精密仪器，它是1883年由美国物理学家迈克耳孙和莫雷合作，为研究"以太"漂移试验而设计制造出来的，但实验结果却否定了"以太"的存在。迈克耳孙干涉仪装置如图7-3所示，P_1为半反半透膜，P_2为补偿板，M_1、M_2为两平面镜。设地球相对"以太"的相对速度为v。光在P_1M_1和P_2M_2中传播速度不同，时间不变，存在光程差，因此应该在E处观察到干涉条纹存在。当整个装置旋转90°以后，由于假定地球上光速各向异性，光程差会发生变化，干涉条纹也要发生变化，通过观察干涉条纹的变化可以反推出地球相对以太的速度。实验之初估计，如果地球绕太阳运动的速度约为30km·s^{-1}的话，那么，当整个实验在地球上进行时，由于地球运动所引起的可观测效应只有该速度与光速比值的平方量级，即10^{-8}。因而，只要设计出一种精度在10^{-8}以上的实验，就完全可以将地球相对以太的绝对运动揭示出来。19世纪末的科技发展水平已使得这种精密测量成为可能。从另外一个角度

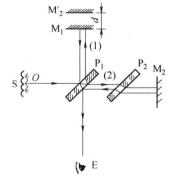

图7-3　迈克耳孙-莫雷实验

说，这一实验也促进了精密测量技术的发展。

然而，让人始料不及的是，包括迈克耳孙-莫雷实验在内的所有实验都明显指向一个结论，就是光在真空中的传播速度与参考系的选取无关。换句话说，无论观察者是站在什么参考系中观察，也无论光源是否运动，光速都始终保持不变。很多人不相信这一实验结果，因为如果光速是不变的，那么，经典力学中伽利略速度变换公式就必将面临巨大的挑战。有一部分人不相信实验的真实性，继续改进实验设备做实验。并且春天做了夏天做，秋天做了冬天做；平地做了高山做……实验精度越来越高，能做实验的人越来越多，几乎每个大学都能在做，但所有结果都一样，地球上的光速与地球速度无关。

当时，面对这种挑战，大多数人都难以摆脱传统观念的束缚，总是试图在牛顿力学的框架内求得上述矛盾的解决。可是，所有苦心经营的方案无一不招致失败，从而形成19世纪末期经典物理的巨大危机。例如，洛伦兹在1892年一方面提出了长度收缩假说，用以解释以太漂移的零结果；另一方面发展了动体的电动力学。尽管他的理论能够解释一些现象（如为什么探测不到地球相对于以太的运动），但却是在保留以太的前提下，采取修补的办法，人为地引入了大量假设，致使概念烦琐，理论庞杂，缺乏逻辑的完备性和体系的严密性。

对于经典物理的大厦，人们想扶起东墙却倒了西墙，想扶起西墙却倒了东墙。这场危机不仅反映出经典理论的局限性，更为重要的是，它要求人们必须要重新审视现有的时空理论，根据新的实践结果去深化自己对时空的认识。

在爱因斯坦创立相对论之前，洛伦兹已经提出了"洛伦兹坐标变换"，彭加勒提出了绝对运动在原则上观察不到。有种说法是：很多人已经走到了相对论的大门口，只是由于他们没有从根本上摆脱牛顿绝对时空观的束缚，才没有敲开相对论的大门。

在上述历史背景之下，相对论的建立已经呼之欲出。人们不得不接受这样的事实，这就是光速总是表现为一个与参考系的选取无关的常数。应该说，爱因斯坦的相对论就是在上述物理大变革的背景下建立起来的。相对论的建立，不仅彻底打破了伽利略的速度变换原则，而且也彻底超越了力学旧有的时空观念，是人类生产水平和科学技术发展到一定阶段的必然产物。

7.2 狭义相对论的基本原理及其数学工具

直到1900年，任何实验都没观察到以太的存在。面对实验与理论的冲突，以及所有试图改良旧理论的失败，爱因斯坦的选择是：抛弃以太假说（即否定了绝对静止参考系的存在），并彻底与经典理论决裂。电磁场不是只在媒质中才能传播的状态，而是物质存在的一种基本形态。在任何惯性系中，电磁理论的基本定律（麦克斯韦方程组）应具有相同的数学形式，需要抛弃的是伽利略变换与旧的时空观。进而，他深刻地审察了"同时性"概念的物理学根据，提出了全新的时空观，创立了狭义相对论。

7.2.1 狭义相对论基本假设

爱因斯坦坚信，在自然界中必然存在一个不依赖于人类知觉主题而独立发挥作用的外部世界，这个外部世界是能够将完美性与和谐性统为一体为人们所认识。1905年，他完成了一篇题目为《论运动物体的电动力学》的论文。在这篇开辟物理学新纪元的论文中，爱因斯坦做出两个基本假设，即相对性假设和光速恒定假设。基于这两条假设，爱因斯坦创立了狭义相对论。如今我们称这两个基本假设为狭义相对论的两个基本原理：

（1）相对性原理　　所有物理定律在一切惯性系中都具有相同的形式。或者说所有惯性系都是平权的，在它们之中所有物理规律都一样。

（2）光速不变原理　　在一切惯性系中，真空中光速沿各方向都等于 c，与光源和观察者的运动状态无关。

爱因斯坦提出的相对性原理是对伽利略相对性原理的推广，也就是将相对性原理从单纯的力学领域推广到更为广泛的领域，强调不论通过力学现象，还是光学现象，或者是其他现象，人们都无法觉察出所谓的绝对运动。其实早在 1632 年，伽利略就认识到了力学实验没法确定所谓的绝对运动这一自然规律。他发现，在封闭的匀速直线运动的船舱里所做的各种力学实验，与地面情况完全一样。对此，他曾经写道："……只要船的运动是匀速的，也不忽左忽右地摆动，那么你将发现，所有实验现象与地面相比没有丝毫变化，你无法从其中任何一个现象来确定：船是在运动还是停着不动，即使当时船运动得相当快。当你跳跃时，你在船底板上跳过的距离与地面实验一样；你跳向船尾时不会比跳向船头远，虽然当你跳到空中时，你脚下的船底板在向着你跳跃的相反方向移动；无论你把什么东西扔给你的同伴，不论他是在船头还是在船尾，只要你自己站在对面，你所用的力气就不会有什么不同；挂在天花板上的杯子滴下的水滴，会像先前一样滴进正下面的罐子，一点也不会滴向船尾，虽然水滴在空中时，船已向前行驶了一段距离；鱼在水中游向鱼缸前部所用的力，也不会比游向鱼缸后部来得大，它们一样悠闲地游向放在鱼缸边缘任何地方的食饵；最后，蝴蝶和苍蝇也将继续随便地到处飞行而不会向船尾集中，它们并不因为长时间停留在空中，由于脱离了船的运动，不得不为赶上船的运动而显出很吃力的样子。"由此可以看出，相对性原理是被大量实验事实所精确检验过的，是完全可以信赖的物理原理。相对性原理使人们认识到，任何实验都无法确定所谓的绝对运动。

根据相对性原理，贯穿在客观物理过程（包括信号传播）中的规律性对于一切惯性参考系都是一样的。换句话说，表示自然定律的各种方程，对于其所经历任何一种惯性坐标系的变换都是不变的。而要理解这一点，就必须意识到：信号的（或相互作用）传播是一种客观物理过程，其传播不仅与参考系的选取无关，而且传播速度还是恒定的，毫无疑问，这个恒定速度其实就是真空中的光速 c。只不过需要指出的是，相对于宏观物体的低速运动而言，光速是极其巨大的，因而在人们的日常经验中，很多时候将光速当作无限大来处理，似乎并不会影响到有关结果的准确性。当然，这也是牛顿力学之所以能够看作瞬时超距作用而不致造成严重困难的原因。

爱因斯坦所提出的原理是两条相互协调又相互独立的原理。相对性原理的意义就是要确立坐标变换的原则，而光速不变原理则不仅要突出速度极限的存在，而且还要从物理上确认这个速度极限就是真空中的光速 c。

7.2.2　新的数学工具——洛伦兹变换

为了方便描述这种不同于牛顿力学的新的理论，爱因斯坦选取了新的数学工具——洛伦兹变换。如图 7-4 所示，有两个惯性参考系 S、S′系，S 系的 x 轴和 S′系的 x'轴都沿两者相对运动的方向，此种情况下，y 和 z 具有不变性，则关于时空坐标 (x, y, z, t) 和 (x', y', z', t')，洛伦兹变换和伽利略变换的不同，主要在于关于 x 的方程和关于 t 的方程，现比较分析如下。

1. 伽利略变换关系式

经典力学下的伽利略变换应为

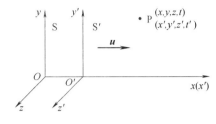

图 7-4 两个惯性参考系之间的坐标变换

$$\left.\begin{array}{l} x' = x - ut \\ y' = y \\ z' = z \\ t' = t \end{array}\right\} \quad (7\text{-}2)$$

但是，上式仅仅是当运动速率远比光速小时才成立。

2. 洛伦兹变换关系式

正如牛顿时空集中反映在伽利略变换式一样，相对论时空则集中反映在洛伦兹变换之中。因而，能够满足爱因斯坦上述两个基本假设并进而保持物理定律不变的变换是洛伦兹变换。由 S 系变换成 S′ 系的变换关系式（正变换）是

$$\left.\begin{array}{l} x' = \gamma(x - ut) \\ y' = y \\ z' = z \\ ct' = \gamma(ct - \beta x) \end{array}\right\} \quad (7\text{-}3)$$

而洛伦兹变换的逆变式（由 S′ 系变换成 S 系的变换）是

$$\left.\begin{array}{l} x = \gamma(x' + ut') \\ y = y' \\ z = z' \\ ct = \gamma(ct' + \beta x') \end{array}\right\} \quad (7\text{-}4)$$

式中，

$$\gamma = \frac{1}{\sqrt{1 - \beta^2}}, \quad \beta = \frac{u}{c} \quad (7\text{-}5)$$

该变换不仅确立了同一事件在两个不同惯性参考系中时空坐标的对应关系，更为重要的是它反映出一种与牛顿力学迥然不同的时空观。具体地说就是，时间坐标不再与空间坐标无关，同时性是相对的，时间间隔不是洛伦兹不变量。

此时容易看出，当两惯性系之间的相对运动速度 u 远小于光速，即当 $\beta = u/c << 1$ 时，洛伦兹变换将自动地过渡到伽利略变换的形式。这意味着，伽利略变换所代表的仅仅是洛伦兹变换的一种极限情况，在低速运动条件下，二者将完全具有等效的变换功能。然而在高速运动条件下探讨物体运动规律时，则必须要借助洛伦兹变换。由此可见，牛顿力学所反映的只是低速物体运动规律。由于日常生活以及生产实践所涉及的物体运动速率要远远小于光速，因而适用的力学就是牛顿力学。

*注：下面是洛伦兹变换关系式的推导过程。

基于惯性参考系，洛伦兹变换应满足以下两点：①时空是均匀的，空间是各向同性的，

它应是一种线性变换。②新变换在低速下应能退化成伽利略变换。鉴于时空均匀性，我们可以假设在任何点（包括 O 点），x 和 $(x'+ut')$ 之间都有一个正比例关系，此时，从 S 系到 S′系的变换为

$$x' = \gamma(x - ut) \tag{7-6}$$

根据爱因斯坦相对性原理，从 S′系到 S 系的逆变换应为

$$x = \gamma(x' + ut') \tag{7-7}$$

由光速不变原理，设 $t = t' = 0$ 时，两参考系坐标原点重合，此时，从原点发出一个光脉冲，其空间坐标为：

对 S 系： $$x = ct \tag{7-8}$$

对 S′系： $$x' = ct' \tag{7-9}$$

联立式（7-6）和式（7-9）可得

$$ct' = \gamma(c - u)t \tag{7-10}$$

联立式（7-7）和式（7-8）可得

$$ct = \gamma(c + u)t' \tag{7-11}$$

式（7-10）与式（7-11）相乘得

$$c^2 tt' = \gamma^2 (c + u)t'(c - u)t$$

即

$$\gamma = \frac{1}{\sqrt{1 - (u/c)^2}}$$

令 $\beta = \dfrac{u}{c}$，则上式可以简写为

$$\gamma = \frac{1}{\sqrt{1 - \beta^2}}$$

式（7-6）与式（7-7）也可以写成

$$x' = \frac{x - ut}{\sqrt{1 - (u/c)^2}}, \quad x = \frac{x' + ut'}{\sqrt{1 - (u/c)^2}}$$

从这两个式子消去 x 或 x'，便得到关于时间的变换式。消去 x'，得

$$x\sqrt{1 - (u/c)^2} = \frac{x - ut}{\sqrt{1 - (u/c)^2}} + ut'$$

由此式可求得 t' 如下：

$$t' = \frac{t - \dfrac{u}{c^2}x}{\sqrt{1 - (u/c)^2}} \tag{7-12}$$

同理

$$t = \frac{t' + \dfrac{u}{c^2}x'}{\sqrt{1 - (u/c)^2}} \tag{7-13}$$

当用 γ 和 β 来表示时，式（7-12）也可以简写为

$$ct' = \gamma(ct - \beta x)$$

至此，我们可以给出式（7-3）具有全新变换形式的洛伦兹变换

$$\begin{cases} x' = \gamma(x - ut) \\ y' = y \\ z' = z \\ ct' = \gamma(ct - \beta x) \end{cases}$$

式中，$\gamma = \dfrac{1}{\sqrt{1 - \beta^2}}$，$\beta = \dfrac{u}{c}$

*3. 洛伦兹速度变换关系式

为了进一步推出洛伦兹速度变换公式，即物体在 S 和 S′ 系中所分别表现的运动速度 $v = \left(\dfrac{\mathrm{d}x}{\mathrm{d}t}, \dfrac{\mathrm{d}y}{\mathrm{d}t}, \dfrac{\mathrm{d}z}{\mathrm{d}t} \right)$ 与 $v' = \left(\dfrac{\mathrm{d}x'}{\mathrm{d}t'}, \dfrac{\mathrm{d}y'}{\mathrm{d}t'}, \dfrac{\mathrm{d}z'}{\mathrm{d}t'} \right)$ 之间的对应关系，我们还可以对式（7-3）中的前三式取微分

$$\begin{cases} \mathrm{d}x' = \gamma(\mathrm{d}x - u\,\mathrm{d}t) \\ \mathrm{d}y' = \mathrm{d}y \\ \mathrm{d}z' = \mathrm{d}z \end{cases} \tag{7-14}$$

并除以 $\mathrm{d}t' = \gamma\left(1 - \dfrac{\mu}{c^2}v_x\right)\mathrm{d}t$ 后得到

$$\begin{cases} v_x' = \dfrac{v_x - u}{1 - \dfrac{u}{c^2}v_x} \\[3mm] v_y' = \dfrac{v_y}{\gamma\left(1 - \dfrac{u}{c^2}v_x\right)} \\[3mm] v_z' = \dfrac{v_z}{\gamma\left(1 - \dfrac{u}{c^2}v_x\right)} \end{cases} \tag{7-15}$$

这就是相对论的速度变换公式，或称洛伦兹速度变换公式。相应地，若将由 S 系与 S′ 系定义的速度参量加以交换（带撇的和不带撇的对调），并将 u 以 $-u$ 替代，则可以给出洛伦兹速度变换的逆变换式：

$$\begin{cases} v_x = \dfrac{v_x' + u}{1 + \dfrac{u}{c^2}v_x'} \\[3mm] v_y = \dfrac{v_y'}{\gamma\left(1 + \dfrac{u}{c^2}v_x'\right)} \\[3mm] v_z = \dfrac{v_z'}{\gamma\left(1 + \dfrac{u}{c^2}v_x'\right)} \end{cases} \tag{7-16}$$

上述关系式表明，相对论速度变换不仅体现在 x 分量上，而且也体现在 y 分量和 z 分量上，是三个运动方向上的协同变换。

而且，即使是两个接近光速甚至等于光速的速度合成，则合速度也不会大于光速，这就是狭义相对论中的一个结论：超光速是不可能的，即一切物质或信息的传递速度都不可能超过真空中的光速 c 这个极限。

【例 7-1】　设想以速度 $0.9c$ 飞离地球的光子火箭，沿飞行方向发出一个光子，求该光子相对于地球的运动速度。

【解】　若将地球与火箭分别看作为 S 和 S′系，则有 $u = 0.9c$，$v' = c$。

于是由洛伦兹速度逆变换得

$$v = \frac{v' + u}{1 + \dfrac{uv'}{c^2}} = \frac{c + 0.9c}{c + 0.9c}c = c$$

上式表明，虽然经历了速度合成，但光子的速度仍为 c，即一切物质或信息的传递都不可能越过自然速度的极限。然而在伽利略变换下，对于同样这个光子，其相对地球的运动速度却不是 c，而是 $0.9c + c = 1.9c$。实际上，伽利略速度变换并不适合用来讨论高速运动粒子的速度。

综上所述，洛伦兹变换不仅反映了贯穿于不同惯性系之间的一种普遍的时空变换关系，而重要的是它还揭示了时空性质与物质运动的必然联系。这种联系，一方面表现出洛伦兹变换与相对论原理的协调性，另一方面则突出了运动规律在洛伦兹变换下的不变特征。当然，正是由于相对论揭示了运动规律在洛伦兹变换中所表现出的对称性，才使得洛伦兹变换最终成为评判一条物理定律是否具有普适意义的有效标准。这就是说，凡在数学形式上能够保持洛伦兹变换不变性的物理定律，即被认为是符合相对论性原理的普遍规律；否则，就必须对其加以改造，以便使之满足洛伦兹变换。因此，不符合洛伦兹变换的牛顿力学，就是一个有待改造的力学理论。

7.3　狭义相对论的时空观

根据狭义相对论的公设，利用洛伦兹变换的数学工具，可以推导出许多奇异的现象，包括同时的相对性、长度收缩、时间延滞等。这些早已被许多物理实验所证实的结论，虽然感觉远离我们的生活常识，但却切实地反映了物体在高速运动条件下的本质规律，是近代高能技术发展的物理基础。

7.3.1　同时的相对性

尽管相对论的理论框架确立于两条基本原理之上，但爱因斯坦对相对论问题的论述却是从剖析同时性概念开始的。经典力学认为：惯性系具有同一的绝对时间。但是狭义相对论则认为：不同惯性系中的观测者应该拥有各自不同的同时概念，换言之，在一个惯性系中认为是同时发生的事，而在另一个惯性系中就未必是同时发生。同时性问题是一个相对性的问题。

为了说明相对论的同时性，爱因斯坦构想了一个有关火车的理想实验。如图 7-5 所示，

假定车厢以速度 u 沿 Ox 轴作匀速运动，车厢正中间 P 处有一盏电灯，若突然将电灯打开，则灯光将同时向车厢两端 A 和 B 传播。现在要问：在地面上静止的观测者和随车厢一起运动的观测者来看，光波到达 A 和 B 的先后顺序将是如何呢？显然，对于随车厢一起运动的观测者 S' 看来，光应当同时到达 A、B 端，并且分别构成两个物理事件 A（x_1', y_1', z_1', t_1'）和 B（x_2', y_2', z_2', t_2'）。由于这两者是发生于不同地点的同时事件，因而有

$$\Delta t' = t_2' - t_1' = 0, \quad \Delta x' = x_2' - x_1' \neq 0 \tag{7-17}$$

然而在地面参考系 S 中的观测者看来，A 端迎着光源运动，B 端背离光源运动，光到达 A 端的时间应该比到达 B 端的时间要早一些，如图 7-6 所示。也就是说，地面观测者看到的结果是：由 P 发出的光并不是同时到达 A 和 B 的。

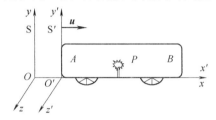 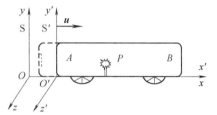

图 7-5　爱因斯坦火车　　　　　　　　　　　图 7-6　同时的相对性

既然由 P 发出的光到达 A 和到达 B 同时与否与参考系有关，那么，就不应当认为时间是与参考系无关的绝对量。

上述情况也可根据洛伦兹逆变换式（7-4）推证，得

$$t_1 = \frac{t_1' + ux_1'/c^2}{\sqrt{1 - u^2/c^2}}, \quad t_2 = \frac{t_2' + ux_2'/c^2}{\sqrt{1 - u^2/c^2}} \tag{7-18}$$

因为 A、B 事件在 S' 系同时发生，把 $t_1' = t_2'$ 代入上式，得 A、B 事件在 S 系中的时间间隔：

$$\Delta t = t_2 - t_1 = \frac{u \Delta x'/c^2}{\sqrt{1 - u^2/c^2}} \neq 0 \tag{7-19}$$

这说明 A、B 事件在 S 系中是不同时的。

在相对论中，对于某个惯性系中的观察者来说，如果两个事件是同时（但不同地点）发生的，那么，对于与其有相对运动的其他惯性系中的观察者而言，这两个事件就不是同时发生的。在相对论中同时性的定义具有相对意义，即"异地同时事件在其他参考系看来是不同时的"。

在狭义相对论中，尽管同时性问题是相对的，但因果关系是绝对的。根据洛伦兹逆变换容易推证：如果甲乙两事件存在因果联系，设事件甲先于事件乙发生，这一时间顺序在换了惯性系观察时是不变的。例如，在猎人开枪打猎时，如果认定开枪是原因事件，那么猎物因被子弹击中而死亡就是结果事件。此时，两个事件的因果联系是通过飞行的子弹来实现的，其先后顺序具有绝对意义，而这种绝对性就体现在，无论人们站在哪个参考系中观察，都会发现开枪在先，而猎物死亡在后。换句话说，人们绝不可能找到一个参考系，使得站在其中的人看来，猎物是首先被枪弹击中死亡，然后才发现猎人开枪。由此，相对论强调，从任何惯性参考系中考察两个具有因果联系的事件，都应该是"原因"发生在前，而"结果"出

现在后；不会出现"倒因为果"的局面，即因果关系的时序是绝对的。

7.3.2 长度收缩

牛顿力学强调，物体的长度拥有伽利略变换不变性，是个不随物体运动速度变化的、具有绝对意义的概念。然而相对论给长度概念注入了不同的物理内容：空间与运动有关，运动将导致长度收缩。

通俗地讲，长度就是指物体的空间跨度。当测量与观测者相对静止的物体的长度时，是否做到了同时去测量其首尾坐标不会影响测量结果，你可以先测首坐标再测尾坐标，也可以先测尾坐标再测首坐标；但是当测量一个与观测者有相对运动的物体的长度时，则必须做到同一个时刻去进行首尾坐标的测量，不然，如先测首坐标再测尾坐标，会因为测量过程中物体的运动而导致测量结果的错误。因而在物理测量中，长度总是表现为由同时测到的物体两个端点的坐标之差，这就是需要强调的"动长测量的同时性约定"。

如图 7-7 所示，设想有一直尺沿 Ox 方向相对 S 系静止放置，并由此测得的其端点 A、B 的时空坐标分别为 (x_1, t_1) 和 (x_2, t_2)。于是，该直尺的长度则可表示成 $l_0 = x_2 - x_1$，l_0 通常又称为直尺的固有长度。只不过在此需要注意的是，由于静止直尺在 S 中的坐标与时间无关，因而此时并不特别要求对 t_1 和 t_2 测量的同时性。相应地，在以速度 u 相对 S 系沿 Ox 轴运动的 S′ 系中考察，则测得直尺的长度为

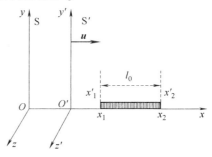

图 7-7　相对论的尺缩效应

$$l = x_2' - x_1' \qquad (7-20)$$

该结果对应着 A、B 点的时空坐标是 (x_1', t_1') 和 (x_2', t_2')。这样，依据洛伦兹变换逆变换式得

$$l_0 = x_2 - x_1 = \frac{(x_2' - x_1') + u(t_2' - t_1')}{\sqrt{1 - u^2/c^2}} \qquad (7-21)$$

此时，若考虑到对运动物体长度测量的同时性要求，即 $t_1' = t_2'$，于是有

$$l_0 = \frac{x_2' - x_1'}{\sqrt{1 - u^2/c^2}} \qquad (7-22)$$

也就是

$$l = l_0 \sqrt{1 - u^2/c^2} < l_0 \qquad (7-23)$$

此式表明，观察者在测量运动尺度的长度时，其测量结果要比静止的尺度长度有所缩短，即物体的长度沿运动方向缩短了。物体所表现出的这种沿运动方向上的长度收缩被称为洛伦兹收缩。它是相对论时空观的必然结果，是长度相对性的直接体现。因而，无论观测者是处于静止状态还是运动状态，但只要被观测物体在相对于观测者运动着，那么，物体的观测长度就要小于其固有长度。

为什么人们在日常生活中很难感知棒的收缩？那是因为日常生活我们所遇到的机械运动，其速度要比光速小得多。宏观物体所达到的最大速度为若干千米每秒，该速度与光速之比约为 10^{-5} 左右，即 $u \ll c$，而由此带来的长度相对收缩量仅为 10^{-10}，完全可以忽略不计。

故而对于这些运动，我们总可以认为 $l \approx l_0$ 近似成立。这意味着，在较小速度运动条件下，物体的长度完全能够近似看作是一个绝对量。

需要指出的是，洛伦兹收缩只是反映出两个惯性系中测量的结果不同而已，其间并不代表尺度被真正地压缩。这也说明这只是因为选择不同的坐标系描述就会有不同的结果。这种收缩效应也只是表现在运动方向上，在垂直于运动的横向方向则不会有任何的收缩发生。

【**例 7-2**】 设想有一光子火箭，在以 $v = 0.99c$ 的速度经过观测者的身旁。若火箭的固有长度为 15m，问：

（1）观测者所测得的此火箭的长度是多少？

（2）火箭经过观测者需要多长时间？

【**解**】 （1）已知火箭的固有长度 $l_0 = 15\text{m}$

依据相对论长度变换公式可给出运动中的火箭长度

$$l = l_0 \sqrt{1 - v^2/c^2} = (15 \times \sqrt{1 - 0.99^2})\text{m} \approx 2.12\text{m}$$

即观测者测得光子火箭的长度只有 2.12m。

（2）这样，由运动学关系可进一步得到火箭经过观测者的时间

$$\Delta t = \frac{l}{v} = \frac{2.12}{0.99c} \approx 7.14 \times 10^{-9}\text{s}$$

7.3.3　时间延滞

在狭义相对论中，就如同长度不是绝对量一样，时间间隔也同样有赖于参考系的变化，即时间间隔具有相对性。为了说明这一点，我们依然借用上述爱因斯坦火车实验。设想在一列以匀速 u 驶过站台的火车上放置一架光子钟，该钟由两块间距为 L 的平行反射镜 M 和 N 构成，具体结构如图 7-8 所示。当有光信号在 M 和 N 镜之间来回反射，并由此构成严格的周期时标尺度时，这架光子钟便可以开始行使记录时间的工作了。显而易见，由于在火车系 S′ 中光信号所经历的路径是 M—N—M，即由 M 出发再反射回 M，因而 M 发出和接收到光信号的事件为同地事件。然而，从站台 S 系的角度看来，由于火车在以 u 速度驶过站台，因而光信号的路径必将转变为 M— N′—M′；也即是，从站台 S 系的角度看来是异地事件。运用光速不变原理并借助相应的几何关系，对 S′ 系和 S 系分别有

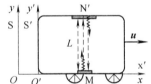

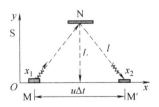

图 7-8　由光子钟演示的
时间延滞效应

$$2L = c \cdot \Delta t' = c \cdot \Delta t_0$$
$$2l = c \cdot \Delta t$$

其中，L 为两平行反射镜间的垂直距离，l 为图 7-8 斜边长，以上两式结合几何学勾股定理，可得

$$\left(\frac{c\Delta t}{2}\right)^2 = L^2 + \left(\frac{u\Delta t}{2}\right)^2 \tag{7-24}$$

S′ 系所经历的时间间隔为（固有时）

$$\Delta t_0 = t_2 - t_1 = \frac{2L}{c}$$

由式（7-24）并结合上式，可以得出

$$\Delta t = \frac{2L/c}{\sqrt{1-u^2/c^2}} = \frac{\Delta t_0}{\sqrt{1-u^2/c^2}} = \gamma \Delta t_0 \tag{7-25}$$

此时，考虑到 $\gamma > 1$，因而容易看出，$\Delta t > \Delta t_0$，即时间膨胀了。换句话说，在 S 系中的观测者看来，相对于其运动的 S′ 系内的时钟走慢了，该效应被称为时间延滞效应。当然，出于同样的道理，若从 S′ 系中观察置于 S 系内的时钟，人们也会得出相同的结论。所以，在以恒定速率相对运动的两个惯性系中，观测者总是发觉对方的时钟比自己的时钟走得慢一些，即在不同惯性系中测量物理事件的时间间隔时，所得结果将有所不同。并且，只有在运动速度 $u \ll c$，即 $\gamma \approx 1$ 情况下，才会出现如下近似关系：

$$\Delta t \approx \Delta t_0$$

这意味着，只有在缓慢运动条件下，两个物理事件的时间间隔才可以视为绝对量。

时间延滞与长度缩短是相关的，这一点可以通过对 μ 子的平均寿命的测量得到体现。从宇宙空间进入大气层的高能宇宙射线可以在距地面万米高空产生 μ 子。μ 子的静止质量约为电子质量的 207 倍，是不稳定粒子，其平均寿命为 2×10^{-6} s。因此，按经典理论计算，即便是假定以光速运动，μ 子也只能飞行 600 多米，根本无法在其自身平均寿命内到达地面。然而，不可否认的实验事实是，地面上确实探测到了由 9500m（约万米高空）而来，且速度约为 $0.998c$ 的大量 μ 子。这一结果只有用狭义相对论的有关公式进行计算才能得到满意的解释。因为在地面上观测时，μ 子的平均寿命已经延长为

$$\Delta \tau = \frac{\tau_0}{\sqrt{1-\dfrac{u^2}{c^2}}} = \frac{2 \times 10^{-6}}{\sqrt{1-(0.998)^2}} \text{s} = 3.17 \times 10^{-5} \text{s}$$

这样，在地面观测者看来，μ 子在寿命时间内所能穿过的距离：

$$L = 0.998c\Delta \tau = (2.994 \times 10^8 \text{m} \cdot \text{s}^{-1}) \times (3.17 \times 10^{-5} \text{s}) = 9500 \text{m}$$

也可以用长度收缩效应来解释：以 μ 子本身为参考系，衰变前大气层以 $-0.998c$ 运动，所穿 9500m 的大气层在 μ 子看来，其厚度不过相当于：

$$L = L_0 \sqrt{1-\frac{u^2}{c^2}} = (9500 \times \sqrt{1-0.998^2})\text{m} = 600 \text{m}$$

也即是说，观测者完全可以在地面上探测到大量的 μ 子。由此可以看出，时间延滞和长度收缩效应是物质在运动过程中其相互间时空关系的反映，而并不是一种主观感觉的产物。在世界上既不存在孤立的时间，也不存在孤立的空间。时间、空间与运动三者之间的密切相连，深刻地反映了时空的性质。因此，非超光速运动的 μ 子却能够在较短的寿命期间内穿越大气层的事实表明，时空与运动不再是分离的和毫不相干的，而是表现出了显著的依赖关系。这种依赖关系体现在不同参考系中就意味着，对同一物理过程可以采取不同的描述方法，但最后的物理结论却应该是一致的。

相对论时空观进一步表明，时空是运动物质的存在形式，是人们从物质运动中分析和抽象出的一种概念，它原本就拥有着极为丰富的运动内容，但绝不是像牛顿力学所论述的那样，先验地存在一个空间的框架和一个时间之流，然后再把物质运动纳入其中。由此可见，人们对时空的认识是随着实践的发展而逐步发展的，并且也必将会随着实践的发展而变得更

加深入。可以说，相对论时空观是人们对时空认识的一个飞跃，但它绝不是最终的理论。例如，在广义相对论中，人们又提出了时空弯曲以及时空与引力场的关系等概念；然而在微观领域，现有的实验则证明了相对论在 $\sim 10^{-18}$ m 尺度范围内依然有效。

7.4 狭义相对论动力学

7.4.1 狭义相对论对质量和动量的新看法

1. 质量问题

在牛顿力学中，质量是不依赖于速度的常量。可是，人们发现电子质量是随速度变化的，质量 m 是一个与运动速度有关的量，即

$$m = \gamma m_0 = \frac{m_0}{\sqrt{1 - v^2/c^2}} \tag{7-26}$$

上式为相对论的质速联系方程，m_0 则可以视为质点处于静止时的质量，它在洛伦兹变换下保持不变。然而，在狭义相对论中，质量 m 却是一个与运动速度有关的量，在不同的惯性系中表现出不同的量值，称作质点的相对论质量。

从式（7-26）可以看出，当质点运动速度无限逼近光速时，其相对论质量将趋于无限大，也即是此时质点将具有一种无限大惯性。这意味着，对任何有限质量的物体施以任何有限大小的力，都无法使其加速到光速。当然，也就更不可能运用力学手段去实现质点的超光速运动。由此，相对论也从动力学的角度说明了光速是宇宙中一切物质运动速度的极限。目前，一些大型粒子加速器可以将电子加速到 $0.999999999c$，甚至更接近光速的速度，但却始终无法超过运动速度的极限 c。

2. 相对论动量

在狭义相对论中，按照洛伦兹不变性的要求，质点的动量表达式需要改写为如下的形式：

$$p = mv = \gamma m_0 v = \frac{m_0}{\sqrt{1 - v^2/c^2}} v \tag{7-27}$$

当质点的速率远小于光速，即 $v \ll c$ 时，有 $m \approx m_0$ 和 $p \approx m_0 v$。此时，相对论动量表达式恢复到牛顿力学的形式。这表明，在低速条件下，牛顿力学仍然是适用的。

3. 相对论动力学方程

由于质点的质量不再是恒量，而动量的表达式又要求不变，那么牛顿第二运动定律的表达式在相对论情况下就应当修改为

$$F = \frac{dp}{dt} = \frac{d(mv)}{dt} = \frac{dm}{dt} v + m \frac{dv}{dt} \tag{7-28}$$

我们把式（7-28）称为相对论动力学方程。

显然，若作用在质点系上的合外力为零，则系统的总动量应当保持不变，即体现为一个守恒量。当 $v \ll c$ 时，该式又将回归到经典力学的形式

$$F = \frac{dp}{dt} \approx \frac{d(m_0 v)}{dt} = m_0 \frac{dv}{dt} \tag{7-29}$$

相对论的动量、质量概念在物体低速运动条件下回到牛顿力学。

7.4.2 质量与能量的关系

由相对论力学的基本方程出发，可以得到狭义相对论中重要的质能关系式。

1. 相对论动能、静能和总能量

设一质点在变力的作用下，由静止开始沿 x 轴作一维运动。当质点的速率为 v 时，它所具有的动能应等于外力所做的功，即

$$E_k = \int F dx = \int \frac{dp}{dt} dx = \int v dp \tag{7-30}$$

利用相对论的动量表达式，并考虑到 $d(pv) = pdv + vdp$，对上式积分后可得

$$E_k = pv - \int p dv = \frac{m_0 v^2}{\sqrt{1 - v^2/c^2}} + m_0 c^2 \sqrt{1 - v^2/c^2} - m_0 c^2 = mc^2 - m_0 c^2 \tag{7-31}$$

在式（7-31）中，第一项 mc^2 代表总能量，第二项 $m_0 c^2$ 代表静能量。

式（7-31）就是相对论性动能的表达式。在 $v \ll c$ 的极限情况下，上式可近似表达成经典力学的形式，即有（推导略）

$$E_k \approx \frac{1}{2} m_0 v^2$$

它表明，经典力学的动能表达式是相对论力学的动能表达式在物体的运动速度远小于光速的情形下的近似。

2. 质能关系

爱因斯坦曾对式（7-31）作过深刻的说明，他认为式中的 mc^2 可以理解为质点运动时具有的总能量，而 $m_0 c^2$ 则仅仅代表了质点在静止时所具有的能量。这样，式（7-31）表明质点的总能量等于质点的动能与静能量之和。因而，从相对论的观点来看，质点的总能量 E 应等于其质量与光速的二次方的乘积，即

$$E = mc^2 \tag{7-32}$$

这就是爱因斯坦著名的质能关系，它反映了质量和能量这两个重要的物理量之间有着密切的联系。如果一个物体或物体系统的能量有 ΔE 的变化，则无论能量的形式如何，其质量必有相应的改变，其值为 $\Delta E = \Delta mc^2$。质能关系是狭义相对论的一个重要结论，该结论的正确性已经被无数有关核反应的实验事实所证明。当重核裂变或轻核聚合时，会发生质量"亏损"，"亏损"的质量以场物质的形式辐射出去了，场物质是释放出去的能量的携带者。

7.4.3 相对论动量和能量之间的关系

利用动量和能量表达式消去速度 v 后，就可以进一步得到相对论的能量动量关系

$$E^2 = p^2 c^2 + m_0^2 c^4 \tag{7-33}$$

显然，对于光子，有 $m_0 = 0$，则上式变为 $E = pc$，这恰好就是爱因斯坦光量子理论给出的结果。

以上是狭义相对论时空观和相对论力学的一些重要结论。狭义相对论的建立是物理学发展史上的一个里程碑，具有深远的意义。它揭露了空间和时间之间，以及时空和运动物质之间的深刻联系。这种相互联系，把牛顿力学中认为互不相关的绝对空间和绝对时间，结合成

为一种与物质运动相联系的整体。无论未来物理学如何发展，以大量实验事实为根据的狭义相对论在科学中的地位是无法否定的，就像在低速、宏观物体的运动中，牛顿力学仍然是十分有效的理论一样。

*7.5 广义相对论

相对论的建立体现了人们对物理规律对称美和统一美的追求，因为爱因斯坦始终坚信，尽管各种物理现象的观测者所处的运动状态以及考察角度可能会有所不同，但是，任何观测者能够从中感受的那些最终导致物理现象发生的物理规律应该是相同的。当然，也正是基于这种质朴的认识理念，才使得爱因斯坦能够自然地完成对伽利略相对性原理的扩充，以及由特殊到一般的颠覆性跨越，建立了广义相对论。相对论中最重要和最本质的，不是相对性，而是不变性，即超越从个别角度认识问题的局限性，寻求不同参考系内各观测量之间的变换关系，以及变换过程中那些不变性。达到此境界，观察或描述问题的角度（参考系）已变得不那么重要，重要的是那些"不变性"，即自然界中与观测者无关的客观规律。正如诺贝尔物理学奖获得者、美国著名的物理学家 E. P. 维格纳所说："爱因斯坦最大的贡献是指出了不变性。爱因斯坦所认识的不变性，就是自然定律到处都一样。"

7.5.1 广义相对论基本原理

等效原理和广义相对性原理是广义相对论的两条基本原理。

1. 等效原理——引力质量与惯性质量严格相等

应该说，在牛顿力学中，早就有关于引力质量与惯性质量相等的讨论。但是，这似乎是一种巧合，并没有什么特别的含义，就连牛顿本人也未给予说明。在物理学史上，最早注意到引力质量与惯性质量相等的人是伽利略。再后来，牛顿通过单摆的周期测量实验，得到了两者在 10^{-3} 精度范围内相等。1830 年，贝塞尔（Bessel）将实验精度提高到了 10^{-5}。从 1890 年起，厄缶（Eotvos）通过连续 25 年的实验，将实验精度提高到 10^{-8} 范围内。20 世纪 60 年代，狄克（Dick）等人又改进了厄缶实验，把相应的测量精度提高到了 10^{-10}。也有人曾利用测量原子和原子核结合能的方法，分析了引力质量与惯性质量之比。所有结果都表明，引力质量和惯性质量精确相等。

然而，在爱因斯坦眼里，引力质量与惯性质量却包藏着极其深刻的物理内容，因为引力质量与惯性质量严格相等的直接推论是任何物体的引力加速度是相等的。这意味着，引力场是一种有别于电场和磁场的、能够与惯性力场等效的新型力场。

鉴于对上述问题的深刻认识，爱因斯坦随之将引力质量与惯性质量严格相等的事实提升为普适广泛的自然原理，即等效原理。等效原理是爱因斯坦赖以建立新型引力理论——广义相对论的基础之一。

为了说明上述原理，爱因斯坦讨论了一个假想实验：设有一飞船，船舱内观测者看不到舱外的情形，若把船舱放在地面上（处在引力场中），在舱内观测者看来，一个小球以大小 g 的加速度自由落向舱底；若在没有引力场的太空中舱以加速度 g 向上运动，它同样会测得自由物体以加速度 g 落向舱底。也就是说测量结果相同。

按照牛顿力学，前者是引力效应，后者是惯性力效应，引力正比于引力质量，惯性力正比于惯性质量，如果这两种质量严格相等，舱内观测者不可能通过任何力学实验来判明飞船究竟是停在地面上，还是在太空中加速飞行。

为此，爱因斯坦提出了等效原理：在一个相当小的时空范围内，不可能通过实验来区分引力与惯性力，它们是等效的。这里必须强调，由于引力与重力不同，空间各点的引力作用不等，引力场与惯性力场只有在局部小区域范围内才可以保持等效。也就是说，一个均匀的引力场与一个匀加速运动的非惯性系等效。

上面的表达若只限于力学实验中引力和惯性力等效，这种等效性较弱，称为弱等效原理。若不仅限于力学实验，还包括任何物理实验，如电磁实验、光学实验等都不能区分引力和惯性力，这种等效性很强，称为强等效原理。毫无疑问，强等效原理是一种限制更强、意义也更加深刻的原理。

2. 广义相对性原理——一切自然定律在任何参考系中都应该具有相同的形式

所有参考系都是平权的，物理定律的表述相同。即无论是惯性系还是非惯性系，物理定律具有相同的数学形式。

借助等效原理，爱因斯坦彻底打破了惯性系在描述物理规律时的优越地位，使惯性系和非惯性系（相对惯性系加速的参考系）完全平等起来，这是人类思想观念上的极大进步。在这个假设下，无所谓惯性系和非惯性系，所有参考系都是一样的。质点在不同参考系之所以表现出不同的力学行为，只是因为不同参考系引力场的强度不同而已。这样一来，一个自然的结论是，一切自然定律在任何参考系中都应该具有相同的形式，这就是广义相对性原理。

由于惯性力和引力等效，广义相对论的实质是关于引力场的理论。为了能够切实地体现惯性系与非惯性系的等价性，爱因斯坦重新评价了引力和惯性力的意义，认为引力和惯性力对一切物理过程的影响是不可区分的。不仅如此，爱因斯坦还进一步指出，由于引力引起的加速度仅仅取决于运动物体所处位置的引力场的情况，而与其固有性质无关，因此引力场的性质完全可以借助时空的几何性质来加以描述。事实上，爱因斯坦也正是通过寻找时空几何对物质分布，即引力源的依赖关系，才得以确立其广义相对论的基本理论框架的。

按爱因斯坦的定义，惯性系不仅是指狭义相对论成立或引力为零的参考系，同样，以引力场中自由落体为参考的局域参考系也是严格的惯性系，简称为局部惯性系。在同一时空点的各局部惯性系间无相对加速度，只有在不同时空点的各局部惯性系间才允许出现相对加速度。因此，在引力场中任一时空点的邻域内均可建立局部惯性系，并且，也完全可以在此参考系内考察和运用狭义相对论。为了在广义相对性原理的基础上建立广义相对论理论，爱因斯坦所做的进一步工作是使引力几何化，即把引力场化作时空几何结构加以表述。对广义相对论理论的研究数学上涉及黎曼几何、张量分析等，超出了本书的范围，对此，我们不做详细讨论，只对一些重要结论做一简要介绍。

广义相对论的一个重要结论是：时空是弯曲的。我们生活的空间是三维的，时间是一维的，时空加在一起是四维的，广义相对论中的时空弯曲是四维的弯曲。

7.5.2　广义相对论时空观

1. 非欧几里得几何

从数学上看，成立于平直空间中的几何是欧几里得几何，因而平直空间又叫作欧几里得空间。欧几里得几何突出地表现出了人所熟知的特点，如两点间直线距离最短，两条平行线永不相交，三角形内角和等于 π 等。然而，在弯曲空间中这些性质就不再成立。例如，在球面上，两点间最短距离表现为大圆弧距离，而两条平行线则会自然地相交在一起，并且三角形内角和也将大于 π。具体情形如图 7-9 所示。

一般地，弯曲空间几何又被称作非欧几里得几何。根据上述几何学上的差别，我们通常可以通过简单的几何测量来判断一个空间是否属于欧几里得几何。例如，测量圆周长 C 与其直径 D 之比。当 $C/D = \pi$ 时是平面，$C/D < \pi$ 时是凸面，而 $C/D > \pi$ 时则是凹面。

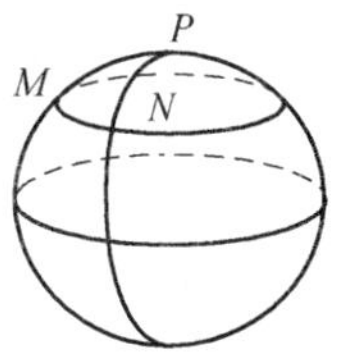

从对球面上三角形的内角和测量结果来看，当三角形较大时，其内角和会明显地大于 π，而当三角形很小时，则其内角和将非常接近 π。这意味着，即便在弯曲空间中，一个较小范围的几何也完全可以当作欧几里得几何处理。其结果是，圆周的一小段可近似当作直线，而球面上的一个小面元则可以近似地看成平面。然而在较大空间范围内，空间的整体性质将表现为弯曲特征，此时，其两点间的距离最短的路径被称为短程线。例如，欧几里得空间中的短程线是直线，而弯曲的非欧几里得空间中短程线则是曲线。

图 7-9　弯曲空间

研究光线的传播轨迹可以帮助我们理解弯曲空间几何的意义。众所周知，光速是宇宙中一切物质或能量传递的速度极限，而光线所遵循的运动轨迹也是不折不扣的短程线。这意味着，只要借助光的轨迹我们就完全能够直观地了解到空间的曲直。此时，让我们设想从爱因斯坦电梯侧部的小孔中水平射入一束光。当电梯静止或匀速上升时，光线在其中的轨迹将是直线。可是，在电梯加速上升时光束所描绘的究竟是一种怎样的轨迹呢？毫无疑问，光束所描绘的应该是一条抛物线，因为电梯的加速上升将导致光线不再打到与小窗正对的位置，而是一个稍稍偏下的新位置上。具体情形如图 7-10 所示。于是我们不难得出结论，惯性系中的短程线是直线，其适用的几何为欧几里得几何，而在非惯性系中，短程线将变成曲线，因而其空间几何也自然地变成了非欧几里得几何。

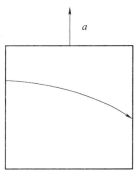

图 7-10　非惯性系中的短程线

2. 弯曲时空

爱因斯坦设想了一个转动圆盘。让一半径为 r 的圆盘以角速度 ω 绕通过盘心且与盘面垂直的轴线转动（见图 7-11），那么在静止观测者看来，可以认为圆盘空间必然是弯曲的，在不同半径处，其弯曲的程度也有所不同。适用于转盘参考系的几何将不再是欧几里得几何。

若有两个相同的时钟，一个放在圆心，一个放在圆周。按照狭义相对论，当圆盘转动时，地面惯性系的观察者将看到圆周的时钟走得慢一些。离圆心越远，时钟越慢。和狭义相对论中关于尺子和长度测量的讨论相似，转盘上的观察者可以自然地认为时钟的时间单位（一个时钟周期）没有变，仍然代表同样的时间间

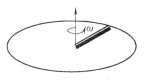

图 7-11　爱因斯坦转盘

隔，但转盘上的观察者测量的圆周上的时间较之圆心处变慢了。这意味着，由于非惯性系的加速运动破坏了时空的平直属性，由原来的闵可夫斯基时空变为弯曲时空。

与空间弯曲的情形相类似，时空弯曲也同样体现着时空的一种整体性质。这种性质表

明，从一个较大区域来看，尽管参考系的加速运动的确会引起时空的弯曲，然而在一个小范围内，时钟与尺子的标度则可以认为近似不变，相应地，这个局域时空也完全可以看作是平直时空。一般来讲，在时空中联系两个物理事件并能使其间隔取极值的短程线叫作测地线，又叫作世界线。在惯性系中时空的世界线总是表现为直线，而在非惯性系中时空的世界线则会表现为曲线，并由此体现出时空的弯曲性质。

3. 施瓦西场中固有时与真实距离

由于等效原理突出了引力场与加速运动场的等效性质，因而引力场同样可以使空间变成非欧几里得空间。据此，等效原理不仅扩展了引力概念和强化了引力场与惯性力场的等价地位，而更为重要的一点是它明确地强调，对引力场的描述而言，引入非欧几里得几何是必需的。这意味着，能够刻画弯曲时空结构性质的技术手段也同样应该适合于描述引力，换句话说，借助描述时空几何结构的方法人们完全可以实现对引力场的几何化。

前面我们已经提到，在重力场中自由下落的爱因斯坦电梯是一个局部惯性系，而在这一局部惯性系中，相对论将始终成立，即其中的时空是平直的。然而，此时对于地面参考系而言，它却在相对于电梯作向上的加速运动，是一种非惯性系并拥有弯曲的时空几何。为此，人们引入了施瓦西场。施瓦西场是指一种相对静止的物质球外部的引力场。这种引力场拥有一个最基本的特征就是球对称性，也即是其场量始终指向对称中心，而场的强度则仅仅只与场点到中心的距离有关。此时，在该引力场中自由下落的参考系是一种局部惯性系，从这种局部惯性系中的观测者的观点来看，引力场中的时钟将会变慢，而相应的径向尺度则会变短。并且，在引力场越强的地方，其带来的效应就越显著。

为了说明施瓦西场的性质，可以考虑质量为 M 的质点所引发的球对称场，广义相对论给出的固有时和径向固有距离的表达式分别为

$$d\tau = \left(1 - \frac{2GM}{c^2 r}\right)^{1/2} dt \tag{7-34}$$

$$dl = \left(1 - \frac{2GM}{c^2 r}\right)^{-1/2} dr \tag{7-35}$$

式（7-34）、式（7-35）表明，引力场中时钟不仅会变慢，而且标准尺度也将会缩短；并且 r 越小，这种变化的程度就会越大。当然，这里所强调的时钟变缓和尺度收缩的效应，是与不受引力作用的钟和尺，即远离引力场的钟和尺相比照而得出的。就这样，式（7-33）与式（7-34）紧密地将时空性质与物质分布联系在一起，是人们认识和分析引力理论的基础。

7.5.3 广义相对论的实验检验

在广义相对论建立之初，爱因斯坦提出了三项实验检验，一是水星近日点的进动，二是光线在引力场中的弯曲，三是光谱线的引力红移。其中只有水星近日点进动是已经确认的事实，其余两项后来陆续得到证实。20 世纪 60 年代以后，又有人提出观测雷达回波延迟、引力波等方案。

1. 行星轨道近日点的进动

根据牛顿运动定律和平方反比万有引力定律，太阳系中行星的运动轨道应该为一个严格的椭圆，是一条闭合的曲线，而太阳位于椭圆的一个焦点上。然而从 1859 年起，天文学家

就发现，行星的运动轨迹并不是严格闭合的椭圆。行星每绕太阳公转一圈，其椭圆轨道的长轴就略有转动，通常称为行星近日（或远日）点的进动，一般认为水星除了主要受到太阳的引力外，还受到太阳系中其他各个行星相对而言小得多的引力。而且人们是从地球也在自转和公转的非理想惯性系中观察，所以有缓慢的进动。如图 7-12 所示，人们在观察离太阳最近的水星时，发现观察值比用牛顿引力理论计算的进动值大了 43.11 角秒，如何解释？

1915 年，爱因斯坦根据广义相对论把行星的绕日运动看成是它在太阳引力场中的运动，由于太阳的质量造成周围空间发生弯曲，使行星每公转一周近日点进动值为

$$\varepsilon = \frac{24\pi^2 a^2}{T^2 c^2 (1 - e^2)}$$

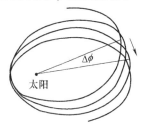

图 7-12 　近日点进动

式中，a 为行星的长半轴；c 为光速，以 cm/s 表示；e 为偏心率；T 为公转周期。对于水星，可计算出 $\varepsilon = 43''$/百年，这就一举解决了牛顿引力理论多年未解决的悬案。这个结果当时成了广义相对论最有力的一个证据。

水星是最接近太阳的内行星。离中心天体越近，引力场越强，时空弯曲的曲率就越大。再加上水星运动轨道的偏心率较大，所以进动的修正值也比其他行星的大。后来测得的金星、地球和小行星伊卡鲁斯的多余进动跟理论计算也都基本相符。

2. 光线在引力场中的偏折

爱因斯坦指出，光线在经过太阳附近时由于太阳引力的作用会产生偏折。如果利用日全食的特殊机会，测量日全食时看起来位于太阳附近星球的位置，再与平时这些星球的位置相比较，应观察到这种偏转。1911 年，他在《引力对光传播的影响》一文中详细讨论了这种弯曲，当时他推算出的偏角为 0.83 角秒。1914 年，德国天文学家弗劳德领队去克里木半岛准备对当年八月间的日全食进行观测，正遇上第一次世界大战爆发，观测未能进行。幸亏未能观测，因为爱因斯坦当时只考虑到等价原理，计算结果小了一半。1916 年，爱因斯坦根据完整的广义相对论对光线在引力场中的弯曲重新作了计算。他不仅考虑到太阳引力的作用，还考虑到太阳质量导致空间几何形变，光线的偏角为 1.75 角秒。

1919 年日全食期间，英国皇家学会和英国皇家天文学会派出了由爱丁顿等人率领的两支远征观测队分赴西非和巴西同时观测。经过比较，两地的观测结果分别为 (1.61 ± 0.30) 角秒和 (1.98 ± 0.12) 角秒。把当时测到的偏角数据跟爱因斯坦的理论预期比较，与爱因斯坦的预言一致。然而这种观测精度太低，而且还会受到其他因素的干扰。人们一直在找日全食以外的可能。20 世纪 60 年代发展起来的射电天文学带来了希望。用射电望远镜发现了类星射电源。1974 年和 1975 年对类星体观测的结果是理论和观测值的偏差不超过百分之一。

3. 光线的引力红移

广义相对论指出，在强引力场中时钟要走得慢些，因此从巨大质量的星体表面发射到地球上的光线，会向光谱的红端移动。当光线在引力场中传播时，它的频率会发生变化。当光线从引力场强的地方（如太阳附近）传播到引力场弱的地方（如地球附近）时，其频率会略有降低，波长稍为增长，即发生引力红移。当光线反向传播时，频率增加，波长变短，即发生引力蓝移。

1925 年，美国威尔逊山天文台的亚当斯（W. S. Adams）观测了天狼星的伴星天狼 A。这颗伴星即所谓的白矮星，其密度比铂大两千倍。观测它发出的谱线，得到的频移与广义相对论的预期基本相符。

1958 年，穆斯堡尔效应被发现。用这个效应可以测到分辨率极高的 γ 射线共振吸收。1959 年，庞德和雷布卡首先提出了运用穆斯堡尔效应检测引力频移的方案。接着，他们成功地进行了实验，这实际是一个引力蓝移实验。他们的实验相当成功，实际测量值与理论值的不确定度在 5% 之内。

用原子钟测引力频移也能得到很好的结果。1971 年，海菲勒和凯丁用几台铯原子钟比较不同高度的计时率，其中有一台置于地面作为参考钟，另外几台由民航机携带登空，在 1 万米高空沿赤道环绕地球飞行。实验结果与理论预期值在 10% 内相符。1980 年，魏索特等人用氢原子钟做实验，他们把氢原子钟用火箭发射至 1 万千米太空，得到的结果与理论值相差只有 $\pm 7 \times 10^{-5}$。

4. 雷达回波延迟

在上面讨论的三大验证实验之外，夏皮罗于 1964 年提出用雷达回波延迟实验检验广义相对论的建议。广义相对论认为，物质的存在和运动造成周围时空的弯曲，光线经过大质量物体附近的弯曲现象可以看成是一种折射，相当于光速减慢，因此从空间某一点发出的信号，如果途经太阳附近，到达地球的时间将有所延迟。1964 年，夏皮罗首先提出这个建议。他的小组先后对水星、金星与火星进行了雷达实验，证明雷达回波确有延迟现象。近年来开始有人用人造天体作为反射靶，实验精度有所改善。这类实验所得结果与广义相对论理论值比较，相差大约 1%。

5. 引力波的探测

广义相对论认为，物质以非对称的方式加速运动会产生引力波。爱因斯坦证明了引力波和电磁波一样以光速 c 传播。牛顿引力理论中没有引力波，如果能观测到引力波的存在，将是广义相对论的重大胜利。但是由于引力作用比电磁作用弱很多数量级，用现有的材料和实验手段，在地球上尚无法人工产生可以检测到的引力波，人们于是把希望寄托到质量巨大的天体物理产生的引力波上。

1967 年，天文学家贝尔和霍维什用射电天文望远镜发现脉冲星，后来人们证明脉冲星就是中子星。射电天文望远镜接收到的脉冲信号是中子星旋转时磁极发出的电磁波。1974 年，霍尔斯和泰勒发现一对脉冲双星（PSR1913 + 16）。广义相对论认为，脉冲双星旋转时辐射引力波。脉冲双星辐射引力波的功率并不小，只是这对双星距地球太遥远，到达地面的引力波能流密度非常小，现在尚无法检测出如此弱的引力波。不过根据广义相对论，由于脉冲双星辐射引力波时必然伴随着能量损失，会使双星系统的能量减少，周期变慢，经过近 20 年的观测，发现这对脉冲双星的运动周期在稳定地减少，其周期减缓的变化率与广义相对论的理论值相当符合，所以脉冲双星的观察被认为是引力波存在的间接证明。霍尔斯和泰勒因发现这对脉冲双星而荣获 1993 年诺贝尔物理学奖。引力波的直接探测，是实验物理的重大课题之一，将进一步检验广义相对论。西方发达国家均投入大量人力物力进行研究，但目前尚未取得令人满意的数据。

6. 黑洞

黑洞是广义相对论预言的一种特别致密的暗天体。大质量恒星在其演化末期发生塌缩，其物质特别致密，因引力场特别强以至于包括光子在内的任何物质只能进去而无法逃脱。假设在一个静止质量为 M、球对称分布的引力场中，质量为 m 的粒子的引力势能为 $E = GMm/r$，该粒子被束缚在 r 范围内，按照牛顿力学能量守恒定律计算，如果引力源的质量 M 全部集中在引力半径

$$r_S = \frac{2GM}{c^2}$$

之内，那么，即便是光也无法从引力场中逃逸，我们无法通过光的反射来观察它。换句话说，此时的引力源是不可能发光的，故而被称为黑洞。而由引力半径所描绘的球面就叫作黑洞的视界。根据这种估计，如果太阳变成了一个黑洞，其引力半径将只有区区 3km。当然，若要论及地球，则它的引力半径将会更小，大概只有 1cm 左右。

广义相对论中球对称的静止质量为 M 的引力场方程的解叫作施瓦西解，引力半径是施瓦西解的奇点，称为施瓦西半径。在施瓦西半径内，是一个特殊的时空区域，即施瓦西黑洞，其中包括光子在内的一切粒子都只能单向地落入引力中心，但不允许静止或向外运动。广义相对论强调，如果引力源的质量一旦收缩至施瓦西半径之内，那么，其质量就将会不可避免地向着中心处塌缩，并直至变成一个物质密度无穷大的致密奇点。

这里，应该指出的是，上述外部观测者所看到的奇特结果只是一种表观现象，其本身并不具有什么物理上的实质内涵。事实上，在自由下落的观测者看来，由于此时其时间表现为固有时，因而他并不会发现什么物理上的反常现象，他仍然会感到自己在不断地下落，并且在有限的时间内穿越视界，直至最终落向中心。因此说，由施瓦西半径所定义的黑洞视界，其实也不过是代表了两个物理性质极为不同的时空区域的交界面，因而人们有时也将黑洞定义成单向运动的时空边界，即单向膜。在这个单向膜内，一切发生的事件将从外部观测者视野里完全消失，使之成为一种真正意义上能够遮断视线的界面。

由于黑洞始终被视界包围，无法与外界进行物质或信息的传递，因而在其内部所发生的一切过程都将逃脱人们的视线，就像它在宇宙中根本不存在一样。这样，要探测黑洞，就只能借助引力效应，即通过对周围可视天体的动力学影响来反推黑洞的存在。尤其考虑到在黑洞附近，由于存在极其强大的引力场，其引发的时空弯曲效应必然会相当显著，此时，广义相对论与牛顿万有引力的差别就会达到有利于观测的程度。例如，天文学上在 20 世纪 70 年代就曾经找到一个黑洞的候选，即一个互绕周期只有 5.6 天的密近双星体系。在这个体系中，其主星 HDE226868 的质量大约是太阳质量的 20 倍，是典型的超级巨星。然而，该主星的伴星质量却只有太阳质量的 5 倍，是一个 X 射线源。于是，许多天体物理学家都相信，那个大质量的引力源就是一个黑洞。

用天文学观测检验广义相对论的事例还有许多。例如，有关宇宙膨胀的哈勃定律，中子星的发现，微波背景辐射的发现等。通过各种实验检验，广义相对论越来越令人信服。然而，有一点应该特别强调：我们可以用一个实验否定某个理论，却不能用有限数量的实验最终证明一个理论；一个精确度并不很高的实验也许就可以推翻某个理论，却无法用精确度很高的一系列实验最终肯定一个理论。对于广义相对论的是否正确，人们必须采取非常谨慎的态度，严格而小心地作出合理的结论。

本章逻辑主线

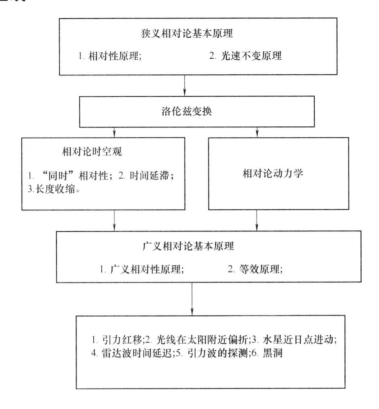

现代宇宙学

现代宇宙学认为宇宙在大尺度上的物质分布和物理性质是随时间在变化的。这是 1922 年前苏联数学家弗里德曼（Friedmann）在解爱因斯坦引力场方程时得到的。在众多的宇宙模型中，目前影响较大的是热大爆炸宇宙学说。

在现代宇宙学家眼里，宇宙代表了所有时空与物质的综合，是一个无所不包的引力自演化系统。不仅宇宙间的万物在演化，大尺度的宇宙本身也是演化的主体。热大爆炸宇宙学说认为，宇宙来自于 150 亿年前所发生的一次"大爆炸"，随后便在引力的主导下演化，爆炸后迅速膨胀，逐渐形成了我们今日可见的宇宙。

1. 现代宇宙学的里程碑

（1）爱因斯坦最大的错误   时间回溯到 1917 年，爱因斯坦在广义相对论基础之上，发表了《根据广义相对论对宇宙学所作的考查》一文，这是人类所做出的有关宇宙学研究的新尝试。在该文中爱因斯坦指出，人类生存的宇宙是一个有限无界的宇宙，而描述这种宇宙空间的几何也不再是欧几里得几何。然而，出乎爱因斯坦意料的是，他得到了一个非静态的宇宙学解。这种动态解本是广义相对论的必然结果，但由于受当时的观测所限，爱因斯坦却认为宇宙应该是静态的，为此，他在自己的场方程中引进了一个所谓的宇宙学项。后来，当宇宙膨胀被观测证实后，爱因斯坦感到非常后悔，他认为引入宇宙项因子是他一生所犯的最大错误。

（2）哈勃发现宇宙膨胀 1929 年，美国天文学家哈勃（Hubble）发现，宇宙中各星系间在不断互相远离，后退速度随距离的增加而增加。也即是所谓的哈勃定律 $V = H_0 r$，式中 H_0 是哈勃常数。哈勃定律是宇宙学原理的直接体现，它是宇宙膨胀的有力证据。

宇宙的膨胀是通过谱线的宇宙学红移揭示的。1929 年，哈勃观测到远方星系发出的光谱线波长变长，即"红移"。按照原子理论，各种原子所发出的光都是些特征性的谱线，其波长具有相应的确定值。这样，依据原子的特征光谱线，人们就可以判断这些光究竟是由什么原子发出的。观察遥远星系发射的光谱，发现各种原子特征光谱的波长都比地球上相应谱线的波长有所变长，也就是谱线出现了"红移"。

（3）伽莫夫的大爆炸宇宙学理论 1948 年，伽莫夫在广义相对论宇宙论和核物理基础上提出了大爆炸宇宙学理论，奠定了现代宇宙学的基础。该理论不仅预言宇宙中的氦元素丰度约为 25%，同时宇宙中还应该残存有温度极低的电磁背景辐射，后来的天文观测证实了伽莫夫的上述预言，使得建立在广义相对论基础上的大爆炸宇宙模型，成为今天主流的宇宙学模型。

2. 现代宇宙学之宇宙概况

对于现今宇宙的认识，主要有以下三点：

1）宇宙中存在许多星系，各星系由大量星体组成。

星体主要是指恒星，恒星都有一个形成、产生、发展演化、衰亡的过程。组成星系的恒星包括年轻的恒星、演化中期的恒星、演化晚期的恒星。这些星系有大有小，大的包括 10^{13} 颗恒星，而小的则有 10^6 颗恒星。银河系是其中的一个中等的星系，大约包含一千亿颗恒星。这些恒星聚集成一种铁饼状结构，其直径大约 10 万光年，而厚度则只有 2 万光年。人类居住的太阳系就处在比较靠近铁饼中央的地方。截至目前，借助大型观测设备，人们已经在银河系之外发现了大约 10^{11} 个星系。如此众多的星系既可以组成规模较大的星系团，也可以组成规模更大的超星系团。

2）从大尺度结构来看，宇宙中星系分布的密度是相对均匀的。

这里"大尺度"是指远大于相邻星系的平均距离的尺度。从人类现已观察到的宇宙来看，尽管有迹象表明宇宙中存在一些比较大的"空洞"（星系分布较疏的区域）和绵延很长的"宇宙长城"（星系分布较密的区域），但人们相信，从大尺度结构看，宇宙里各处星系分布的数密度大体是相同的，并没有特别明显的密集和稀疏的变化。

3）现今的宇宙是不断膨胀着的。

大爆炸宇宙模型所揭示的宇宙基本情况是：①宇宙年龄大约为 $1.2 \sim 1.8 \times 10^{10}$ 年。②宇宙半径为 1.7×10^{26} m。③可观测的宇宙体积估计为 2.2×10^{79} m³。④我们可以看到的发光物质在宇宙总物质中所占比重不足 10%（约 5%）。这里发光物质是指那些能够产生电磁辐射，从而可以通过电磁波观测手段来证实其存在的物质。这部分物质可以是质子、原子核、电子等，统称重子物质。⑤宇宙大量存在的是暗物质（约占 90%），暗物质不能提供任何直接的电磁作用信号，但可以具有引力效应。到目前为止，人们对暗物质还相当缺乏了解，但初步认为它是由电中性的、有静止质量的、稳定的或平均寿命长于宇宙年龄的粒子集团构成。

3. 现代宇宙学之宇宙的未来

然而，宇宙未来的命运到底会是怎样的呢？它究竟是像现在一样永远加速地膨胀下去，还是会有朝一日再重新收缩成一团呢？要回答这些问题，我们不妨来分析一下万有引力在宇宙演化中所起到的作用。要知道，在宇宙各天体之间还始终存在着一种广泛的万有引力作用，这种作用不仅能够减缓天体退行的趋势，而且还有可能阻止宇宙的膨胀，并最终致使宇宙步入收缩的回程，直至再回到一个新的奇点。于是，新一轮的宇宙大爆炸又重新开始。

当然，在永远加速膨胀与重新收缩之间还必然存在一种匀速退行的临界状态，而这种状态将主要取决于宇宙中所含物质的密度水平。具体地说，如果宇宙中物质的平均密度较低，以至于由其产生的引力作用不足以抵抗宇宙的膨胀趋势时，宇宙就将永远地加速膨胀下去；反之，宇宙则会收缩至一点。

现代宇宙学认为，宇宙临界密度是

$$\rho_c = 1 \times 10^{-26} \text{kg} \cdot \text{m}^{-3}$$

只要能够弄清目前宇宙的平均物质密度 ρ_0，那么，人们就完全可以据此来推测宇宙未来的命运，这就是，如果 $\rho_0 < \rho_c$，宇宙将永远膨胀下去，从而表现为开放宇宙；反之，宇宙则会停止膨胀并最终出现回缩，成为封闭宇宙。当然，如果宇宙的密度刚好能够等于临界密度，即 $\rho_0 = \rho_c$，那么宇宙就会表现为没有弯曲的平坦宇宙，或叫作临界宇宙。

然而问题是，对宇宙中的平均物质密度估算起来将会极其地复杂和困难。一方面，就目前技术的发展状况而言，人们还只能借助天体所发射的各种电磁辐射（包括射电、可见光和 X 射线等波段）来进行观测。但是，由此估算出的发光物质密度仅仅只有临界密度的百分之几，这似乎表明宇宙将有可能永远地膨胀下去。另一方面，通过对星系或星系团演化动力学的研究，人们又相信，在宇宙中除了那些能够发光的天体之外，还应该存在不少不发光的物质，即暗物质。这些物质既有可能是宇宙尘埃，也有可能是一些质量较小的黑洞，当然还有可能是中微子。根据理论估算人们判断，只要中微子的静质量能够达到电子伏的量级，那么，它们就将在宇宙演化中起主导作用。

这里，有必要指出的是，近年来一些有关宇宙学的观测与研究结果使宇宙学家们越来越倾向于认为，宇宙中大部分物质主要表现为暗物质，并且甚会达到 90% 以上。果真如此的话，宇宙最终必将会收缩成一点。

当然，仅仅是凭着目前的观测资料，人们还难以对宇宙未来的命运作出判断，但是大爆炸宇宙学理论却明显地敲定了宇宙的前途。首先，所谓开放宇宙是指宇宙一旦从大爆炸起点开始膨胀，便永无休止地膨胀下去。在膨胀过程中，各种天体最终将耗尽其内部的所有热核能量，并逐步演变成白矮星、中子星或者是黑洞，直至到了后期，再慢慢发展成为一种到处都遍布着黑洞的黑暗宇宙。当然，随着进一步的演化，黑洞也有可能不断蒸发，并由此形成一个混沌的世界。

其次，对于平均密度大于临界密度的封闭宇宙而言，其所采取的演化路线则完全表现出了与开放宇宙迥然不同的特征。具体地说就是，尽管封闭宇宙在一开始会表现出一定的膨胀，但在其膨胀后，还会由于自身的引力作用而重新收缩。并且，随着宇宙的逐步收缩，其中的温度将不断升高，而各种天体也将不断融合，直至最终再回缩到原初状态。由此推想下去，重新回复到原初状态的宇宙没准还会迎来第二次大爆炸，并从而产生出第二代宇宙。

最后一种情况会涉及介于两者之间的临界宇宙模式，是说宇宙在爆炸产生之后，会经历暴涨与减速等过程，并不断在临界附近摆动，乃至进行无休止的振荡。可是，对于诸如何种模式更符合于客观实际等问题，现代宇宙理论至今还无力作出回答。不过，就目前天文观测的结果来看，宇宙更倾向于开放模式，尤其是 3K 微波背景辐射起伏较小的事实表明，宇宙也多半会处于一种平直状态。应该说，这是目前人们从有关宇宙学的研究中所取得的最大收获。

4. 现代宇宙学的困难

大爆炸宇宙虽然受到有关宇宙学红移、微波背景辐射以及元素丰度等观测事实的强有力支持，但本身还存在一些无法回避的困难，如视界问题、平坦性问题（现已被暴涨理论所解释）、奇性问题、磁单极子问题、重子的不对称性问题以及暗物质问题等。

视界疑难：大爆炸宇宙学计算结果表明，在宇宙极早期至少应该存在 10^{83} 个毫无因果关系的区域。这意味着，极早期宇宙是极不均匀的。然而，宇宙学原理和微波背景辐射都表明宇宙是十分均匀的，那么宇宙是怎样在极短的时间内一下子由极不均匀变得十分均匀了呢？这就是所谓的视界疑难。

平直性疑难：根据大爆炸宇宙学和现在的观测事实可以推断，在宇宙极早期还应该出现一个物质密度十分接近平直宇宙的临界密度的初始条件，换句话说就是，在极早期宇宙空间十分接近平直。可是，为什么宇宙当时会是这个样子呢？这就是所谓的平直性疑难。

磁单极疑难：理论计算表明，宇宙中允许存在一定量的磁单极子，但实验观测并没有发现磁单极子的存在。这就是所谓的磁单极疑难。

所有这些疑难，都将对宇宙学的发展构成强烈的挑战。

由以上所指出的发展状况来看，宇宙学目前的观测数据还相当贫乏，尤其是缺乏有关宇宙早期的演化信息。因此，未来宇宙学的研究必将更加注重观测技术的发展和对观测资料的收集，以便使标准宇宙学模型不断地得到完善。

值得注意的是，物理学的两大前沿——粒子物理学和宇宙学，近年来正相得益彰地融合在一起。本来，粒子物理学所研究的是物质基本组分的微小世界，而宇宙学则研究的是整个大尺度宇宙系统的演化规律。然而在宇宙演化的大舞台上，一方研究物理世界之最大规律的理论家们，却注定要与另一方研究物理世界之最小规律的理论家们携手前进。因为要透彻地了解宇宙的开端，就必须达成宇宙的演化条件与其物理学后果的统一，也就是要在理论上完成大规律与小规律的统一。

无论在对有关宇宙的探索中遇到多少困难，人们却始终坚信，大爆炸宇宙学模型已经为宇宙学奠定了一个可靠的理论基础。而作为人们探索自然奥秘的一个重要课题之一，宇宙学也必将继续吸引人们的关注和引起人们的兴趣，并直至等待着新的研究突破。

思 考 题

7.1 狭义相对论建立的基础是什么？

7.2 相对性原理的内涵在牛顿力学与相对论中有什么不同？

7.3 相对论的建立给人们的时空观念带来了哪些根本性的改变？

7.4 狭义相对论有哪些基本效应？

7.5 同时的相对性是什么意思？

7.6　牛顿力学与狭义相对论对质量概念的理解有什么不同？

7.7　相对论力学基本方程与牛顿第二运动定律有什么区别与联系？

7.8　相对论的能量与动量的关系式是什么？相对论的质量与能量的关系式是什么？

7.9　什么叫作质量亏损？它和原子能的释放有何关系？

习　题

选择题

7.1　下列说法中哪些是正确的？（　　　）。

（1）所有惯性系对基本物理规律都是等价的。

（2）在真空中，光的速度与光的频率、光源的运动状态无关。

（3）在任何惯性系中，光在真空中沿任何方向传播速度的大小都相同。

（A）只有（1）、（2）是正确的；　　　　（B）只有（1）、（3）是正确的；

（C）只有（2）、（3）是正确的；　　　　（D）三种说法都是正确的。

7.2　下列说法正确的是（　　　）。

（1）一切运动物体相对于观察者的速度都不能大于真空中的光速。

（2）质量、长度、时间的测量结果，都随物体与观测者的相对运动状态而改变。

（3）在一惯性系中发生于同一时刻，不同地点的两事件在其他一切惯性系中也是同时发生的。

（4）惯性系中的观察者观测一个相对他作匀速相对运动的时钟时，会看到这个时钟比相对于他静止的相同的时钟走得慢些。

（A）（1）、（3）、（4）正确；　　　　（B）（1）、（2）、（4）正确；

（C）（1）、（2）、（3）正确；　　　　（D）（2）、（3）、（4）正确。

7.3　某一时刻从上海和北京同时发出两列高速列车，有一飞船恰从北京向上海方向的高空飞过。在飞船上观测，这两列列车是（　　　）。

（A）同时发车；　　　　　　　　　　（B）上海先发车；

（C）北京先发车；　　　　　　　　　　（D）不能确定。

7.4　按照相对论的时空观，判断下列叙述中正确的是（　　　）。

（A）在一个惯性系中两个同时的事件，在另一惯性系中一定是同时事件；

（B）在一个惯性系中两个同时的事件，在另一惯性系中一定是不同时事件；

（C）在一个惯性系中两个同时又同地的事件，在另一惯性系中一定是同时同地事件；

（D）在一个惯性系中两个同时不同地的事件，在另一惯性系中只可能同时不同地；

（E）在一个惯性系中两个同时不同地的事件，在另一惯性系中只可能同地不同时。

第8章　气体动理论

气体动理论是在物质结构的分子学说的基础上，为说明人们熟知的气体的物理性质和气态现象而发展起来的。在这些熟知的性质和现象中，我们可以举出理想气体定律，热的传导和比热，物体的热胀冷缩，固、液、气三态的相互转变等。这些与温度有关的物理性质的变化统称为热现象。和力学研究的机械运动不同，气体动理论的研究对象是分子的热运动，热现象就是组成物体的大量分子、原子热运动的集体表现。分子热运动由于分子的数目十分巨大和运动的情况十分混乱，而具有明显的无序性和统计性。就单个分子来说，由于它受到其他分子的复杂作用，其具体运动情况瞬息万变，显得杂乱无章，具有很大的偶然性，这就是无序性的表现。但就大量分子的集体表现来看，却存在一定的规律性。这种大量的偶然事件在宏观上所显示的规律性叫作统计规律性。正是由于这些特点才使热运动成为有别于其他运动形式的一种基本运动形式。

在本章，我们将根据所假定的气体分子模型，运用统计方法，研究气体的宏观性质和规律，以及它们与分子微观量的平均值之间的关系，从而揭示这些性质和规律的本质。

8.1　平衡态　温度　理想气体物态方程

8.1.1　平衡态

热学研究的是物质的分子热运动。大量分子的无规则运动导致了物质热现象的产生。在热学中，通常将研究对象，即由大量微观粒子组成的宏观物体称为热力学系统，简称系统。在研究系统热现象规律的时候，我们不仅要注意系统内部变化对系统的影响，同时还要考虑到外界对系统的作用。根据系统与外界相互作用（能量交换和物质交换）的特点，一般可将系统分为三类：

1）与外界无相互作用的系统，即与外界无物质交换也无能量交换的系统，称之为孤立系统。

2）与外界仅有能量交换而无物质交换的系统，称之为封闭系统。

3）与外界既有能量又有物质交换的系统，称之为开放系统。

在本书中我们重点研究孤立系统。

一个孤立系统，如果经历足够长的时间，那么不论其初始状态如何，该系统必将达到一个宏观性质不再随时间变化的稳定状态，这样的状态被称为热（动）平衡态，简称**平衡态**。也就是说平衡态必须同时满足两个条件：系统与外界既无物质交换也无能量交换；系统的宏观性质不随时间变化。上述两个条件只要有一个不被满足，那么研究的系统就处于非平衡态。

进一步说，系统是由大量微观粒子组成的，处于平衡态的系统虽然宏观性质不随时间变化，但是从微观层次来看，大量粒子始终在不停地、无规则地运动着，不过大量粒子集体运动的统计效果不变，也就是说宏观性质不变，所以热平衡态又可以称为热动平衡（其中的"动"自然是指微观粒子的运动）。

上面我们讨论了什么是热力学系统的平衡态，那么如何描述它呢？系统在平衡态下，拥有诸多不同的宏观性质，而用来表征系统宏观性质的物理量被称作宏观量。简单地说，宏观量是与其对应的微观量的统计平均。从各种不同的宏观量中选出一组相互独立的量来描述系统的平衡态，这些宏观量称之为系统的状态参量。一般来说，我们常用几何参量、力学参量、化学参量和电磁参量等四类参量来描述系统的状态。最终采用哪几个参量才能完全地描述系统的状态，这是由系统本身的性质决定的。通常，对于给定的固体、液体和气体，采用体积（几何性质）、压强（力学性质）和温度（热学性质）等作为状态参量描述系统的平衡态。

8.1.2 温度

温度的概念比较复杂，从微观角度看，它与物质分子的运动有着本质上的联系。在宏观上，简单地说，温度表示物体的冷热程度。规定相对热的物体温度要高，然而这仅能定性说明物体的冷热程度，却不能明确指出物体温度有多高、有多热，即不能定量表示物体的冷热。为了避免主观上感性认知带来的错误，我们必须定量描述出系统的温度，必须给温度一个严格的定义。这样才能更好地把握它以及和它密切相关的物理现象。

考虑甲、乙、丙三个系统，使甲、乙两个系统分别同时与丙系统热接触，经过一段时间以后，甲与丙一起达到平衡态，乙与丙也达到平衡态。然后将甲、乙两系统与丙系统分离，让甲和乙两系统热接触，则甲、乙两系统的平衡状态不会发生变化。实验结果表明：在不受外界影响的情况下，只要两个系统（甲和乙）同时与丙处于热平衡，即使甲和乙没有热接触，它们仍然处于热平衡状态，这种规律被称为**热平衡定律**，也称为**热力学第零定律**。

热平衡定律告诉我们，互为热平衡的系统之间必然有着相同的特征，也就是说它们的温度是相同的。那么温度相同的系统一定处于热平衡，即温度是决定一系统是否与其他系统处于热平衡的宏观性质。那么一个处于热平衡状态的系统可以看成是由几个或者多个互为热平衡的系统组成的，这说明各个系统在热平衡状态时温度仅决定于系统本身内部热运动状态。热平衡定律仅能定性地说明系统间的温度是否相同，而不能定量地说明尚未达到热平衡的系统的温度高低。

由热力学第零定律我们知道，要比较两个处于热平衡的系统温度高低，必须借助一个中间系统，分别与这两个系统进行热接触，而这个标准系统就是温度计。温度计要能定量表示和测量温度，那就需要选定温度的标准点，然后适当地选取间隔划分冷热程度，这样温度就可以量化了，此即温标。

一般来说，无论是何种物质，无论哪种属性，只要该属性随冷热程度单调、显著地变化，就可以被用来计量温度。因此，可以有各种各样的温度计，也可以有各种各样的温标。常用的摄氏温标是用酒精或者水银作测量温度的物质，用液柱高度随温度变化做测温属性。并规定纯水的冰点为0℃，沸点为100℃，将0到100间的高度等分，一个小间隔代表1℃。另外一种温标是建立在热力学第二定律的基础上的，称之为热力学温标。规定热力学温标的273.15K为摄氏温标的零度，则这两种温标的定量关系为

$$T = t + 273.15$$

(8-1)

规定热力学温标的单位为开尔文，用字母"K"表示。

8.1.3　理想气体物态方程

1. 单一理想气体的物态方程

经研究发现，在温度合适的条件下，压强趋近于零的时候，不同种类的气体在物态方程上的差异几乎消失，气体所遵循的规律也趋于简单。这种压强趋近于零的极限状态下的气体称之为**理想气体**。

理论研究表明，理想气体严格遵从三大实验定律，即玻意耳（Boyle）定律、查理（Charles）定律及盖吕萨克（Gay-Lussac）定律。也就是说，无条件服从三大实验定律的气体都可以称之为理想气体。

结合上述的三个实验定律，可以得到一定质量的理想气体的物态方程为

$$pV = \frac{m}{M}RT \tag{8-2}$$

式中，p、V、T 为理想气体在某一平衡态下的三个状态参量；M 为气体的摩尔质量；m 为气体的质量；R 为摩尔气体常数，国际单位制中其值取 $8.31\mathrm{J} \cdot \mathrm{mol}^{-1} \cdot \mathrm{K}^{-1}$。需要指出的是，常温常压下，实际气体都近似地符合理想气体物态方程。

2. 混合理想气体的物态方程

在许多实际问题中，如气象、化工中，往往遇到包含各种不同化学组分的混合气体。如果混合气体的各组分可看成理想气体，而各组分之间又无化学反应，就可以根据混合气体的实验定律得出混合理想气体的状态方程。

实验事实表明，稀薄混合气体的总压强等于各种组分的分压强之和，此即道尔顿（John Dalton，1766—1844）分压定律。

所谓某组分的分压强是指这个组分在与混合气体同体积、同温度的条件下单独存在时产生的压强。另外，需要指出的是，道尔顿分压定律只在混合气体的压强较低时才准确地成立，所以只适用于理想气体。

经简单推导可知，混合理想气体的物态方程为

$$(p_1 + p_2 + \cdots + p_n)V = \left(\sum_{i=1}^{n} \frac{m_i}{M_i} \right)RT$$

不难看出，混合理想气体的物态方程与单一成分的理想气体的物态方程相似，只是其物质之量等于各组分物质量之和，压强则是各组分分压强之和。

8.2　理想气体的压强　温度的统计意义

8.2.1　理想气体的压强

1. 理想气体的微观模型

要从微观上讨论理想气体的相关性质，前提是知道其微观结构。实验表明，对理想气体可作如下假定：

1）分子本身的线度与分子之间的距离相比可以忽略。这个假设体现了气态的特性。

2）气体分子的运动服从经典力学规律。在碰撞中，每个分子都可以认为是作完全弹性碰撞的小球。这个假设实质要说明的是，在一般条件下，对所有气体分子来说，经典描述近似有效。

3）因为气体分子之间的平均距离非常大，除碰撞的瞬间外，分子间的相互作用力可忽略不计。除了某些特殊情况（如研究重力场中分子的分布），通常气体分子的动能平均说来要远比其在重力场中的势能大，这时分子的重力势能可以忽略。

总之，气体被看作是自由地、无规则运动着的弹性分子的集合。这就是理想气体的微观模型。模型的提出是为了更加方便地分析和讨论气体的基本现象。

2. 理想气体分子的统计假设

由实验事实得知，当气体处于平衡态时，气体分子频繁碰撞，同时气体在容器中密度处处均匀，那么对于大量气体分子可以假定，分子沿着各个方向运动的机会是相等的。

具体运用这个统计假设时，应该注意以下几点性质（平均而言）：

1）分子数密度处处相同。

2）沿着各个方向运动的分子数是相同的。

3）分子可以有各种不同的速度。

4）各个方向上速率的各种平均值相等。

3. 理想气体的压强公式

1738 年伯努利在其出版的《流体动力学》一书中，结合前人的思想，设想气体压强来自粒子碰撞器壁所产生的冲量，在历史上首次建立了分子运动论的基本概念。通过导出玻意耳定律，说明了气体压强随温度升高而增加与分子的运动密切相关。因为任何宏观可测定量均是所对应的某微观量的统计平均值，所以器壁所受到的气体压强是单位时间内大量分子频繁碰撞器壁所施予单位面积器壁的平均总冲量。下面我们采用较为简单的方法来推导气体压强公式，如图 8-1 所示。

我们假定，有一个长方容器，它的单位体积中均各有 $n/6$ 个分子以平均速率 $\bar{v}$ 沿 x、y、z 轴的正向和负向运动，所以在 Δt 时间内垂直碰撞在 y-z 平面的 ΔA 面积器壁上的分子数为 $(1/6)n\bar{v}\Delta A\Delta t$（其中 n 为单位体积内的分子数）。假定每个分子与器壁碰撞是完全弹性的，那么每次碰撞都会向器壁施予 $-2m\bar{v}$ 的冲量，则在 Δt 时间内 ΔA 面积器壁所受到的平均总冲量为

$$p = (1/3)nm\overline{v^2}$$

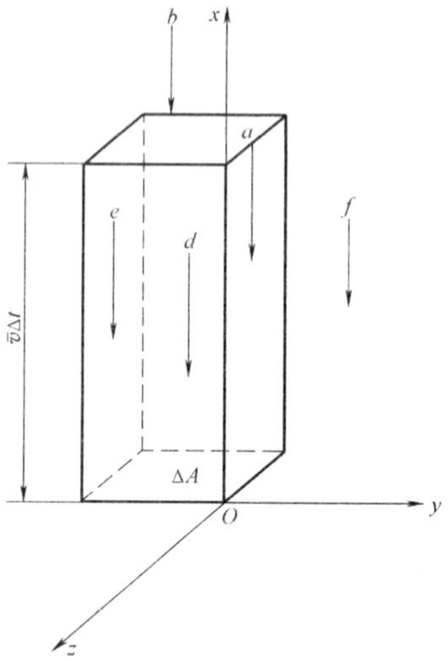

图 8-1　气体压强的推导

上式称为气体压强公式。在推导过程中我们利用了平均速率近似等于方均根速率的条件。假定每个分子的平均平动动能为 $\bar{\varepsilon} = (1/2)m\overline{v^2}$，将其代入上式，我们可得

$$p = (2/3)n\bar{\varepsilon} \qquad (8\text{-}3)$$

此即为**理想气体的压强公式**。

上述两式表明了宏观量和微观量的关系，同时也说明了气体内部压强由气体性质决定。对于理想气体而言，两式是完全等价的。最后要指出的是上述公式仅适用于平衡态的气体。

8.2.2　温度的统计意义

温度是热学中特有的一个物理量，它在宏观上表征了物质冷热状态的程度，那么温度的微观本质是什么呢？从微观上理解，温度是平衡态系统的微观粒子热运动程度强弱的量度。

由理想气体的物态方程表达式 $pV = \dfrac{m}{M}RT$ 及上小节结论 $p = (2/3)n\bar{\varepsilon}$ 我们可以得到如下结论：

$$p = nkT = \frac{2}{3}n\bar{\varepsilon}$$

则

$$\bar{\varepsilon} = \frac{3}{2}kT \tag{8-4}$$

式中，$k = \dfrac{R}{N_A} = 1.38 \times 10^{-23} \text{J} \cdot \text{K}^{-1}$（其中 N_A 为阿伏伽德罗常数），称为玻耳兹曼常数。

式（8-4）将宏观温度 T 和微观的统计平均值 $\bar{\varepsilon}$ 联系了起来，预示了温度的微观本质，即绝对温度是分子热运动剧烈程度的量度。对于上式应当指出：

1）$\bar{\varepsilon}$ 是分子杂乱无章热运动平均平动动能，不包含整体定向运动的动能。

2）粒子的平均热运动动能与粒子质量无关，而仅与温度有关。

3）式（8-4）也揭示了气体温度的统计意义，温度是大量气体分子热运动的集体表现，具有统计的意义；对于少量分子或者单个分子谈它们的温度是没有意义的。

【例 8-1】　容积为 $11.2 \times 10^{-3} \text{m}^3$ 的真空系统在室温（20℃）时已被抽到 $1.3158 \times 10^{-3} \text{Pa}$ 的真空，为了提高其真空度，将它放在 300℃ 的烘箱内烘烤，使器壁释放出所吸附的气体分子，若烘烤后压强增为 1.3158Pa，试问从器壁释放出多少个分子？

【解】　由理想气体物态方程可得烘烤前单位体积内分子数为

$$n_0 = \frac{p_0}{kT_1} = \frac{1.3158 \times 10^{-3}}{1.38 \times 10^{-23} \times 293}\text{m}^{-3} = 3.25 \times 10^{17}\text{m}^{-3}$$

同样，烘烤后单位体积内分子数为

$$n_1 = \frac{p_1}{kT_1} = \frac{1.3518}{1.38 \times 10^{-23} \times 573}\text{m}^{-3} = 1.66 \times 10^{20}\text{m}^{-3}$$

由两者对比可知，烘烤后分子数大大增加了，因此，烘烤前的分子数可忽略，则从器壁释放出的分子数为

$$N = n_1 V = 1.66 \times 10^{20} \times 11.2 \times 10^{-3} = 1.86 \times 10^{18}$$

8.3　能量均分定理　理想气体的内能

8.3.1　自由度

一般来说，分子的运动不限于平动，它们还有转动和振动。在前面几节所讨论的分子热运动仅限于分子的平动。而要确定能量在各种运动形式间的分配，则需要引入自由度的概

念。所谓的"自由度"即决定一物体的位置所需要的独立坐标数，称为这物体的**自由度**。

下面以质点、刚体、非刚性物体为例，简单说明一下它们的自由度。

如果一质点在三维空间中自由运动，那么，由力学部分所学知识我们知道，要确定该质点的位置则需要三个独立的坐标。如果质点被限制在曲面内，那么它的位置则只需要两个独立坐标就能确定。同样的道理，运动仅限于曲线上的质点则只有一个自由度。

在力学中我们已经知道，刚体的运动可以分为平动和绕定轴的转动。在确定的参考系中研究刚体的运动时，我们可以通过以下两个方面来确定刚体的自由度。

1）确定其平动：明确刚体的质心位置，需要三个独立变量。

2）确定其转动：先明确转轴位置，则需要两个独立变量；再者就是明确刚体绕轴是如何定轴转动的，由运动学部分知识我们知道，只需一个转角就能确定刚体绕轴的角度，即一个独立变量。

因此确定刚体的运动，只需要六个自由度。

而对于非刚体物体，则可以有任意多个自由度。这里不再详述，仅给出相关结论。假定一个分子由 n 个原子组成，则它最多有 $3n$ 个自由度，其中 3 个是平动的，3 个是转动的，其余 $3n-6$ 个是振动的。当分子的运动受到限制的时候，其自由度就会减少。

8.3.2 能量均分定理

由上一节的学习我们知道，大量气体分子作杂乱无章的热运动时，各个方向上速率的各种平均值相等。结合理想气体分子平均平动动能的公式：

$$\frac{1}{2}m\overline{v^2} = \frac{3}{2}kT$$

我们知道，如果用 $\overline{v_x^2}$、$\overline{v_y^2}$、$\overline{v_z^2}$ 分别表示气体分子沿 x、y、z 三个方向上速度分量的平方的平均值，那么 $\frac{1}{2}m\overline{v_x^2} = \frac{1}{2}m\overline{v_y^2} = \frac{1}{2}m\overline{v_z^2}$，即气体分子沿 x、y、z 三个方向运动的平均平动动能完全相等；也就是说，可以认为分子的平均平动动能 $\frac{3}{2}kT$ 是均匀地分配在每一个平动自由度上的，每一个平动自由度分得的能量平均值是相同的，为 $\frac{1}{2}kT$。

对于刚性理想气体分子组成的系统，在平衡状态时，平均地说，不论何种运动相应于每一自由度的能量都应该相等。不论是平动自由度还是转动自由度。

能量均分定理：处于温度为 T 的平衡态的气体中，分子热运动动能平均分配到每一个分子的每一个自由度上，每一个分子的每一个自由度的平均动能都是 $\frac{1}{2}kT$。

对于非刚性气体分子组成的系统，气体分子还存在着振动自由度，对应每一个振动自由度，每个分子除有 $\frac{1}{2}kT$ 的平均动能外，还具有 $\frac{1}{2}kT$ 的平均势能。

综上所述，能量均分定理仅限于均分平动动能。还需指出的是该定理仅在平衡态下才能应用，它本质上是关于热运动的统计规律，是对大量分子统计平均所得结果，对液体和固体也适用。最后，我们还要知道的是，能量均分定理是经典的统计规律，并未考虑微观粒子运动的量子效应，所以其存在着相当的局限性。只有在考虑了量子效应后得到的量子统计规律才普遍与实验事实相符。

8.3.3　理想气体的内能

实验证明，气体分子组成的系统内部的总能量是由气体分子的能量以及分子与分子之间的势能构成的。而气体系统内部总能量又称为内能。

对于理想气体系统而言，由先前理想气体的微观模型我们知道，理想气体的内能不计分子与分子之间的势能，仅是系统分子各种运动能量的总和。下面我们仅仅考虑刚性分子组成的理想气体系统。

因为每一个气体分子总平均动能为 $\frac{i}{2}kT$，而 1mol 理想气体有 N_A 个分子，即 1mol 理想气体的内能是 $E = N_A \frac{i}{2}kT = \frac{i}{2}RT$，那么质量为 m（摩尔质量为 M）的理想气体系统的内能则为

$$E = \frac{m}{M}\frac{i}{2}RT \tag{8-5}$$

由上述结论我们知道，理想气体的内能只是温度的单值函数，与理想气体系统的其他状态参数无关。我们将应用这一结果计算理想气体的内能。

【例 8-2】　体积为 $V = 1.20 \times 10^{-2} \mathrm{m}^3$ 的容器中储有氧气，其压强 $p = 8.31 \times 10^5 \mathrm{Pa}$，温度为 $T = 300\mathrm{K}$，试求：

（1）单位体积中的分子数 n；

（2）分子的平均平动动能；

（3）气体的内能。（假定氧气为刚性双原子分子）

【解】　（1）由理想气体物态方程 $p = nkT$，得

$$n = \frac{p}{kT} = \frac{8.31 \times 10^5}{1.38 \times 10^{-23} \times 300}\mathrm{m}^{-3} = 2.00 \times 10^{26}\mathrm{m}^{-3}$$

（2）分子的平均平动动能为

$$\bar{\varepsilon} = \frac{3}{2}kT = \left(\frac{3}{2} \times 1.38 \times 10^{-23} \times 300\right)\mathrm{J} - 6.21 \times 10^{-21}\mathrm{J}$$

（3）由于理想气体的内能为 $E = \nu \frac{i}{2}RT$，理想气体物态方程为 $pV = \nu RT$，所以理想气体的内能可表示为

$$E = \frac{i}{2}pV$$

氧气为双原子分子，室温下 $i = 5$，则气体的内能为

$$E = \frac{5}{2}pV = \left(\frac{5}{2} \times 8.31 \times 10^5 \times 1.20 \times 10^{-2}\right)\mathrm{J} = 2.49 \times 10^4\mathrm{J}$$

【例 8-3】　一容器内贮有氧气，其压强为 $1.01 \times 10^5 \mathrm{Pa}$，温度为 $27.0℃$，求：

（1）气体分子的数密度；

（2）氧气的密度；

（3）分子的平均平动动能；

（4）分子间的平均距离（设分子间均匀等距排列）。

【解】 （1）气体分子的数密度

$$n = \frac{p}{kT} = 2.44 \times 10^{25} \, \text{m}^{-3}$$

（2）氧气的密度

$$\rho = \frac{m}{v} = \frac{pM}{RT} = 1.30 \, \text{kg} \cdot \text{m}^{-3}$$

（3）氧气分子的平均平动动能

$$\overline{\varepsilon} = \frac{3kT}{2} = 6.21 \times 10^{-21} \, \text{J}$$

（4）氧气分子的平均距离

$$\overline{d} = \sqrt[3]{\frac{1}{n}} = 3.45 \times 10^{-9} \, \text{m}$$

8.4 麦克斯韦分子速率分布律

气体分子热运动的特点是大量分子无规则运动及分子之间的频繁的相互碰撞。在频繁的碰撞过程中，分子间不断交换动量和能量，促使分子的速度不断发生变化。而人们研究发现，就平衡态的气体而言，系统中分子速度的大小和方向时刻都在随机地发生变化，但是大数分子的运动速率分布却服从一定的统计规律。

8.4.1 气体分子的速率分布

在平衡态下，理想气体系统分子的速率遵循着一个确定的、必然的统计分布规律。对于这个规律的研究，有助于进一步理解分子运动的性质，而研究方法在某种程度上则具有普适性。

与研究一般的分布问题相似，在研究理想气体分子速率分布时，需要先把速率分成若干相等的区间。我们研究分子速率的分布情况，就是要明确在平衡态下，分布在各个速率区间之内的分子数 ΔN、各占气体分子总数 N 的百分比及占优势分布的速率区间等问题。我们把气体分子速率区间等分，不仅便于比较，还能突出分布的意义。

描写速率分布的方法有三种：

1）根据实验数据列速率分布表。

2）作出速率分布曲线。

3）找出气体分子速率分布的函数。

表 8.1 给出了实验上在 0℃时氧气分子速率的分布情况。

由表 8.1 可以看出，在大量分子的热运动中，多数分子以中等速率运动，在低速率或者高速率区域运动的分子较少。大量实验表明，对于任何温度下的其他种类气体也是如此。此即气体分子速率分布的特性。

表 8.1　在 0℃时氧气分子速率分布情况

速率分布区间/m·s^{-1}	分子数的百分率 $\left(\dfrac{\Delta N}{N} \times 100\%\right)$	速率分布区间/m·s^{-1}	分子数的百分率 $\left(\dfrac{\Delta N}{N} \times 100\%\right)$
100 以下	1.4	500～600	15.1
100～200	8.1	600～700	9.2
200～300	16.5	700～800	4.8
300～400	21.4	800～900	2.0
400～500	20.6	900 以上	0.9

如果想要准确描述气体分子按速率分布的情况，那么就需要将等速率间隔取得尽可能小，即由 Δv 取成 $\mathrm{d}v$，相应的分子数为 $\mathrm{d}N$，这样我们可以得到以 v 为横坐标、$\dfrac{\mathrm{d}N}{N\mathrm{d}v}$ 为纵坐标的速率分布曲线，为一条平滑的曲线，如图 8-2 所示。

图 8-2 中速率分布曲线下面有斜线的小长条面积为 $\dfrac{\mathrm{d}N}{N\mathrm{d}v}\mathrm{d}v = \dfrac{\mathrm{d}N}{N}$，它在物理上表述的是，速率在 v 附近 $\mathrm{d}v$ 区间内的分子数占总分子数的百分比。也就是说，曲线和 v 轴所围成的总面积表示分布在零到无穷大整个速率区间的分子数占总分字数的百分比，即等于 1。这是分布曲线必须满足的条件。我们把 $f(v) = \lim\limits_{\Delta v \to 0}\dfrac{\Delta N}{N\Delta v} = \dfrac{\mathrm{d}N}{N\mathrm{d}v}$ 称为分子的速率分布函数，上述曲线也称为气体分子的速率分布曲线。

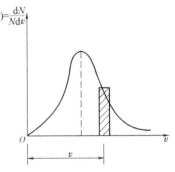

图 8-2　气体分子速率分布曲线

1859 年，麦克斯韦利用概率论导出平衡态下理想气体分子速率分布的规律，速率分布函数 $f(v)$ 的具体表达式为

$$f(v) = 4\pi\left(\frac{m}{2\pi kT}\right)^{\frac{3}{2}}\mathrm{e}^{-\frac{mv^2}{2kT}}v^2$$

式中，m 为气体分子的质量，k 为玻耳兹曼常数，T 为气体的热力学温度。由上式我们知道一个气体分子分布在 v 到 $v + \mathrm{d}v$ 内的概率为

$$\frac{\mathrm{d}N}{N} = 4\pi\left(\frac{m}{2\pi kT}\right)^{\frac{3}{2}}\mathrm{e}^{\frac{-mv^2}{2kT}}v^2\mathrm{d}v \tag{8-6}$$

这就是我们所说的麦克斯韦速率分布律。

式（8-6）是从理论上推导出来的，在实验上也能给出证明，本书就不再详细介绍了。

8.4.2　分子速率的三个统计值

在理论讨论和理论计算中，有时有必要用到速率分布函数的表达式。譬如下面我们将利用速率分布函数求解理想气体分子速率的三个统计值。

1. 平均速率

$\bar{v}$ 为大量分子速率的统计平均值，根据求平均值的定义（速率连续分布）有

$$\bar{v} = \int_0^\infty v f(v) \, \mathrm{d}v$$

将麦克斯韦分布函数代入，可得理想气体速率从零到无穷大整个空间的算术平均速率为

$$\bar{v} = \sqrt{\frac{8kT}{\pi m}} \approx 1.60 \sqrt{\frac{RT}{M}} \qquad (8\text{-}7)$$

平均速率可以用于气体分子碰撞方面的研究。

2. 方均根速率

$\sqrt{\overline{v^2}}$ 为大量分子速率的平方平均值的平方根，类似上面求速率平均值的方法。由求平均值的定义有

$$\overline{v^2} = \int_0^\infty v^2 f(v) \, \mathrm{d}v$$

将麦克斯韦分布函数代入，可得理想气体分子的方均根速率从零到无穷大整个空间的算术平均速率为

$$\sqrt{\overline{v^2}} = \sqrt{\frac{3kT}{m}} \approx 1.73 \sqrt{\frac{RT}{M}} \qquad (8\text{-}8)$$

方均根速率 $\sqrt{\overline{v^2}}$ 可用于分子平均平动动能的计算。

3. 最概然速率

气体分子速率分布曲线有个极大值，与这个极大值对应的速率叫作气体分子的最概然速率，常用 v_p 表示，如图 8-3 所示。

速率分布函数 $f(v)$ 对 v 求导，由极值条件 $\dfrac{\mathrm{d}f(v)}{\mathrm{d}v} = 0$ 可得平衡态下，气体分子的最概然速率为

$$v_p = \sqrt{\frac{2kT}{m}} \approx 1.41 \sqrt{\frac{RT}{M}} \qquad (8\text{-}9)$$

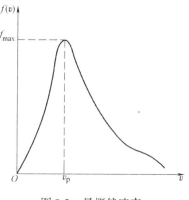

图 8-3　最概然速率

它的物理意义是：对所有相同速率区间而言，速率在含有 v_p 的那个区间内的分子数占总分子数的百分比最大。它表征了气体分子按照速率分布的特征。在讨论不同温度气体或者分子质量不同的气体的速率分布时，常用到最概然速率。

【例 8-4】 图 8-4 中 I、II 两条曲线是两种不同气体（氦气和氯化氢气体）在同一温度下的麦克斯韦分子速率分布曲线，试由图中数据求出：

（1）氦气和氯化氢气体分子的最概然速率；

（2）气体的温度。

【分析】 由 $v_p = \sqrt{2RT/M}$ 可知，在相同温度下摩尔质量较大的气体，其最概然速率较小。由此可断定图 8-4 中曲线所标 $v_p = 1441\,\mathrm{m \cdot s^{-1}}$ 对应于氦气分子的最

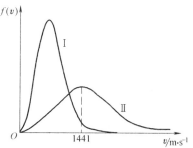

图 8-4　速率分布曲线

概然速率，根据氦气的摩尔质量可求出该曲线所对应的温度，氯化氢气体的最概然速率即可求得。考虑到 $M_{HCl} : M_{He} = 9 : 1$，求解更简单。

【解】 （1）氦气分子的最概然速率为

$$v_{p,He} = \sqrt{2RT/M_{He}} = 1441 \, m \cdot s^{-1}$$

氯化氢气分子的最概然速率

$$v_{p,HCl} = \sqrt{2RT/M_{HCl}} = v_{p,He}/3 = 480.3 \, m \cdot s^{-1}$$

（2）由 $v_p = \sqrt{2RT/M}$ 可得气体温度

$$T = v_{p,He}^2 \times M_{He}/2R = 500K$$

*8.5 玻耳兹曼分布律

由理想气体模型我们知道，对于理想气体系统而言，只考虑分子间的作用及分子与器壁间的碰撞，而不考虑分子力，也不考虑外场（如重力场）对分子的作用。所以理想气体分子只有动能，而没有势能，并且空间各处密度相同。而麦克斯韦速率分布律适用于气体分子不受外力作用或者外力场可以忽略不计时，处于热平衡态下的气体系统。

玻耳兹曼更进一步把速率分布律推广到气体分子在任意力场中运动的情形。玻耳兹曼认为，当分子在保守场中运动时，总能量不仅包含动能，还应该包含势能，即指数项中还应含有势能。一般而言，势能是位置的函数，这样分子在空间位置的分布将不再是均匀的。因此粒子的分布不仅与速度有关，而且还与粒子位置的分布有关。玻耳兹曼结合概率理论，导出下述公式：

$$dN' = n_0 \left(\frac{m}{2\pi kT} \right)^{3/2} e^{-\frac{(E_p + E_k)}{kT}} dv_x dv_y dv_z dx dy dz \tag{8-10}$$

式中，dN' 为气体处于平衡态时，在一定温度下，处在速度分量间隔 $(v_x - v_x + dv_x, \, v_y - v_y + dv_y, \, v_z - v_z + dv_z)$ 和坐标间隔 $(x - x + dx, \, y - y + dy, \, z - z + dz)$ 内的气体分子数；n_0 为 $E_p = 0$ 处的分子数密度。这个公式被称为**玻耳兹曼分布律**。

玻耳兹曼分布律表明，在上述间隔内的这些分子，总能量基本上都是 $E_k + E_p$，其总数 dN' 正比于概率因子 $e^{-E/kT}$，同时也正比于 $dv_x dv_y dv_z dx dy dz$。概率因子是决定分布分子数 dN' 多少的重要因素。进一步研究发现，当热力学温度 T 一定时，因分子的平均平动动能是一定的，因此，分子将优先占据能量较低的状态。

玻耳兹曼分布描述的是理想气体在保守外力作用或保守外力场的作用不可忽略时，处于热平衡态下的气体分子按能量的分布规律，它是一个重要的规律，适用于分子、原子、布朗粒子组成的系统，但不适用于电子、光子组成的系统。

8.6 分子的平均碰撞次数和平均自由程

空气的主要成分是氮气，这是大家都熟知的，由气体分子的平均速率公式可以计算出在 300K 时，空气中的氮气分子平均速率为 $476 \, m \cdot s^{-1}$，那么空气中的扩散运动应该进行得很快。举个例子，在 10m 远的地方打开一瓶酒精，我们应该在极短的时间内闻到"酒"的味道。但众多物理实验结果表明，空气中的扩散运动要远比理论上进行得慢。在早期，这让众多物理学家感到困惑，后来克劳修斯解决了这个矛盾。

常温下，空气中单位体积内气体分子数高达 10^{23} 到 10^{25} 个（这里只考虑数量级），如果一个气体分子高速在空气中运动，那么必然要与其他的气体分子进行频繁的碰撞，并且每碰撞一次，都要改变分子的运动方向（见图 8-5），使分子运动变得相当复杂。很显然，在任意两次连续碰撞中，该分子所经过的自由路程的长短不相同，所需要的时间也不相同。单位时间内，一个分子与其他分子碰撞的平均次数称为分子的**平均碰撞频率**或**平均碰撞次数**，用 $\bar{Z}$ 表示。而每两次连续碰撞间一个分子自由运动的平均路程称为分子的**平均自由程**，用 $\bar{\lambda}$ 表示。这两个量的大小反映了分子之间碰撞的频繁程度。

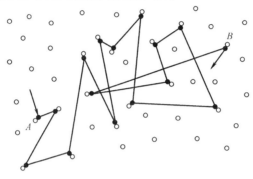

图 8-5 分子的无规则运动

下面我们给出计算平均碰撞频率和平均自由程的公式，相关推导过程省略。我们令 $\bar{v}$ 表示分子的平均速率 $\left(\bar{v} = \sqrt{\dfrac{8kT}{\pi m}}\right)$，$d$ 为分子的有效直径，n 为分子数密度，同时代入理想气体的状态方程 $p = nkT$，那么分子的平均碰撞次数为

$$\bar{Z} = \sqrt{2}\pi d^2 \bar{v} n = \frac{4\pi d^2 p}{\sqrt{\pi m kT}} \tag{8-11}$$

我们知道了分子的平均碰撞次数 $\bar{Z}$，单位时间内分子所走过平均路程为 $\bar{v}$，所以分子的平均自由程为

$$\bar{\lambda} = \frac{\bar{v}}{\bar{Z}} = \frac{1}{\sqrt{2}\pi d^2 n} = \frac{kT}{\sqrt{2}\pi d^2 p} \tag{8-12}$$

上述两式中的 πd^2，也称为碰撞截面。对上述两式讨论可知：

1）温度 T 一定时，$\bar{Z}$ 正比于 p，压强 p 越大，分子间的碰撞越频繁，即 $\bar{Z}$ 越大。

2）温度 T 一定时，$\bar{\lambda}$ 反比于 p，压强 p 越大，分子的平均自由程越小，即 $\bar{\lambda}$ 越小。

3）$\bar{\lambda}$ 反比于分子数密度 n，与 $\bar{v}$ 无关。

在气动理论中，我们从统计学的角度研究分子是如何运动的，更有价值的是与分子运动相关的物理量的平均值。平均自由程是气动理论中最有用的概念之一，借助于它，我们可以简单地解释许多热现象，从而可以减少对速率分布函数的依赖，降低对相关热现象定量解释的难度。

本章逻辑主线

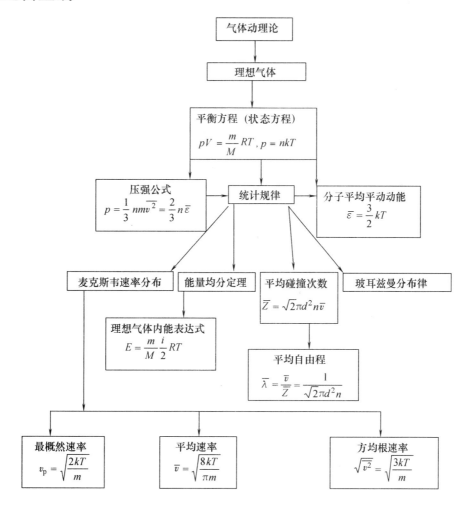

分子运动论与统计物理学

热物理学的微观理论是在分子动（力学）理论（简称分子动理论）基础上发展起来的。

早在 1738 年伯努利曾设想气体压强由分子碰撞器壁而产生。1744 年，俄罗斯科学家罗蒙诺索夫提出热是分子运动的表现，他把机械运动的守恒定律推广到分子运动的热现象中去。到了 19 世纪中叶，原子和分子学说逐渐取得实验支持，将哲学观念具体化发展成为物理学理论，热质说也逐渐被分子运动的观点所取代，在这一过程中统计物理学开始萌芽。1857 年，克劳修斯首先导出气体压强公式。1859 年，英国物理学家麦克斯韦导出速度分布律，由此可得到能量均分定理，以上就是分子动理论的平衡态理论。后来，玻耳兹曼提出了熵的统计解释及 H 定理；1902 年，美国物理学家吉布斯（Gibbs，1839—1903）在其名著《统计力学的基本原理》中，建立了平衡态统计物理体系，称为吉布斯统计（后来知道，这个体系不仅适用于经典力学系统，甚至更自然地适用于服从量子力学的微观粒子，与此相适应建立起来的统计力学称为量子统计）；此外还有非平衡态统计物理学。上述三方面的内容，都是在分子动理论基础上发展起来的。

分子动理论方法的主要特点是：它考虑到分子与分子之间、分子与器壁间频繁的碰撞，考虑到分子间有相互作用力，利用力学定律和概率论来讨论分子的运动（即分子碰撞的详情）。它的最终及最高目标是描述气体由非平衡态转入平衡态的过程。而后者是热力学不可逆过程。热力学对不可逆过程所能叙述的仅是孤立体系熵的增加，而分子动理论则企图能进而叙述非平衡态气体的演变过程，诸如：①分子由容器上的小孔溢出所产生的泻流；②动量较高的分子越过某平面与动量较低的分子混合所产生的与黏性有关的分子运动过程；③动能较大的分子越过某平面与动能较小的分子混合所产生的与热传导有关的过程；④一种分子越过某平面与其他种分子混合的扩散过程；⑤液体中悬浮的微粒受到从各方向来的分子的不均等冲击力，使微粒作杂乱无章的布朗运动；⑥两种或两种以上的分子间以一定的时间变化率进行的化学结合，称为化学反应动力学。

从广义上来说，统计物理学是从对物质微观结构和相互作用的认识出发，采用概率统计的方法来说明或预言由大量粒子组成的宏观物体的物理性质。按照这种观点，分子动理论也应归属于统计物理学范畴。但统计物理学的狭义理解仅指玻耳兹曼统计与吉布斯统计，它们都是平衡态理论，至于分子动理论，则仍像历史发展中那样把它看作一个独立的分支理论。在这样的划分下，热物理学的微观理论应由分子动理论、统计物理学与非平衡统计三部分组成。统计物理学与分子动理论都可认为是一种基本理论，它们都做了一些假设（例如分子微观模型的假设），其结论都应接受实验的检验，故其普遍性不如热力学。气体分子动理论在处理复杂的非平衡态系统时，都要加上一些近似假设。由于微观模型的细致程度不同，理论近似程度也就不同，对于同一问题可给出不同理论深度的解释。微观模型考虑得越细致、越接近真实，数学处理也就越复杂。对于初学者来说，重点应掌握基本物理概念、处理问题的物理思想及基本物理方法，熟悉物理学理论的重要基础——基本实验事实。在某些问题（特别是一些非平衡态问题）中可暂不去追求理论的十分严密与结果的十分精确。因为相当简单的例子中常常包含基本物理方法中的精华，它常常能解决概念上的困难并能指出新的计算步骤及近似方法。这一忠告对初学分子动理论的学生很有指导意义。

思 考 题

8.1　气体在平衡状态时有何特征？平衡态与稳定态有什么不同？气体的平衡态与力学中所指的平衡有什么不同？

8.2　一金属杆一端置于沸水中，另一端和冰接触，当沸水和冰的温度维持不变时，则金属杆上各点的温度将不随时间而变化。试问金属杆这时是否处于平衡态？为什么？

8.3　温度概念的适用条件是什么？温度的微观本质是什么？

8.4　下列各式的物理意义是什么？

(1) $\dfrac{3}{2}kT$；(2) $\dfrac{3}{2}RT$；(3) $\dfrac{i}{2}RT$；(4) $\dfrac{i}{2}kT$；(5) $\displaystyle\int_0^\infty f(v)\,\mathrm{d}v$；(6) $\displaystyle\int_0^\infty vf(v)\,\mathrm{d}v$；(7) $\displaystyle\int_0^\infty v^2 f(v)\,\mathrm{d}v$。

8.5　橡皮艇浸入水中一定的深度，到夜晚大气压强不变，温度降低了，问艇浸入水中的深度将怎样变化？

8.6　一年四季大气压强一般差别不大，为什么在冬天空气的密度比较大？

8.7　对一定量的气体来说，当温度不变时，气体的压强随体积的减小而增大；当体积不变时，压强随温度的升高而增大。从宏观来看，这两种变化同样使压强增大；从微观来看，它们是否有区别？

8.8　容器内有质量为 m、摩尔质量为 M 的理想气体，设容器以速度 v 作定向运动，今使容器突然停止，问：

（1）气体的定向运动机械能转化为什么形式的能量？

（2）对于单原子分子和双原子分子气体，气体分子速度平方的平均值各增加多少？

（3）如果容器再从静止加速到原来速度 v，那么容器内理想气体的温度是否还会改变？为什么？

8.9　一容器中装着一定量的某种气体，试分别讨论下面三种状态：

（1）容器内各部分压强相等，这状态是否一定是平衡状态？

（2）各部分的温度相等，这状态是否一定是平衡态？

（3）各部分压强相等，并且各部分密度也相同，这状态是否一定是平衡态？

8.10　怎样理解一个分子的平均平动动能 $\bar{\varepsilon} = \dfrac{3}{2}kT$？如果容器内仅有一个分子，能否根据此式计算它的动能？

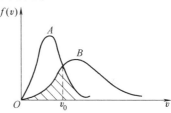

8.11　氦气、氧气分子数均为 N，$T_{O_2} = 2T_{He}$，速率分布曲线如图 8-6 所示，求：

（1）哪条是氦气的速率分布曲线？

（2）$\dfrac{v_{p,O_2}}{v_{p,He}}$。

图 8-6　速率分布曲线

<h1 style="text-align:center">习　　题</h1>

一、填空题

8.1　建立一种经验温标，需要＿＿＿＿＿＿＿＿、＿＿＿＿＿＿＿＿、＿＿＿＿＿＿＿＿，统称为温标的三要素。

8.2　在理想气体所经历的准静态过程中，若状态方程的微分形式是 $pdV = \nu RdT$，则必然是＿＿＿＿＿＿＿＿过程。

8.3　有时候热水瓶的塞子会自动跳出来，其原因是＿＿＿＿＿＿＿＿＿＿＿＿＿＿＿＿＿＿＿。

8.4　两种理想气体的温度相同，物质的量也相同，则它们的内能＿＿＿＿＿＿＿＿。

8.5　氮气为刚性分子组成的理想气体，其分子的平动自由度数为＿＿＿＿＿＿＿；转动自由度数为＿＿＿＿＿＿＿；分子内原子间的振动自由度数为＿＿＿＿＿＿＿。

8.6　图 8-7 所示为麦克斯韦速率分布曲线，其中斜线划出的曲边梯形面积的物理意义是＿＿＿＿＿＿＿＿＿＿＿＿＿＿＿＿＿＿＿＿＿＿＿＿＿＿。

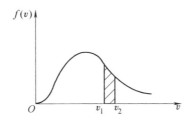

图 8-7　麦克斯韦速率分布曲线

二、选择题

8.7 如图 8-8 所示，把一个长方形容器用一隔板分开为容积相等的两部分，一边装二氧化碳，另一边装氢气，两边气体的质量相同，温度也相同，隔板与器壁之间无摩擦，那么隔板将会（　　）。

（A）向右移动；　　　　　（B）向左移动；

（C）保持不动；　　　　　（D）无法判断。

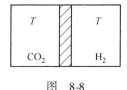

图 8-8

8.8 气体处于平衡态时，按统计规律可得（　　）。

（A）$\overline{v_x^2} = \overline{v_y^2} = \overline{v_z^2}$；　　　　（B）$\overline{v_x} = \overline{v_y} = \overline{v_z}$；

（C）$\overline{v} = 0$；　　　　　　（D）$\overline{v} = \sqrt{\dfrac{8kT}{m\pi}}$。

8.9 气体处于平衡态时，下列说法不正确的是（　　）。

（A）气体分子的平均速度为零；　　（B）气体分子的平均动量为零；

（C）气体分子的平均动能不为零；　　（D）气体分子的平均速度为 $\sqrt{\dfrac{8kT}{m\pi}}$。

8.10 若气体分子速率分布曲线如图 8-9 所示，图中 A、B 两部分面积相等，则 v_0 表示（　　）。

（A）最概然速率；　　　　　（B）方均根速率；

（C）平均速率；　　　　　　（D）速率大于和小于 v_0 的分子数各占一半。

8.11 某理想气体状态变化时，内能随压强的变化关系如图 8-10 中的直线 AB 所示，则 A 到 B 的变化过程一定是（　　）。

（A）等压过程；　　　　　（B）等容过程；

（C）等温过程；　　　　　（D）绝热过程。

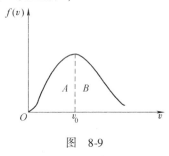

图 8-9

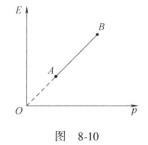

图 8-10

三、计算题

8.12 如图 8-11 所示，两容器的体积相同，装有相同质量的氮气和氧气。用一内壁光滑的水平细玻璃管相通，管的正中间有一小滴水银。要保持水银滴在管的正中间，并维持氧气温度比氮气温度高 30℃，则氮气的温度应是多少？

8.13 水蒸气分解为同温度的氢气和氧气，即 $H_2O \rightarrow H_2 + 0.5O_2$，内能增加了多少？

8.14 已知某种理想气体，其分子方均根速率为 $400\text{m} \cdot \text{s}^{-1}$，当其压强为 1atm 时，求气体的密度。

图 8-11

8.15　容器的体积为 $2V_0$，绝热板 C 将其隔为体积相等的 A、B 两个部分，A 内储有 1mol 单原子分子理想气体，B 内储有 2mol 双原子理想气体，A、B 两部分的压强均为 p_0。

（1）求 A、B 两部分气体各自的内能；

（2）现抽出绝热板 C，求两种气体混合后达到平衡时的压强和温度。

8.16　大量粒子（$N_0 = 7.2 \times 10^{10}$）的速率分布函数曲线如图 8-12 所示，试问：

（1）速率小于 $30\mathrm{m \cdot s^{-1}}$ 的分子数约为多少？

（2）速率处在 $99\mathrm{m \cdot s^{-1}}$ 到 $101\mathrm{m \cdot s^{-1}}$ 之间的分子数约为多少？

（3）所有 N_0 个粒子的平均速率为多少？

（4）速率大于 $60\mathrm{m \cdot s^{-1}}$ 的那些分子的平均速率为多少？

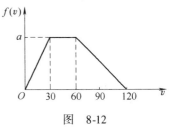

图　8-12

*8.17　试将质量为 m 的单原子分子理想气体的速率分布函数 $f(v) = 4\pi \left(\dfrac{m}{2\pi kT} \right)^{\frac{3}{2}} \mathrm{e}^{-\frac{mv^2}{2kT}} v^2$ 改写成按动能 $\varepsilon = \dfrac{1}{2}mv^2$ 分布的函数形式 $f(\varepsilon)\mathrm{d}\varepsilon$，然后求出平均动能。

第 9 章 热 力 学

热力学是研究物质热现象与热运动规律的一门学科，它的观点和采用的研究方法与物质分子运动论中的观点和方法很不相同。在热力学中，不考虑物质的微观结构和过程，而是以观测和实验事实作为依据，从能量观点出发，分析研究热力学系统状态变化中有关热功转换的关系与条件。热力学第一定律和热力学第二定律是热力学的理论基础。热力学第一定律实质上是包含热现象在内的能量转化与守恒定律。热力学第二定律则是指明过程进行的方向与条件的另外一条基本定律。热力学研究物质的宏观特性，结合气体动理论的分析，才能了解其本质；而气体动理论，经过热力学的研究得到验证。二者互为补充，从微观和宏观这两个层面对热现象给予充分的说明。

9.1 热力学第一定律

9.1.1 内能 功和热量

在气体动理论部分，我们得出了理想气体的内能仅是温度的单值函数这一结论，也就是说对于给定的理想气体系统，温度确定，那么内能也就是确定的。在压强不大的情况下，实际气体的内能也可近似看作温度的单值函数。在实际气体压强较大的时候，由于分子之间的相互作用不可忽视，所以此时气体的内能还应该包括分子间的势能，它与气体系统的体积密切相关。还要注意的是，确定的系统内能所对应的状态并不唯一。

无数事实证明，一个热力学系统状态的变化，一种是外界对系统做功，另一种是外界向系统传递热量，还有一种是两者兼施并用完成的。譬如说一杯水，可以通过加热，用热传递的方法，使它的温度发生变化；还可以通过搅拌的方法改变它的温度。两者虽然方法不同，但是效果却是相同的。所以可以说，做功和热传递是等效的，二者均可作为内能变化的量度。在国际单位制中，它们的单位都是 J（焦耳）。

重视二者在改变内能上等效性的同时，它们本质上的差异也不可忽视。"做功"是通过宏观的有规则运动（如机械运动）来完成能量交换的，而"热传递"则是通过分子的无规则运动来完成能量交换的。做功（宏观运动）的作用把物体的有规则运动转换为系统内分子的无规则运动。而热传递（微观运动）则是使系统外物体的分子无规则运动与系统内分子的无规则运动互相转换。二者只有在过程发生时才有意义，因此，它们都是过程量。

大量实验证明，系统状态发生变化时，只要初、末状态确定，外界对系统所做的功和向系统所传递的热量的和是恒定不变的。由于做功和热传递都可以使系统的状态发生变化，同时二者又是能量转化的量度，所以热力学系统在一定状态下，应该具有一定的能量，称之为热力学系统的**内能**。内能是系统状态的单值函数，它的改变仅决定于系统的始、末状态。

9.1.2 准静态过程

在热力学中，通常将研究对象（即由大量微观粒子组成的宏观物体）称为热力学系统，简称为系统。如果系统在外界影响下，由某一平衡态开始进行变化，那么原来的平衡态被破坏，经过一段时间后新的平衡建立。系统从一个平衡态过渡到另一个平衡态所经过的变化历程就是一个热力学过程。状态变化过程中的任一时刻并非平衡态，但是为了能利用平衡态的性质研究热力学过程，需引入准静态过程的概念。

一个热力学过程，从某一平衡态开始，经过一系列变化到达另外一个平衡态，如果任一中间状态都可以近似看作平衡态，则这样的热力学过程叫作准静态过程。如果中间状态为非平衡态，这样的过程为非准静态过程。

严格说来，准静态过程是无限缓慢的状态变化过程，它是实际过程的近似，是一种理想的物理模型。虽然准静态过程是不可能达到的理想过程，但我们可以尽量向它趋近。对于研究的实际过程，只要过程中的状态变化足够缓慢即可，这样的过程就可看作是准静态过程。而缓慢是否足够的标准是弛豫时间。

处于平衡态的系统受到外界的瞬时微小扰动后，若取消扰动，系统将恢复到原来的平衡态，系统所经历的这一段时间称为弛豫时间。相应的这类过程称之为弛豫过程。利用弛豫时间可以把准静态过程需要"进行得足够缓慢"这一条件解释得更清楚。例如，对于活塞压缩气缸中的气体这一过程，若活塞改变气体的任一微量体积所需的时间 Δt 与弛豫时间 τ 比较而满足 $\Delta t \geqslant \tau$ 的条件，就能保证（在宏观上认为）体积连续改变的过程中的任一中间状态，系统总能十分接近（或无限接近）热力学平衡，我们称之已经满足热力学平衡条件。

准静态过程在热力学理论研究和对实际应用的指导上有着非常重要的意义。在本章的学习中，如无特殊情况，所讨论的热力学过程都视为准静态过程。

9.1.3 准静态过程的功

在热力学中，准静态过程的功，尤其是当系统体积变化时压力所做的功具有非常重要的意义。

下面我们来研究封闭在带有活塞的气缸中的气体在准静态膨胀过程所做的功。如图 9-1 所示，当面积为 S 的活塞缓慢向前推进一微小距离 $\mathrm{d}l$ 时，系统经历了一个无限小状态变化的过程，在这个过程中系统的体积增加了一微小量 $\mathrm{d}V$，我们可以认为系统经历一无限小的状态变化前后压强不变，那么系统对外界做的功可表示为

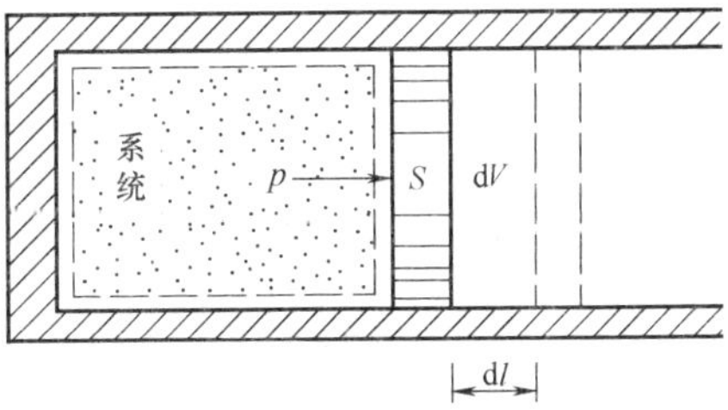

图9-1 气体在准静态膨胀过程所做的功

$$\mathrm{d}A = p\mathrm{d}V \tag{9-1}$$

它表示系统体积在发生无限小变化过程中所做的元功。由上式可以看出，它只与系统的状态参量 p 和 V 有关。

一般来说，在准静态的热力学过程中，如果体积发生变化，压强不是恒定不变的。在一个准静态的有限过程中，系统的体积从 V_1 变化到 V_2，要想计算系统对外做的功 A，必须知道系统的压强和体积的函数关系。物理上整个准静态的膨胀过程可以分成无数个微小的状态

变化过程，每一个微小的状态变化过程中系统做的功都可以用式（9-1）表示，这样当系统的体积由 V_1 变化到 V_2 的有限过程中对外所做的总功为

$$A = \int_{V_1}^{V_2} p \mathrm{d}V \tag{9-2}$$

对任一系统，只要做功是通过系统的体积变化实现的，而且整个热力学过程是准静态的，那么有限过程的总功就可以用式（9-2）表示。

需要注意的是，在 $p\text{-}V$ 图上，功的几何意义就是过程曲线与 V 轴所围成的面积。而且对于给定的始末状态，不同过程对应不同的过程曲线，也就对应着不同的面积。因为系统对外做功有正、负，所以过程曲线与 V 轴所围成的面积也有正、负。

9.1.4 热力学第一定律

内能是个态函数，这里的"态"指的是热平衡态。热平衡态由一些宏观的状态参量（如温度、压强、体积）来描述。所谓态函数，就是那些物理量的数值由系统的状态唯一地确定，而与系统如何达到这个状态的过程无关的函数。

一般情况下，当系统状态变化时，做功与热传递往往是同时存在的。假设有一个热力学系统，经过一个热力学过程，系统的内能从初始平衡态的 E_1 改变到内能为 E_2 的末平衡态，同时系统对外做功为 A，那么不论过程如何总有

$$Q = E_2 - E_1 + A \tag{9-3}$$

式（9-3）就是热力学第一定律的数学表达式。在国际单位制中，式（9-3）中各量的单位都是 J。对于一个热力学过程，系统可能放热也可能吸热，可能对外做正功也可能对外做负功（暂不考虑其他情况）。为了便于计算，我们做出如下的规定：系统从外界吸收热量时，Q 为正值，反之为负值；系统对外界做正功时，A 为正值，反之为负值。这样上式的意义就可以进一步明确，即外界对系统传递的热量，一部分使系统的内能增加，另一部分用于系统对外做功。如果系统经历一微小的状态变化过程，热力学第一定律还可以写成如下形式：

$$\mathrm{d}Q = \mathrm{d}E + \mathrm{d}A \tag{9-4}$$

式（9-3）和式（9-4）对准静态过程普遍成立；对非准静态过程，则仅当初态和末态为平衡态时才适用。显然，经简单分析，可以看出热力学第一定律本质上是包括热现象在内的能量转化与守恒定律，适用于任何系统的任何过程。

历史上，在热力学第一定律建立以前，人们曾企图制造这样一种机器，可以不停地对外做功，却不需要任何动力和燃料，最终工作物质的内能也不改变。这种机器被人们称为第一类永动机。然而，所有人的尝试都失败了，至少到目前为止是这样。因为他们违背了热力学第一定律，或者说他们违背了能量转化与守恒定律。因此，热力学第一定律又可表述为：制造第一类永动机是不可能的。

9.2 热力学第一定律在理想气体等值过程中的应用

热力学第一定律确定了系统在状态变化过程中被传递的热量、功和内能之间的相互关系，不论是气体、液体或固体的系统都适用。

理想气体是热力学里最简单的模型，因为它有状态方程 $pV = \nu RT$ 与内能和体积无关的

简单性质。理想气体也是热力学中最重要的模型，因为它的所有热力学性质都可以具体推导出来。有了这样具体的一个例子，对于我们理解和思考热学的一般问题大有帮助。在本节中我们将把热力学第一定律运用到理想气体这个模型上，推导出各种热力学过程中状态参量、功、热量、内能之间的关系。

9.2.1 等体过程

理想气体的等体过程的特征是系统的体积保持不变，在整个热力学过程中 V 为恒量，$dV = 0$。

设封闭气缸内有一定质量的理想气体，为确保气体的体积在热力学过程中不变，我们将活塞固定，让气缸与一系列有微小温差的恒温热源接触。这样气缸中的理想气体将经历一个升温过程，这样的过程是一个准静态的等体过程。

等体过程中 $dV = 0$，所以 $dA = 0$。根据热力学第一定律，我们知道理想气体系统吸收的热量完全用于内能的增加了，用数学语言描述就是 $dQ = dE$。

9.2.2 等压过程

理想气体等压过程的特征是系统的压强保持不变，在整个热力学过程中 p 为恒量，$dp = 0$。

设想气缸连续地与一系列有微小温度差的恒温热源相接触，同时活塞上所加的外力保持不变。这样不断地接触，将有微小的热量不断地传给气体系统，气体系统温度不断升高、压强增大，导致气体体积不断地膨胀并推动活塞对外界做功后，压强又开始降低，从而保证系统内外的压强相同。这一过程是一个准静态的等压过程。

我们分析等压过程发现，等压过程压强为常数，任取一微小的变化过程，气体所做的功为 $dA = pSdl = pdV$，其中 dV 是气体体积的微小增量，S 为活塞的面积。当气体体积由 V_1 增大到 V_2 时，系统对外界做的总功

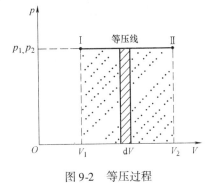

图 9-2 等压过程

$$A = \int_{V_1}^{V_2} pdV = p(V_2 - V_1) \tag{9-5}$$

由此可知图 9-2 中实线、虚线与 V 轴围的面积代表气体对外做的功。结合理想气体的状态方程，可将上式改写成

$$A = \frac{m}{M}R(T_2 - T_1) \tag{9-6}$$

根据热力学第一定律我们知道，在整个等压过程中，系统吸收的热量

$$Q = \Delta E + \frac{m}{M}R(T_2 - T_1) \tag{9-7}$$

也就是说，等压过程中吸收的热量一部分用来增加系统的内能，另外一部分用来对外做功。

9.2.3 等温过程

理想气体等温过程的特征是系统的温度保持不变，即 $dT=0$。由于理想气体的内能仅取决于温度，所以等温过程中理想气体的内能保持不变，即 $dE=0$。

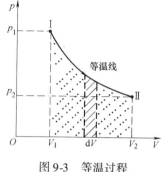

图 9-3　等温过程

设想一气缸，其缸壁是绝对不导热的，而底部则是绝对导热的。气缸底部与一恒温热源接触。当作用于活塞上的外界压强无限缓慢地降低时，随着理想气体的膨胀，气体对外做功，系统温度相应地微微下降。然而，由于气体与恒温热源接触，就有微量的热量传给气体，使气体的温度维持原值不变。这一过程是一个准静态的等温过程。

如图 9-3 所示，分析等温过程，结合理想气体状态方程可知，$pV=$ 常数，那么 $p_1 V_1 = p_2 V_2$，系统对外做功

$$A = \int_{V_1}^{V_2} p \, dV = \int_{V_1}^{V_2} \frac{p_1 V_1}{V} dV = p_1 V_1 \ln \frac{p_1}{p_2} \tag{9-8}$$

结合理想气体的状态方程，式（9-8）可改写成

$$A = \frac{m}{M} RT \ln \frac{p_1}{p_2} \tag{9-9}$$

根据热力学第一定律，$Q=A$，同时结合上式，我们知道，在等温过程中理想气体吸收的热量全部都用来对外界做功了，可以认为整个等温过程中，理想气体系统的内能不变。

9.3 理想气体的热容　绝热过程

9.3.1 热容　摩尔热容

大量的事实表明，不同物体在不同过程中温度升高 1K 所吸收的热量一般并不相同。为了表明物体在一定过程中的这种特点，物理学中引入了热容这个概念。

热容的定义是：**当一热力学系统由于吸收一微小热量 dQ 而温度的增量为 dT 时，dQ/dT 这个量即为该系统在此过程中的热容**，通常用符号 C 表示。即

$$C = \frac{dQ}{dT} \tag{9-10}$$

一般来说，只有确定了变化过程，热容才是确定的。

显然，热容的定义与系统物质的量有关。在研究热力学系统时，为了表明一定量物质在一定过程中温度变化时吸热或放热的特点，通常还要引入摩尔热容。

摩尔热容定义：**1mol 物质的热容称为摩尔热容**，即

$$C_m = C/\nu \tag{9-11}$$

式中，ν 为物质的量。

因为热量是一个与过程有关的量，毫无疑问，热容也与过程有关。对于理想气体系统而言，等体过程中的摩尔热容和等压过程中的摩尔热容是最常用而又非常重要的两个量。对于

固体和液体，这两种热容相差很小，可以认为二者数值相同。

9.3.2 理想气体的摩尔热容

1. 理想气体的摩尔定容热容

理想气体在等体过程中 $dV = 0$，所以 $dA = 0$，根据热力学第一定律，我们知道 $dQ = dE$，对于有限过程，$Q = \Delta E$。所以摩尔定容热容

$$C_{V,m} = \frac{1}{\nu}(dE/dT)$$

理想气体内能为 $E = \frac{i}{2}\nu RT$，代入上式，最后得到理想气体的摩尔定容热容

$$C_{V,m} = \frac{i}{2}R \qquad (9\text{-}12)$$

由此可见，理想气体的摩尔定容热容只与分子的自由度有关。其中 R 为摩尔气体常数。

在这里需要特别指出的是，因为理想气体的内能只与状态参量 T 有关，所以对于确定的理想气体系统，无论其经历什么样的热力学过程，只要温度增量相同，那么系统内能的增量也一定相同。

2. 理想气体的摩尔定压热容

理想气体在等压过程中 $dp = 0$，在任一微小状态变化过程中，气体对外做功

$$dA = pdV$$

由热力学第一定律我们知道

$$dQ = dE + pdV$$

由热容的定义式（9-10），得到理想气体的摩尔定压热容

$$C_{p,m} = \frac{1}{\nu}\left(\frac{dE}{dT} + \frac{pdV}{dT}\right)$$

其中，$C_{V,m} = \frac{1}{\nu}\left(\frac{dE}{dT}\right)$，$\frac{pdV}{dT} = \nu R$，进一步化简得

$$C_{p,m} = C_{V,m} + R \qquad (9\text{-}13)$$

式（9-13）被称为**迈耶公式**。它的物理意义是，1mol 的理想气体温度升高 1K 时，在等压过程中比在等体过程中要多吸收 R（$=8.31J$）的热量，等压过程中多吸收的热量用来对外做功了。因为 $C_{V,m} = \frac{i}{2}R$，所以进一步计算，可发现 $C_{p,m} = \frac{i+2}{2}R$，也就是说摩尔热容比

$$\gamma = \frac{C_{p,m}}{C_{V,m}} = \frac{i+2}{i} \qquad (9\text{-}14)$$

由式（9-14）可以得知，理想气体的摩尔热容比只与相应的气体分子的自由度有关，而与气体的温度无关。

大量的实验表明，经典的热容理论只能近似地反映客观事实。对于分子结构较为复杂的气体，即三原子以上的气体，经典热容理论给出的 $C_{V,m}$、$C_{p,m}$、γ 相关数据和实验值有明显的差别。同时，实验还表明，热容与温度也有关系。因此，上述理论只是近似的理论。只有用量子理论才能更好地解决热容的问题。

表9.1 给出了几种气体摩尔热容的实验数据。

表9.1 气体摩尔热容的实验数据

原子数	气体的种类	$C_{p,\mathrm{m}}/\mathrm{J}\cdot\mathrm{mol}^{-1}\cdot\mathrm{K}^{-1}$	$C_{V,\mathrm{m}}/\mathrm{J}\cdot\mathrm{mol}^{-1}\cdot\mathrm{K}^{-1}$	$C_{p,\mathrm{m}}-C_{V,\mathrm{m}}/$ $\mathrm{J}\cdot\mathrm{mol}^{-1}\cdot\mathrm{K}^{-1}$	$\gamma=\dfrac{C_{p,\mathrm{m}}}{C_{V,\mathrm{m}}}$
单原子	氦	20.9	12.5	8.4	1.67
	氩	21.2	12.5	8.7	1.65
双原子	氢	28.8	20.4	8.4	1.41
	氮	28.6	20.4	8.2	1.41
多原子	水蒸气	36.2	27.8	8.4	1.31
	甲烷	35.6	27.2	8.4	1.30

9.3.3 绝热过程

在不与外界做热量交换的条件下，系统的状态变化过程叫作绝热过程。除了在良好绝热材料包围的系统内发生的过程是绝热过程外，通常把一些进行得较快（仍可以看作是准静态的）而来不及与外界交换热量的过程也近似看作是绝热过程。

对理想气体系统的绝热压缩（或绝热膨胀）过程进行简单分析，不难发现绝热过程的三个状态参量压强、体积、温度都在变化。下面，我们讨论在绝热的准静态过程中 p、V、T 三个状态参量之间的相互关系。

在绝热过程中，因为 $\mathrm{d}Q=0$，所以由热力学第一定律可以知道

$$\mathrm{d}A = -\mathrm{d}E = -\nu C_{V,\mathrm{m}}\mathrm{d}T \qquad (9\text{-}15)$$

由上式不难发现，在绝热的准静态过程中，系统所做的功完全来自内能的变化。考虑系统无限小的状态变化过程，对理想气体的状态方程 $pV=\nu RT$ 微分，可以得到

$$p\mathrm{d}V + V\mathrm{d}p = \nu R\mathrm{d}T \qquad (9\text{-}16)$$

将上述两个方程联立并消去 $\mathrm{d}T$，并考虑 $\mathrm{d}A=p\mathrm{d}V$ 得

$$(C_{V,\mathrm{m}}+R)p\mathrm{d}V = -C_{V,\mathrm{m}}V\mathrm{d}p$$

因 $C_{p,\mathrm{m}}=C_{V,\mathrm{m}}+R$，$\gamma=C_{p,\mathrm{m}}/C_{V,\mathrm{m}}$，所以有

$$\frac{\mathrm{d}p}{p} + \gamma\frac{\mathrm{d}V}{V} = 0 \qquad (9\text{-}17)$$

将上式两边积分，则有

$$pV^{\gamma} = 常量 \qquad (9\text{-}18)$$

利用理想气体的状态方程，可将式（9-18）变换到其他状态参量之间的关系，下面我们仅给出结论（希望同学们能够自己推导出来）：

$$TV^{\gamma-1} = 常量 \qquad (9\text{-}19)$$

$$\frac{p^{\gamma-1}}{T^{\gamma}} = 常量 \qquad (9\text{-}20)$$

式（9-18）~式（9-20）三式组成理想气体的全套的绝热过程方程。这样我们就可以计算准静态绝热过程的功了。下面举一个例子，来看看这套绝热过程方程的应用。

【例9-1】 设有 8g 氧气，体积为 $0.41\times10^{-3}\mathrm{m}^3$，温度为 300K。如果氧气做绝热膨胀，膨胀后的体积为 $4.10\times10^{-3}\mathrm{m}^3$，问气体做功多少？如果氧气做等温膨胀，膨胀后的体积也

是 $4.10 \times 10^{-3} \mathrm{m}^3$，问这时气体做功多少？

【解】 绝热膨胀内能减少，用于对外做功；等温膨胀内能不变，吸热完全用于对外做功。

氧气的质量 $m = 0.008\mathrm{kg}$，摩尔质量 $M = 0.032\mathrm{kg} \cdot \mathrm{mol}^{-1}$。初始温度 $T_1 = 300\mathrm{K}$，令 T_2 为氧气绝热膨胀后的温度，则由热力学第一定律及绝热过程的特点 $\mathrm{d}Q = 0$，可以得到

$$A = -\frac{m}{M}C_{V,\mathrm{m}}(T_2 - T_1)$$

由绝热方程中 T 与 V 的关系式可得

$$T_2 = T_1 \left(\frac{V_1}{V_2}\right)^{\gamma-1}$$

将相关常量代入上式，可得

$$T_2 = 119\mathrm{K}$$

又因为氧气是双原子分子，$i = 5$，$C_{V,\mathrm{m}} = 20.8\mathrm{J} \cdot \mathrm{mol}^{-1} \cdot \mathrm{K}^{-1}$，于是绝热膨胀过程中气体做功

$$A = -\frac{m}{M}C_{V,\mathrm{m}}(T_2 - T_1) = 941\mathrm{J}$$

如果氧气做等温膨胀，气体所做的功

$$A = \frac{m}{M}RT_1 \ln \frac{V_2}{V_1} = 1.44 \times 10^3 \mathrm{J}$$

【例 9-2】 标准状态下的 $0.014\mathrm{kg}$ 氮气，分别经过：（1）等温过程、（2）绝热过程、（3）等压过程，压缩为原体积的一半。试计算在这些过程中气体内能的改变、传递的热量和外界对气体所做的功。（该氮气可看作理想气体）

【解】 理想气体经历等温过程、绝热过程、等压过程的功、热、内能的变化可直接利用相应的公式计算，在末态状态参量没直接给定的情况下，应运用理想气体状态方程或过程方程确定系统的状态参量的值。摩尔热容可直接用本章的有关结论。

（1）等温过程

理想气体内能仅是温度的函数，等温过程中温度不变，故

$$\Delta E = 0$$

外界对系统做的功等于系统对外界做功的负值，则

$$A_{外} = -A = -\int_{V_1}^{V_2} p\mathrm{d}V = -\frac{m}{M}RT\int_{V_1}^{V_2} \frac{\mathrm{d}V}{V} = -\frac{m}{M}RT\ln \frac{V_2}{V_1}$$

将数据代入，得

$$A_{外} = \left(-\frac{14}{28} \times 8.31 \times 273 \times \ln \frac{1}{2}\right)\mathrm{J} = 786\mathrm{J}$$

故

$$A = -786\mathrm{J}$$

根据热力学第一定律 $Q = \Delta E + A$ 有

$$Q = A = -786\mathrm{J}$$

表明在该过程中，系统放热。

（2）绝热过程

$$Q = 0$$

由绝热过程方程 $p_1V_1^\gamma = p_2V_2^\gamma$，得

$$p_2 = p_1\left(\frac{V_1}{V_2}\right)^\gamma = p_1\left(\frac{V_1}{\frac{1}{2}V_1}\right)^\gamma = 2^\gamma p_1$$

绝热过程外界做功

$$A_{外} = \frac{1}{\gamma-1}(p_2V_2 - p_1V_1) = \frac{1}{\gamma-1}\left(2^\gamma p_1 \times \frac{1}{2}V_1 - p_1V_1\right)$$

$$= \frac{1}{\gamma-1}p_1V_1(2^{\gamma-1}-1) = \frac{1}{\gamma-1}\frac{m}{M}RT_1(2^{\gamma-1}-1)$$

所以
$$A_{外} = \left[\frac{1}{1.40-1} \times \frac{14}{28} \times 8.31 \times 273 \times (2^{1.40-1}-1)\right]J = 906J$$

而
$$\Delta E = A_{外} = 906J$$

（3）等压过程

根据等压过程方程，有 $\frac{V_1}{T_1} = \frac{V_2}{T_2}$，则

$$T_2 = \frac{V_2}{V_1}T_1 = \frac{1}{2}T_1$$

而摩尔定压热容 $C_{p,m} = C_{V,m} + R = \frac{5}{2}R + R = \frac{7}{2}R$，则系统吸收的热量为

$$Q_p = \frac{m}{M}C_{p,m}(T_2 - T_1) = \frac{m}{M}C_{p,m}\left(-\frac{T_1}{2}\right) = -1985J$$

外界对系统做功

$$A_{外} = -A = -p_1(V_2 - V_1) = 567J$$

根据热力学第一定律，系统内能的变化为

$$\Delta E = Q_p - A = [-1985 - (-567)]J = -1418J$$

9.4 循环过程 卡诺循环

9.4.1 循环过程

一系统由某一平衡态出发，经过任意的一系列过程又回到原来的平衡态的整个变化过程，叫作循环过程，如图9-4所示。如果一个循环过程所经历的每个分过程都是准静态过程，那么这个循环过程就叫作准静态的循环过程。参与循环的物质系统叫作工作物质。工作物质在经历了一个循环后，将回到初始的平衡状态，那么工作物质的内能也不会改变。在 p-V图上，工作物质的循环过程用一条闭合的曲线来表示。

在生活实践中，往往要求利用工作物质连续不断地把热转换为功，对应的在 p-V 图上，循环是沿着顺时针方向进行，这样的装置我们称之为热机，相应的循环我们称之为正循环。理论上，工作物质（理想气体）的等温膨胀过程是最有利于热功转换的，但是只靠气体的

膨胀过程来做功的机器是不可能实现的，因为现实中气缸的尺寸是有限的，这就制约着气体的膨胀过程，使之不可能无限制地进行下去。显然，要想把热转换为功并且持续下去，只有利用上述的循环过程：工作物质膨胀对外做正功，然后再被压缩对外做负功，整个循环过程对外做净功。从能量的角度，可以明显分析出，一个完整循环过程，也就是能量从一种形式向另外一种形式转化的过程。

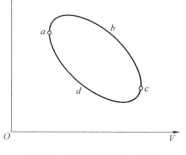

图 9-4　循环过程的 p-V 图

　　当然，如果想获得可以制造低温的装置——制冷机，同样可以利用工作物质的循环过程来实现。与热机不同的是，制冷机的循环过程恰好和热机相反。从理论上看，p-V 图上的循环过程是逆时针进行的，这个循环称为逆循环。

　　研究循环过程的意义就在于，它是制造热机和制冷机的理论基础之一。大家所熟知的冰箱、空调等电器的诞生与我们所要研究的循环理论密不可分。下面我们将以卡诺循环为例，简要地说明热机和制冷机工作的基本原理。

9.4.2　卡诺循环

　　卡诺循环是指在两个温度恒定的热源（一个为高温热源，一个为低温热源）之间工作的循环过程。在整个循环过程中，工作物质只和高温热源或低温热源交换能量，不考虑散热、漏气等因素的存在。卡诺循环是由准静态过程组成的，更确切地说，是由两个准静态的等温过程和两个准静态的绝热过程组成的。接下来，我们要研究的分别是完成卡诺正循环的卡诺热机和完成卡诺逆循环的卡诺制冷机。

1. 卡诺热机

　　我们要研究的是以理想气体为工作物质的、完成卡诺正循环的卡诺热机。在 p-V 图上，一个完整的卡诺循环是由两条等温线和两条绝热线组成的封闭曲线（见图 9-5）。在图 9-5 中，1、2、3、4 点对应的体积分别为 V_1、V_2、V_3、V_4，T_1 为高温热源，T_2 为低温热源。下面我们看一下循环过程的每个分过程。

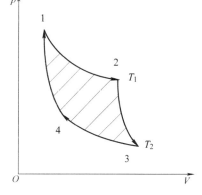

图 9-5　卡诺循环的 p-V 图

　　1→2：理想气体和温度为 T_1 的高温热源接触作准静态的等温膨胀，体积由 V_1 增大到 V_2，对外界做正功，气体从温度为 T_1 的高温热源吸热

$$Q_1 = \frac{m}{M}RT_1\ln\frac{V_2}{V_1} \tag{9-21}$$

　　3→4：理想气体和温度为 T_2 的低温热源接触作准静态的等温压缩，气体体积由 V_3 减小到 V_4，对外界做负功，气体向温度为 T_2 的低温热源放热

$$Q_2 = \frac{m}{M}RT_2\ln\frac{V_3}{V_4} \tag{9-22}$$

　　2→3：理想气体与高温热源分开，并且作准静态的绝热膨胀，气体的温度由 T_1 降低到 T_2，体积则由 V_2 增大到 V_3，该过程中无热量交换，但是气体对外做正功。该过程中有

$$\frac{V_2}{V_3} = \left(\frac{T_2}{T_1}\right)^{1/(\gamma-1)} \tag{9-23}$$

4→1：理想气体与低温热源分开，并且作准静态的绝热压缩，恢复到最初的状态 1，该过程中与外界无热量交换，气体对外界做负功，完成一次卡诺循环。该过程中有

$$\frac{V_1}{V_4} = \left(\frac{T_2}{T_1}\right)^{1/(\gamma-1)} \tag{9-24}$$

由式（9-23）、式（9-24），我们得到

$$\frac{V_2}{V_1} = \frac{V_3}{V_4} \tag{9-25}$$

至此，我们给出了卡诺热机循环过程的详尽分析。

2. 卡诺热机的效率

热机不可能把从高温热源吸收的热量全部转化为功，那么人们就必然关心燃料燃烧所产生的热中，或热机从高温热源吸收的热中，有多少能转化为功的问题。前者是总的热效率问题，后者是热机效率的问题。热机的效率 η 为

$$\eta = \frac{Q_1 - Q_2}{Q_1} \tag{9-26}$$

式中，Q_1 和 Q_2 分别是从高温热源吸收、向低温热源放出的热量，均取正值。

将式（9-21）、式（9-24）和式（9-25）代入式（9-26），那么卡诺热机的效率

$$\eta = \frac{Q_1 - Q_2}{Q_1} = 1 - \frac{T_2}{T_1} \tag{9-27}$$

综上所述，我们知道：

1）要完成一次卡诺循环必须要有高温和低温两个热源。

2）卡诺循环的效率只与两个热源的温度有关，高温热源的温度越高、低温热源的温度越低，卡诺循环的效率越大，从高温热源吸收的热量利用率就越高。

3）卡诺循环的效率总小于 1，不可能大于或等于 1。

卡诺循环的研究，在热力学史上是非常重要的，为热力学第二定律的确立打下了基础。

3. 卡诺制冷机、卡诺制冷机的制冷系数

鉴于热机和制冷机两个工作原理上的相似性，有关制冷机及其效率的讨论，这里只简略给出相关结论。

卡诺制冷机逆循环一次，也就是卡诺制冷机完成了一次制冷过程，从 p-V 图上看，热机和制冷机工作的方向恰好相反。制冷机的功效通常用从低温热源中所吸收的热量 Q_2 和所消耗的外功 W 的比值来衡量，这一比值被叫作制冷系数。我们用 e 表示制冷机的制冷系数。设 Q_1 为制冷机向高温热源放出的热量，$Q_1 = Q_2 + A$。经简单计算可得卡诺制冷机的制冷系数

$$e = \frac{Q_2}{A} = \frac{T_2}{T_1 - T_2} \tag{9-28}$$

式（9-28）告诉我们，T_2 越小，制冷系数 e 越小，即要从温度很低的低温热源中吸取热量，所消耗的外功也是很多的。

【**例 9-3**】 有一卡诺制冷机，从温度为 $-10℃$ 的冷藏室吸取热量，而向温度为 $20℃$ 的物体放出热量。设该制冷机所耗功率为 $15kW$，问每分钟从冷藏室吸取的热量为多少？

【**解**】 制冷机的制冷系数 $e = \dfrac{Q_2}{A}$，而可逆卡诺制冷机的制冷系数为 $e = \dfrac{T_2}{T_1 - T_2}$，功率为单位时间内做的功。

令 $T_1 = 293K$，$T_2 = 263K$，则

$$e = \frac{Q_2}{A} = \frac{T_2}{T_1 - T_2} = \frac{263}{30} = 8.77$$

每分钟做功为

$$A = (15 \times 10^3 \times 60)J = 9 \times 10^5 J$$

所以每分钟从冷藏室吸取的热量为

$$Q_2 = eA = (8.77 \times 9 \times 10^5)J = 7.89 \times 10^6 J$$

这样，每分钟向高温热源放出的热量为 $7.89 \times 10^6 J$。

【**例 9-4**】 有两个可逆机分别使用不同的热源做卡诺循环，在 $p\text{-}V$ 图上，它们的循环曲线所包围的面积相等，但形状不同，如图 9-6 所示。问：

（1）它们对外所做的净功是否相同？

（2）它们吸热和放热的差值是否相同？

（3）它们的效率是否相同？（图中 $T_{2a} = T_{2b}$，$T_{1a} < T_{1b}$）

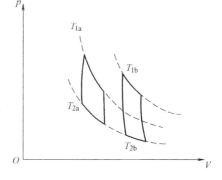

【**解**】 在 $p\text{-}V$ 图上，循环曲线所包围的面积等于一个循环中系统对外界做的功，根据循环过程能量转化的特点，它也等于一个循环中系统吸收与放出热量之差。而对于可逆卡诺循环，效率仅与高、低温热源的温度有关，这可以直接从循环曲线看出。

图 9-6 例 9-4 的 $p\text{-}V$ 图

（1）系统对外做的净功等于循环曲线所包围的面积。既然两个循环曲线所包围的面积相等，那么它们对外所做的净功就相等。

（2）因为 $Q_1 - Q_2 = A$，A 相同，则它们吸热和放热的差值 $Q_1 - Q_2$ 也相同。

（3）卡诺循环的效率 $\eta - 1 - \dfrac{T_2}{T_1}$，因 $T_{2a} - T_{2b}$，$T_{1a} < T_{1b}$，所以 $\eta_b > \eta_a$。

【**例 9-5**】 一卡诺机在温度为 $27℃$ 及 $127℃$ 两个热源之间工作。

（1）若在正循环中该机从高温热源吸收 $5000J$ 热量，则将向低热源放出多少热量？对外做功多少？

（2）若使该机反向运转（制冷机），当从低温热源吸收 $5000J$ 热量，则将向高温热源放出多少热量？外界做功多少？

【**解**】 热机的效率定义为 $\eta = \dfrac{Q_1 - Q_2}{Q_1} = \dfrac{A}{Q_1}$，制冷机的制冷系数定义为 $e = \dfrac{Q_2}{A}$，而可逆卡诺机的效率和制冷系数又可表示为 $\eta = 1 - \dfrac{T_2}{T_1}$ 和 $e = \dfrac{T_2}{T_1 - T_2}$，仅和高、低温热源的温度有关，根据这些关系即可求解。

（1）对卡诺热机，热机效率为

$$\eta = \frac{Q_1 - Q_2}{Q_1} = \frac{A}{Q_1} = 1 - \frac{T_2}{T_1}$$

则向低温热源放出热量

$$Q_2 = \frac{T_2}{T_1}Q_1 = \left(5000 \times \frac{300}{400}\right)\text{J} = 3750\text{J}$$

对外做功为

$$A = Q_1\left(1 - \frac{T_2}{T_1}\right) = \left[5000 \times \left(1 - \frac{300}{400}\right)\right]\text{J} = 1250\text{J}$$

（2）对卡诺制冷机，制冷系数为

$$e = \frac{Q_2}{A} = \frac{Q_2}{Q_1 - Q_2} = \frac{T_2}{T_1 - T_2}$$

整理得向高温热源放出热量

$$Q_1 = \frac{T_1}{T_2}Q_2 = \left(5000 \times \frac{400}{300}\right)\text{J} = 6667\text{J}$$

外界做功

$$A = Q_2\left(\frac{T_1}{T_2} - 1\right) = \left[5000 \times \left(\frac{400}{300} - 1\right)\right]\text{J} = 1667\text{J}$$

9.5 热力学第二定律

通过先前的学习，我们知道，自然界一切涉及热现象的过程都必须遵从热力学第一定律。那么换个角度看，遵从热力学第一定律的过程是否一定都能实现呢？答案是否定的，因为自然界一切自发过程进行的方向和限度都遵从一定的规律，也就是热力学第二定律。热力学第二定律指出了与热现象有关的变化过程可能进行的方向和限度。它和热力学第一定律一起构成了热力学的主要理论基础。

9.5.1 自然现象的不可逆性

对于孤立系统，从非平衡态向平衡态过渡是自发进行的，这样的过程叫作自然过程。与其相反的过程是非自发进行的，除非有外界的作用。更准确地说，自然过程具有确定的方向性。

一个小孩坐在秋千上来回摆动，在无外力影响的情况下，随着时间的推移，摆动幅度越来越小，这是为什么呢？因为空气的阻力及悬挂处摩擦力的作用使机械能全部转化为内能，功变热是自发进行的。可是这种能量形式的逆向转换却不会自发进行。此例表明功热转换的过程是有方向性的。两个温度不同的物体相互接触时，热量从高温物体向低温物体的传递总是自发进行的，而不需要借助外物的作用。这个事实也说明热传递过程具有明确的方向性。另外，两种不同的溶液，当将它们混合到一起时会发生扩散现象，混合后的两种液体却不可能自行分离。

关于自然过程具有明确的方向性的例子还有很多，在这里我们不再一一列举。只是通过上面的例子，大家应该清晰地认识到，自然过程是有明确的方向性的。严格地说，自然界发生的所有与热现象相关的过程都是不可逆的。为了概括自然界的这种规律，克劳修斯在热力学第一定律之外建立了热力学第二定律。

9.5.2　热力学第二定律

1. 克劳修斯表述

1850 年，德国物理学家克劳修斯在总结前人大量观察和实验的基础上，提出了热力学第二定律的一种表述：

热量不可能自发地从低温物体传向高温物体。

这就是热力学第二定律的克氏表述。克氏表述中"自发地"一词是理解热力学第二定律的关键，它指的是不需要外界的帮助（消耗外界的能量），热量可直接从低温物体传向高温物体。从上一节卡诺制冷机的分析中可以看出，要使热量从低温物体传到高温物体，靠自发地进行是不可能的，必须依靠外界做功。

2. 开尔文表述

1851 年，英国科学家开尔文从研究热机效率的极限问题出发，总结出热力学第二定律的另外一种表述：

不可能制成一种循环动作的热机，它只从一个单一温度的热源吸取热量，并使其全部变为有用功而不产生其他的影响。

这就是热力学第二定律的开氏表述。"循环动作""单一热源""不产生其他影响"是从开氏表述的角度理解热力学第二定律的关键。理想气体的等温膨胀可以将吸收的热完全变为有用功，但它不是循环动作的；同时又产生了其他的变化（如气体膨胀、活塞变动、气体的压强变小），而且还没有回到初始状态。"单一热源"指的是温度均匀的热源，如果热源系统内部温度不均匀，那这个热源系统就相当于多个热源了。

第一类永动机是违背热力学第一定律的，是不可能制成的。违背热力学第二定律的永动机（也就是第二类永动机），同样是不可能制成的。

3. 两种表述的等价性

从表面上看，热力学第二定律的两种表述似乎毫不相干，实际上，它们是等价的。关于这点我们可作如下证明：

如果开氏表述成立，克氏表述成立；反过来，如果克氏表述不成立，开氏表述也不成立。

我们采用反证法来证明两者的等价性。假设开氏表述不成立，则会有这样的一个循环 S，它只从高温热源 T_1 吸取热量 Q_1，并将这些热量全部转换为有用功 A。那么可以再利用一个逆卡诺循环 D 接受 S 所做的功 A，使它从低温热源吸收热量 Q_2，最终向高温热源 T_1 输出热量 $Q_1 + Q_2$。然后，我们将这两个循环看成一部复合的制冷机，其总的效果是：外界没有对它做功而它却把热量 Q_2 从低温热源传递给了高温热源。上述证明过程说明，如果开氏表述不成立，那么克氏表述不成立。反之，克氏表述不成立，开氏表述也不成立。

严格地说，热力学第二定律可以有多种表述，之所以采用开氏和克氏这两种表述，原因有两个：一个原因是他们两人在历史上最先完整地提出了热力学第二定律；另一个原因则是热功转换与热量传递为热力学过程中最有代表性的典型事例，而且两种表述彼此等效。

9.5.3 可逆与不可逆过程

为了进一步研究热力学过程的方向性问题，非常有必要引入可逆与不可逆过程的概念。

考虑一下我们身边发生的自然过程的方向性，你会发现大自然真的很神奇。夏天冰棍吸热变成水，但从未见这些水自动降温变成冰；气球被扎破，气跑光了，从未见气球又自动地鼓起来；水从高处向低处流，从未见水自发地从低处向高处流。大量的事实说明，自然界的宏观过程具有明确的方向性，也就是说，这些过程能够自发地沿某一方向进行，但不能自发地反向进行，必须伴随其他过程才能实现。

设有一个过程，使系统从状态 1 变换为状态 2，那么，如果存在另外一个过程，它不仅能使系统反向进行，从状态 2 恢复到状态 1，而且当系统恢复到状态 1 时，从状态 1 变换到状态 2 的过程中所产生的一切影响全部消除，则从状态 1 进行到状态 2 的过程是个可逆过程。反之，则为不可逆过程。在热力学中，过程的可逆与否和系统所经历的中间状态是否平衡密切相关。只有过程进行得无限缓慢，没有由于摩擦等引起机械能的耗散，由一系列无限接近于平衡状态的中间状态所组成的平衡过程，才是可逆过程。当然，现实生活中，是不可能存在可逆过程的。

研究可逆过程，也就是研究从实际情况中抽象出来的理想情况，可以基本上掌握实际过程的规律性。可以更好地指导生产实践。这样可逆过程的研究才有了更加现实的意义。

9.5.4 卡诺定理

卡诺循环中每个过程都是准静态过程，所以卡诺循环是理想的可逆循环。由可逆循环组成的热机叫作可逆机。早在开尔文和克劳修斯建立热力学第二定律前 20 多年，卡诺在 1824 年发表的《谈谈火的动力和能发动这种动力的机器》的一本小册子中不仅设想了卡诺循环，而且提出了卡诺定理，其表述如下：

1）在相同的高温热源和相同的低温热源之间工作的一切可逆热机，其效率都相等，并且等于 $1 - \dfrac{T_2}{T_1}$，与工作物质无关。

2）在相同的高温热源和相同的低温热源之间工作的一切不可逆热机，其效率都小于可逆热机的效率，即小于 $1 - \dfrac{T_2}{T_1}$。

在学习卡诺定理时，应当注意：这里的热源都是温度均匀的恒温热源；若一可逆热机仅从某一温度的热源吸热，也仅向另一温度的热源放热，从而对外做功，那么这部可逆热机必然是由两个等温绝热过程组成的可逆卡诺机。所以卡诺定理中的热机即是卡诺热机。

9.5.5 熵

1. 熵（克劳修斯熵）

根据热力学第二定律，我们论证了一切与热现象有关的实际宏观过程都是不可逆的。也就是说，一个宏观过程产生的效果，无论用什么曲折复杂的方法，都不能使系统恢复原来的状态而不引起其他的变化。例如，热传递、气体向真空自由膨胀，这些都是不可逆的。

从众多的热现象中可以发现：对一给定的平衡系统施加一瞬时微小扰动，平衡被破坏，那么系统必然由非平衡态向平衡态自发地过渡；而相反的过程，即系统从平衡态向非平衡态的过渡却不可能自发进行。能不能找到一个与系统平衡状态有关的状态函数，根据这个状态函数单向变化的性质来判定实际过程进行的方向呢？通过研究发现，这样的状态函数是存在的。

克劳修斯把卡诺定理推广，应用于一个任意的循环过程，得到一个能描述可逆循环和不可逆循环特征的表达式，叫作克劳修斯不等式。

依卡诺定理可知，工作于高、低温热源 T_1 和 T_2 之间的热机的效率为

$$\eta \leqslant 1 - \frac{T_2}{T_1}$$

而无论循环是否可逆，都有

$$\eta = \frac{Q_1 - Q_2}{Q_1}$$

将上面两式结合，可得

$$\frac{Q_1}{T_1} - \frac{Q_2}{T_2} \leqslant 0$$

上式中 Q_1 和 Q_2 都是正的，是工作物质所吸收和放出热量的绝对值。如果采用热力学第一定律中对热量正负的规定，那么上式可改为

$$\frac{Q_1}{T_1} + \frac{Q_2}{T_2} \leqslant 0 \qquad (9\text{-}29)$$

式（9-29）表述的是，在卡诺循环中，系统热温比的总和总是等于零。而在一个不可逆循中，式（9-29）的值总是小于零。

通过大量的研究发现，对于任意可逆循环，一般都可以将其近似地看成由许多卡诺循环组成（见图 9-7），而且所取的卡诺循环的数目越多就越接近实际的循环过程，在极限情况下，循环的数目趋于无穷大，因而对 $\frac{Q}{T}$ 由求和变成了积分。对任意可逆循环，有克劳修斯不等式

$$\oint \frac{\mathrm{d}Q}{T} \leqslant 0 \qquad (9\text{-}30)$$

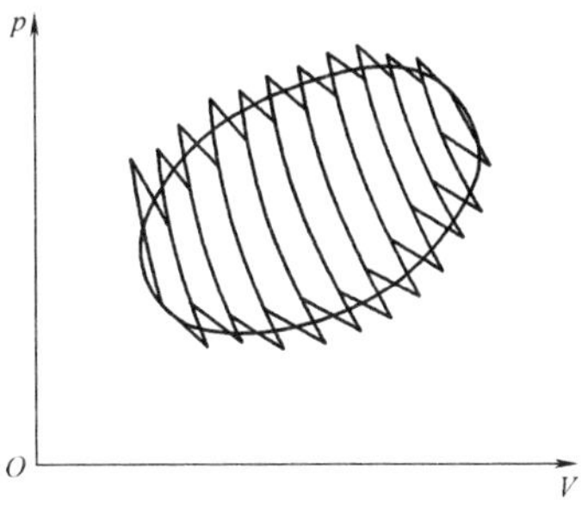

图 9-7　任意可逆循环的 $p\text{-}V$ 图

式中，$\mathrm{d}Q$ 为系统从温度为 T 的热源吸收的微小热量（代数值），可逆过程取等号，不可逆过程取小于号。可以认为它是热力学第二定律的一种数学表述。

式（9-30）指出，对于任意一个可逆的循环过程，有

$$\oint \frac{\mathrm{d}Q}{T} = 0 \qquad (9\text{-}31)$$

如图 9-8 所示，系统由平衡态 A 经可逆过程 Ⅰ 变到平衡态 B，再由平衡态 B 经可逆过程 Ⅱ 回到原来的状态 A，恰好构成一个完整的可逆循环。对这个可逆循环进行简单的分析，不

难发现，从平衡态 A 分别经过 Ⅰ 过程和 Ⅱ 过程，热温比的积分 $\int_A^B \dfrac{\mathrm{d}Q}{T}$ 不变（可逆过程）。这说明热温比的积分只取决于始、末状态，与过程无关。这点类似于力学中势能函数的引入。这意味着在热力学中，还存在着一个与内能有着类似性质的态函数（即 $\oint \mathrm{d}E = 0$），我们称这个新的态函数为熵（克劳修斯熵），用符号 S 表示。

对任意的无限小的可逆过程有

$$\mathrm{d}S = \frac{\mathrm{d}Q}{T} \qquad (9\text{-}32)$$

熵的量纲是能量除以温度，它的单位是 $\mathrm{J} \cdot \mathrm{K}^{-1}$。

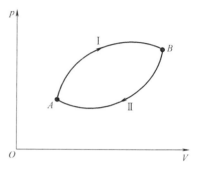

图 9-8　熵的引入

对于态函数熵，应明确以下几点：

1）熵是描述系统平衡态的状态参量。系统的平衡态确定，熵就确定（假定参考熵已经选定）。系统的熵增是一个完全确定的值，无论对于可逆过程还是不可逆过程。

2）熵具有可加性，系统的熵等于系统内各个部分的熵的总和。

3）熵增 ΔS 和热温比积分 $\int \dfrac{\mathrm{d}Q}{T}$ 是两个不同的量，两者只有在可逆过程中才有数值相等的关系。

最后，我们应该再次指出的是，对于不可逆过程，在计算熵增的时候，可以设想一个连接始、末平衡态的可逆过程，计算这个设想的可逆过程的热温比积分即可得出实际不可逆过程熵的增量。

*2. 玻耳兹曼熵（简述）

热力学研究的对象是包含大量原子、分子等微观粒子的系统，热力学过程就是大量分子无序运动状态的变化。热力学第二定律指出一切与热现象有关的实际宏观过程都是不可逆的，自然过程具有方向性。从微观上看，就是系统大量分子从无序程度小的运动状态向无序程度大的运动状态转化的过程。统计理论认为，孤立系统内，各微观状态出现的概率是相同的，即等概率的。在给定的宏观条件下，系统存在大量各种不同的微观态，每一宏观态可以包含许多微观态。统计物理学中定义：宏观态所对应的微观状态数叫作该宏观态的热力学概率，用 Ω 表示。宏观自然过程总是往热力学概率 Ω 增大的方向进行，当达到 $\Omega_{\max}$ 时，该过程也就停止了。一般情况下的热力学概率 Ω 是非常大的，为了便于理论上的处理，1877 年玻耳兹曼引入一个态函数熵，用 S 表示，其与热力学概率 Ω 的关系为

$$S = k \ln \Omega$$

称为玻耳兹曼熵，k 为玻耳兹曼常数，单位是 $\mathrm{J} \cdot \mathrm{K}^{-1}$。

克劳修斯熵和玻耳兹曼熵两者是有区别的，前者只对平衡态有意义，后者不仅对平衡态，对非平衡态也有意义。从这个意义上说，玻耳兹曼熵更具普遍性。在统计物理学中可以普遍证明两个熵公式完全等价。在热力学中进行计算时，多用克劳修斯熵。下面举例进行熵变的计算。

3. 熵增加原理

大量事实表明，一切不可逆绝热过程中的熵总是增加的。可逆绝热过程中的熵是不变

的。把这两种情况合在一起就得到了一个利用熵来判别过程是可逆还是不可逆的判据——熵增加原理，它可表述为：

热力学系统从一平衡态绝热地到达另一个平衡态的过程中，它的熵永不减少。若过程是可逆的，则熵不变；若过程是不可逆的，则熵增加。

关于熵增加原理我们必须知道，它只是针对孤立系统而言。对于非孤立系统，我们只要把热力学过程所涉及的物体都看作是系统的一部分，那么，这系统对于该过程来说就变成了孤立系统。过程中系统的熵变就一定满足熵增加原理。

由于熵增加原理和热力学第二定律都是表述热过程自发进行的方向和条件，所以可以说熵增加原理是热力学第二定律的数学表达式。

【例 9-6】 1kg 温度为 0℃的水与温度为 100℃的热源接触。

（1）计算水的熵变和热源的熵变；

（2）判断此过程是否可逆。

【解】 把水作为单独的研究对象，再把热源单独作为研究对象。设想一可逆过程即可解决本问题。

（1）$\Delta S_{水} = \int_{T_1}^{T_2} \dfrac{\mathrm{d}Q_1}{T} = mc\ln\dfrac{T_2}{T_1} = 1.3 \times 10^3 \mathrm{J \cdot K^{-1}}$

$\Delta S_{热源} = \int \dfrac{\mathrm{d}Q}{T} = \dfrac{Q}{T} = -\dfrac{mc(T_2 - T_1)}{T_2} = -1.12 \times 10^3 \mathrm{J \cdot K^{-1}}$

（2）$\Delta S_{总} = \Delta S_{水} + \Delta S_{热源} = 180 \mathrm{J \cdot K^{-1}}$

在该热力学过程中，水和热源组成的孤立系统的熵是增加的。由熵增加原理我们知道，该热力学过程是不可逆过程。

【例 9-7】 如图 9-9 所示，1mol 氢气（可视为理想气体）从状态 a 到状态 b，已知 $T_a = 300\mathrm{K}$，$V_a = 2.0 \times 10^{-2}$ m³，$T_b = 300\mathrm{K}$，$V_b = 4.0 \times 10^{-2}$ m³，试分别设计两条不同的路径计算氢气熵的增量 ΔS。

【解】 系统熵的增量等于连接始、末两态任一可逆过程的热温比的积分。根据题意，始、末两态温度相等，可选择一个等温过程计算系统的熵变；也可选择等压、等体过程的组合作为第二条路径，计算系统的熵变。第一条路径取为由 a 至 b 的等温可逆过程：

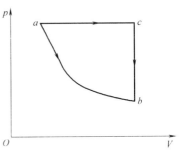

图 9-9 例 9-6 图的 p-V 图

$$\Delta S_1 = \int_a^b \dfrac{\mathrm{d}Q}{T} = \int_a^b \dfrac{p\mathrm{d}V}{T} = \int_{V_a}^{V_b} R\dfrac{\mathrm{d}V}{V} = R\ln\dfrac{V_b}{V_a}$$

$$= \left(8.31 \times \ln\dfrac{40}{20}\right)\mathrm{J \cdot K^{-1}} = 5.76\mathrm{J \cdot K^{-1}}$$

第二条路径取为由 a 至 c 的等压过程和由 c 至 b 的等体过程：

$a \to c$ 为等压过程，依题意，有 $\mathrm{d}Q = C_{p,\mathrm{m}}\mathrm{d}T$

$c \to b$ 为等体过程，依题意，有 $\mathrm{d}Q = C_{V,\mathrm{m}}\mathrm{d}T$

$$\Delta S_2 = \int_a^b \dfrac{\mathrm{d}Q}{T} = \int_a^c \dfrac{\mathrm{d}Q}{T} + \int_c^b \dfrac{\mathrm{d}Q}{T} = \int_{T_a}^{T_c} \dfrac{C_{p,\mathrm{m}}\mathrm{d}T}{T} + \int_{T_c}^{T_b} \dfrac{C_{V,\mathrm{m}}\mathrm{d}T}{T} = C_{p,\mathrm{m}}\ln\dfrac{T_c}{T_a} + C_{V,\mathrm{m}}\ln\dfrac{T_b}{T_c}$$

对等压过程有 $\dfrac{V_1}{T_1} = \dfrac{V_2}{T_2}$，易得 $T_c = 2T_a$，则

$$\Delta S_2 = \frac{7}{2} R\ln 2 - \frac{5}{2} R\ln 2 = R\ln 2 = (8.31 \times \ln 2)\text{J} \cdot \text{K}^{-1} = 5.76\text{J} \cdot \text{K}^{-1}$$

熵是状态的函数，在始、末状态确定的情况下，熵的增量是确定的，与系统经历的过程无关，以上计算验证了这一点。

本章逻辑主线

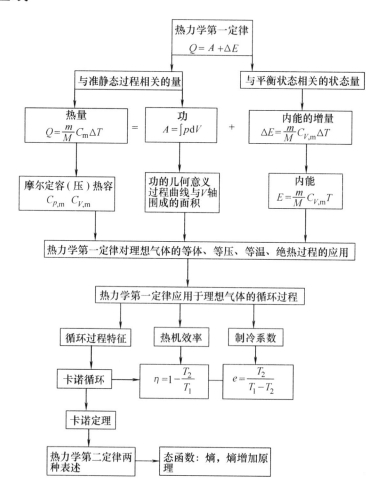

>>> 扩展思维

<h2 style="text-align:center">热 寂 说</h2>

克劳修斯把熵增加原理应用到无限的宇宙中，他于 1865 年指出，宇宙的能量是常数，宇宙的熵趋于极大，并认为宇宙最终也将死亡，这就是所谓的"热寂说"。热寂说的荒谬，首先在于它把从有限的空间、时间范围内的现象进行观察而总结出的规律——热力学第二定律绝对化地推广到无限的宇宙去。其次，从能量角度来考虑，热寂说只考虑到物质和能量从

集中到分散这一变化过程。恩格斯指出"放射到太空中去的热一定有可能通过某种途径（指明这种途径将是以后自然科学的课题）转变为另一种运动形式，在这种运动形式中，它能够重新集结和活动起来"。现代天文学观察已经发现不少新的恒星重新在集结形成之中。康德在《宇宙发展史概论》中指出："自然界既然能够从混沌变为秩序井然、系统整齐，那么在它由于各种运动衰减而重新陷入混沌之后，难道我们没有理由相信，自然界会从这个新的混沌……把从前的结合更新一番吗？"控制论创立者维纳认为"当宇宙一部分趋于寂灭时，却存在着同宇宙的一般发展方向相反的局部小岛，这些小岛存在着组织增加的有限度的趋势。正是在这些小岛上，生命找到了安身之处，控制论这门新学科就是以这个观点为核心发展起来的"。另外，耗散结构的发现，也为批判"热寂说"增加了新的论据。

　　所有上述批判热寂说的论点都说明宇宙中还有局部的从分散到集中的趋向，即宇宙中均匀物质凝成团块（星系、恒星）的过程。但这种趋向存在的必然性却缺乏理论证明，因而多年来人们总感到批判力不强。而解决这个问题的关键有两点：一是宇宙在膨胀；二是宇宙引力系统所经历的是一个多方过程，它具有负热容特性。而具有负热容的系统是不稳定的，它不满足稳定性条件。泽尔多维奇从理论上说明，天体形成是引力系统的自发过程，不仅它的熵要增加，而且不存在恒定不变的平衡态，即使系统达到了平衡态，由于不满足稳定性条件，若稍有扰动，它就会向偏离平衡态的方向逐步发展又变为非平衡态，不会出现整个宇宙的平衡态，则熵没有恒定不变的极大值，熵的变化是没有止境的。从以上两点分析可知，宇宙绝不会"热死"。

思 考 题

9.1　理想气体的内能是状态的单值函数，对理想气体内能的意义作下面的几种理解是否正确？
(1) 气体处在一定的状态，就具有一定的内能。
(2) 对应于某一状态的内能是可以直接测定的。
(3) 对应于某一状态，内能只具有一个数值，不可能有两个或两个以上的值。
(4) 当理想气体的状态改变时，内能一定跟着改变。
9.2　分析下列两种说法是否正确？
(1) 物体的温度越高，则热量越多？
(2) 物体的温度越高，则内能越大？
9.3　一定量理想气体，从同一状态开始把其体积由 V_0 压缩到 $V_0/2$，如图 9-10 所示，分别经历以下三种过程：(1) 等压过程；(2) 等温过程；(3) 绝热过程。其中：什么过程外界对气体做功最多；什么过程气体内能减小最多；什么过程气体放热最多？
9.4　为什么气体比热容的数值可以有无穷多个？什么情况下气体的比热容为零？什么情况下气体的比热容为无穷大？什么情况下是正？什么情况下是负？
9.5　卡诺循环 1、2 如图 9-11 所示。若曲线包围面积相同，功、效率是否相同？
9.6　一条等温线和一条绝热线有可能相交两次吗？为什么？
9.7　两条绝热线和一条等温线是否可能构成一个循环？为什么？

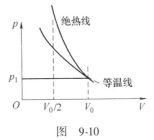

图　9-10

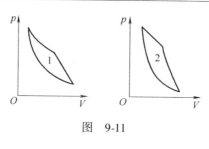

图 9-11

习　题

一、填空题

9.1　测得某种理想气体的热容比 $\gamma = 1.4$，则 $C_V = $ ____，$C_p = $ ____

9.2　如图 9-12 所示，画不同斜线的两部分的面积分别为 S_1 和 S_2。如果气体进行 a—2—b—1—a 的循环过程，则它对外做功的数值为_____。

9.3　在等压下把一定量的理想气体温度升高 50°C，需要 160J 的热量；在体积不变的情况下，把此气体的温度降低 100°C，将放出 240J 的热量。则此气体分子的自由度数是_____。

9.4　一理想气体系统，物质的量为 1mol，从初始温度为 T_1 的平衡状态变化到温度为 T_2 的末平衡状态（$T_2 > T_1$），摩尔定容热容为 $C_{V,\text{m}}$，那么系统的内能变化是_____。

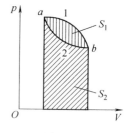

图　9-12

9.5　如图 9-13 所示，判断过程中各物理量的正、负符号，并填入表 9.2，规定系统对外做功 A 取正，系统吸热 Q 取正号，内能增加 ΔU 为正号，其 $a \to b$ 为绝热过程。

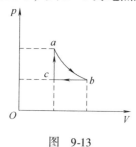

图　9-13

表　9.2

过程	A	ΔT	Q	ΔU
$a \to b$				
$b \to c$				
$c \to a$				
循环 $abca$				

9.6　一卡诺热机的效率为 40%，其工作的低温热源的温度为 27°C，则其工作的高温热源的温度为_____K，要使该热机的效率提高到 50%，若低温热源温度不变，则高温热源的温度应增加_____K。

9.7　有这样一台卡诺机（可逆的），在常温下（27°C），每循环一次可以从 400K 的高温热源吸热 1800J，同时对外做功为 1000J，这样的设计是否可行_____（填"是"或"否"），原因是_____。

9.8　一定量的气体，初始压强为 p，体积为 V_1，今把它压缩到 $V_1/2$，一种方法是等温压缩，另一种方法是绝热压缩，最后压强较大的是____方法；气体的熵改变的是____方法。（热力学过程可逆）

9.9　理想气体系统由平衡态 1 经一绝热可逆过程到平衡态 2，气体的温度由 T_1 变化到

T_2，气体系统的熵变是_____，如果过程是不可逆的，则熵_____。

9.10 单原子分子的理想气体作如图 9-14 所示的 $abcda$ 的循环，并已求得表 9.3 中所填的三个数据，试根据热力学定律和循环过程的特点完成该表。

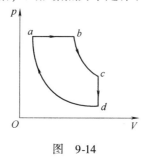

图 9-14

表 9.3

过程	Q	A	ΔE
a—b 等压	250J		
b—c 绝热		75J	
c—d 等容			
d—a 等温		−125J	

二、选择题

9.11 一定量的理想气体，从图 9-15 所示的 p-V 图上初态 a 经历（1）或（2）过程到达末态 b，已知 a、b 两态处于同一条绝热线上（图中虚线是绝热线），则气体在（　　）。

（A）（1）过程中吸热，（2）过程中放热；

（B）（1）过程中放热，（2）过程中吸热；

（C）两种过程中都吸热；

（D）两种过程中都放热。

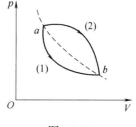

9.12 被绝热材料包围的容器内现隔为两半，左边是理想气体，右边是真空，如果把隔板抽出，气体将自由膨胀，达到平衡后则（　　）。

图 9-15

（A）温度不变，熵不变；　　　　　（B）温度降低，熵减少；

（C）温度不变，熵增加；　　　　　（D）温度升高，熵增加。

9.13 甲说："功可以完全变为热，但热不能完全变为功。"乙说："热量不能从低温物体传到高温物体。"丙说："一个热力学系统的熵永不减少。"则（　　）。

（A）三人说法都不正确；　　　　　（B）三人说法都正确；

（C）甲说的对，其余都错；　　　　（D）乙说的对，其余都错；

（E）丙说的对，其余都错。

9.14 下列过程中，趋于可逆过程的有（　　）。

（A）气缸中存有气体，活塞上没有外加压强，且活塞与气缸间没有摩擦的膨胀过程；

（B）气缸中存有气体，活塞上没有外加压强，但活塞与气缸间摩擦很大，气体缓慢地膨胀过程；

（C）气缸中存有气体，活塞与气缸之间无摩擦，调整活塞上的外加压强，使气体缓慢地膨胀过程；

（D）在一绝热容器内两种不同温度的液体混合过程。

9.15 热力学系统准静态的绝热过程中，相关量的叙述正确的是（　　）。

（A）系统吸收或放出的热量为零；

（B）系统可能吸收热量，也可能放出热量；

（C）系统吸收与放出的热量总和为零。

9.16　理想气体系统从同一初态开始，分别经过等容、等压、绝热三种不同过程发生相同的温度变化，对应的系统末状态各不相同。下面关于系统各量描述正确的是（　　）。

（A）三种热力学过程各自对应的系统最终状态的内能相同；

（B）各个过程对应的系统内能的变化相同；

（C）三种热力学过程中，系统对外做功相同；

（D）三种热力学过程中，系统的熵变相同。

9.17　如果只用绝热方法使系统初态变到终态，则（　　）。

（A）对于连接这两态的不同绝热过程，所做的功不同；

（B）对于连接这两态的所有绝热过程，所做的功都相同；

（C）由于没有热量交换，所以不做功；

（D）系统总内能不变。

9.18　若高温热源的温度为低温热源温度的 m 倍，以理想气体为工质的卡诺热机工作于上述高、低温热源之间，则从高温热源吸收的热量与向低温热源放出的热量之比为（　　）。

（A）$\dfrac{m+1}{m}$；　　　（B）$\dfrac{m-1}{m}$；　　　（C）m；　　　（D）$m-1$。

9.19　"理想气体和单一热源接触作等温膨胀，吸收的热量全部用来对外做功"，对此说法，下述哪种评论正确（　　）。

（A）不违反热力学第一定律，也不违反热力学第二定律；

（B）违反热力学第一定律，也违反热力学第二定律；

（C）不违反热力学第一定律，但违反热力学第二定律；

（D）违反热力学第一定律，但不违反热力学第二定律。

9.20　图9-16所示的循环由等温、等压及等容组成，欲求循环效率，应该用下面哪个式子才对（　　）。

（A）$\eta = 1 - \dfrac{T_2}{T_1}$；　　　　　（B）$\eta = \dfrac{A}{Q_1 + Q_3}$；

（C）$\eta = \dfrac{A}{Q_1 + Q_3 + Q_2}$；　　　（D）$\eta = \dfrac{A}{Q_1}$。

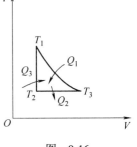

图　9-16

9.21　两个卡诺热机分别以 1mol 单原子分子理想气体和 1mol 双原子分子理想气体为工作物质，设这两个循环过程在等温膨胀开始时温度都是 $4T_0$，体积都是 V_0，在等温压缩开始时温度都是 T_0，体积都是 $64V_0$，则在一个循环过程中以双原子分子为工作物质的热机对外输出的功 $A_{\text{双}}$ 和以单原子分子理想气体为工作物质的热机对外输出的功 $A_{\text{单}}$ 之间的关系是（　　）。

（A）$A_{\text{双}} = 3A_{\text{单}}$；　　（B）$A_{\text{双}} = \dfrac{1}{3}A_{\text{单}}$；　　（C）$A_{\text{双}} = 2A_{\text{单}}$；　　（D）$A_{\text{双}} = A_{\text{单}}$。

9.22　下面说法正确的是（　　）。

（A）系统经历一个正循环后系统本身没有变化；

（B）系统经历一个正循环后系统本身和外界都没有变化；

（C）系统经历一个正循环后，再沿反方向进行一逆卡诺循环，则系统本身和外界都没有变化；

（D）只有在正循环和逆循环的轨迹完全一致的情况下，先后经历这样的正循环和逆循环，系统和外界才没有变化。

9.23　下列物理量是微观量的是（　　　）。

（A）温度；　　　（B）熵；　　　（C）分子的平均动能；　　　（D）分子的动量。

9.24　下列结论正确的是（　　　）。

（A）不可逆过程一定是自发的，自发过程一定是不可逆的；

（B）自发过程的熵总是增加的；

（C）在绝热过程中熵不变；

（D）以上说法都不正确。

三、计算题

9.25　如图 9-17 所示，AB、DC 是绝热过程，CEA 是等温过程，BED 是任意过程，组成一个循环。若图中 EDCE 所包围的面积为 70J，EABE 所包围的面积为 30J，CEA 过程中系统放热 100J，求 BED 过程中系统吸热为多少。

9.26　温度为 25℃、压强为 1atm 的 1mol 刚性双原子分子理想气体，经等温过程体积膨胀至原来的 3 倍。

（1）计算该过程中气体对外所做的功；

（2）假设气体经绝热过程体积膨胀至原来的 3 倍，那么气体对外所做的功又是多少？

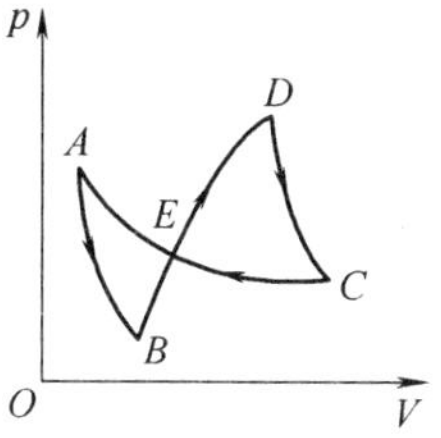

9.27　一定量的刚性双原子分子气体，开始时处于压强为 $p_0 = 1.0 \times 10^5$ Pa，体积为 $V_0 = 4 \times 10^{-3}$ m^3，温度为 $T_0 = 300$K 的初态，后经等压膨胀过程温度上升到 $T_1 = 450$K，再经绝热过程温度回到 $T_2 = 300$K，求整个过程中对外做的功。

图 9-17

9.28　如图 9-18 所示，abcda 为 1mol 单原子分子理想气体的循环过程，求：

（1）气体循环一次，在吸热过程中从外界共吸收的热量；

（2）气体循环一次做的净功；

（3）证明 $T_a T_c = T_b T_d$。

9.29　如图 9-19 所示，1mol 单原子理想气体经等压、绝热、等容和等温过程组成循环 abcda，图中 a、b、c、d 各状态的温度 T_a、T_b、T_c、T_d 均为已知，abo 包围的面积和 ocd 包围的面积大小均为 A。在等温过程中系统吸热还是放热？其数值为多少？

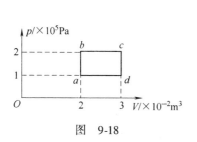

图　9-18

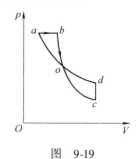

图　9-19

9.30 2mol 初始温度为 300K，初始体积为 20L 的氦气，先等压膨胀到体积加倍，然后绝热膨胀回到初始温度。$C_{V,m} = \dfrac{3}{2}R$，$C_{p,m} = \dfrac{5}{2}R$，$R = 8.31 \text{J/mol} \cdot \text{K}$

（1）在整个热力学过程中，系统共吸收多少热量？

（2）系统内能总的改变量是多少？

（3）氦气对外界做的总功是多少？其中绝热膨胀过程对外界做功是多少？

（4）系统终态的体积是多少？

9.31 0.01m^3 氮气在温度为 300K 时，由 0.1MPa（即 1atm）压缩到 10MPa。试分别求氮气经等温及绝热压缩后的（1）体积；（2）温度；（3）各过程对外所做的功。

9.32 一块大石头质量为 80kg，从高 100m 的山坡上滑下，它与环境的熵增加了多少？设环境（山和大气）的温度为 270K。

9.33 已知 1mol 氧气经历如图 9-20 所示从 $A{\rightarrow}B$（延长线经过原点 O）的过程，已知 A、B 点的温度分别为 T_1、T_2。求在该过程中所吸收的热量。

9.34 1mol 单原子理想气体经历如图 9-21 所示的 $a{\rightarrow}b$（为一直线）的过程，试讨论从 a 变为 b 的过程中吸、放热的情况。

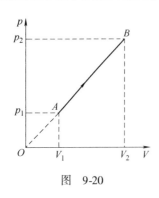

图 9-20

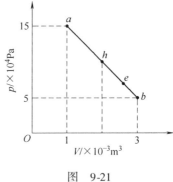

图 9-21

9.35 如图 9-22 所示，1mol 双原子分子理想气体，从初态 $V_1 = 20\text{L}$，$T_1 = 300\text{K}$ 经历三种不同的过程到达末态 $V_2 = 40\text{L}$，$T_2 = 300\text{K}$。图中 $1{\rightarrow}2$ 为等温线，$1{\rightarrow}4$ 为绝热线，$4{\rightarrow}2$ 为等压线，$1{\rightarrow}3$ 为等压线，$3{\rightarrow}2$ 为等体线。试分别沿这三种过程计算气体的熵变。

9.36 一可逆卡诺机的高温热源温度为 127℃，低温热源温度为 27℃，其每次循环对外做的净功为 8000J。今维持低温热源温度不变，提高高温热源的温度，使其每次循环对外做的净功为 10000J，若两个卡诺循环都工作在相同的两条绝热线之间。求：

（1）第二个热循环机的效率；

（2）第二个循环高温热源的温度。

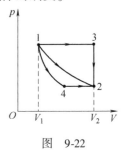

图 9-22

9.37 夏季室外温度为 37.0℃，启动空调使室内温度始终保持在 17.0℃，如果每天有 $2.51 \times 10^8\text{J}$ 的热量通过热传导等方式自室内传入室外，空调器的制冷系数为同温度下卡诺制冷机的 60%。

（1）空调一天耗电多少？

（2）若将室内温度设置为 27.0℃，与设置为 17℃相比，每天可节电多少？

9.38 两个相同体积的容器，分别装有 1mol 的水，初始温度分别为 T_1 和 T_2，$T_1 > T_2$，令其进行接触，最后达到相同温度 T。求熵的变化。（设水的摩尔热容为 C_{mol}）

9.39 一容器被一隔板分隔为体积相等的两部分，左半边充有 v mol 理想气体，右半边是真空，试问将隔板抽除经自由膨胀后，系统的熵变是多少？

9.40 如图 9-23 所示的循环中 $a{\to}b$、$c{\to}d$、$e{\to}f$ 为等温过程，其温度分别为 $3T_0$、T_0、$2T_0$；$b{\to}c$、$d{\to}e$、$f{\to}a$ 为绝热过程。设 $c{\to}d$ 过程曲线下的面积为 A_1（J），$abcdefa$ 循环过程曲线所包围的面积为 A_2（J）。求该循环的效率。

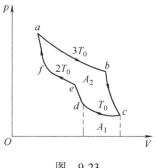

图 9-23

习题及部分思考题参考答案

第 2 章

习题

一、填空题

2.1 $5.00\mathrm{m \cdot s^{-1}}$

2.2 (1) ×；(2) √；(3) ×；(4) ×

2.3 0，$2\pi R/\Delta t$

2.4 $\bar{a} = \dfrac{\displaystyle\int_{t_1}^{t_2} a\mathrm{d}t}{t_2 - t_1}$

2.5 $a = k^2 x$

2.6 $x = x_0 + \dfrac{v_0}{k}(1 - \mathrm{e}^{-kt})$，$v = v_0\mathrm{e}^{-kt}$，$a = -kv_0\mathrm{e}^{-kt}$

2.7 (1)静止；(2)圆周运动；(3)静止或匀速直线运动；(4)匀速率运动

2.8 (1) √；(2) √；(3) ×

2.9 (1) √；(2) √；(3) √；(4) √

2.10 $16Rt^2$

2.11 $0.1\mathrm{m \cdot s^{-2}}$

2.12 $23\mathrm{m \cdot s^{-1}}$

2.13 $v = \mathrm{d}y/\mathrm{d}t = A\omega\cos\omega t$

2.14 $v_0 + Ct^3/3$

2.15 $4t^3 - 3t^2 (\mathrm{rad \cdot s^{-1}})$

2.16 $v_0^2\cos^2\theta_0/g$

2.17 $17.3\mathrm{m \cdot s^{-1}}$

二、选择题

2.18 B；2.19 B；2.20 D；2.21 D；2.22 B；2.23 B；2.24 D；2.25 A；2.26 C

三、计算题

2.27 (1) $\Delta x = 5$，$s = 5$；(2) $\Delta x = -20$，$s = 20$；(3) 速率减，速率增

2.28 $\boldsymbol{v} = 20\boldsymbol{i} + 10t\boldsymbol{j}$；$\boldsymbol{a} = 10\boldsymbol{j}$

2.29 $a = 14.4$；$\alpha = 56.3°$

2.30 $\boldsymbol{r} = 4t\boldsymbol{i} + (t^3 + 10)\boldsymbol{j}$；$y = 10 + \dfrac{x^3}{64}$

2.31　$v = \dfrac{Hv_0}{H - h}$

2.32　$v_B = \sqrt{3}\,v_A$

2.33　$v = 4 + 2t$，$a_t = 2$，$a_n = 1 + \dfrac{t^2}{2} + t$

2.34　证明略

2.35　$a_n = 36 \text{m} \cdot \text{s}^{-2}$

2.36　$t = \dfrac{R}{2v_0}$

2.37　$\omega = \pi + \dfrac{2}{3}\pi t$，$\alpha = \dfrac{2}{3}\pi$，$a_t = 12\pi$，$a_n = 2(3\pi + 2\pi t)^2$

2.38　$\omega = 1.32$，$a_t = 2.48$，$a_n = 2.16$

2.39　$\theta = \dfrac{1}{3}kt^3$，$\beta = 2kt$，$a_t = 2Rkt$，$a_n = Rk^2 t^4$

2.40　$\alpha = k^2 \theta_0 \mathrm{e}^{-kt}$，$\omega = -k\theta_0 \mathrm{e}^{-kt}$，$\theta = \theta_0 \mathrm{e}^{-kt}$

2.41　$x' = \dfrac{3}{4}a' t^2$，$y' = \dfrac{1}{4}a' t^2$；$x = v_0 t + \dfrac{3}{4}a' t^2$，$y = \dfrac{1}{4}a' t^2$

2.42　$a'_x = 0$，$a'_y = -g$；$v'_x = -v_0$，$v'_y = -gt$

2.43　$v = 10 \text{m} \cdot \text{s}^{-1}$，偏东，与竖直方向成 30°角。

第 3 章

习题

一、填空题

3.1　24cm

3.2　（1）

3.3　1.68N

3.4　100N

3.5　$a = (M - m)g / (m + M)$

3.6　5.2N

3.7　$\sqrt{\dfrac{\mu g}{r}}$

3.8　$-GMm/3R$(引力势能公式)

3.9　$GMm/6R$(牛顿第二定律)

3.10　$100 \text{m} \cdot \text{s}^{-1}$(动量、机械能守恒)

3.11　625J(做功的定义式)

3.12　$mgl/50$(功能原理)

3.13　$\sqrt{gl}$(机械能守恒)

二、选择题

3.14 C；3.15 D；3.16 B；3.17 D；3.18 C；3.19 D；3.20 B；3.21 B

三、计算题

3.22 $m_B(\sin\theta - \mu\cos\theta) \leqslant m_A \leqslant m_B(\sin\theta + \mu\cos\theta)$

3.23 $a_1 = \dfrac{(m_1 - m_2)g + m_2a}{m_1 + m_2}$，$a_2 = \dfrac{(m_1 - m_2)g - m_1a}{m_1 + m_2}$，$F_T = F = \dfrac{m_1m_2(2g - a)}{m_1 + m_2}$

3.24 $F_{T1} = \omega^2[m_1L_1 + m_2(L_1 + L_2)]$，$F_{T2} = \omega^2 m_2(L_1 + L_2)$

3.25 $R - \dfrac{g}{\omega^2}$

3.26 $42.3\,\mathrm{r \cdot min^{-1}}$

3.27 $2.79 \times 10^5\,\mathrm{N}$

3.28 （1）$2.3\,\mathrm{m \cdot s^{-1}}$，$1.5\,\mathrm{m \cdot s^{-2}}$；（2）$2.7\,\mathrm{m \cdot s^{-1}}$，$1.5\,\mathrm{m \cdot s^{-2}}$

3.29 $v = 6 + 4t + 6t^2\,(\mathrm{m \cdot s^{-1}})$，$x = 5 + 6t + 2t^2 + 2t^3\,(\mathrm{m})$

3.30 （1）$\dfrac{v_0}{1 + v_0kt/m}$；（2）$\dfrac{m}{k}\ln1 + \dfrac{v_0kt}{m}$；（3）$v = v_0\mathrm{e}^{-\frac{k}{m}x}$

3.31 $a = g\tan\beta$

3.32 $-kA\omega$

3.33 $7.3\,\mathrm{N \cdot s}$；与水平方向成$35°$，$365\,\mathrm{N}$

3.34 $2.22 \times 10^4\,\mathrm{N}$

3.35 （1）$3 \times 10^{-3}\,\mathrm{s}$；（2）$0.6\,\mathrm{N \cdot s}$；（3）$2g$

3.36 $4.0\,\mathrm{m \cdot s^{-1}}$，$2.5\,\mathrm{m \cdot s^{-1}}$

3.37 （1）$0.4\,\mathrm{s}$；（2）$1.33\,\mathrm{m \cdot s^{-1}}$

3.38 $882\,\mathrm{J}$

3.39 $176\,\mathrm{J}$

3.40 （1）$l_0 \geqslant \dfrac{\mu_s l}{1 + \mu_s}$；（2）$\dfrac{1}{1 + \mu_s}gl(1 + 2\mu_s - \mu_k)$

3.41 $\dfrac{3}{2}mgl(\cos\theta - 1)$

3.42 （1）$\dfrac{Gm_1m_2}{6R}$；（2）$-\dfrac{Gm_1m_2}{3R}$；（3）$-\dfrac{Gm_1m_2}{6R}$

3.43 $1.4\,\mathrm{m \cdot s^{-1}}$

3.44 $0.8g$，$0.8mg$

3.45 $\dfrac{5ke^2}{4m_pv_0^2}$

3.46 $3.2 \times 10^{-2}\,\mathrm{m}$

3.47 （1）$v_A = \dfrac{2m_2gR}{m_1 + m_2}$，$v_B = \dfrac{2gR}{(m_1 + m_2)m_2}$；（2）$s_A = \dfrac{m_2R}{m_1 + m_2}$，$s_B = \dfrac{m_1R}{m_1 + m_2}$；

（3）$-\dfrac{m_1^2gR}{m_1 + m_2}$

3.48　$319\mathrm{m\cdot s^{-1}}$

3.49　$\dfrac{2m_1}{m_1+m_2}gL$, $\dfrac{2m_2^2}{(m_1+m_2)m_1}gL$

第 4 章

习题

4.1　答：如习题 4.1 解图所示，根据相对运动，可以认为船不动，而是水流从 A 流向 B，通道变窄，流速会提高，根据流速大的地方压强小，两船之间出现低压区，迫使两船向内靠拢，很容易发生碰撞。

4.2　答：水从水龙头流出后，在重力的作用下会加速下流，根据体积流量守恒 $v_1S_1=v_2S_2$，当流速增大后，水流横截面面积自然会变小，所以自然越流越细。

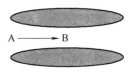

习题 4.1 解图

4.3　答：一般来讲，白酒的品质好，度数高时，黏性系数较大。由斯托克斯定律可知，其中上浮气泡的收尾速度较小。若将酒瓶倒置，观察到酒中气泡的总体上浮速度较小时，可以初步断定，酒的品质较好。很有趣，这种做法还真有一些科学道理呢。但白酒的品质也不单单由度数决定，购买时还要综合考虑一些其他因素。

4.4　解：由连续性方程 $S_1v_1=S_2v_2$ 得

$$v_2=\frac{S_1v_1}{S_2}=\frac{\pi\left(\dfrac{d_1}{2}\right)^2v_1}{\pi\left(\dfrac{d_2}{2}\right)^2}=\frac{d_1^2v_1}{d_2^2}=\frac{0.3^2\times0.5}{0.06^2}=\mathrm{m\cdot s^{-1}}=12.5\mathrm{m\cdot s^{-1}}$$

4.5　解：因为 2 处的横截面面积是 1 处的 2 倍，所以 $v_2=v_1/2=1.0\mathrm{m\cdot s^{-1}}$，作流线过 1、2 点，对 1、2 点列伯努利方程

$$\frac{1}{2}\rho v_1^2+\rho gh_1+p_1=\frac{1}{2}\rho v_2^2+\rho gh_2+p_2$$

即有

$$
\begin{aligned}
p_2-p_0 &=p_1-p_0+\frac{1}{2}\rho(v_1^2-v_2^2)-\rho g(h_2-h_1)\\
&=\left[10^4+\frac{1}{2}\times1000\times(2.0^2-1.0^2)-1000\times9.8\times1.0\right]\mathrm{Pa}\\
&=1.7\times10^3\mathrm{Pa}
\end{aligned}
$$

4.6　解：由连续性方程 $S_1v_1=S_2v_2$，得

$$v_2=\frac{S_1v_1}{S_2}=\frac{\pi\left(\dfrac{d_1}{2}\right)^2v_1}{\pi\left(\dfrac{d_2}{2}\right)^2}=\frac{d_1^2v_1}{d_2^2}=\frac{0.106^2\times1.0}{0.068^2}\mathrm{m\cdot s^{-1}}=2.43\mathrm{m\cdot s^{-1}}$$

作流线过 1、2 点，对 1、2 点列伯努利方程

$$\frac{1}{2}\rho v_1^2 + p_1 = \frac{1}{2}\rho v_2^2 + p_2$$

解得 2 点压强为

$$p_2 = p_1 + \frac{1}{2}\rho\left(v_1^2 - v_2^2\right) = p_1 - \frac{1}{2}\frac{\gamma}{g}\left(v_2^2 - v_1^2\right) = \left(1.2 \times 1.013 \times 10^5 - 2.2 \times 10^3\right)\text{Pa}$$

$$= 1.1936 \times 10^5\,\text{Pa} = 1.18\,\text{atm}$$

4.7　解：如习题 4.7 解图所示，根据伯努利方程，假设水平管的高度为零，得

$$p_1 + \frac{1}{2}\rho v_1^2 = p_2 + \frac{1}{2}\rho v_2^2 \qquad\qquad (\text{a})$$

再根据流速大的地方压强小，知道

$$p_1 - p_2 = \rho g \Delta h \qquad\qquad (\text{b})$$

此外，由于不可压缩，由体积流量守恒得

$$v_1 S_1 = v_2 S_2 \qquad\qquad (\text{c})$$

联合上述三个方程，根据题目给出的条件和数据，解出

$$v_1 = 0.887\,\text{m}\cdot\text{s}^{-1}$$

所以质量流量为

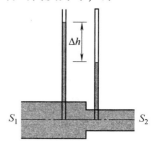

习题 4.7 解图

$$Q_m = \rho v_1 S_1 = 10.5\,\text{kg}\cdot\text{s}^{-1}$$

4.8　解：（1）根据伯努利方程，得

$$p_0 + \rho g h = p_0 + \frac{1}{2}\rho v^2$$

解得　　　　　　　　　　　　　　　$v = \sqrt{2gh}$

因为水流出小孔后作平抛运动，在竖直方向有

$$H - h = \frac{1}{2}gt^2$$

解得　　　　　　　　　　　　　　$t = \sqrt{\frac{2(H-h)}{g}}$

所以水平射程为

$$s = vt = \sqrt{2gh}\cdot\sqrt{\frac{2(H-h)}{g}} = 2\sqrt{h(H-h)}$$

（2）根据 $s = vt = \sqrt{2gh}\cdot\sqrt{\dfrac{2(H-h)}{g}} = 2\sqrt{h(H-h)}$，由数学知识可知，当 $h = H - h$ 时，

有最大值。所以，当 $h = \dfrac{H}{2}$ 时，射程最远。

（3）将 $h = \dfrac{H}{2}$ 代入 $s = vt = \sqrt{2gh}\cdot\sqrt{\dfrac{2(H-h)}{g}} = 2\sqrt{h(H-h)}$ 后，得到

$$s_{\max} = H$$

4.9　解：水可看作不可压缩的流体，

由连续性方程

$$S_A v_A = S_B v_B = Q$$

得

$$v_A = \frac{Q}{S_A} = \frac{0.12}{10^{-2}} \text{m} \cdot \text{s}^{-1} = 12 \text{m} \cdot \text{s}^{-1}$$

$$v_B = \frac{Q}{S_B} = \frac{0.12}{60 \times 10^{-4}} \text{m} \cdot \text{s}^{-1} = 20 \text{m} \cdot \text{s}^{-1}$$

由伯努利方程得

$$p_A + \frac{1}{2}\rho v_A^2 + \rho g h_A = p_B + \frac{1}{2}\rho v_B^2 + \rho g h_B$$

所以

$$\begin{aligned}
p_B &= p_A + \frac{1}{2}\rho v_A^2 - \frac{1}{2}\rho v_B^2 - \rho g(h_B - h_A) \\
&= \left(2 \times 10^5 + \frac{1}{2} \times 1000 \times 12^2 - \frac{1}{2} \times 1000 \times 20^2 - 1000 \times 9.8 \times 2\right) \text{Pa} \\
&= 5.24 \times 10^4 \text{Pa}
\end{aligned}$$

4.10　解：设水面为参考面，则有 A、B 点的高度为零，C 点的高度为 2.5m，D 点的高度为 -4.5m。

（1）取虹吸管为细流管，对于流线 $ABCD$ 上的 A、D 点，根据伯努利方程有

$$\rho g h_A + \frac{1}{2}\rho v_A^2 + p_A = \rho g h_D + \frac{1}{2}\rho v_D^2 + p_D$$

由连续性方程有 $v_A = \frac{S_D}{S_A}v_D$，因 S_A 远大于 S_D，所以 v_A 可以忽略不计，$p_A = p_D = p_0$。整理后得

$$v_D = \sqrt{2g(h_A - h_D)} = \sqrt{90}\text{m} \cdot \text{s}^{-1}$$

$$Q_D = S_D v_D = \left[\pi(1.5 \times 10^{-2})^2 \times \sqrt{90}\right]\text{m}^3 \cdot \text{s}^{-1} = 6.7 \times 10^{-3}\text{m}^3 \cdot \text{s}^{-1}$$

（2）对于同一流线上 A、B 点，应用伯努利方程有

$$p_A + \frac{1}{2}\rho v_A^2 = p_B + \frac{1}{2}\rho v_B^2$$

$$p_B = p_0 - \frac{1}{2}\rho v_B^2$$

代入数据后得

$$p_B = 5.6 \times 10^4 \text{Pa}$$

同理可求得

$$p_C = 3.1 \times 10^4 \text{Pa}$$

第 5 章

思考题

5.1　它对圆心的角动量 Rmv 是常量，它相对于圆周上某一点的角动量不是常量。

5.2　一质点作匀速直线运动，则该质点对直线外某一个确定的 O 点的角动量是常量；若质点作匀加速直线运动，则该质点对 O 点的角动量不是常量，角动量的变化率是常量。

5.3 在彗星绕太阳轨道运转过程中，只受万有引力作用，万有引力对太阳不产生力矩，系统角动量守恒。近日点 r 小 v 大，远日点 r 大 v 小。

这就是为什么彗星运转周期为几十年，而经过太阳时只有很短的几周时间。彗星接近太阳时势能转换成动能，而远离太阳时，动能转换成势能。

5.4 对这一力学现象可根据角动量守恒定律来解释。例如，旋转着的芭蕾舞演员要加快旋转时，总是将双手收回身边，这时演员质量分布靠近转轴，转动惯量变小，转动速度加快，转动动能增加。

5.5 解：质点受到的是一个有心力，故其角动量守恒：
$$L = mrv = mr^2\omega = 常量$$
显然，角速度反比于半径的平方，即
$$\omega \propto 1/r^2$$

习题

一、选择题

5.1 B；5.2 C；5.3 B；5.4 C；5.5 B

二、填空题

5.6 角动量守恒；增加

5.7 守恒

5.8 $\dfrac{1}{12}m_1L^2 + \dfrac{1}{4}mL^2 + \dfrac{1}{48}m_2L^2$

三、计算题

5.9 解：（1）$J_C = m\left(\dfrac{l}{\sqrt{3}}\right)^2 + m\left(\dfrac{l}{\sqrt{3}}\right)^2 + m\left(\dfrac{l}{\sqrt{3}}\right)^2$

$$= \dfrac{1}{3}m'l^2\,(m' = 3m)$$

（2）$J_A = ml^2 + ml^2 = \dfrac{2}{3}m'l^2$

（3）$J_A = ml^2 + 2ml^2 = m'l^2$

讨论：（1）J 与质量有关［见（1）、（2）、（3）结果］；

（2）J 与轴的位置有关［比较（1）、（2）结果］；

（3）J 与刚体质量分布有关［比较（2）、（3）结果］。

5.10 解：对各物体作受力分析，如习题 5.10 解图所示。

$$m_1:\ F_{T1} - m_1g = m_1a_1$$
$$m_2:\ m_2g - F_{T2} = m_2a_2$$

由转动定律有 $\quad R_2F_{T2} - R_1F_{T1} = J\beta$

其中

$$J = \dfrac{1}{2}m_1'R_1^2 + \dfrac{1}{2}m_2'R_2^2$$

由运动学关系有

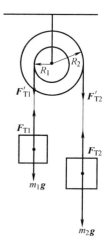

习题 5.10 解图

$$\beta = \frac{a_1}{R_1} = \frac{a_2}{R_2}$$

解得

$$\beta = \frac{(m_2 R_2 - m_1 R_1)g}{(m_1'/2 + m_1)R_1^2 + (m_2'/2 + m_2)R_2^2}$$

5.11　解：(1) 对物体 A 和 B 进行受力分析，并由牛顿第二定律得

$$m_2 g - F_{T2} = m_2 a \qquad\qquad ①$$

$$F_{T1} - m_1 g\sin\theta - \mu m_1 g\cos\theta = ma \qquad\qquad ②$$

对定滑轮，由转动定律可得

$$F_{T2}R - F_{T1}R = J\beta \qquad\qquad ③$$

由于绳的质量及伸长均不计，绳与滑轮间无滑动，滑轮轴光滑，所以

$$a = r\beta \qquad\qquad ④$$

联立式①～式④得

$$a = \frac{m_2 g - m_1 g\sin\theta - \mu m_1 g\cos\theta}{m_1 + m_2 + \dfrac{J}{r^2}}$$

(2)　　$$F_{T1} = \frac{m_1 m_2 g(1 + \sin\theta + \mu\cos\theta) + (\sin\theta + \mu\cos\theta)m_1 g J/r^2}{m_1 + m_2 + \dfrac{J}{r^2}}$$

$$F_{T2} = \frac{m_1 m_2 g(1 + \sin\theta + \mu\cos\theta) + m_2 g J/r^2}{m_1 + m_2 + \dfrac{J}{r^2}}$$

5.12　解：设 a_1、a_2 和 β 分别为 m_1、m_2 和柱体的加速度及角加速度，方向如习题 5.12 解图所示。

(1) m_1、m_2 和柱体的运动方程如下：

$$F_{T2} - m_2 g = m_2 a_2 \qquad ①$$

$$m_1 g - F_{T1} = m_1 a_1 \qquad ②$$

$$F_{T1}'R - F_{T2}'r = J\beta \qquad ③$$

式中，$F_{T1}' = F_{T1}$，$F_{T2}' = F_{T2}$，$a_2 = r\beta$，$a_1 = R\beta$，而

$$J = \frac{1}{2}mR^2 + \frac{1}{2}m'r^2$$

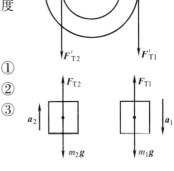

习题 5.12 解图

由上式求得

$$\beta = \frac{Rm_1 - rm_2}{J + m_1 R^2 + m_2 r^2}g$$

$$= \left(\frac{0.2 \times 2 - 0.1 \times 2}{\dfrac{1}{2} \times 10 \times 0.20^2 + \dfrac{1}{2} \times 4 \times 0.10^2 + 2 \times 0.20^2 + 2 \times 0.10^2} \times 9.8\right)\mathrm{rad \cdot s^{-2}}$$

$$= 6.13\ \mathrm{rad \cdot s^{-2}}$$

(2) 由式①有

$$F_{T2} = m_2 r\beta + m_2 g = (2 \times 0.10 \times 6.13 + 2 \times 9.8)\mathrm{N} = 20.8\ \mathrm{N}$$

由式②有

$$F_{T1} = m_1 g - m_1 R\beta = (2 \times 9.8 - 2 \times 0.2 \times 6.13)\text{N} = 17.1\text{N}$$

5.13 解：（1）摩擦力矩 $\quad M = -\dfrac{L}{2}\mu mg$

（2） $\quad M = -\dfrac{L}{2}\mu mg = J\beta = \dfrac{1}{3}mL^2\beta$

所以 $\quad \beta = -\dfrac{3}{2}\dfrac{\mu g}{L}$

从 ω_0 到停止转动共经历的时间，设为 t，则

$$\omega = \omega_0 + \beta t = \omega_0 - \dfrac{3}{2}\dfrac{\mu g}{L}t = 0$$

解得 $\quad t = \dfrac{2}{3}\dfrac{\omega_0 L}{\mu g}$

5.14 解：（1）先作闸杆和飞轮的受力分析图，如习题 5.14 解图所示。图中 F_N、F_N' 是正压力，F_r、F_r' 是摩擦力，F_x 和 F_y 是杆在 A 点转轴处所受支承力，P 是轮的重力，F_R 是轮在 O 轴处所受支承力。

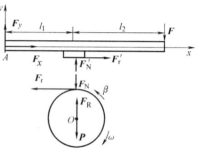

习题 5.14 解图

杆处于静止状态，所以对 A 点的合力矩应为零，设闸瓦厚度不计，则有

$$F(l_1 + l_2) - F_N' l_1 = 0$$

解得 $\quad F_N' = \dfrac{l_1 + l_2}{l_1}F$

对飞轮，按转动定律有 $\beta = -F_r R/J$，式中负号表示 β 与角速度 ω 方向相反。

因 $\quad F_r = \mu F_N, \quad F_N = F_N'$

所以 $\quad F_r = \mu F_N' = \mu \dfrac{l_1 + l_2}{l_1}F$

又因 $\quad J = \dfrac{1}{2}mR^2$

所以 $\quad \beta = -\dfrac{F_r R}{J} = \dfrac{-2\mu(l_1 + l_2)}{mRl_1}F \qquad\qquad (*)$

以 $F = 100\text{N}$ 等代入上式，得

$$\beta = \left(\dfrac{-2 \times 0.40 \times (0.50 + 0.75)}{60 \times 0.25 \times 0.50} \times 100\right)\text{rad} \cdot \text{s}^{-2} = -\dfrac{40}{3}\text{rad} \cdot \text{s}^{-2}$$

由此可算出自施加制动闸开始到飞轮停止转动的时间为

$$t = -\dfrac{\omega_0}{\beta} = \dfrac{900 \times 2\pi \times 3}{60 \times 40}\text{s} = 7.06\text{s}$$

这段时间内飞轮的角位移为

$$\phi = \omega_0 t + \dfrac{1}{2}\beta t^2 = \left[\dfrac{900 \times 2\pi}{60} \times \dfrac{9}{4}\pi - \dfrac{1}{2} \times \dfrac{40}{3} \times \left(\dfrac{9}{4}\pi\right)^2\right]\text{rad}$$

$$= (53.1 \times 2\pi)\text{rad}$$

可知在这段时间里，飞轮转了 53.1 转。

（2）$\omega_0 = \left(900 \times \dfrac{2\pi}{60}\right) \text{rad} \cdot \text{s}^{-1}$，要求飞轮转速在 $t = 2\text{s}$ 内减少一半，可知

$$\beta = \frac{\dfrac{\omega_0}{2} - \omega_0}{t} = -\frac{\omega_0}{2t} = -\frac{15\pi}{2}\text{rad} \cdot \text{s}^{-2}$$

用上面式（＊）所示的关系，可求出所需的制动力为

$$F = -\frac{mRl_1\beta}{2\mu(l_1 + l_2)}$$

$$= \frac{60 \times 0.25 \times 0.50 \times 15\pi}{2 \times 0.40 \times (0.50 + 0.75) \times 2}\text{N}$$

$$= 177\text{N}$$

5.15　解：两个轮组成一个定轴刚体系统，由于啮合过程很短，外力矩对系统的冲量可以忽略不计，故系统的角动量守恒，有

$$J_1\omega_1 = (J_1 + J_2)\omega$$

可得

$$\omega = \frac{J_1\omega_1}{J_1 + J_2}$$

5.16　解：（1）由转动定律，有

$$mg\frac{1}{2} = \left(\frac{1}{3}ml^2\right)\beta$$

所以

$$\beta = \frac{3g}{2l}$$

（2）由机械能守恒定律，有

$$mg\frac{l}{2}\sin\theta = \frac{1}{2}\left(\frac{1}{3}ml^2\right)\omega^2$$

所以

$$\omega = \sqrt{\frac{3g\sin\theta}{l}}$$

5.17　分析：根据棒所受的力矩，运用转动定律即可求棒的角加速度。

解：当棒与水平面成 $60°$ 角并开始下落时，根据转动定律有

$$M = J\beta$$

其中

$$M = \frac{1}{2}mgl\sin30° = \frac{mgl}{4}$$

于是

$$\beta = \frac{M}{J} = \frac{3g}{4l} = 7.35\text{rad} \cdot \text{s}^{-2}$$

当棒转动到水平位置时，有

$$M = \frac{1}{2}mgl$$

那么

$$\beta = \frac{M}{J} = \frac{3g}{2l} = 14.7\text{rad/s}^{-2}$$

5.18 解：（1）设棒经小球碰撞后得到的初角速度为 ω，而小球的速度变为 v，按题意，小球和棒作弹性碰撞，所以碰撞时遵从角动量守恒定律和机械能守恒定律，可列式：

$$m_0 v_0 l = J\omega + m_0 v l \qquad ①$$

$$\frac{1}{2} m_0 v_0^2 = \frac{1}{2} J\omega^2 + \frac{1}{2} m_0 v^2 \qquad ②$$

上两式中 $J = \frac{1}{3} ml^2$，碰撞过程极为短暂，可认为棒没有显著的角位移；碰撞后，棒从竖直位置上摆到最大角度 $\theta = 30°$，按机械能守恒定律有

$$\frac{1}{2} J\omega^2 = mg \frac{l}{2}(1 - \cos 30°) \qquad ③$$

由式③得

$$\omega = \left[\frac{mgl}{J}(1 - \cos 30°) \right]^{\frac{1}{2}} = \left[\frac{3g}{l}\left(1 - \frac{\sqrt{3}}{2}\right) \right]^{\frac{1}{2}}$$

由式①有

$$v = v_0 - \frac{J\omega}{m_0 l} \qquad ④$$

由式②有

$$v^2 = v_0^2 - \frac{J\omega^2}{m_0} \qquad ⑤$$

所以

$$\left(v_0 - \frac{J\omega}{m_0 l} \right)^2 = v_0^2 - \frac{1}{m_0}\omega^2$$

求得

$$v_0 = \frac{l\omega}{2}\left(1 + \frac{J}{m_0 l^2} \right) = \frac{l}{2}\left(1 + \frac{1}{3}\frac{m}{m_0} \right)\omega$$

$$= \frac{\sqrt{6(2 - \sqrt{3})}}{12} \frac{3m_0 + m}{m_0} \sqrt{gl}$$

（2）相碰时小球受到的冲量为

$$\int F dt = \Delta m_0 v = m_0 v - m_0 v_0$$

由式①求得

$$\int F dt = m_0 v - m_0 v_0 = -\frac{J\omega}{l} = -\frac{1}{3}ml\omega$$

$$= -\frac{\sqrt{6(2 - \sqrt{3})}m}{6} \sqrt{gl}$$

负号说明所受冲量的方向与初速度方向相反。

5.19 解：（1）碎片离盘瞬时的线速度即是它上升的初速度

$$v_0 = R\omega$$

设碎片上升高度 h 时的速度为 v，则有

$$v^2 = v_0^2 - 2gh$$

令 $v=0$，可求出上升最大高度为

$$H = \frac{v_0^2}{2g} = \frac{1}{2g} R^2 \omega^2$$

（2）圆盘的转动惯量 $J = \frac{1}{2} mR^2$，碎片抛出后圆盘的转动惯量 $J' = \frac{1}{2} mR^2 - m_0 R^2$。碎片脱离前，盘的角动量为 $J\omega$；碎片刚脱离后，碎片与破盘之间的内力变为零，但内力不影响系统的总角动量，碎片与破盘的总角动量应守恒，即

$$J\omega = J'\omega' + m_0 v_0 R$$

式中，ω' 为破盘的角速度。于是

$$\frac{1}{2} mR^2 \omega = \left(\frac{1}{2} mR^2 - m_0 R^2 \right)\omega' + m_0 v_0 R$$

$$\left(\frac{1}{2} mR^2 - m_0 R^2 \right)\omega = \left(\frac{1}{2} mR^2 - m_0 R^2 \right)\omega'$$

得 $\omega' = \omega$（角速度不变）。

　　圆盘余下部分的角动量为

$$\left(\frac{1}{2} mR^2 - m_0 R^2 \right)\omega$$

转动动能为

$$E_k = \frac{1}{2} \left(\frac{1}{2} mR^2 - m_0 R^2 \right)\omega^2$$

5.20　解：（1）射入的过程对 O 轴的角动量守恒：

$$R\sin\theta m_0 v_0 = (m + m_0) R^2 \omega$$

所以

$$\omega = \frac{m_0 v_0 \sin\theta}{(m + m_0) R}$$

（2）

$$\frac{E_k}{E_{k0}} = \frac{\frac{1}{2} \left[(m + m_0) R^2 \right] \left[\frac{m_0 v_0 \sin\theta}{(m + m_0) R} \right]^2}{\frac{1}{2} m_0 v_0^2} = \frac{m_0 \sin^2\theta}{m + m_0}$$

5.21　解：子弹以速度 v_0 沿水平方向并垂直于弹簧轴线射向滑块且留在其中，设碰撞后子弹与滑块的共同速度为 v，此碰撞过程动量守恒，有

$$mv_0 = (m' + m) v$$

碰撞后子弹与滑块的共同速度为

$$v = \frac{mv_0}{m' + m}$$

设弹簧被拉伸至长度 l 时，滑块速度的大小为 v'，在弹簧被拉伸过程中，系统机械能守恒，有

$$\frac{1}{2} k(l - l_0)^2 = \frac{1}{2} (m' + m) v^2 - \frac{1}{2} (m' + m) v'^2$$

$$= \frac{1}{2} (m' + m) \left(\frac{mv_0}{m' + m} \right)^2 - \frac{1}{2} (m' + m) v'^2$$

所以有
$$v' = \sqrt{\left(\frac{m}{m'+m}\right)^2 v_0^2 - \frac{k(l-l_0)^2}{m'+m}}$$

在上述过程中，滑块在水平面只受指向 O 点的弹性有心力，故滑块对 O 点的角动量守恒，设 θ 为滑块速度方向与弹簧连线方向的夹角。则有

$$l_0(m'+m)v = l(m'+m)v'\sin\theta$$

可得
$$\theta = \arcsin\frac{ml_0v_0}{l(m'+m)}\left[v_0^2\frac{m}{(m'+m)^2} - \frac{k(l-l_0)^2}{(m'+m)}\right]^{-\frac{1}{2}}$$

5.22 解：系统沿竖直轴无外力矩作用，角动量守恒

$$J_1\omega_1 = J_2\omega_2$$
$$J_1 \cdot 2\pi n_1 = J_2 \cdot 2\pi n_2$$
$$n_2 = n_1\frac{J_1}{J_2} = 37.5\text{r} \cdot \min^{-1}$$

在人两臂收回时，臂力（内力）做了功，系统机械能不守恒。由动能定理，臂力做功

$$A = \frac{1}{2}J_2\omega_2^2 - \frac{1}{2}J_1\omega_1^2 = 3.70\text{J}$$

第6章

思考题

6.1 振动物体的回复力与物体的位移成正比、方向相反，这样的振动就是简谐振动。(1)、(4)不是简谐振动；(2)、(3)、(5)是简谐振动。

6.2 简谐振动物体的速度相位超前简谐振动物体的位移相位 $\frac{\pi}{2}$；简谐振动物体的加速度相位超前简谐振动物体的速度相位 $\frac{\pi}{2}$；简谐振动物体的加速度相位与简谐振动物体的位移相位反相。

6.3 相同。

6.4 振幅差的绝对值；振幅大的那个相位的初相位；振幅和，相位同相。

6.5 两个简谐振动的频率相同、振动方向相互垂直、相位差为 $\pm\frac{\pi}{2}$。

6.6 两个合振动的振动方向、频率不同，且当 ω_1 和 ω_2 都比较大，且 ω_1 和 ω_2 相差很小，即 $(\omega_1 + \omega_2) \gg |\omega_2 - \omega_1|$ 时，合振幅从 $2A$ 到 0 周期性地缓慢变化，这种现象称为拍。可以看作一个高频率振动的振幅受一个低频率振动的调制。

合振动的振幅为 $\left|2A\cos\left(\frac{\omega_2 - \omega_1}{2}\right)t\right|$。

合振幅每变化一周称为一拍，单位时间内拍的次数称为拍频。拍频为 $\nu' = \frac{\omega'}{2\pi} = \left|\frac{\omega_2}{2\pi} - \frac{\omega_1}{2\pi}\right| = |\nu_2 - \nu_1|$ 等于两个分振动频率之差。

6.7 （1）振动的空间传播过程称为波动。

（2）振动是指一个孤立的系统（也可是介质中的一个质元）在某固定平衡位置附近所作的往复运动，系统离开平衡位置的位移是时间的周期性函数，即可表示为 $y = f(t)$；波动是振动在连续介质中的传播过程，此时介质中所有质元都在各自的平衡位置附近作振动，因此介质中任一质元离开平衡位置的位移既是坐标位置 x，又是时间 t 的函数，即 $y = f(x, t)$。

（3）形成机械波必须具备两个条件：第一要有作机械振动的物体，即波源；第二要有连续的介质，作为振动传播的媒质。

（4）在谐振动方程 $y = f(t)$ 中只有一个独立的变量时间 t，它描述的是介质中一个质元偏离平衡位置的位移随时间变化的规律；平面谐波方程 $y = f(x, t)$ 中有两个独立变量，即坐标位置 x 和时间 t，它描述的是介质中所有质元偏离平衡位置的位移随坐标和时间变化的规律。

当谐波方程 $y = A\cos\omega\left(t - \dfrac{x}{u}\right)$ 中的坐标位置给定后，即可得到该点的振动方程，而波源持续不断地振动又是产生波动的必要条件之一。

（5）振动曲线 $y = f(t)$ 描述的是一个质点的位移随时间变化的规律，因此，其纵轴为 y，横轴为 t；波动曲线 $y = f(x, t)$ 描述的是介质中所有质元的位移随位置、时间变化的规律，其纵轴为 y，横轴为 x。每一幅图只能给出某一时刻质元的位移随坐标位置 x 变化的规律，即只能给出某一时刻的波形图，不同时刻的波动曲线就是不同时刻的波形图。

6.8　答：波动方程中的 x/u 表示了介质中坐标位置为 x 的质元的振动落后于原点的时间；φ_0 表示 $t = 0$ 时刻原点振动的初相位；不一定；计时开始的时刻；x 的正方向传播；$\dfrac{\omega x}{u}$ 则表示 x 处质元比原点落后的振动相位；设 t 时刻的波动方程为

$$y_t = A\cos\left(\omega t - \frac{\omega x}{u} + \varphi_0\right)$$

则 $t + \Delta t$ 时刻的波动方程为

$$y_{t + \Delta t} = A\cos\left[\omega(t + \Delta t) - \frac{\omega(x + \Delta x)}{u} + \varphi_0\right]$$

其表示在时刻 t、位置 x 处的振动状态，经过 Δt 后传播到 $x + u\Delta t$ 处。所以在 $\left(\omega t - \dfrac{\omega x}{u}\right)$ 中，当 t、x 均增加时，$\left(\omega t - \dfrac{\omega x}{u}\right)$ 的值不会变化，而这正好说明了经过时间 Δt，波形即向前传播了 $\Delta x = u\Delta t$ 的距离，说明 $y = A\cos\left(\omega t - \dfrac{\omega x}{u} + \varphi_0\right)$ 描述的是一列行进中的波，故谓之行波方程。

6.9　振幅、波长和波速改变；频率不变。

6.10　我们在讨论波动能量时，实际上讨论的是介质中某个小体积元 dV 内所有质元的能量。波动动能当然是指质元振动动能，其与振动速度平方成正比，波动势能则是指介质的形变势能。形变势能由介质的相对形变量（即应变量）决定。如果取波动方程为 $y = f(x, t)$，则相对形变量（即应变量）为 $\partial y / \partial x$。波动势能则是与 $\partial y / \partial x$ 的平方成正比。由波动曲线图（思考题 6.10 解图）可知，在波峰、波谷处，波动动能极小（此处振动速度为

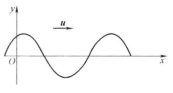

思考题 6.10 解图

零），而在该处的应变也为极小（该处 $\partial y / \partial x = 0$），所以在波峰、波谷处波动势能也为极小；在平衡位置处波动动能为极大（该处振动速度极大），而在该处的应变也是最大（该处是曲线的拐点），当然波动势能也为最大。这就说明了在介质中波动动能与波动势能是同步变化的，即具有相同的量值。

对于一个孤立的谐振动系统，是一个孤立的保守系统，机械能守恒，即振子的动能与势能之和保持为一个常数，而动能与势能在不断地转换，所以动能和势能不可能同步变化。

6.11　相同。不同。

6.12　（1）、（2）、（3）不能；（4）可以。

6.13　2倍；是；$\sqrt{2}$。

6.14　振动在水中传播，从而形成驻波。

6.15　根据驻波方程可知，各质点都在作与原频率相同的简谐振动，但各点的振幅随位置的不同而不同。由于驻波方程不满足行波方程，所以不表示行波。不为零。

习题

一、填空题

6.1　（1）$n + 0.5$（n 为整数）；（2）n（n 为整数）；（3）$2n + 0.5$（n 为整数）

6.2　10cm；$\dfrac{\pi}{6}$；$\dfrac{\pi}{3}$

6.3　-0.14m；-0.89m·s^{-1}；5.59m·s^{-2}；7.10×10^{-3}N；1.00×10^{-3}J；1.00×10^{-3}J

6.4　4×10^{-2}m；$\dfrac{\pi}{2}$

6.5　10；$\dfrac{1}{8}$

6.6　0；a/v

6.7　$y = 12.0 \times 10^{-2} \cos 20\pi t \cos \dfrac{\pi x}{2}$（m）；1m、3m、5m、7m、9m；0m、2m、4m、6m、8m、10m

6.8　$A\cos 2\pi(\nu t + x/\lambda)$；$2A\cos 2\pi \nu t \cos 2\pi x/\lambda$

二、选择题

6.9　A；6.10　A；6.11　A；6.12　B；6.13　C；6.14　A；6.15　D；6.16　B；6.17　C；6.18　C；6.19　D；6.20　B 和 D；6.21　C；6.22　A；6.23　C、D；6.24　A；6.25　B；6.26　B

三、计算题

6.27　（1）0.02m，50Hz，100πrad·s^{-1}，0.02s，π/3；（2）0.01m，-5.44m·s^{-1}，-985.96m·s^{-2}

6.28　（1）$x = 4 \times 10^{-2} \cos(0.4\pi - \pi/2)$（m）；（2）0.42s

6.29　解：由图 6-40a：因为 $t = 0$ 时，$x_0 = 0$，$v_0 > 0$，所以 $\varphi_0 = \dfrac{3}{2}\pi$，又 $A = 10$cm，$T = 2$s，即

$$\omega = \frac{2\pi}{T} = \pi \text{rad} \cdot \text{s}^{-1}$$

故
$$x_a = 0.1 \cos\left(\pi t + \frac{3}{2}\pi\right)(\text{m})$$

由图 6-40b，因 $t = 0$ 时，$x_0 = \frac{A}{2}$，$v_0 > 0$，所以

$$\varphi_0 = \frac{5\pi}{3}$$

$t_1 = 0$ 时，$x_1 = 0$，$v_1 < 0$，所以

$$\varphi_1 = 2\pi + \frac{\pi}{2}$$

又
$$\varphi_1 = \omega \times 1 + \frac{5}{3}\pi = \frac{5}{2}\pi$$

得
$$\omega = \frac{5}{6}\pi \text{rad} \cdot \text{s}^{-1}$$

故
$$x_b = 0.1 \cos\left(\frac{5}{6}\pi t + \frac{5\pi}{3}\right)(\text{m})$$

6.30　解：由题知　$k = \dfrac{m_1 g}{x_1} = \dfrac{1.0 \times 10^{-3} \times 9.8}{4.9 \times 10^{-2}} \text{N} \cdot \text{m}^{-1} = 0.2 \text{N} \cdot \text{m}^{-1}$

而 $t = 0$ 时，　　　$x_0 = -1.0 \times 10^{-2} \text{m}$，$v_0 = 5.0 \times 10^{-2} \text{m} \cdot \text{s}^{-1}$（设向上为正）

又
$$\omega = \sqrt{\frac{k}{m}} = \sqrt{\frac{0.2}{8 \times 10^{-3}}} = 5 \text{rad} \cdot \text{s}^{-1}$$

即
$$T = \frac{2\pi}{\omega} = 1.26 \text{s}$$

所以
$$A = \sqrt{x_0^2 + \left(\frac{v_0}{\omega}\right)^2}$$
$$= \sqrt{(1.0 \times 10^{-2})^2 + \left(\frac{5.0 \times 10^{-2}}{5}\right)^2} \text{m}$$
$$= \sqrt{2} \times 10^{-2} \text{m}$$

$$\tan\varphi_0 = -\frac{v_0}{x_0 \omega} = \frac{5.0 \times 10^{-2}}{1.0 \times 10^{-2} \times 5} = 1$$

即
$$\varphi_0 = \frac{5\pi}{4}$$

所以
$$x = \sqrt{2} \times 10^{-2} \cos\left(5t + \frac{5}{4}\pi\right)(\text{m})$$

6.31　解：(1)设谐振动的标准方程为 $x = A\cos(\omega t + \varphi_0)$，则知

$$A = 0.1 \text{m}，\omega = 8\pi$$

所以
$$T = \frac{2\pi}{\omega} = \frac{1}{4} \text{s}，\varphi_0 = 2\pi/3$$

又
$$|v_m| = \omega A = 0.8\pi \text{m} \cdot \text{s}^{-1} = 2.51 \text{m} \cdot \text{s}^{-1}$$
$$|a_m| = \omega^2 A = 63.2 \text{m} \cdot \text{s}^{-2}$$

（2）
$$|F_m| = ma_m = 0.63\text{N}$$

$$E = \frac{1}{2}mv_m^2 = 3.16 \times 10^{-2}\text{J}$$

$$\overline{E}_p = \overline{E}_k = \frac{1}{2}E = 1.58 \times 10^{-2}\text{J}$$

当 $E_k = E_p$ 时，有 $E = 2E_p$，即

$$\frac{1}{2}kx^2 = \frac{1}{2} \cdot \left(\frac{1}{2}kA^2\right)$$

所以
$$x = \pm\frac{\sqrt{2}}{2}A = \pm\frac{\sqrt{2}}{20}\text{m}$$

（3）
$$\Delta\varphi = \omega(t_2 - t_1) = 8\pi(5-1) = 32\pi$$

6.32　（1）2.09s；（2）9.17cm

6.33　（1）$x = 0.03\cos(4\pi t + \pi/3)$；（2）$x = 0.03\cos(4\pi t - 2\pi/3)$

6.34　解：因为
$$\begin{cases} x_0 = A\cos\varphi_0 \\ v_0 = -\omega A\sin\varphi_0 \end{cases}$$

将以上初值条件代入上式，使两式同时成立之值即为该条件下的初相位，故有

$$\varphi_1 = \pi, \quad x = A\cos\left(\frac{2\pi}{T}t + \pi\right)$$

$$\varphi_2 = \frac{3}{2}\pi, \quad x = A\cos\left(\frac{2\pi}{T}t + \frac{3}{2}\pi\right)$$

$$\varphi_3 = \frac{\pi}{3}, \quad x = A\cos\left(\frac{2\pi}{T}t + \frac{\pi}{3}\right)$$

$$\varphi_4 = \frac{5\pi}{4}, \quad x = A\cos\left(\frac{2\pi}{T}t + \frac{5}{4}\pi\right)$$

6.35　（1）0.08m；（2）±0.0566m；（3）±0.8m·s^{-1}

6.36　解：（1）因为
$$\Delta\varphi = \varphi_2 - \varphi_1 = \frac{7\pi}{3} - \frac{\pi}{3} = 2\pi$$

所以合振幅
$$A = A_1 + A_2 = 10\text{cm}$$

（2）因为
$$\Delta\varphi = \frac{4\pi}{3} - \frac{\pi}{3} = \pi$$

所以合振幅
$$A = 0$$

6.37　（1）$3\pi/4$；（2）0.625s，1.25s

6.38　（1）0.89s；（2）2.5m·s^{-2}，向下，－29.2N；（3）0.074s；（4）不会离开；（5）－19.6cm

6.39　波形曲线表示的是某一时刻波线上所有质点偏离平衡位置的振动位移的分布图。将波形曲线沿波的传播方向平移，就是下一时刻波线上质点偏离平衡位置的位移分布，据此可确定各质点的运动方向，如习题6.39解图a所示。将波形曲线图6-41沿波的传播方向平移 $\lambda/4$ 就是经过 $T/4$ 后的波形曲线，如习题6.39解图b所示。

6.40　6.9×10^{-4}Hz；1.08h

6.41　解：（1）将题给方程与标准式

$$y = A\cos\left(2\pi\nu t - \frac{2\pi}{\lambda}x\right)$$

相比，得振幅 $A = 0.05\text{m}$，频率 $\nu = 5\text{s}^{-1}$，波长 $\lambda = 0.5\text{m}$，波速 $u = \lambda\nu = 2.5\text{m}\cdot\text{s}^{-1}$。

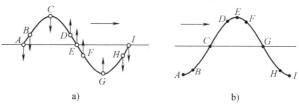

习题 6.39 解图

（2）绳上各点的最大速度、最大加速度分别为

$$v_{\max} = \omega A = (10\pi\times0.05)\text{m}\cdot\text{s}^{-1} = 0.5\pi\text{m}\cdot\text{s}^{-1}$$

$$a_{\max} = \omega^2 A = [(10\pi)^2\times0.05]\text{m}\cdot\text{s}^{-1} = 5\pi^2\text{m}\cdot\text{s}^{-2}$$

（3）$x = 0.2\text{m}$ 处的振动比原点落后的时间为

$$\frac{x}{u} = \frac{0.2}{2.5}\text{s} = 0.08\text{s}$$

故 $x = 0.2\text{m}$、$t = 1\text{s}$ 时的相位就是原点（$x = 0$）在 $t_0 = (1 - 0.08)\text{s} = 0.92\text{s}$ 时的相位，即

$$\varphi = 9.2\pi$$

设这一相位所代表的运动状态在 $t = 1.25\text{s}$ 时刻到达 x 点，则

$$x = x_1 + u(t - t_1) = [0.2 + 2.5\times(1.25 - 1.0)]\text{m} = 0.825\text{m}$$

6.42　（1）$y = A(x)\cos\left[200\pi\left(t - \dfrac{x}{400}\right) - \dfrac{\pi}{2}\right]$，其中 $A(x)$ 代表 x 处质点振动时的振幅。

（2）$y_{16} = A_{16}\cos\left(200\pi t - \dfrac{17\pi}{2}\right)$，$y_{20} = A_{20}\cos\left(200\pi t - \dfrac{21\pi}{2}\right)$，$\varphi_{16} = -\dfrac{17\pi}{2}$，$\varphi_{20} = -\dfrac{21\pi}{2}$

（3）$\Delta\varphi = \dfrac{\pi}{2}$

6.43　解：（1）波峰位置坐标应满足

$$\pi(4t + 2x) = 2k\pi$$

解得 $\qquad\qquad\qquad x = (k - 8.4)\text{m}\qquad (k = 0, \pm1, \pm2, \cdots)$

所以离原点最近的波峰位置为 -0.4m。

因为 $4\pi t + 2\pi t = \omega t + \dfrac{\omega x}{u}$　故知 $u = 2\text{m}\cdot\text{s}^{-1}$，所以

所以 $\Delta t' = \dfrac{-0.4}{2}\text{s} = 0.2\text{s}$，这就是说该波峰在 0.2s 前通过原点，那么从计时时刻算起，则应是 $(4.2 - 0.2)\text{s} = 4\text{s}$，即该波峰是在 4s 时通过原点的。

（2）因 $\omega = 4\pi$，$u = 2\text{m}\cdot\text{s}^{-1}$，所以

$$\lambda = uT = u\frac{2\pi}{\omega} = 1\text{m}$$

又 $x = 0$ 处，$t = 4.2\text{s}$ 时，有

$$\varphi_0 = 4.2\times4\pi = 16.8\pi$$

$$y_0 = A\cos(4\pi \times 4.2) = -0.8A$$

又，当 $y = -A$ 时，$\varphi_x = 17\pi$，则应有

$$16.8\pi + 2\pi x = 17\pi$$

解得 $x = 0.1\text{m}$，故 $t = 4.2\text{s}$ 时的波形图如习题 6.43 解图所示。

6.44 解：由习题 6.44 解图 a 可知 $A = 0.1\text{m}$，t $= 0$ 时，$y_0 = \dfrac{A}{2}$，$v_0 < 0$，所以 $\varphi_0 = \dfrac{\pi}{3}$，由题知 $\lambda = $ 2m，$u = 10\text{m} \cdot \text{s}^{-1}$，则

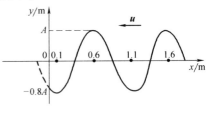

习题 6.43 解图

$$\nu = \frac{u}{\lambda} = \frac{10}{2}\text{Hz} = 5\text{Hz}$$

所以 $$\omega = 2\pi\nu = 10\pi\text{rad} \cdot \text{s}^{-1}$$

（1）波动方程为

$$y = 0.1\cos\left[10\pi\left(t - \frac{x}{10}\right) + \frac{\pi}{3}\right](\text{m})$$

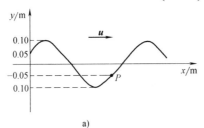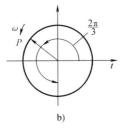

a) b)

习题 6.44 解图

（2）由习题 6.44 图知，$t = 0$ 时，$y_P = -\dfrac{A}{2}$，$v_P < 0$，则

$$\varphi_P = \frac{-4\pi}{3}(P \text{ 点的相位应落后于 } 0 \text{ 点，故取负值})$$

所以 P 点的振动方程为

$$y_P = 0.1\cos\left(10\pi t - \frac{4}{3}\pi\right)$$

（3）因为 $$10\pi\left(t - \frac{x}{10}\right) + \frac{\pi}{3}\bigg|_{t=0} = -\frac{4}{3}\pi$$

所以可解得 $$x = \frac{5}{3}\text{m} = 1.67\text{m}$$

（4）根据（2）的结果可作出旋转矢量图如习题 6.44 解图 b 所示，则由 P 点回到平衡位置应经历的相位角

$$\Delta\varphi = \frac{\pi}{3} + \frac{\pi}{2} = \frac{5}{6}\pi$$

因此所需最短时间为

$$\Delta t = \frac{\Delta\varphi}{\omega} = \frac{5\pi/6}{10\pi}\text{s} = \frac{1}{12}\text{s}$$

6.45 （1）$1.58 \times 10^5\text{W} \cdot \text{m}^{-2}$；（2）$3.79 \times 10^3\text{J}$

6.46　(1)$\overline{w} = 3.03 \times 10^{-5} \text{J} \cdot \text{m}^{-3}$；(2)$w_{\max} = 6.06 \times 10^{-5} \text{J} \cdot \text{m}^{-3}$；(3)$W = 6.70 \times 10^{-7} \text{J}$。

6.47　7.2π

6.48　(1)$\Delta\varphi = 0$；(2)$0.4 \times 10^{-2} \text{m}$

6.49　解：(1)它们的合成波为

$$y = 0.06\cos(\pi x - 4\pi) + 0.06\cos(\pi x + 4\pi t)$$
$$= 0.12\cos\pi x\cos 4\pi t$$

出现了变量的分离，符合驻波方程特征，故绳子在作驻波振动。

令 $\pi x = k\pi$，则 $x = k$，$k = 0$，± 1，± 2，…，此即波腹的位置；

令 $\pi x = (2k+1)\dfrac{\pi}{2}$，则 $x = (2k+1)\dfrac{1}{2}$，$k = 0$，± 1，± 2，…，此即波节的位置。

(2)波腹处振幅最大，即为 0.12m；$x = 1.2\text{m}$ 处的振幅由下式决定，即

$$A_{\text{驻}} = \left| 0.12\cos(\pi \times 1.2) \right| \text{m} = 0.097\text{m}$$

6.50　(1)$1.5 \times 10^{-2}\text{m}$, $343.8\text{m} \cdot \text{s}^{-1}$；(2)$0.625\text{m}$；(3)$-46.2\text{m} \cdot \text{s}^{-1}$

6.51　40.5N

第 7 章

习题

选择题

7.1　D；7.2　B；7.3　B；7.4　C

第 8 章

思考题

8.1　答：平衡态的特征：①系统与外界在宏观上无能量和物质的交换；②系统的宏观性质不随时间改变。

热平衡态是指在无外界的影响下，不论系统初始状态如何，经过足够长的时间后，系统的宏观性质不随时间改变的稳定状态。它与稳定态或力学中的平衡不是一个概念，因为：①平衡态是一种热动平衡状态。处于平衡态的大量分子并不是静止的，它们仍在作热运动，而且因为碰撞，每个分子的速度经常在变，但是系统的宏观量不随时间改变。②平衡态是一种理想状态。③稳定态并不一定就是平衡态。

8.2　答：金属杆就是一个热力学系统。根据平衡态的定义，虽然杆上各点的温度将不随时间而改变，但是杆与外界(冰、沸水)仍有能量的交换。一个与外界不断地有能量交换的热力学系统所处的状态，显然不是平衡态。

8.3　答：温度是大量分子无规则热运动的集体表现，是一个统计概念，对个别分子无意义。温度的微观本质是分子平均平动动能的量度。

8.4　答：(1)$\dfrac{3}{2}kT$ 表示分子热运动的平均平动动能；

(2)$\dfrac{3}{2}RT$ 表示 1mol 理想气体分子平均平动动能总和；

（3）$\frac{i}{2}RT$ 表示 1mol 理想气体的内能；

（4）$\frac{i}{2}kT$ 表示拥有 i 个自由度的分子的平均动能；

（5）$\int_0^\infty f(v)\,\mathrm{d}v$ 表示分布在 $(0, \infty)$ 的速率区间内所有分子数与总分子数的比值；

（6）$\int_0^\infty vf(v)\,\mathrm{d}v$ 表示气体分子速率从 $(0, \infty)$ 整个区间内的平均速率；

（7）$\int_0^\infty v^2 f(v)\,\mathrm{d}v$ 表示气体分子速率从 $(0, \infty)$ 整个区间内速率平方的平均值。

8.5 答：人和艇的重量即为艇所排开水的重量。因此，白天和夜晚艇所排开水的体积不变，由于艇内所充气体的量不变，大气压不变，则所充气体的压强 p 也不变（忽略橡皮艇本身弹力的变化）。因此，从理想气体状态方程可见，当夜晚温度 T 降低后，充气橡皮艇体积 V 便缩小。为了使艇排开水的体积保持不变，所以到了夜晚，艇浸入水中的深度将增加。

8.6 答：对理想气体来说，$pV = \frac{m}{M}RT$ 总是适用的。假定 M 为空气的平均摩尔质量，对一定体积 V 来说，当压强 p 不变时，温度越低，则 m 越大。换句话说，把空气近似看作理想气体，在温度低的冬天，当大气压强 p 差别不大时，空气的密度 $\frac{m}{V}$ 比较大。

8.7 答：有区别。从微观上看：$p = \frac{2}{3}n\bar{\varepsilon}$。

当温度不变时，气体的压强随体积的减小而增大，这是因为：当 $\bar{\varepsilon}$ 一定时，体积越小，n 越大，即单位时间内碰撞到器壁的分子越多，则压强 p 就越大；当体积不变时，压强随温度的升高而增大，这是因为：当 n 一定时，$\bar{\varepsilon}$ 越大，即单位时间内分子对器壁的碰撞越厉害，则压强 p 就越大。

8.8 答：（1）一般来说，气体的宏观运动不会影响其微观的内动能，但是当容器忽然停止运动时，大量分子定向运动的动能将通过与器壁以及分子间的碰撞而转换为热运动的能量，会使容器内气体的温度有所升高。

（2）温度增加，其速度平方的平均值也作相应的增加。根据 $\bar{\varepsilon} = \frac{3}{2}kT = \frac{1}{2}m\overline{v^2}$，所以 $\overline{v^2} = \frac{3kT}{m}$，速度平方的平均值与温度成正比，与分子质量成反比。

（3）宏观量温度是一个统计概念，是大量分子无规则热运动的集体表现，是分子平均平动动能的量度，分子热运动是相对质心参考系的，平动动能是系统的内动能，温度与系统的整体运动无关，所以当容器再从静止加速到原来速度 $\boldsymbol{v}$，那么容器内理想气体的温度不会改变。

8.9 答：一个封闭的容器内各部分气体具有相同的温度和压强，并且不随时间而改变，通常就称该系统处于平衡状态。

（1）因为 $p = nkT$，当容器内各部分气体压强相同时，各部分气体仍可能具有不同的温度和密度，因而系统不一定是平衡态。

（2）同样道理，各部分温度相同时，如果各处密度不同，压强也可以不相同，所以系统也不一定是平衡态。

（3）$p = nkT$ 中，各部分压强 p 相同，密度处处相同，则各处的温度 T 也相同，因而系统一定是处于平衡状态。

8.10 答：一个分子的平均平动动能 $\bar{\varepsilon} = \dfrac{3}{2}kT$ 是一个统计平均值，表示了在一定条件下，大量分子作无规则运动时，其中任意一个分子在任意时刻的平动动能无确定的数值，但在任意一段微观很长而宏观很短的时间内，每个分子的平均平动动能都是 $\dfrac{3}{2}kT$。也可以说，大量分子在任一时刻的平动动能虽各不相同，但所有分子的平均平动动能总是 $\dfrac{3}{2}kT$。容器内有一个分子，将不遵循大量分子无规则运动的统计规律，而遵守力学规律，这时温度没有意义，因而不能用 $\bar{\varepsilon} = \dfrac{3}{2}kT$ 来计算它的动能。

8.11 答：（1）由 $v_\text{p} = \sqrt{\dfrac{2RT}{M}}$ 可知，对于氧气和氦气，即使 $T_{\text{O}_2} = 2T_{\text{He}}$，氦气的 v_p 还是大于氧气，所以图形中，v_p 大的曲线是氦气，即 B 曲线是氦气的。

（2）$\dfrac{v_{\text{p},\text{O}_2}}{v_{\text{p},\text{He}}} = \sqrt{\dfrac{T_{\text{O}_2}M_{\text{He}}}{T_{\text{He}}M_{\text{O}_2}}} = \sqrt{\dfrac{2 \times 2}{1 \times 32}} = \dfrac{\sqrt{2}}{4}$。

习题

一、填空题

8.1 选择某种物质(叫作测温物质)的某一随温度变化属性(叫作测温属性)来标志温度；选定固定点；对测温属性随温度的变化关系作出规定。

8.2 等压。

8.3 未盛满，这空余部分的空气受热，温度升高，以致压强增大。

8.4 可以相同也可以不同。

8.5 3，2，0。

8.6 曲边梯形面积为 $\int_{v_1}^{v_2} f(v)\,\mathrm{d}v$，其物理意义是分子速率在 (v_1, v_2) 之间的分子数占总分子数的比率。

二、选择题

8.7 B；8.8 A；8.9 D；8.10 D；8.11 B

三、计算题

8.12 解：已知氮气和氧气质量相同，水银滴停留在管的正中央，则两边体积和压强相同。由于 $pV = \dfrac{m}{M_{\text{mol}}}RT$，有 $\dfrac{m_{\text{O}_2}}{M_{\text{O}_2}}R(T + 30) = \dfrac{m_{\text{N}_2}}{M_{\text{N}_2}}RT$，又 $m_{\text{O}_2} = m_{\text{N}_2}$，而 $M_{\text{O}_2} = 0.032\text{kg}$，$M_{\text{N}_2} = 0.028\text{kg}$，可得 $T = \dfrac{32 \times 28}{32 - 28}\text{K} = 224\text{K}$。

8.13 解：水蒸气分解后，一份水分子的内能变成了1.5份双原子分子的内能，而水分子的自由度为6，氢气和氧气作为刚性双原子分子，其自由度数均为5，利用气体内能公式：$E = \nu \frac{i}{2}RT$，所以内能的变化为

$$\frac{\Delta E}{E_0} = \frac{\frac{5}{2}RT + 0.5 \times \frac{5}{2}RT - \frac{6}{2}RT}{\frac{6}{2}RT} = \frac{1.5}{6} = 0.25 = 25\%$$

8.14 解：因为 $\rho = \frac{m}{V}$，由气体方程 $pV = \frac{m}{\mu}RT$ 得 $\rho = \frac{\mu}{RT}p$。

又因为 $\sqrt{\overline{v^2}} = \sqrt{\frac{3RT}{M}}$，所以

$$\rho = \frac{3p}{\left(\sqrt{\overline{v^2}}\right)^2} = \frac{3 \times 1.013 \times 10^5}{400^2} \text{kg} \cdot \text{m}^{-3} = 1.9 \text{kg} \cdot \text{m}^{-3}$$

8.15 解：（1）由理想气体内能公式：

$$E = \nu \frac{i}{2}RT$$

A 中气体为 1mol 单原子分子理想气体：

$$E_A = \frac{3}{2}RT_A = \frac{3}{2}p_0V_0$$

B 中气体为 2mol 双原子分子理想气体：

$$E_B = 2 \times \frac{5}{2}RT_B = 5RT_B = \frac{5}{2}p_0V_0$$

（2）混合前总内能：

$$E_0 = \frac{3}{2}p_0V_0 + \frac{5}{2}p_0V_0 = 4p_0V_0$$

混合后内能不变，设温度为 T，有

$$E = \frac{3}{2}RT + 5RT = 4p_0V_0$$

所以

$$T = \frac{8p_0V_0}{13R}, \quad p = nkT = \frac{3N_0}{2V_0}kT = \frac{3}{2V_0}RT = \frac{3}{2V_0}R \times \frac{8p_0V_0}{13R} = \frac{12}{13}p_0$$

8.16 解：根据图像信息，注意到 $f(v) = \frac{\mathrm{d}N}{N\mathrm{d}v}$。图形所围的面积为分子的全部数目，有

$$\int f(v)\,\mathrm{d}v = \frac{N_0}{N_0} = 1$$

所以，利用

$$\frac{1}{2}(30 + 120) \times a = 1$$

有 $a = \dfrac{4}{3} \times 10^{-2}$，$N_0 a = 9.6 \times 10^8$

所有 N_0 个粒子的平均速率：先写出这个分段函数的表达式：

$$f(v) = \begin{cases} \dfrac{a}{30}v, & 0 \leqslant v \leqslant 30 \\[2mm] a, & 30 \leqslant v \leqslant 60 \\[2mm] 2a - \dfrac{v}{60}a, & 60 \leqslant v \leqslant 120 \\[2mm] 0, & v > 120 \end{cases}$$

（1）速率小于 $30\mathrm{m \cdot s^{-1}}$ 的分子数：

$$N_1 = \frac{N_0}{2} \times 30 \times a = 1.44 \times 10^{10} \text{个}$$

（2）速率处在 $99\mathrm{m \cdot s^{-1}}$ 到 $101\mathrm{m \cdot s^{-1}}$ 之间的分子数：

$$\Delta N_2 = N_0 \int_{99}^{101} f(v)\,\mathrm{d}v = N_0 \int_{99}^{101} \left(2a - \frac{v}{60}a\right)\mathrm{d}v = 6.4 \times 10^8 \text{个}$$

（3）由平均速率定义：$\bar{v} = \displaystyle\int_0^\infty v f(v)\,\mathrm{d}v$，有

$$\bar{v} = \int_0^{30} v \cdot \frac{a}{30}v\,\mathrm{d}v + \int_{30}^{60} v \cdot a\,\mathrm{d}v + \int_{60}^{120} v \cdot \left(2a - \frac{v}{60}a\right)\mathrm{d}v = 54\mathrm{m \cdot s^{-1}}$$

（4）速率大于 $60\mathrm{m \cdot s^{-1}}$ 的那些分子的平均速率：

$$\bar{v}_{v>60} = \frac{\displaystyle\int_{60}^{120} v\left(2a - \frac{v}{60}a\right)\mathrm{d}v}{\displaystyle\int_{60}^{120} \left(2a - \frac{v}{60}a\right)\mathrm{d}v} = 80\mathrm{m \cdot s^{-1}}$$

*8.17　解：由于 $\dfrac{1}{2}mv^2 = \varepsilon$，而分子速率在 v 和 $v + \mathrm{d}v$ 之间的概率；

$$\mathrm{d}W = f(v)\,\mathrm{d}v = 4\pi \left(\frac{m}{2\pi kT}\right)^{\frac{3}{2}} \mathrm{e}^{-\frac{mv^2}{2kT}} v^2\,\mathrm{d}v = \frac{2}{\sqrt{\pi}} (kT)^{-3/2} \mathrm{e}^{-\frac{\varepsilon}{kT}} \varepsilon^{1/2}\,\mathrm{d}\varepsilon = f(\varepsilon)\,\mathrm{d}\varepsilon$$

$$f(\varepsilon) = \frac{2}{\sqrt{\pi}} (kT)^{-3/2} \mathrm{e}^{-\frac{\varepsilon}{kT}} \varepsilon^{1/2}$$

平均动能：

$$\bar{\varepsilon} = \int_0^\infty \varepsilon f(\varepsilon)\,\mathrm{d}\varepsilon = \frac{3}{2}kT$$

第 9 章

思考题

9.1　答：（1）气体处于一定状态，它具有确定的温度，因此，对给定的气体就具有一定的内能。

（2）对应于某一状态的内能是不能直接测定的。用绝热方法可以测定两个状态的能量差，但不能测定某一状态的内能值。我们通常确定的内能是与绝对零度时的内能差，显然绝对零度时系统的零点能无法直接测定。

（3）对应于某一平衡状态，有确定的温度，因而给定系统具有确定的内能，不能有两个或两个以上的值。

（4）理想气体状态变化时，内能不一定跟着改变。例如，理想气体作等温变化，压强和体积变化了，但因温度不变，所以内能也不变。

9.2　答：在一定的状态下，物体的内能有确定的值，它是状态的单值函数。热量是过程量，不是状态量，离开热交换过程是毫无意义的，它是与传热过程相对应的能量交换的一种量度。

（1）物体温度越高，反映系统内分子运动越剧烈，并不一定表明它向其他系统放出很多能量。不能说温度越高，热量越多。

（2）对确定量的理想气体来说，温度越高，则内能越大。如果不是理想气体，还要考虑分子间相互作用势能，温度升高，热运动动能增加了，但体积变化可使分子间的势能降低，则内能仍可能减少。

9.3　答：由画图可以直接看出：

（1）绝热过程中，外界对气体做功最多；

（2）绝热过程中，气体内能减小最多；

（3）等温过程中，气体放热最多。

9.4　答：通常把单位质量的某种物质温度升高 1℃ 时所需的热量称为该气体的比热容，它与热量一样是过程量。对一定量气体，从一个状态过渡到另一状态，其变化过程可以不同，则系统对外所做的功也不同，从而吸收的热量也不同。因为变化过程可有无限多个，所以，比热容也就有无限多个数值。

当变化过程是绝热过程时，不论系统温度升高还是降低，系统不与外界交换热量，则比热容为零。

如果是等温过程，无论吸收多少热量，系统温度不变，则比热容为无穷大；

如果是等温膨胀，即从外界吸热，比热容为正无穷大；

如果是等温压缩，即对外放热，比热容为负无穷大。

9.5　答：封闭曲线所包围的面积表示循环过程中所做的净功。若包围面积相同，则两次循环所做的功相同。但由于 $\eta = \dfrac{A_{净}}{Q_1}$，$A_{净}$ 面积相同，效率不一定相同，因为 η 还与吸热 Q_1 有关。

9.6　答：不可能。因为：

（1）由热力学第一定律有 $Q = \Delta E + A$，若有两个交点 a 和 b，如思考题9.6解图所示，则经等温 $a \to b$ 过程有 $\Delta E_1 = Q_1 - A_1 = 0$，经绝热 $a \to b$ 过程有 $\Delta E_2 + A_2 = 0$，$\Delta E_2 = -A_2 < 0$，从而 $\Delta E_2 \neq \Delta E_1$，这与 a、b 两点的内能变化应该相同矛盾。

（2）若两条曲线有两个交点，则组成的闭合曲线构成了一循环过程，这循环过程只有吸热，无放热，且对外做正功，热机效

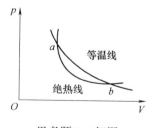

思考题9.6解图

率为100%，违背了热力学第二定律。

9.7 答：不能，用反证法证明。

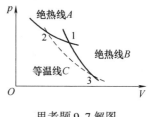

思考题9.7解图

假设两条绝热线 A、B 先相交于点1，并与另一条等温线 C 分别相交于点2、3，那么1321构成一个正循环，如思考题9.7解图所示，则该正循环对外做正功，只有在等温过程放热。这样既不吸热又对外做有用功，显然是违反热力学第一定律的。

习题

一、填空题

9.1 $C_V = \dfrac{5}{2}R$，$C_p = \dfrac{7}{2}R$

9.2 S_1

9.3 6

9.4 $C_{V,m}(T_2 - T_1)$

9.5

过程	A	ΔT	Q	ΔU
$a \to b$	+	−	0	−
$b \to c$	−	−	−	−
$c \to a$	0	+	+	+
循环 $abca$	+	0	+	0

9.6 500K；100K

9.7 不行，因为效率超过了热机效率的理论极限。

9.8 （1）绝热压缩后压强大；（2）前者熵变，后者因是经可逆绝热的过程，所以熵不变。

9.9 零，增加

9.10

过程	Q	A	ΔE
a—b 等压	250J	100J	150J
b—c 绝热	0	75J	−75J
c—d 等容	−75J	0	−75J
d—a 等温	−125J	−125J	0

二、选择题

9.11 B；9.12 C；9.13 A；9.14 A；9.15 A；9.16 A；9.17 A；9.18 C；9.19 A；9.20 B；9.21 B；9.22 D；9.23 D；9.24 D

三、计算题

9.25 解：由题意可知在整个循环过程中内能不变，图中 $EDCE$ 为正循环，所包围的面积为70J，则意味着这个过程对外做功为70J；$EABE$ 为逆循环，所包围的面积为30J，则意味着这个过程外界对它做功为30J。所以整个循环中，系统对外做功是 70J－30J＝40J。

而在这个循环中，AB、DC 是绝热过程，没有热量的交换，所以如果 CEA 过程中系统放热100J，由热力学第一定律，则 BED 过程中系统吸热为 100J＋40J＝140J。

9.26 解：（1）在等温过程气体对外做功

$$A = RT\ln\frac{V_2}{V_1} = \left[8.31 \times (273 + 25)\ln3\right]\text{J} = (8.31 \times 298 \times 1.1)\text{J} = 2.72 \times 10^3\text{J}$$

（2）在绝热过程中气体对外做功为

$$A = -\Delta E = -C_{V,m}\Delta T = -\frac{i}{2}R(T_2 - T_1) = -\frac{5}{2}R(T_2 - T_1)$$

由绝热过程中温度和体积的关系 $V^{\gamma-1}T = C$，考虑到 $\gamma = \frac{7}{5} = 1.4$，可得温度 T_2：

$$T_2 = \frac{T_1 V_1^{\gamma-1}}{V_2^{\gamma-1}} = \frac{T_1}{3^{\gamma-1}} = 3^{-0.4}T_1 = 0.6444T_1$$

代入上式：

$$A = -\frac{5}{2}R(T_2 - T_1) = \left[-\frac{5}{2} \times 8.31 \times (-0.3556) \times 298\right]\text{J} = 2.20 \times 10^3\text{J}$$

9.27 解：由于整个过程后温度不变，气体的内能不变，整个过程中对外做的功即为等压膨胀过程做功和绝热过程做功之和，刚性双原子分子气体的自由度 $i = 5$。

（1）等压过程末态的体积：

$$V_1 = \frac{V_0}{T_0}T_1$$

等压过程气体对外做功：

$$A_1 = p_0(V_1 - V_0) = p_0 V_0\left(\frac{T_1}{T_0} - 1\right) = 200\text{J}$$

（2）根据热力学第一定律，绝热过程气体对外做的功为

$$A_2 = -\Delta E = -\frac{m}{M}C_{V,m}(T_2 - T_1)$$

考虑到理想气体满足

$$pV = \frac{m}{M}RT, \quad \text{且 } C_{V,m} = \frac{5}{2}R, \quad \text{有}$$

$$A_2 = -\frac{5p_0 V_0}{2T_0}(T_2 - T_1) = \left[-\frac{5}{2} \times \frac{10^5 \times 4 \times 10^{-3}}{300}(-150)\right]\text{J} = 500\text{J}$$

所以气体在整个过程中对外所做的功为 $A = A_1 + A_2 = 700\text{J}$。

9.28 解：（1）过程 ab 与 bc 为吸热过程，吸热总和为

$$Q_1 = C_{V,m}(T_b - T_a) + C_{p,m}(T_c - T_b) = \frac{3}{2}(p_b V_b - p_a V_a) + \frac{5}{2}(p_c V_c - p_b V_b)$$

$$= \left[\frac{3}{2}(2 \times 2 - 1 \times 2) \times 10^3 + \frac{5}{2}(2 \times 3 - 2 \times 2) \times 10^3 \right] \mathrm{J} = 8000\mathrm{J}$$

（2）循环过程对外所做总功为图中矩形面积：

$$A = \left[(2-1) \times 10^5 \times (3-2) \times 10^{-2} \right] \mathrm{J} = 10^3 \mathrm{J}$$

（3）由理想气体状态方程：$pV = RT$，有

$$T_a = \frac{p_a V_a}{R}, \quad T_c = \frac{p_c V_c}{R}, \quad T_b = \frac{p_b V_b}{R}, \quad T_d = \frac{p_d V_d}{R}$$

所以

$$T_a T_c = \frac{p_a V_a p_c V_c}{R^2} = \frac{2 \times 10^3 \times 6 \times 10^3}{R^2} = \frac{12 \times 10^6}{R^2}$$

$$T_b T_d = \frac{p_b V_b p_d V_d}{R^2} = \frac{4 \times 10^3 \times 3 \times 10^3}{R^2} = \frac{12 \times 10^6}{R^2}$$

有
$$T_a T_c = T_b T_d$$

9.29 解：循环过程 $abcda$ 可看成两个循环，abo 为正循环，ocd 为逆循环，由于 abo 包围的面积和 ocd 包围的面积大小均为 A，所以循环过程 $abcda$ 对外做功为零，则系统完成一个循环过程后，热量的代数和亦为零，即

$$\Sigma Q = Q_{a \to b} + Q_{b \to c} + Q_{c \to d} + Q_{d \to a} = 0$$

（1）$a \to b$ 等压过程：由图可见，$T_b > T_a$，温度升高，吸热：$Q_{a \to b} = C_{p,\mathrm{m}}(T_b - T_a)$。

（2）$b \to c$ 绝热过程：$Q_{b \to c} = 0$。

（3）$c \to d$ 等容过程：由图可见，$T_d > T_c$，温度升高，吸热：$Q_{c \to d} = C_{V,\mathrm{m}}(T_d - T_c)$。

（4）$d \to a$ 等温过程：$Q_{d \to a}$。

所以 $Q_{d \to a} = -(Q_{a \to b} + Q_{b \to c} + Q_{c \to d}) = -\left[C_{p,\mathrm{m}}(T_b - T_a) + C_{V,\mathrm{m}}(T_d - T_c) \right]$，负号表明放热。

答：在等温过程 $d \to a$ 中系统是放热，数值为 $C_{p,m}(T_b - T_a) + C_{V,m}(T_d - T_c)$。

9.30 解：（1）该热力学过程可以分为等压过程 1 和绝热膨胀 2 两个过程，$Q_{总} = Q_1 + Q_2 = Q_1$，所以

$$Q_{总} = \frac{m}{M} C_{p,\mathrm{m}}(T_2 - T_1) = 1.25 \times 10^4 \mathrm{J}$$

（2）内能是态函数，对理想气体内能总改变只取决于初态和末态的温度。由于始末状态温度相同，所以内能变化为零，即 $\Delta E = 0$。

（3）气体膨胀，对外做功，分为两段计算，首先是等压过程，气体膨胀对外做功

$$A_1 = p_1(V_2 - V_1) = 4.98 \times 10^3 \mathrm{J}$$

其次是绝热膨胀过程，气体对外做功等于气体内能的减少，即

$$A_2 = -\Delta E_2 = -\nu C_{V,\mathrm{m}} \Delta T = 7.48 \times 10^3 \mathrm{J}$$

气体对外所做的总功等于上述两个分过程所做的功的总和，即

$$A_{总} = 1.25 \times 10^4 \mathrm{J}$$

（4）由题意知道，等压过程后的体积为 40L，温度为 600K，由迈耶公式我们知道等熵指数 $\gamma = \frac{5}{3}$；那么由公式 $V_3 = V_2 \left(\frac{T_2}{T_1} \right)^{\frac{1}{\gamma-1}}$ 可知，终态体积为 113L。

9.31 解：（1）等温压缩

$$T = 300\text{K}$$

由 $p_1 V_1 = p_2 V_2$ 求得体积

$$V_2 = \frac{p_1 V_1}{p_2} = \left(\frac{1}{10} \times 0.01\right)\text{m}^3 = 1 \times 10^{-3}\text{m}^3$$

对外做功

$$A = \nu RT\ln\frac{V_2}{V_1} = p_1 V\ln\frac{p_1}{p_2}$$

$$= (1 \times 1.013 \times 10^5 \times 0.01 \times \ln 0.01)\text{J}$$

$$= -4.67 \times 10^3\text{J}$$

（2）绝热压缩 $C_{V,m} = \frac{5}{2}R$，$\gamma = \frac{7}{5}$

由绝热方程 $p_1 V_1^\gamma = p_2 V_2^\gamma$ 有

$$V_2 = \left(\frac{p_1 V_1^\gamma}{p_2}\right)^{1/\gamma} = \left(\frac{p_1}{p_2}\right)^{\frac{1}{\gamma}} V_1$$

$$= \left[\left(\frac{1}{10}\right)^{\frac{1}{4}} \times 0.01\right]\text{m}^3 = 1.93 \times 10^{-3}\text{m}^3$$

由绝热方程 $T_1^{-\gamma} p_1^{\gamma-1} = T_2^{-\gamma} p_2^{\gamma-1}$ 得

$$T_2^\gamma = \frac{T_1^\gamma p_2^{\gamma-1}}{p_1^{\gamma-1}} = 300^{1.4} \times (10)^{0.4}$$

解得 $\qquad\qquad\qquad\qquad T_2 = 579\text{K}$

由热力学第一定律 $Q = \Delta E + A$，而 $Q = 0$，所以

$$A = -\frac{M}{M_{mol}} C_{V,m} (T_2 - T_1)$$

因 $\qquad\qquad\qquad\qquad pV = \frac{M}{M_{mol}} RT$

$$A = -\frac{p_1 V_1}{RT_1} \frac{5}{2} R(T_2 - T_1)$$

$$= \left[-\frac{1.013 \times 10^5 \times 0.001}{300} \times \frac{5}{2} \times (579 - 300)\right]\text{J} = -23.5 \times 10^3\text{J}$$

9.32　$291\text{J} \cdot \text{K}^{-1}$

9.33 解法1：从第一定律出发，设 A 和 B 的压强及体积分别为 p_1、p_2、V_1、V_2，从 A 点变到 B 点过程中对外做的功等于梯形的面积，即

$$-A = \frac{1}{2}(p_1 + p_2)(V_2 - V_1)$$

A、B 状态的温度分别为

$$T_1 = \frac{p_1 V_1}{R}, \quad T_2 = \frac{p_2 V_2}{R}$$

从 A 变为 B 的内能的变化为 $C_{V,m}(T_2 - T_1)$。从 A 变为 B 吸的热量为

$$Q = C_{V,m}(T_2 - T_1) + \frac{1}{2}(p_1 + p_2)(V_2 - V_1)$$

$$= C_{V,m}(T_2 - T_1) + \frac{1}{2}(p_2 V_2 - p_1 V_1 + p_1 V_2 - p_2 V_1) \qquad (\ast)$$

由图中相似三角形知

$$\frac{p_1}{p_2} = \frac{V_1}{V_2}, \ \text{即} \ p_1 V_2 - p_2 V_1 = 0$$

将上式及 T_1、T_2 的表达式同时代入式 $(\ast)$，考虑到氧气的 $C_{V,m} = 5R/2$，可得

$$Q = \left(C_{V,m} + \frac{R}{2}\right)(T_2 - T_1) = 3(T_2 - T_1)R$$

解法 2：从图可看到 $pV^{-1} = $ 常数，说明这是 $n = -1$ 的多方过程。由题意可求得所吸的热量为

$$Q = C_{V,m}(T_2 - T_1) = \frac{1}{2}C_{V,m}(T_2 - T_1)(\gamma + 1) = 3(T_2 - T_1)R$$

与解法 1 结果相同。比较后可知，利用多方比热容公式计算多方过程中的功和热量要简便些。

9.34　分析：(1) 在 $a \to b$ 过程中，气体温度先升高后下降，其中必存在一温度最高的状态 h 点。从 a 变到 h 的过程中温度升高，内能增加，气体又对外做功，所以要吸热。

(2) 从 h 变到 b 的过程中，气体仍对外做功，但温度在降低，在 $h \to b$ 过程中既可能有吸热区，也可能有放热区，其中存在一个从吸热转化为放热的过渡点 e，因此要求出 e 点的坐标。

(3) 过程 $h \to b$ 不是多方过程曲线，但其中任一微小线段均可看作某一多方曲线的一小部分。e 点是吸、放热的过渡点，则通过 e 点的绝热线斜率一定等于 $a \to b$ 直线的斜率。

解：(1) 求温度的最高点 h。

方法 1：在温度的最高点直线 ab 与理想气体的等温线相切。

直线 ab 的方程：
$$p = -\frac{1}{2} \times 10^8 V + 2 \times 10^5 \qquad (a)$$

$$\frac{\mathrm{d}p}{\mathrm{d}V} = -\frac{1}{2} \times 10^8 \qquad (b)$$

理想气体的等温线
$$pV = C$$
$$p\mathrm{d}V + V\mathrm{d}p = 0$$

则
$$\frac{\mathrm{d}p}{\mathrm{d}V} = -\frac{p}{V} \qquad (c)$$

联立式 (a) ~ 式 (c) 得最高点 h 的坐标：
$$V_h = 2 \times 10^{-3} \mathrm{m}^3$$
$$p_h = 10 \times 10^4 \mathrm{Pa}$$

方法 2：在直线 ab 上温度的最高点 $\dfrac{\mathrm{d}T}{\mathrm{d}V} = 0$，$\dfrac{\mathrm{d}^2 T}{\mathrm{d}V^2} < 0$。

直线 ab 的方程：
$$p = -\frac{1}{2} \times 10^8 V + 2 \times 10^5$$

又 $pV = RT$，则
$$T = \frac{-5 \times 10^7 V^2 + 2 \times 10^5 V}{R}$$

上式求导，并令 $\dfrac{\mathrm{d}T}{\mathrm{d}V} = 0$，得
$$V_h = 2 \times 10^{-3} \mathrm{m}^3, \quad p_h = 10 \times 10^4 \mathrm{Pa}$$

此时 $\dfrac{\mathrm{d}^2 T}{\mathrm{d}V^2} < 0$，即该点为温度的最高点。

（2）求吸、放热的转换点 e。

方法 1：在吸放热的转换点直线 ab 与理想气体的绝热线相切。

在吸放热的转换点肯定是既不吸热也不放热（绝热点），热容为零，即 $C_{n,m} = C_{V,m}\left(\dfrac{\gamma - n}{1 - n}\right) = 0$，必然有 $n = \gamma$，即该过程线与绝热线在该点相切。直线 ab 的斜率 $\dfrac{\mathrm{d}p}{\mathrm{d}V} = -\dfrac{1}{2} \times 10^8$，绝热线的斜率 $\dfrac{\mathrm{d}p}{\mathrm{d}V} = -\gamma\dfrac{p}{V}$，则
$$V_e = 2.5 \times 10^{-3} \mathrm{m}^3$$
$$p_e = 7.5 \times 10^4 \mathrm{Pa}$$

这就是转换点 e 的坐标。

方法 2：在吸放热的转换点热容为零。

1mol 单原子理想气体 $C_{V,m} = \dfrac{3}{2}R$，$\gamma = \dfrac{5}{3}$。根据热力学第一定律
$$\mathrm{d}U = \mathrm{d}A + \mathrm{d}Q, \quad 又 \ \mathrm{d}U = C_{V,m}\mathrm{d}T, \quad \mathrm{d}Q = C_{n,m}\mathrm{d}T, \quad \mathrm{d}A = -p\mathrm{d}V, \quad 则$$
$$C_{V,m}\mathrm{d}T = C_{n,m}\mathrm{d}T - p\mathrm{d}V$$
$$C_{n,m} = C_{V,m} + p\frac{\mathrm{d}V}{\mathrm{d}T}$$

将直线方程 $p = -\dfrac{1}{2} \times 10^8 V + 2 \times 10^5$ 和理想气体的状态方程 $pV = RT$ 代入上式得
$$C_{n,m} = C_{V,m} + (2 \times 10^5 - 5 \times 10^7 V)\frac{R}{2 \times 10^5 - 10^8 V}$$

由于在转折点 $C_{n,m} = 0$，令
$$C_{n,m} = C_{V,m} + (2 \times 10^5 - 5 \times 10^7 V)\frac{R}{2 \times 10^5 - 10^8 V} = 0$$

得
$$V_e = 2.5 \times 10^{-3} \mathrm{m}^3$$
$$p_e = 7.5 \times 10^4 \mathrm{Pa}$$

方法 3：在吸放热的转换点 $\mathrm{d}Q = 0$。

$\mathrm{d}U = C_{V,m}\mathrm{d}T$，$\mathrm{d}A = -p\mathrm{d}V$，1mol 的理想气体 $pV = RT$，$p\mathrm{d}V + V\mathrm{d}p = R\mathrm{d}T$，则

$$dQ = dU - dA = C_{V,m}dT + pdV = \frac{3R}{2} \cdot \frac{pdV + Vdp}{R} + pdV$$

$$= \frac{5}{2}pdV + \frac{3}{2}Vdp$$

将直线方程 $p = -\frac{1}{2} \times 10^8 V + 2 \times 10^5$，$dp = -\frac{1}{2} \times 10^8 dV$ 代入上式：

$$dQ = (5 \times 10^5 - 2 \times 10^8 V)dV$$

讨论：

在转换点 $dQ = 0$，$V_e = 2.5 \times 10^{-3} m^3$，$p_e = 7.5 \times 10^4 Pa$。

当 $V > V_e$ 时 $dQ < 0$，放热；当 $V < V_e$ 时 $dQ > 0$，吸热。

9.35 解：1→2 熵变

等温过程 $dQ = dA$，$dA = pdV$

$$pV = RT$$

$$S_2 - S_1 = \int_1^2 \frac{dQ}{T} = \frac{1}{T_1} \int_{V_1}^{V_2} \frac{RT_1}{V} dV$$

$$S_2 - S_1 = R\ln\frac{V_2}{V_1} = R\ln 2 = 5.76 J \cdot K^{-1}$$

1→2→3 熵变

$$S_2 - S_1 = \int_1^3 \frac{dQ}{T} + \int_3^2 \frac{dQ}{T}$$

$$S_2 - S_1 = \int_{T_1}^{T_3} \frac{C_{p,m}dT}{T} + \int_{T_3}^{T_2} \frac{C_{V,m}dT}{T} = C_{p,m}\ln\frac{T_3}{T_1} + C_{V,m}\ln\frac{T_2}{T_3}$$

1→3 等压过程

$$p_1 = p_3, \quad \frac{V_1}{T_1} = \frac{V_2}{T_3}$$

$$\frac{T_3}{T_1} = \frac{V_2}{V_1}$$

3→2 等休过程

$$\frac{p_3}{T_3} = \frac{p_2}{T_2}$$

$$\frac{T_2}{T_3} = \frac{p_2}{p_3}, \quad \frac{T_2}{T_3} = \frac{p_2}{p_1}$$

$$S_2 - S_1 = C_{p,m}\ln\frac{V_2}{V_1} + C_{V,m}\ln\frac{p_2}{p_1}$$

在 1→2 等温过程中

$$p_1 V_1 = p_2 V_2$$

所以

$$S_2 - S_1 = C_{p,m}\ln\frac{V_2}{V_1} - C_{V,m}\ln\frac{V_2}{V_1} = R\ln\frac{V_2}{V_1} = R\ln 2$$

1→4→2 熵变

$$S_2 - S_1 = \int_1^4 \frac{dQ}{T} + \int_4^2 \frac{dQ}{T}$$

$$S_2 - S_1 = 0 + \int_{T_4}^{T_2} \frac{C_{p,m} dT}{T} = C_{p,m} \ln \frac{T_2}{T_4} = C_{p,m} \ln \frac{T_1}{T_4}$$

1→4 绝热过程

$$T_1 V_1^{\gamma-1} = T_4 V_4^{\gamma-1}, \quad \frac{T_1}{T_4} = \frac{V_4^{\gamma-1}}{V_1^{\gamma-1}}$$

$$p_1 V_1^\gamma = p_4 V_4^\gamma, \quad \frac{V_4}{V_1} = \left(\frac{p_1}{p_4}\right)^{1/\gamma} = \left(\frac{p_1}{p_2}\right)^{1/\gamma}$$

在 1→2 等温过程中

$$p_1 V_1 = p_2 V_2$$

$$\frac{V_4}{V_1} = \left(\frac{p_1}{p_4}\right)^{1/\gamma} = \left(\frac{p_1}{p_2}\right)^{1/\gamma} = \left(\frac{V_2}{V_1}\right)^{1/\gamma}$$

$$\frac{T_1}{T_4} = \left(\frac{V_2}{V_1}\right)^{\frac{\gamma-1}{\gamma}}$$

$$S_2 - S_1 = C_{p,m} \ln \frac{T_1}{T_4} = C_{p,m} \frac{\gamma-1}{\gamma} \ln \frac{V_2}{V_1} = R \ln 2$$

9.36 解：（1）根据卡诺循环效率公式：

$$\eta = 1 - \frac{T_2}{T_1} = 1 - \frac{300}{400} = 0.25$$

及 $\eta = \dfrac{A}{Q_1}$，有

$$Q_1 = \frac{A}{\eta} = \frac{8000}{0.25} J = 32000 J, \quad Q_2 = \frac{3}{4} Q_1 = 24000 J$$

根据已知条件，向低温热源放出的热量都是 24000J，所以第二个热机的效率为

$$\eta' = \frac{A'}{Q_1'} = \frac{A'}{Q_2' + A'} = \frac{A'}{Q_2 + A'} = \frac{10000}{34000} = 0.2941$$

（2）考虑到它是通过提高高温热源的温度达到目的的，可利用 $\eta' = 1 - \dfrac{T_2}{T_1'}$，有

$$T_1' = \frac{T_2}{1 - \eta'} = \frac{300}{1 - 0.2941} K = 425 K$$

9.37 解：（1）卡诺制冷机的制冷系数为 $e_C = \dfrac{T_2}{T_1 - T_2}$，依题意空调的制冷系数应为

$$e = e_C \times 60\% = 8.7 \tag{a}$$

另一方面，由制冷系数的定义，有

$$e = \frac{Q_2}{A} \tag{b}$$

W 为空调器消耗的电功，Q_2 是空调从房间内吸取的总热量。若 Q' 为室外传进室内的热量，则在热平衡时，即保持室内温度恒定时，$Q_2 = Q'$。可得空调运行一天所耗电功

$$W = \frac{Q_2}{e} = 2.89 \times 10^7 \text{J} = 8.0 \text{kW} \cdot \text{h} \tag{c}$$

（2）空调的制冷系数应为

$$e = 60\% \times \frac{300}{310 - 300} = 18 \tag{d}$$

由制冷系数的定义可知

$$W = \frac{Q_2}{\varepsilon} = 3.86 \text{kW} \cdot \text{h} \tag{e}$$

$$\Delta W = (8.0 - 3.86) \text{kW} \cdot \text{h} = 4.14 \text{kW} \cdot \text{h} \tag{f}$$

可见，在使用空调时将室内温度适当设置高一些，节能效果非常显著。

9.38 解：两个容器中的总熵变

$$\begin{aligned}
S - S_0 &= \int_{T_1}^{T} \frac{C_{\text{mol}} \text{d}T}{T} + \int_{T_2}^{T} \frac{C_{\text{mol}} \text{d}T}{T} \\
&= C_{\text{mol}} \left(\ln \frac{T}{T_1} + \ln \frac{T}{T_2} \right) = C_{\text{mol}} \ln \frac{T^2}{T_1 T_2}
\end{aligned}$$

因为是两个相同体积的容器，故

$$C_{\text{mol}}(T - T_2) = C_{\text{mol}}(T_1 - T)$$

得

$$T = \frac{T_2 + T_1}{2}$$

$$S - S_0 = C_{\text{mol}} \ln \frac{(T_2 + T_1)^2}{4 T_1 T_2}$$

9.39 解：理想气体在自由膨胀中 $Q = 0$，$W = 0$，$\Delta U = 0$，故温度不变。同时因为自由膨胀是不可逆过程，不能直接利用熵的定义式求熵变，应找一个连接相同初、末态的可逆过程计算熵变。可设想 v mol 气体经历一可逆等温膨胀。例如，将隔板换成一个无摩擦活塞，使这一容器与一比气体温度高一无穷小量的恒温热源接触，并使气体准静态地从 V 膨胀到 $2V$，这样的过程是可逆的。因为等温过程 $\text{d}U = 0$，故 $\text{d}Q = p\text{d}V$，所以熵变

$$S_2 - S_1 = \int_1^2 \frac{\text{d}Q}{T} = \int_1^2 \frac{p}{T} \text{d}V = vR \int_V^{2V} \frac{\text{d}V}{V} = vR\ln 2$$

可见在自由膨胀这一不可逆绝热过程中 $\Delta S > 0$。

9.40 解法1：分成两卡诺循环，如习题9.40解图a所示，再利用卡诺循环特点解。

在卡诺循环 $hbcdeh$ 中，由 $\frac{Q_{hb}}{3T_0} = \frac{Q_{cd}}{T_0} = \frac{A_1}{T_0}$ 得

$$Q_{hb} = 3A_1$$

$hbcdh$ 面积为 $3A_1 - A_1 = 2A_1$，可得卡诺循环 $ahefa$ 所做的功，这功为其循环曲线所包围的面积 $A_2 - 2A_1$。再根据卡诺机效率得

$$A_2 - 2A_1 = Q_{ah} \cdot \eta$$

$$\eta = 1 - \frac{2T_0}{3T_0} = \frac{1}{3}$$

可知
$$Q_{ah} = \frac{A_{ahef}}{\eta} = 3(A_2 - 2A_1)$$

整个 $abcdefa$ 循环中所吸热
$$Q_{ab} = Q_{ah} + Q_{hb} = 3(A_2 - 2A_1) - 3A_1 = 3(A_2 - A_1)$$

循环效率
$$\eta = \frac{A_2}{Q_{ab}} = \frac{A_2}{3(A_2 - A_1)}$$

解法 2：根据循环过程的特点，即熵是态函数的特点求解。

循环一周系统的熵变 $\Delta S = 0$

即
$$\frac{Q_1}{3T_0} - \frac{Q_2}{2T_0} - \frac{Q_3}{T_0} = 0 \tag{a}$$

系统净吸热为系统对外所做的净功：
$$Q_1 - Q_2 - Q_3 = A_2 \tag{b}$$

仍有
$$Q_3 = A_1 \tag{c}$$

同样解得 $Q_1 = 3(A_2 - A_1)$ 与解法 1 结果相同。

解法 3：用温熵图求解。

正确画出该循环的温熵图如习题 9.40 解图 b 所示，可简洁醒目直接地看出等温 ab 过程中吸收的热量 Q_1，Q_1 的大小为 ab 等温线下方的面积。这就方便地由习题 9.40 解图 b 得到 $Q_1 = 3(A_2 - A_1)$。

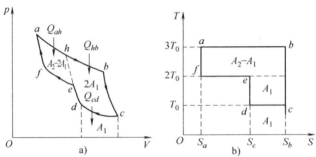

习题 9.40 解图

答案：循环效率 $\eta = \dfrac{A_2}{Q_{ab}} = \dfrac{A_2}{3(A_2 - A_1)}$

附　　录

附录 A　国际单位制（SI）

国际单位制是在米制基础上发展起来的。在国际单位制中，规定了七个基本单位（见表A.1），即米（长度单位）、千克（质量单位）、秒（时间单位）、安培（电流单位）、开尔文（热力学温度单位）、摩尔（物质的量单位）、坎德拉（发光强度单位），还规定了两个辅助单位（见表A.2），即弧度（平面角单位）、球面度（立体角单位）。其他单位均由这些基本单位和辅助单位导出。另外，国际单位制的单位词头见表A.3。

表 A.1　国际单位制的基本单位

量的名称	单位名称	单位符合	定　　义
长度	米	m	米是光在真空中 1/299 792 458 s 的时间间隔内所经路程的长度 （第 17 届国际计量大会，1983 年）
质量	千克	kg	千克是质量单位，等于国际千克原器的质量 （第 1 届和第 3 届国际计量大会，1889 年，1901 年）
时间	秒	s	秒是铯-133 原子基态的两个超精细能级之间跃迁所对应的辐射的 9 192 631 770 个周期的持续时间 （第 13 届国际计量大会，1967 年，决议 1）
电流	安培	A	安培是一恒定电流，若保持在处于真空中相距 1m 的两无限长而圆截面可忽略的平行直导线内，则此两导线之间产生的力在每米长度上等于 2×10^{-7}N （国际计量委员会，1946 年，决议 2；1948 年第 9 届国际计量大会批准）
热力学温度	开尔文	K	热力学温度单位开尔文是水三相点热力学温度的 1/273.16 （第 13 届国际计量大会，1967 年，决议 4）
物质的量	摩尔	mol	①摩尔是一系统的物质的量，该系统中所包含的基本单元数与 0.012kg 碳-12 的原子数目相等。②在使用摩尔时，基本单元应予指明，可以是原子、分子、离子、电子及其他粒子，或是这些粒子的特定组合 （国际计量委员会 1969 年提出；1971 年第 14 届国际计量大会通过，决议 3）
发光强度	坎德拉	cd	坎德拉是一光源在给定方向上的发光强度，该光源发出频率 540×10^{12} Hz 的单色辐射，且在此方向上的辐射强度为 (1/683) W/sr （第 16 届国际计量大会，1979 年决议 3）

表 A.2　国际单位制的辅助单位

量的名称	单位名称	单位符合	定　　义
平面角	弧度	rad	弧度是一圆内两条半径之间的平面角，这两条半径在圆周上截取的弧长与半径相等 （国际标准化组织建议书 R31 第 1 部分，1965 年 12 月第 2 版）
立体角	球面度	sr	球面度是一立体角，其顶点位于球心，而它在球面上所截取的面积等于以球半径为边长的正方形面积 （国际标准化组织建议书 R31 第 1 部分，1965 年 12 月第 2 版）

表 A.3 国际单位制的单位词头

词　头	符　号	幂	词　头	符　号	幂
尧【它】yotta	Y	10^{24}	分 deci	d	10^{-1}
泽【它】zetta	Z	10^{21}	厘 centi	c	10^{-2}
艾【可萨】exa	E	10^{18}	毫 milli	m	10^{-3}
拍【它】peta	P	10^{15}	微 micro	u	10^{-6}
太【拉】tera	T	10^{12}	纳【诺】nano	n	10^{-9}
吉【咖】giga	G	10^{9}	皮【可】pico	p	10^{-12}
兆 mega	M	10^{6}	飞【母托】femto	f	10^{-15}
千 kilo	k	10^{3}	阿【托】atto	a	10^{-18}
百 hecto	h	10^{2}	仄【普托】zepto	z	10^{-21}
十 deca	da	10	幺【科托】yocto	y	10^{-24}

附录 B　常用基本物理常量表

（1986 年国际推荐值）

物　理　量	符　号	数　值	不确定度（$\times 10^{-6}$）
真空中光速	c	$299\,792\,458\,\text{m} \cdot \text{s}^{-1}$	（精确）
真空磁导率	μ_0	$4\pi \times 10^{-7}\,\text{N} \cdot \text{A}^{-2}$ $12.566\,370\,614 \times 10^{-12}\,\text{N} \cdot \text{A}^{-2}$	（精确）
真空介电常数	ε_0	$8.854\,187\,817 \times 10^{-12}\,\text{F} \cdot \text{m}^{-1}$	（精确）
引力常量	G	$6.672\,59(85) \times 10^{-11}\,\text{m}^3 \cdot \text{kg}^{-1} \cdot \text{s}^{-2}$	128
普朗克常量	h	$6.626\,075\,5(40) \times 10^{-34}\,\text{J} \cdot \text{s}$	0.60
	$\hbar = h/2\pi$	$1.054\,572\,66(63) \times 10^{-34}\,\text{J} \cdot \text{s}$	0.60
阿伏加德罗常数	N_A	$6.022\,136\,7(36) \times 10^{23}\,\text{mol}^{-1}$	0.59
摩尔气体常数	R	$8.314\,510(70)\,\text{J} \cdot \text{mol}^{-1} \cdot \text{K}^{-1}$	8.4
玻耳兹曼常数	k	$1.380\,658(12) \times 10^{-23}\,\text{J} \cdot \text{K}^{-1}$	8.4
斯特藩-玻耳兹曼常量	σ	$5.670\,51(19) \times 10^{-8}\,\text{W} \cdot \text{m}^{-2} \cdot \text{K}^{-4}$	34
摩尔体积（理想气体，$T=273.15\text{K}, p=101325\text{Pa}$）	V_m	$0.022\,414\,10(19)\,\text{m}^3 \cdot \text{mol}^{-1}$	8.4
维恩位移定律常量	b	$2.897\,756(24) \times 10^{-3}\,\text{m} \cdot \text{K}$	8.4
基本电荷	e	$1.602\,177\,33(49) \times 10^{-19}\,\text{C}$	0.30
电子静质量	m_e	$9.109\,389\,7(54) \times 10^{-31}\,\text{kg}$	0.59
质子静质量	m_p	$1.672\,623\,1(10) \times 10^{-27}\,\text{kg}$	0.59
中子静质量	m_n	$1.674\,928\,6(10) \times 10^{-27}\,\text{kg}$	0.59
电子荷质比	e/m	$1.758\,819\,62(53) \times 10^{-11}\,\text{C} \cdot \text{kg}^{-1}$	0.30
电子磁矩	μ_e	$9.284\,770\,1(31) \times 10^{-24}\,\text{A} \cdot \text{m}^2$	0.34
质子磁矩	μ_p	$1.410\,607\,61(47) \times 10^{-26}\,\text{A} \cdot \text{m}^2$	0.34
中子磁矩	μ_n	$0.966\,237\,07(40) \times 10^{-26}\,\text{A} \cdot \text{m}^2$	0.41
康普顿波长	λ_c	$2.426\,310\,58(22) \times 10^{-12}\,\text{m}$	0.089
磁通量子，$h/2e$	Φ	$2.067\,834\,61(61) \times 10^{-15}\,\text{Wb}$	0.30
玻尔磁子，$eh/2m_e$	μ_B	$9.274\,015\,4(31) \times 10^{-24}\,\text{A} \cdot \text{m}^2$	0.34
核磁子，$eh/2m_p$	μ_N	$5.050\,786\,6(17) \times 10^{-27}\,\text{A} \cdot \text{m}^2$	0.34
里德伯常量	R_∞	$10973731.534(13)\,\text{m}^{-1}$	0.0012
原子（统一）质量单位	m_u		
原子质量常量		$1.660\,540\,2(10) \times 10^{-27}\,\text{kg}$	0.59

附录 C　物理量的名称、符号和单位（SI）一览表

物理量名称	物理量符号	单位名称	单位符号
长度	l, L	米	m
面积	S, A	平方米	m^2
体积，容积	V	立方米	m^3
时间	t	秒	s
[平面]角	α, β, γ, θ, φ 等	弧度	rad
立体角	Ω	球面度	sr
角速度	ω	弧度每秒	$rad \cdot s^{-1}$
角加速度	β	弧度每二次方秒	$rad \cdot s^{-2}$
速度	v, u, c	米每秒	$m \cdot s^{-1}$
加速度	a	米每二次方秒	$m \cdot s^{-2}$
周期	T	秒	s
频率	ν, f	赫[兹]	Hz
角频率	ω	弧度每秒	$rad \cdot s^{-1}$
波长	λ	米	m
波数	$\tilde{\lambda}$	每米	m^{-1}
振幅	A	米	m
质量	m	千克（公斤）	kg
密度	ρ	千克每立方米	$kg \cdot m^{-3}$
面密度	ρ_S, ρ_A	千克每平方米	$kg \cdot m^{-2}$
线密度	ρ_l	千克每米	$kg \cdot m^{-1}$
动量	p	千克米每秒	$kg \cdot m \cdot s^{-1}$
冲量	I		
动量矩，角动量	L	千克二次方米每秒	$kg \cdot m^2 \cdot s^{-1}$
转动惯量	J	千克二次方米	$kg \cdot m^2$
力	F	牛[顿]	N
力矩	M	牛[顿]米	$N \cdot m$
压力，压强	p	帕[斯卡]	$N \cdot m^{-2}$, Pa
相	φ	弧度	rad
功	W, A	焦[耳]	J
能量	E, W		
动能	E_k, T	电子伏[特]	eV
势能	E_p, V		
功率	P	瓦[特]	$J \cdot s^{-1}$, W
热力学温度	T	开[尔文]	K

（续）

物理量名称	物理量符号	单 位 名 称	单 位 符 号
摄氏温度	t	摄氏度	℃
热量	Q	焦[耳]	N·m,J
热导率(导热系数)	k,λ	瓦[特]每米开[尔文]	$W\cdot m^{-1}\cdot K^{-1}$
热容[量]	C	焦[耳]每开[尔文]	$J\cdot K^{-1}$
质量热容	c	焦[耳]每千克开[尔文]	$J\cdot kg^{-1}\cdot K^{-1}$
摩尔质量	M	千克每摩[尔]	$kg\cdot mol^{-1}$
摩尔定压热容	$C_{p,m}$	焦[耳]每摩[尔]开[尔文]	$J\cdot mol^{-1}\cdot K^{-1}$
摩尔定容热容	$C_{V,m}$		
内能	U,E	焦[耳]	J
熵	S	焦[耳]每开[尔文]	$J\cdot K^{-1}$
平均自由程	$\overline{\lambda}$	米	m
扩散系数	D	二次方米每秒	$m^2\cdot s^{-1}$
电荷量	Q,q	库[仑]	C
电流	I,i	安[培]	A
电荷体密度	ρ	库[仑]每立方米	$C\cdot m^{-3}$
电荷面密度	σ	库[仑]每平方米	$C\cdot m^{-2}$
电荷线密度	λ	库[仑]每米	$C\cdot m^{-1}$
电场强度	E	伏[特]每米	$V\cdot m^{-1}$
电势	U,V	伏[特]	V
电势差,电压	U_{12},U_1-U_2	伏[特]	V
电动势	ε	伏[特]	V
电位移	D	库[仑]每平方米	$C\cdot m^{-2}$
电位移通量	ψ,Φ_e	库[仑]	C
电容	C	法[拉]	$F(1F=1C\cdot V^{-1})$
电容率(介电常数)	ε	法[拉]每米	$F\cdot m^{-1}$
相对电容率	ε_r	—	—
电[偶极]矩	p,p_e	库[仑]米	$C\cdot m$
电流密度	j	安[培]每平方米	$A\cdot m^{-2}$
磁场强度	H	安[培]每米	$A\cdot m^{-1}$
磁感应强度	B	特[斯拉]	T
磁通量	Φ_m	韦[伯]	Wb
自感	L	亨[利]	H
互感	M,L_{12}	亨[利]	
磁导率	μ	亨[利]每米	$H\cdot m^{-1}$
磁矩	m,p_m	安[培]每平方米	$A\cdot m^2$
电磁能密度	ω	焦[耳]每立方米	$J\cdot m^{-3}$

（续）

物理量名称	物理量符号	单 位 名 称	单 位 符 号
坡印廷矢量	S	瓦［特］每平方米	$W \cdot m^{-2}$
［直流］电阻	R	欧［姆］	Ω
电阻率	ρ	欧［姆］米	$\Omega \cdot m$
光强	I	瓦［特］每平方米	$W \cdot m^{-2}$
相对磁导率	μ_r	—	—
折射率	n	—	—
发光强度	I	坎［德拉］	cd
辐［射］出［射］度	M	瓦［特］每平方米	$W \cdot m^{-2}$
辐［射］照度	E		
声强级	L_l	分贝	dB
核的结合能	E_B	焦［耳］	J
半衰期	τ	秒	s

附录 D　地球和太阳系一些常用数据

表 D.1　地球一些常用数据

密度	$5.49 \times 10^3 \, kg \cdot m^{-3}$	大气压强（地球表面）	$1.01 \times 10^5 \, Pa$
半径	$6.37 \times 10^6 \, m$	地球与月球之间的距离	$3.84 \times 10^8 \, m$
质量	$5.98 \times 10^{24} \, kg$		

表 D.2　太阳系一些常用数据

星　体	平均轨道半径/m	星体半径/m	轨道周期/s	星体质量/kg
太阳	5.6×10^{20}（银河）	6.96×10^8	8×10^{15}	1.99×10^{30}
水星	5.79×10^{10}	2.42×10^6	7.51×10^6	3.35×10^{23}
金星	1.08×10^{11}	6.10×10^6	1.94×10^7	4.89×10^{23}
地球	1.50×10^{11}	6.37×10^6	3.15×10^7	5.98×10^{23}
火星	2.289×10^{11}	3.38×10^6	5.94×10^7	6.46×10^{24}
木星	7.78×10^{11}	7.13×10^7	3.74×10^8	1.90×10^{27}
土星	1.43×10^{12}	6.04×10^7	9.35×10^8	5.69×10^{26}
天王星	2.87×10	2.38×10^7	2.64×10^9	8.73×10^{25}
海王星	4.50×10^{12}	2.22×10^7	5.22×10^9	1.03×10^{26}
冥王星	5.91×10^{12}	3×10^6	7.82×10^9	5.4×10^{24}
月球	3.84×10^8（地球）	1.74×10^6	2.36×10^6	7.35×10^{22}

附录 E　历年诺贝尔物理学奖

年份	获奖者	国籍	获 奖 原 因
1901	伦琴	德国	1895 年发现 X 射线
1902	洛伦兹 塞曼	荷兰 荷兰	1896 年发现磁场对原子辐射现象的影响
1903	贝可勒尔 皮埃尔居里 居里夫人	法国 法国 法籍波兰	1896 年发现了自发放射性 以贝可勒尔发现的辐射现象所作的研究（夫妇共同）
1904	瑞利	英国	研究最早的一些气体的密度，在这些研究中发现了氩
1905	勒纳德	德国	研究阴极射线，1892 年把阴极射线通过金属窗引出
1906	约瑟夫·汤姆孙	英国	以表彰他对气体导电的理论和实验所作的贡献，1897 年测定电子的荷质比
1907	迈克耳孙	美国	对光学精密仪器及用之于光谱学和计量学所作的贡献
1908	李普曼	法国	发明应用干涉现象的天然彩色照相法
1909	马克尼 布劳恩	意大利 德国	发明无线电报以及对无线通信所作的贡献
1910	范德瓦尔斯	荷兰	进行有关气态和液态方程的研究
1911	维恩	德国	发现有关热辐射的定律
1912	达伦	瑞典	发明自动控制的气体照明器
1913	昂内斯	荷兰	研究低温物质特性并制成液氦
1914	劳厄	德国	1912 年发现晶体的 X 射线衍射
1915	亨利布拉格 劳伦斯布拉格	英国 英国	用 X 射线研究晶体结构并提出 X 射线反射公式
1916	未颁奖		
1917	巴克拉	英国	发现元素的标识伦琴辐射
1918	普朗克	德国	1900 年发现能量子，为量子理论奠定基础
1919	斯塔克	德国	发现极隧射线的多普勒效应，以及原子光谱线在电场作用下的分裂
1920	纪尧姆	法国	发现镍钢合金的反常特性对精密计量理论学所作出的贡献
1921	爱因斯坦	美籍德国	在理论物理学上的成就，特别是发现了光电效应的定律
1922	尼尔斯·玻尔	丹麦	研究原子结构和原子辐射，提出原子结构模型
1923	密立根	美国	进行基本电荷和光电效应方面的研究
1924	卡尔西格班	瑞典	发现和研究 X 射线光谱学
1925	夫兰克 赫兹	德国 德国	以实验证明了量子论，并解决了电子、原子的碰撞问题
1926	佩兰	法国	进行有关物质不连续结构的研究，特别是发现沉淀平衡
1927	康普顿 查尔斯·威尔孙	美国 英国	1923 年发现 X 射线的波长经散射后有所增长的康普顿效应，发明了威尔孙云雾室

（续）

年份	获奖者	国籍	获 奖 原 因
1928	理查森	英国	研究热离子现象，发现金属加热后发射的电子数和温度关系的理查森定律
1929	德布罗意	法国	1925 年发现电子的波动性质
1930	拉曼	印度	研究光的衍射，1928 年发现拉曼效应
1931	未颁奖	—	—
1932	海森伯	德国	创立量子力学——矩阵力学，并推算出测不准关系式
1933	薛定谔 狄拉克	奥地利 英国	发现原子理论的有效的新形式，准确地预测正电子的存在
1934	未颁奖	—	—
1935	查德威克	英国	1932 年发现中子
1936	赫斯 安德森	奥地利 美国	1911 年发现宇宙射线 1932 年发现正电子
1937	戴维森 乔治·汤姆孙	美国 英国	发现电子的晶体衍射
1938	费米	美籍意大利	用中子轰击法制成新的人工放射性元素，发现原子核吸收慢中子所引起的有关核反应
1939	劳伦斯	美国	发现回旋加速器以及利用它取得的成果，特别是对有关人工放射性元素的贡献
1940	未颁奖	—	—
1941	未颁奖	—	—
1942	未颁奖	—	—
1943	斯特恩	美国	发现分子束的方法，测量出质子磁矩
1944	拉比	美国	以共振方法测量原子核的磁性
1945	泡利	奥地利	发现泡利不相容原理
1946	布里奇曼	美国	发明高压装置以及发现许多高压物理学方面的问题
1947	阿普顿	英国	研究高层大气的物理性质并发现无线电短波电力层
1948	布莱克	英国	发展了威尔孙云雾室方法，并在核子物理和宇宙辐射方面作出贡献
1949	汤川秀树	日本	在核力理论的基础上预言有介子的存在
1950	鲍威尔	英国	研究核过程的照相乳胶记录法，并发现 π 介子
1951	考克饶夫 瓦尔顿	英国 爱尔兰	发现人工加速粒子使原子核蜕变
1952	布洛赫 波赛尔	美国 美国	发展和发现一些有关磁精密测量的方法
1953	泽尔尼克	荷兰	提出了相衬法，特别发明了相衬显微镜
1954	玻恩 博特	英国 德国	进行量子力学的基本研究，特别是对波函数的统计诠释 用符合电路法分析宇宙辐射
1955	兰姆 库什	美国 美国	发现氢光谱的精细结构 1947 年精细测定电子磁矩

（续）

年份	获奖者	国籍	获 奖 原 因
1956	肖克利 巴丁 布拉顿	美国 美国 美国	在半导体方面的研究，且发现电导体可替代真空管作为放大器
1957	杨振宁 李政道	美籍中国 美籍中国	提出弱相互作用下宇称不守恒，从而使基本粒子研究获得重大发现
1958	切连科夫 夫兰克 塔姆	苏联 苏联 苏联	发现和解释切连科夫效应
1959	西格雷 张伯伦	美国 美国	发现反质子
1960	格拉塞	美国	发明气泡室
1961	霍夫斯塔特 穆斯鲍尔	美国 德国	由高能粒子散射研究核子的电磁结构 实现 γ 射线的无反冲共振吸收
1962	朗道	苏联	对于物质凝聚态理论的研究，特别是液氢的研究
1963	维格纳 迈耶夫人 延森	美籍匈牙利 美籍德国 德国	发现基本粒子的对称性和应用原理 分别提出核壳层模型
1964	汤斯 巴索夫 普罗霍洛夫	美国 苏联 苏联	分别独立制成微波激射器，导致了激光器的发展
1965	费因曼 施温格 朝永振一郎	美国 美国 日本	在量子动力学所作的基础工作，对基本粒子物理学具有深远影响
1966	卡斯特勒	法国	发现并发展光学方法以研究原子中的赫兹共振
1967	贝特	美籍犹太人	核反应理论所作的贡献，特别是涉及恒星能量生成的发现
1968	阿尔瓦雷茨	美国	发展氢气泡室和数据分析技术而发现许多共振态
1969	盖尔曼	美籍犹太人	关于基本粒子的分类和相互作用方面的贡献，提出夸克粒子理论
1970	阿尔文 奈尔	瑞典 法国	进行磁流体动力学方面的基本研究 进行反铁磁性和铁氧体磁性的基本研究
1971	伽博	英国	发明和发展了全息照相
1972	巴丁 库珀 施里弗	美国 美国 美国	提出通称 BCS 理论的超导性理论
1973	江崎玲於奈 贾埃沃 约瑟夫森	日本 美国 英国	发现半导体中的隧道效应和超导物质 发现超导电流通过隧道阻挡层的约瑟夫森效应 理论预言穿过隧道壁垒的超导电流的性质，特别是关于约瑟夫森效应
1974	赖尔 休伊什	英国 英国	从事射电天文学方面的开拓性研究，射电望远镜的发展 从事星体进化的物理过程的研究，发现脉冲星

（续）

年份	获奖者	国籍	获 奖 原 因
1975	阿格波尔 模特尔孙 雷恩奥特	丹麦 丹麦 美国	发现了原子核中集体运动和粒子运动之间的关系，发展了原子核机构的理论
1976	里克特 丁肇中	美国 美籍中国	发现了一种新型的重的基本粒子
1977	安德森 莫特 范弗莱克	美国 英国 美国	从事磁性和无序系统电子结构所作的基础研究
1978	卡皮查 彭齐亚斯 威尔孙	苏联 美国 美国	在低温物理学领域的基本发明和发现 发现宇宙微波背景辐射
1979	格拉肖 萨拉姆 温伯格	美国 巴基斯坦 美国	发展基本粒子之间的弱电统一理论，特别是预言了弱中性流
1980	克罗宁 菲奇	美国 美国	发现中性 K 介子衰变时存在宇称不守恒·
1981	布隆姆贝根 肖洛 凯西格班	美国 美国 瑞典	对发展激光光谱学所作的贡献 对高分辨率电子能谱学所作的贡献
1982	威尔孙	美国	对与相变有关的临界现象所作的理论贡献
1983	钱德拉塞卡尔 福勒	美国 美国	对恒星结构和演变有重要意义的物理过程的理论研究 对宇宙中化学元素的形成有重要意义的核反应理论和实验研究
1984	鲁比亚 范德米尔	意大利 荷兰	在导致发现弱相互作用的传播体 W ± 和 Z° 的大规模研究方案中所起的决定性贡献
1985	冯·克利青	德国	发现固体物理中的量子霍尔效应
1986	鲁斯卡 宾尼西 罗雷尔	德国 德国 瑞士	在电光学领域做了基础性工作，并设计了第一架电子显微镜 设计出了扫描隧道显微镜
1987	柏诺兹 缪勒	德国 瑞士	在发现陶瓷材料中的超导电性所作的重人突破
1988	莱德曼 施瓦茨 斯坦博格	美国 美国 瑞士	在发展中微子束方法以及通过 μ 子中微子的发现实现转子的二重态结构所作的贡献
1989	拉姆齐 德莫尔特 保罗	美国 美国 德国	发明了分离振荡场方法及用之于氢微波激射器及其他原子钟 发展了离子收集技术
1990	弗里德曼 肯德尔 泰勒	美国 美国 加拿大	对于电子和质子以及束缚中子深度非弹性散射进行研究，通过实验首次证明了夸克的存在
1991	德纳然	法国	把研究简单系统中的有序现象的方法推广到更复杂的物理态，特别是液晶和聚合物

（续）

年份	获奖者	国籍	获 奖 原 因
1992	夏帕克	法国	对高能物理探测研究，开发了多丝正比计数管
1993	赫尔斯 泰勒	美国 美国	发现了一种新型的脉冲星，为研究引力开辟了新的可能性
1994	布罗克豪斯 沙尔	加拿大 美国	发展了中子谱学 发展了中子衍射技术
1995	佩尔 莱因斯	美国 美国	发现了轻子 检测了中微子
1996	戴维·李 奥谢洛夫 理查德森	美国 美国 美国	发现氦-3中的超流动性
1997	朱棣文 科恩塔诺基 菲利普斯	美籍中国 法国 美国	发明了用激光冷却和俘获原子的方法
1998	劳科林 施特莫 崔琦	美国 美国 美籍中国	发现了分数量子霍尔效应
1999	霍夫特 维尔特曼	荷兰 荷兰	解释了亚原子粒子之间电弱相互作用的量子结构
2000	阿尔菲洛夫 克勒莫 基尔比	俄罗斯 美国 美国	发明了快速晶体管、激光二极管和集成电路，奠定了现代信息技术的基础
2001	康奈尔 科特勒 维曼	德国 美国 美国	稀薄碱性原子气体的玻色爱因斯坦冷凝态的研究和对冷凝物的早期基础研究工作
2002	贾克尼 戴维斯 小材昌俊	美籍意大利 美国 日本	发现宇宙X射线线源，导致了X射线天文学的诞生
2003	阿列克谢·阿布里克索夫 维塔利·金茨堡 安东尼·莱哥特	美籍俄罗斯 俄罗斯 美籍英国	在超导体和超流体理论上作出的开创性贡献
2004	格罗斯 波利泽 维尔切克	美国 美国 美国	1973年发现强相互作用中的渐近自由
2005	罗伊·格劳伯 约翰·霍尔 特奥多尔·亨氏	美国 美国 德国	对光学相干的量子理论的贡献 对给予激光的精密光谱学发展作出了贡献
2006	约翰·马瑟 乔治·斯穆特	美国 美国	发现了宇宙微波背景辐射的黑体形式和各向异性
2007	阿尔贝·菲尔 彼得·格林贝格尔	法国 德国	因巨磁电阻方面的贡献

（续）

年份	获奖者	国籍	获奖原因
2008	小林诚 益川敏英 南部阳一郎	日本 日本 美籍日本	发现对称性破缺的来源，并预测了至少三大类夸克在自然界中的存在 发现了亚原子物理学中自发对称性破缺机制
2009	高锟 韦拉德·博伊尔 乔治·史密斯	英国，美国 美国 美国	实现长距离信息光纤传递，发明了电荷耦合元件
2010	安德烈·海姆 康斯坦丁·诺沃肖洛夫	俄罗斯 俄罗斯	在二维石墨稀材料的开创性实验
2011	布莱恩·施密特 亚当·里斯 索尔·珀尔马特	澳大利亚 美国 美国	透过观测遥距超新星而发现宇宙加速膨胀
2012	塞尔日·阿罗什 大卫·维因兰德	法国 美国	能够量度和操控个体量子系统的突破性实验方法
2013	彼得·希格斯 弗朗索瓦·恩格勒	英国 比利时	对希格斯玻色子的预测
2014	赤崎勇 天野浩 中村修一	日本 日本 美国	发明有效率的蓝色发光二极管，催生明亮而节省能源的白色光源

参 考 文 献

[1]　哈里德，等. 物理学基础 [M]. 张三慧，等译. 北京：机械工业出版社，2004.

[2]　马文蔚. 物理学教程 [M]. 2 版. 北京：高等教育出版社，2006.

[3]　康爱国，等. 大学物理简明教程 [M]. 北京：高等教育出版社，2014.

[4]　王玉国，等. 大学物理学 [M]. 北京：科学出版社，2013.

[5]　宋峰，常树人. 热学（第二版）习题分析与解答 [M]. 北京：高等教育出版社，2010.

[6]　秦允豪. 普通物理学教程：热学 [M]. 3 版. 北京：高等教育出版社，2011.

[7]　秦允豪. 普通物理学教程：热学（第三版）习题思考题解题指导 [M]. 北京：高等教育出版社，2012.

[8]　上海交通大学物理教研室. 大学物理 [M]. 上海：上海交通大学出版社，2014.

[9]　姚乾凯，等. 大学物理教程 [M]. 郑州：郑州大学出版社，2007.

[10]　贾瑜，等. 大学物理教程 [M]. 郑州：郑州大学出版社，2007.

[11]　赵近芳，等. 大学物理学 [M]. 3 版. 北京：北京邮电大学出版社，2006.